विज्ञान, विज्ञान शिक्षा और समाज

विज्ञान, विज्ञान शिक्षा और समाज

सम्पादक
हृदय कान्त दीवान
साधना सक्सेना

सम्पादन सहयोग
राजेश उत्साही

वाणी प्रकाशन

Azim Premji University

सजिल्द प्रथम संस्करण : 2023

वाणी प्रकाशन

4695, 21-ए, दरियागंज, नयी दिल्ली 110 002

फ़ोनः +91 11 23273167 फ़ैक्सः +91 11 23275710

शाखाएँ

अशोक राजपथ, पटना 800 004, बिहार

कॉफ़ी हाउस कैम्पस, महात्मा गांधी मार्ग, इलाहाबाद 211 001, उत्तर प्रदेश

महात्मा गांधी अन्तरराष्ट्रीय हिन्दी विश्वविद्यालय, वर्धा 442 001, महाराष्ट्र

36/ए, शेक्सपीयर सरणी, रानी बिरला गर्ल्स कॉलेज के पास, कोलकाता 700 017, प. बंगाल

www.vaniprakashan.com
marketing@vaniprakashan.in
sales@vaniprakashan.in

Vigyan, Vigyan Shiksha Aur Samaj

Editor Team : Hriday Kant Dewan, Sadhana Saxena
Editing Support : Rajesh Utsahi

ISBN : 978-81-19014-47-7
Education/Science

मूल्यः ₹ 799

आर. टेक ऑफ़सेट प्रिंटर्स, दिल्ली-110 032 में मुद्रित

वाणी प्रकाशन का लोगो मक़बूल फ़िदा हुसेन की कूची से

अनुक्रम

शिक्षा के सरोकार : शृंखला परिचय

अज़ीम प्रेमजी फ़ाउंडेशन का व्यापक नज़रिया और उद्देश्य समाज में समतामूलक शिक्षा के लिए किये जाने वाले प्रयासों में पहलक़दमी और सहयोग प्रदान करना है। इस मुहिम में अज़ीम प्रेमजी विश्वविद्यालय का एक मक़सद गुणवत्तापूर्ण उच्च शिक्षा को ज़्यादा–से–ज़्यादा लोगों तक ले जाना है। इस ओर विश्वविद्यालय ने कई क़दम उठाये हैं और कई नये प्रयास शुरू करने की योजनाएँ हैं। उनमें से एक विश्वविद्यालय द्वारा अंग्रेज़ी माध्यम में संचालित विभिन्न पाठ्यक्रमों को दो भारतीय भाषाओं, हिन्दी और कन्नड़ में शुरू करना है। इसके अन्तर्गत एक काम तो इन पाठ्यक्रमों की उत्कृष्ट पठन सामग्री का अंग्रेज़ी से हिन्दी और कन्नड़ में अनुवाद करना है। दूसरा काम हिन्दी और कन्नड़ भाषा की इधर–उधर बिखरी सामग्री को खोज कर पाठकों के लिए सार्थक अध्ययन सामग्री के रूप में संकलित करना है। स्कूली शिक्षा ही नहीं बल्कि उच्च शिक्षा में भी ज्ञान पर विमर्श व मन्थन भारतीय भाषाओं में हो इसके बारे में बहुत पहले से बात होती रही है। बहुत–से विषयों की पुस्तकों के अंग्रेज़ी से अनुवाद भी होते रहे हैं, किन्तु इनमें से अधिकांश साहित्यिक रचनाओं के ही अनुवाद रहे हैं। साहित्य में यह भी हुआ है कि बहुत–सी भारतीय भाषाओं में लिखी सामग्री का अंग्रेज़ी में भी अनुवाद हुआ है। इसके विपरीत अन्य विषयों में न तो अंग्रेज़ी में लिखी गयी अच्छी पुस्तकों के ज़्यादा अनुवाद हुए हैं और न ही भारतीय भाषाओं में पर्याप्त मात्रा में अच्छी पुस्तकें लिखी गयी हैं।

अज़ीम प्रेमजी विश्वविद्यालय का तीसरा प्रयास भारतीय भाषाओं में संगोष्ठी आयोजित करना है जिसमें अध्येता भारतीय भाषाओं में अपने पर्चे प्रस्तुत करते हैं और उसी भाषा में इन पर विचार–विमर्श व मन्थन होता है।

इस तरह के संवाद में ज़्यादा व्यापक समूह शामिल हो पाता है और बहुत–से अध्येता जो भाषा के गतिरोध के कारण अपने विचार प्रस्तुत नहीं कर पाते वे भी विचार मन्थन में शामिल हो पाते हैं। इससे सभी के लिए अवधारणाओं और विचारों के साथ गहरी अन्तःक्रिया की सम्भावनाएँ बनती हैं। यह बात भी अक्सर कही जाती रही है कि विज्ञान के ज्ञान को भारतीय भाषाओं में व भारतीय सन्दर्भ में गढ़ा जाना चाहिए और यह ज्ञान व्यापक स्तर पर उपलब्ध कराना चाहिए किन्तु इस पर भी कोई ख़ास प्रयास नहीं हुआ हैं। हमारा मानना है कि विज्ञान और विज्ञान शिक्षा पर भारतीय भाषाओं में विमर्श और अकादमिक लेखन के प्रयास विज्ञान के ज्ञान और शिक्षण के लोकतान्त्रीकरण का एक ज़रूरी हिस्सा हैं। भारत में कुछ हद तक स्कूल स्तर पर विज्ञान की पढ़ाई और स्कूल के बाहर सामान्य विज्ञान के ज्ञान को आम लोगों तक पहुँचाने का प्रयास बहुत से लोगों ने किया है। परन्तु उच्च शिक्षा के स्तर पर विज्ञान, इंजीनियरिंग, चिकित्सा विज्ञान इत्यादि की पढ़ाई का माध्यम अंग्रेज़ी ही रहा है। इसी प्रकार विज्ञान के शोध और उसके प्रसार यानी ज्ञान के सृजन की भाषा भी अंग्रेज़ी ही रही है।

हालाँकि कोठारी आयोग ने विज्ञान को आमजन में ले जाने के लिए स्थानीय भाषा को इस्तेमाल करने की बात कही किन्तु उच्च शिक्षा में भाषा की दृष्टि से अंग्रेज़ी की ही पैरवी की थी। इस प्रकार उस समय से ही उच्च स्तर पर विज्ञान की पढ़ाई के अंग्रेज़ी में होने पर मुहर लग गयी। एक तरह से यह इस बात की स्वीकारोक्ति थी कि उस समय तक हिन्दी व अन्य भाषाओं की ग्रन्थ अकादमियों द्वारा किये गये अनुवाद के प्रयास असफल रहे। इससे विश्वविद्यालय आयोग की रपट (1949), जिसके अध्यक्ष डा. राधाकृष्णन थे, द्वारा की गयी सिफ़ारिश कि विज्ञान की उच्च शिक्षा भी धीरे–धीरे भारतीय भाषाओं में होनी चाहिए, को किनारे कर दिया गया। हालाँकि अनुवाद के उपरोक्त प्रयास की विफलता के बीज विश्वविद्यालय आयोग की रपट में ही थे, क्योंकि यह भी प्रस्तावित था कि विज्ञान में अन्तर्राष्ट्रीय स्तर पर मान्य तकनीकी शब्दावली का ही उपयोग किया जाये। इसमें भारतीय भाषाओं के आधार पर शब्दावली विकसित करने की बात और सामान्य बोल–चाल की भाषा में अनुवाद की बात शामिल नहीं थी। यह तो कल्पना ही नहीं थी कि भारतीय भाषाओं में शोध लिखा

जायेगा या फिर अच्छे स्तर की किताबें इन भाषाओं में स्थानीय अनुभवों से अलंकृत कर के बनायी जायेंगी। यानी न तो ज्ञान के भारतीय भाषाओं में रचे जाने की बात थी और न ही इन भाषाओं में स्थानीय मुहावरों से लैस मूलतः नयी विषय पुस्तकें लिखे जाने का ख़्याल था। इन दोनों आयोगों की रपट में, ख़ास तौर से कोठारी आयोग में, यह स्पष्ट झलकता है कि अन्तर्राष्ट्रीय स्तर पर विज्ञान बहुत तेज़ी से आगे बढ़ रहा है और भारत को उसका पीछा करना है। इसलिए कहा गया कि उच्च शिक्षा में विज्ञान अंग्रेज़ी में ही पढ़ा जाना चाहिए।

इसके साथ ही, आमजनों में विज्ञान के प्रसार को उनकी परम्परागत रूढ़िगत सोच को बदलने के प्रभावशाली औज़ार के रूप में भी कोठारी आयोग द्वारा देखा गया यानी विज्ञान में आर्थिक, सामाजिक विकास और धर्मनिरपेक्ष सोच विकसित करने की क्षमता भी देखी गयी। यह ध्यान रखना ज़रूरी है कि यहाँ ज्ञान को भारतीय भाषाओं में गढ़ने की बात नहीं हुई और न ही आमजनों के तकनीकी और खेती के ज्ञान से सीखने की बात हुई। विज्ञान के ज्ञान के प्रसार के लिए उसे भारतीय भाषाओं में अनूदित करने की जरूरत मानी गयी। हालाँकि कुछ छिट–पुट प्रयासों में भारतीय भाषाएँ, उच्च स्तर पर विज्ञान की पढ़ाई अथवा ज्ञान को गढ़ने के लिए तो नहीं, वरन मौजूदा ज्ञान को लोगों तक पहुँचाने का ज़रिया अवश्य बनीं।

विज्ञान में भाषा का प्रश्न सिर्फ़ इसलिए महत्त्वपूर्ण नहीं है कि उससे विज्ञान का मौजूदा ज्ञान दूर–दराज तक पहुँच पायेगा। प्रश्न यह भी है कि लोगों के पास जो ज्ञान है वह अन्य लोगों तक कैसे पहुँचे यानी स्थानीय ज्ञान की अन्तःक्रिया 'आधुनिक' विज्ञान में शामिल लोगों से व उनके ज्ञान–तन्त्र से कैसे हो पाये। इस तरह की अन्तःक्रिया से ही विज्ञान में काम कर रहे शोधकर्ता स्थानीय समझ को सोख पायेंगे व आधुनिक विज्ञान को समृद्ध बना पायेंगे। जब तक भारतीय शोधकर्ता अपने आस–पास के यथार्थ से अन्तःक्रिया में शोध के लिए अपनी दिशा नहीं विकसित करेंगे और उसे उन मुहावरों और लहज़े में नहीं लिख पायेंगे, जिससे आमजन वाक़िफ़ हैं, वास्तव में तब तक विज्ञान का ज्ञान व्यापक स्तर पर नहीं फैल पायेगा यानी नये ज्ञान की रचना की स्थानीय सन्दर्भ व भाषा में रचे जाने व अभिव्यक्त होने की सम्भावना से ही वैज्ञानिक समझ व मानसिकता का विकास हो सकता है। भारतीय भाषाओं में विज्ञान और विज्ञान शिक्षा

पर बहुत कम अकादमिक विमर्श हुआ है। ऐसा विमर्श जिसमें विज्ञान की विषयवस्तु भारतीय भाषाओं में हो और विज्ञान शिक्षा सम्बन्धी शोध, संवाद और प्रसार भी भारतीय भाषाओं में ही हो। विषय के सोच को आगे बढ़ाने वाले नये विचार और तर्क भारतीय भाषाओं में गढ़े जायें।

इसी सोच के चलते आइसर मोहाली और अज़ीम प्रेमजी विश्वविद्यालय, बेंगलूरु ने मिलकर एक संगोष्ठी का आयोजन 2018 में किया था। संगोष्ठी का लक्ष्य भारतीय भाषाओं में ज्ञान को रचने के प्रयास की ओर एक क़दम था। यह संगोष्ठी हिन्दी और पंजाबी भाषाओं के समान्तर सत्रों में आयोजित थी। संगोष्ठी विज्ञान, उसका समाज के साथ रिश्ता और विज्ञान शिक्षा पर केन्द्रित थी। इसमें 68 पर्चे पढ़े गये। उन्हीं में से 17 पर्चों को संकलित करके यह पहला संकलन बनाया गया है। बाक़ी पर्चे इसके दूसरे संकलन में हैं। शिक्षा के सरोकार सीरीज़ की यह तीसरी पुस्तक है। पहले दो संकलन 'अध्यापक और अध्यापन कर्म' पर हुई संगोष्ठी में प्रस्तुत पर्चों से बनाये गये थे।

–हृदय कान्त दीवान
अज़ीम प्रेमजी विश्वविद्यालय, बेंगलूरु

भारत में विज्ञान शिक्षा

बीसवीं सदी के प्रारम्भ से ही भारत में विश्वविद्यालय स्तर पर विज्ञान और तकनीकी शिक्षा तथा शोध के प्रयास शुरू हो गये थे। इंडियन इंस्टीटयूट ऑफ़ साइंस और टाटा इंस्टीट्यूट ऑफ़ फंडामेंटल रिसर्च स्वतन्त्रता से पूर्व ही शुरू हो गये थे। विज्ञान की प्रमुख राष्ट्रीय अकादमियाँ बीसवीं सदी के पाँचवें दशक में शुरू हो गयी थीं। विज्ञान और टेक्नोलॉजी में विकास उस समय दुनिया भर में बढ़ रहा था और भारत के प्रभावी तबक़े का भी इसमें विश्वास था। हालाँकि गाँधीवादी विचारक इसे सन्देह की नज़र से देखते थे और यह मानते थे कि विज्ञान और टेक्नोलॉजी पर लगाम रखनी ज़रूरी है। विज्ञान और टेक्नोलॉजी के समाज और उसके विकास के साथ सम्बन्ध कैसे हैं, इस पर विचार–विमर्श अभी भी जारी है। किन्तु स्वतन्त्र भारत में विज्ञान, विज्ञान शिक्षा और टेक्नोलॉजी पर ज़ोर बढ़ता ही गया है। स्वतन्त्रता के तत्काल बाद सन् 1951 में देश का पहला आई.आई.टी. स्थापित हुआ और 1942 में शुरू हुई CSIR की भूमिका भी बढ़ी। 1950 तक देश भर में 5 शोध प्रयोगशालाएँ काम करने लगी थीं।

स्वतन्त्रता के बाद से उद्योग, विद्युत ऊर्जा, पानी की पर्याप्त उपलब्धता के मसलों के लिए विज्ञान और टेक्नोलॉजी के उपयोग में कई गुणा बढ़ोतरी हुई। इसके साथ ही उद्योग सम्बन्धी शोध के लिए और आई.आई.टी. शुरू किये गये तथा विज्ञान शिक्षा के अन्य ढाँचों को भी बेहतर करने के प्रयास हुए। टेक्नोलॉजी (कृषि व उद्योग दोनों में) को बढ़ाने के लिए यह आवश्यक समझा गया कि विज्ञान शिक्षा को बढ़ावा दिया जाये। ज़ोर बड़े उद्योगों और कृषि में बड़े बाँधों जैसी परियोजनाओं पर था। इसलिए नयी तालीम के विमर्श में उभरे उद्देश्यपूर्ण कार्यों में निहित विज्ञान को शामिल करने के

विचार को नकारा न भी गया हो पर उन पर कुछ ठोस काम नहीं होने से वह विचार मुख्य धारा की चर्चाओं से ख़ुद–ब–ख़ुद बाहर हो गया।

विज्ञान और वैज्ञानिक शोध को बढ़ावा देने के लिए 1963 में राष्ट्रीय स्तर पर योजना शुरू की गयी थी। इसमें देश भर से विज्ञान में रुचि और क़ाबलियत रखने वाले विद्यार्थियों को स्कूल से ही चुन कर विज्ञान शोधकर्ता बनने के लिए शामिल किया जाता था। 1966 में आयी कोठारी आयोग की रिपोर्ट ने तो विज्ञान के महत्त्व को और भी रेखांकित किया। इसके अनुसार विज्ञान केवल टेक्नोलॉजी, उद्योग, कृषि की बुनियाद ही नहीं है, बल्कि विज्ञान की पढ़ाई द्वारा विकसित वैज्ञानिक दृष्टिकोण का हमारे जीवन व संस्कृति का हिस्सा बनना आवश्यक है। कोठारी आयोग ने आधुनिकता और विज्ञान के महत्त्व की बात की है। आयोग ने टेक्नोलॉजी को आर्थिक विकास का इंजन माना और साथ ही इसे समाज व संस्कृति के आधुनिकीकरण का कारक माना है। इसलिए आयोग की रपट के अनुसार विज्ञान और टेक्नोलॉजी पर आधारित शिक्षा आधुनिकीकरण या अन्य शब्दों में कहें तो प्रबोधन का शक्तिशाली यन्त्र है (NPE;1968; कोठारी कमीशन : 1966; दीवान 2019)। इस समय तक विज्ञान व टेक्नोलॉजी एक–दूसरे के पूरक माने जाते थे। इन दोनों की स्वतन्त्र भारत के निर्माण में बड़ी भूमिका देखी जा रही थी। विज्ञान और प्रौद्योगिकी से भारत की ग़रीबी, अन्धविश्वास, रूढ़िगत धार्मिक सोच, इत्यादि हर सांस्कृतिक और आर्थिक पिछड़ेपन से मुक्ति होगी इसमें कोई संशय नहीं देखा जाता था। हर दस्तावेज़ में विज्ञान और प्रौद्योगिकी साथ–साथ लिखे गये और उनके महत्त्व को रेखांकित किया गया।

स्कूली स्तर पर, आयोग ने बच्चों में वैज्ञानिक मानसिकता और प्रश्न पूछने की क्षमता विकसित करने में विज्ञान शिक्षा की प्रमुख भूमिका मानी थी। आयोग की अनुशंसा के आधार पर ही, 1966 के बाद भारत में उच्चतर माध्यमिक स्तर तक की कक्षाओं में गणित और विज्ञान की शिक्षा को अनिवार्य किया गया।

हालाँकि सरकार व निर्णयकारों से दूर कई विचारक, सामाजिक कार्यकर्ता व अध्येता इस बात पर प्रश्न उठा रहे थे कि क्या सचमुच विज्ञान में ही समस्या का हल है? यह बहस 1970 के दशक के अन्त से शुरू होकर 1980 के दशक में तीखी हुई जब वैज्ञानिक मानसिकता के विकास

के महत्त्व को रेखांकित किया गया और इसे आगे बढ़ाने को बुनियादी कर्त्तव्य के रूप में जोड़ा गया (संविधान संशोधन 1976, आर्टिकल 51 ACh)। अस्सी के शुरू में यह बहस चरम पर आयी जब संविधान में नये आर्टिकल के आधार पर वैज्ञानिक मानसिकता को समझने और समझाने का प्रयास और उसे व्यापक रूप से फैलाने की योजना/नीति का ऐलान हुआ। इस विचार को मानने वाले कुछ वैज्ञानिकों ने एक व्यवस्थित दस्तावेज़ प्रसारित किया जिसमें उन्होंने वैज्ञानिक मानसिकता के अर्थ, उपादेयता और निहितार्थ पर प्रकाश डाला व इसे अनिवार्य माना (हक्सर आदि : 1981)। इस पर तीव्र प्रतिक्रियाएँ हुईं और विज्ञान की प्रकृति, इसके समाज के साथ सम्बन्ध, औद्योगिक विकास, उपयोग, भूमिका पर लम्बी और अर्थपूर्ण बहस दो अलग–अलग मत वाले खेमों के बीच हुई। एक खेमा विज्ञान को प्रगति व मुक्ति के मसीहा के रूप में देखता था और चाहता था कि इसके शोध व इसकी शिक्षा को बिना किसी दुविधा के आगे बढ़ाना चाहिए। दूसरी ओर वह थे जो इसे उसके वर्तमान स्वरूप में त्यागने की बात करते थे तथा इसे शोषण व लालच का स्रोत मानते थे (वर्मा : 2001)। विज्ञान के पक्षधरों ने कहा कि विज्ञान सही सोच का ढंग है और यह मानवीय चेतना के विकास में सकारात्मक भूमिका ही अदा करता है। यदि इसे ग़लत टेक्नोलॉजी और सत्ता ने शोषण और अपने प्रभुत्व को स्थापित करने का ज़रिया बना लिया है तो इसमें विज्ञान का कोई दोष नहीं है। इसके दूसरी ओर सामाजिक कार्यकर्ताओं व अध्येताओं की एक बड़ी जमात विज्ञान व वैज्ञानिक दृष्टिकोण को सकारात्मक मानने को तैयार नहीं है। वह टेक्नोलॉजी और इससे हुए विनाश, हिंसा, शोषण, अत्याचार, लोगों की स्वतन्त्रता पर लगने वाली पाबन्दी से मुक्त करने के तर्कों को नहीं मानती। इनमें से बहुत–से तो इसे मूलतः घातक मानते हैं और इसके किसी भी परिस्थिति में मुक्तिदाता होने से इत्तफ़ाक़ नहीं रखते। बहुत से यह मानते हैं कि आज के विज्ञान का एक बड़ा हिस्सा सँकरे तकनीकी व व्यक्तिगत स्वार्थ से प्रेरित है। उसका लक्ष्य व्यक्तिगत सुविधा और लाभ है। इससे चाहे प्रकृति का बेपनाह दोहन अथवा अन्य इन्सानों का शोषण ही क्यों न हो। विज्ञान व वैज्ञानिक न सिर्फ़ शोध प्रश्न प्रकृति व आम लोगों के फ़ायदों को ध्यान में रख कर नहीं चुनते बल्कि प्रयोग करने में भी प्रकृति और इन्सानों को नुक़सान पहुँचाने व ख़तरे में डालने से नहीं हिचकिचाते।

यह ज़ाहिर है कि इस पूरी बहस से वैचारिक तौर पर हम कोठारी कमीशन के विज्ञान पर अटूट विश्वास से बहुत आगे आ गये हैं।

आमजनों तक और आमजनों का विज्ञान : विज्ञान की आलोचना

हालाँकि कोठारी आयोग की रपट में आम लोगों तक विज्ञान को ले जाने की बात कही थी और इसे अन्धविश्वास दूर करने का वाहन माना था, किन्तु इस पर ज़्यादा मेहनत ग़ैर–सरकारी प्रयासों से ही हुई। इन प्रयासों ने यह मसला भी उठाया कि जब हम विज्ञान और अथवा टेक्नोलॉजी की बातें करें तो उसमें यह ध्यान में रखने की आवश्यकता है कि इसमें किस के हित की बात है। विज्ञान के ज्ञान और वैज्ञानिक पद्धति के लोकतान्त्रीकरण यानी उसे आम लोगों तक पहुँचाने में सामाजिक कार्यकर्ताओं और ग़ैर–सरकारी समूहों की अहम भूमिका रही है। स्वतन्त्रता से पहले भी बंगाल, महाराष्ट्र और कुछ अन्य क्षेत्रों में सामाजिक कार्यकर्ता विज्ञान आम लोगों तक पहुँचाने में सक्रिय रहे थे। पर इसके व्यवस्थित और व्यापक प्रयास सबसे पहले केरल स्थित छोटे–से समूह, 'केरल शास्त्र साहित्य परिषद', द्वारा सन् 1964 में केरल के एक ज़िले में हुए। 10 वर्षों में ही यह कार्य पूरे केरल राज्य में फैल गया। इसके बाद, 1970 से देश के अन्य राज्यों में भी जनविज्ञान आन्दोलनों की शुरुआत हुई जिसका नेतृत्व वैज्ञानिकों, चिकित्सकों और इंजीनियरों ने किया। इन सभी आन्दोलनों का, केरल शास्त्र साहित्य परिषद समेत, प्रमुख उद्देश्य आधुनिक विज्ञान के ज्ञान को सरल करके, विभिन्न भाषाओं में अनूदित करके, आम लोगों तक पहुँचाना रहा। केरल के साथ ही पश्चिम बंगाल, असम, महाराष्ट्र, कर्नाटक, तमिलनाडु और पंजाब इस कार्य में अग्रणी रहे। 1970 का दशक आते–आते औद्योगिकीकरण और हरित क्रान्ति के पर्यावरणीय नकारात्मक प्रभावों के मसले उठने लगे थे। जनविज्ञान समूहों ने भी अपने अभियानों और साहित्य में इन मसलों को शामिल किया। जनविज्ञान के इस दर्शन में समझ यह थी कि विज्ञान का ज्ञान आमजनों को तार्किक ढंग से सोचने को प्रेरित करेगा और तार्किक चिन्तन के द्वारा सामाजिक न्याय पाने, अन्धविश्वास उन्मूलन और समाज परिवर्तन के प्रयासों को बल मिलेगा। परन्तु 1980 के दशक के प्रारम्भ से ही इस दर्शन पर संशय ज़ाहिर होने लगे थे, प्रश्न उठने लगे थे।

ऐसे प्रश्नों की पड़ताल ने जनविज्ञान की एक नयी धारा 'वैकल्पिक जनविज्ञान' को जन्म दिया। इस धारा में विज्ञान की ज्ञानमीमांसा (epistemology) और राजसत्ता व पूँजीवाद (बड़ी पूँजी) के साथ विज्ञान के सम्बन्ध/निर्भरता की आलोचनात्मक समझ विकसित हुई। हालाँकि इस धारा में भी कम–से–कम दो धाराएँ थीं : एक, उत्तर आधुनिकता ज्ञान मीमांसीय विमर्श से सम्बन्धित और दूसरी, आमजनों के अनुभव जनित पारम्परिक ज्ञान से सम्बन्धित। जनविज्ञान आन्दोलनों/समूहों का मुख्य फोकस, जैसा कि ऊपर लिखा गया है, संस्थागत विज्ञान को आमजनों तक पहुँचाना था। इसमें आमजनों के कृषि, पर्यावरण, चिकित्सा, कला, इत्यादि समृद्ध ज्ञान का स्थान लगभग न के बराबर था। इस विषय पर विस्तृत चर्चा मानसी थपलियाल के अप्रकाशित लेख में देखी जा सकती है (थपलियाल : 2012)।

इससे जुड़ा यह भी प्रश्न है कि कृषि के औद्योगिक दायरे में आने से मिट्टी का लगातार क्षरण, हवा का प्रदूषण, जल स्तर का नीचे जाना, जल प्रदूषण इत्यादि जो नुक़सान हो रहे हैं, उससे बचने का, निकलने का क्या रास्ता है? बहुत–से विश्लेषकों ने यह सवाल भी उठाया है कि विज्ञान में शोध को जिस तरह के स्रोतों से आर्थिक समर्थन मिलता है उसमें यह अपेक्षा करना भूल होगी कि इसमें प्रभुत्वबान लोगों के हितों के अलावा कोई और शोध होगा। उनका कहना है कि वैज्ञानिक ज्ञान को तटस्थ नहीं माना जा सकता क्योंकि शोध को पैसे देने वाले स्रोत शक के दायरे में हैं। दवा के क्षेत्र में, कृषि में गुणसूत्र व शोध के अन्य महत्त्वपूर्ण दायरों के बारे में तो बहुत–सी ऐसी सामग्री उपलब्ध है जो गहरी जाँच–परख के बाद लिखी गयी है। यह सामग्री दिखाती है कि इनमें से बहुत में सिर्फ़ शोध के प्रयोजन ही तटस्थ नहीं थे वरन कुछ में तो शोध की पद्धति भी तटस्थ नहीं थी। इस तरह के शोध से उभरते अध्ययनों ने कुछ बातें उजागर की हैं। उन्होंने 'आधुनिक विज्ञान' की तटस्थता के विषय में कई प्रश्न खड़े किये हैं।

परन्तु आमजनों के ज्ञान को शासकीय संस्थानों ही नहीं वरन विज्ञान को फैलाने का काम कर रही ग़ैर–सरकारी संस्थाओं ने भी बहुत महत्त्व नहीं दिया और उसे समझने का कोई व्यवस्थित प्रयास भी नहीं किया। कुल मिलाकर लोगों तक विज्ञान पहुँचने का स्कूल की पाठ्यपुस्तक के

अलावा जो रास्ता है उसमें मुख्यतः ज़ोर विज्ञान के वर्तमान स्वरूप को निर्विवाद रूप से उपयोगी मानकर व उसके निष्कर्षों को लोगों को बताने का ही रहा। इसका बड़ा कारण यह भी हो सकता है कि इस काम में जुटी संस्थाओं को समर्थन भी सरकारी संस्थानों से मिला। साथ ही वैकल्पिक जनविज्ञान धारा में कुछ प्रतिक्रियावादी और रूढ़िवादी उपधाराएँ भी थीं, जिससे इसके प्रति भी संशय बना था।

संक्षेप में यह कहा जा सकता है कि औपचारिक विज्ञान शिक्षा की, ख़ास तौर से स्कूली स्तर पर, विषय वस्तु अभी भी मूलतः संस्थागत विज्ञान को पढ़ाने/पहुँचाने का ज़रिया ही है। हालाँकि उच्च शिक्षा के स्तर पर, अन्तरविषयी विभागों में, पर्यावरणीय और परिस्थितिकी (ecology) विज्ञान विषय जुड़े या मानविकी और समाज विज्ञान विभाग अलग से बने। पर आमजनों के इम्पीरीकल ज्ञान को इन विभागों ने भी किस प्रकार समझने का प्रयास किया या नज़रअन्दाज़ किया इसकी पड़ताल करने की ज़रूरत है।

संगोष्ठी के विषय में

संगोष्ठी की संकल्पना उपरोक्त सन्दर्भ के अन्तर्गत थी व इसका केन्द्र विज्ञान और विज्ञान शिक्षा था। इस संगोष्ठी में विज्ञान शिक्षा से जुड़े कई विषयों पर सघन अकादमिक विमर्श हिन्दी में हुआ। इसमें जहाँ एक ओर जनविज्ञान आन्दोलनों के अनुभव, सीमाओं और आलोचनाओं पर पर्चे हिन्दी में पढ़े गये वहीं विज्ञान के समाजशास्त्र, दर्शन और इतिहास पर भी प्रस्तुतीकरण हुए। विज्ञान और भाषा व विज्ञान की भाषा जैसी बहसों को भी स्थान मिला व विज्ञान शिक्षा में परिवर्तन के प्रयासों के सामने संरचनात्मक, सामाजिक व व्यवस्थागत चुनौतियों पर भी विमर्श हुआ। इस पूरे आयोजन के पीछे भारतीय भाषाओं में विज्ञान और विज्ञान शिक्षण के अनेक पहलुओं पर हिन्दी में अकादमिक पर्चे लिखना और उन पर चर्चा करना प्रमुख उद्देश्य था। इसका मक़सद यह भी रेखांकित करना था कि विज्ञान के लोकतान्त्रीकरण का अर्थ जन आन्दोलनों और शिक्षा के द्वारा स्थापित ज्ञान का प्रसार मात्र नहीं है बल्कि इसके लिए भारतीय भाषाओं में ज्ञान का सृजन भी ज़रूरी है। इस संगोष्ठी में तीन मुख्य व्यापक विषयों पर विमर्श हुआ। इनमें से पहला था विज्ञान व समाज का अन्तःसम्बन्ध, दूसरा था प्राथमिक, उच्च प्राथमिक और माध्यमिक कक्षाओं में विज्ञान व

उसकी शिक्षा और तीसरा था उच्च माध्यमिक कक्षाओं में विज्ञान। इनमें से प्रत्येक में उप–विषय थे जो कि इन विषय क्षेत्रों को थोड़ा और निरूपित करते थे। उप–विषय निम्नानुसार थे :

- विज्ञान की प्रकृति, दायरा और उसकी भाषा
- समाज, विकास व प्रौद्योगिकी और विज्ञान से उनकी अन्तःक्रिया
- विज्ञान, सामाजीकरण और शिक्षा
- विज्ञान पाठ्यचर्या–पाठ्यक्रम, पाठ्यपुस्तक, शिक्षण प्रक्रिया और मूल्यांकन
- विज्ञान की शिक्षा, भाषा व अन्य विषयों से सम्बन्ध, संस्कृति और सन्दर्भ
- विज्ञान शिक्षा के ढाँचे, उनकी प्रकृति, संरचना और स्वरूप
- विज्ञान की उच्च शिक्षा के ढाँचे, उनकी प्रकृति, संरचना व स्वरूप
- विज्ञान की उच्च शिक्षा, उसकी गुणवत्ता, चुनौतियाँ और उसमें समावेशन

यह संकलन

संगोष्ठी में प्राप्त व पढ़े गये पर्चों में से दो संकलन बनाये गये हैं। यह उनमें से पहला है। इस संकलन में पर्चों का चयन उनकी प्रकृति और उनके मसौदे में समरूपता के आधार पर किया गया है। इसमें तीन विषय क्षेत्रों विज्ञान और भाषा; विज्ञान, वैज्ञानिक चेतना और सामाजिक न्याय व समानता और विज्ञान शिक्षण और शोध के अन्तर्गत पर्चे शामिल किये गये हैं। इनमें विज्ञान की प्रकृति; विज्ञान का दायरा व उसकी भाषा; समाज; विज्ञान व प्रौद्योगिकी और विज्ञान से उसकी अन्तःक्रिया; विज्ञान, सामाजीकरण और शिक्षा, के अलावा विज्ञान की उच्च शिक्षा में समावेशन व गुणवत्ता के मसले और विज्ञान शिक्षा के ढाँचे, उनकी प्रकृति, संरचना व स्वरूप शामिल हैं।

पहला भाग विज्ञान व भाषा के सम्बन्ध पर केन्द्रित है। इसके पहले पर्चे में *साधना सक्सेना* ने भाषा सम्बन्धी व्यापक मुद्दों जैसे भारत में भाषायी विविधता, उसकी राजनीति और औपनिवेशीकरण के कारण अंग्रेज़ी के वर्चस्व के सन्दर्भ में विज्ञान शिक्षण की भाषा को समझने का प्रयास किया है। वहीं दूसरी ओर उन्होंने 'विज्ञान की भाषा' और 'विज्ञान में भाषा' जैसे

शीर्षकों के तहत तकनीकी भाषा की ज़रूरत और इसके बनने के इतिहास को प्रस्तुत किया है। इस सन्दर्भ में अन्य अन्तर्राष्ट्रीय भाषाओं जैसे रूसी, जापानी, जर्मन, स्पेनिश, चीनी इत्यादि में वैज्ञानिक शोध लेखन के लम्बे इतिहास के बावजूद भी तत्कालीन समय में अंग्रेज़ी के उभरते हुए वर्चस्व पर भी चर्चा की है। उनके लिए भारतीय भाषाओं में विज्ञान शिक्षण सिर्फ़ व्यावहारिक प्रश्न नहीं है वरन इसमें सिद्धान्त के प्रश्न भी शामिल हैं। *गुरजीत कौर* ने विज्ञान की भाषा और उससे प्रतिबिम्बित विज्ञान की समझ के अपर्याप्त होने व कथनों के भ्रामक हो जाने पर ध्यान आकर्षित किया है। उनके अनुसार, संकल्पनात्मक समझ विकसित करने में भाषा की भूमिका ने विचारकों और शिक्षाविदों का ध्यान अक्सर आकर्षित किया है। भौतिकी के सन्दर्भ में वे कहती हैं कि भौतिक विज्ञान की कक्षा में भाषा दो प्रकार से कार्य करती है–संकल्पनात्मक समझ विकसित करने का और विज्ञान की प्रकृति को सम्प्रेषित करने का। वे मानती हैं कि इन दोनों लेंसों से भाषा का सटीक होना विषय की सम्पूर्ण जानकारी देने के लिए आवश्यक है। वे बी.एड. के विद्यार्थियों द्वारा पढ़ाये जाने वाली भौतिकी की कक्षाओं के अवलोकनों के आधार पर शिक्षक की भाषा और संकल्पनात्मक समझ का विश्लेषण इस पर्चे में प्रस्तुत करती हैं। वे यह भी कहती हैं कि विज्ञान में ज्ञान निर्मिति में मानव के हस्तक्षेप पर पर्याप्त ध्यान नहीं देने से बहुत–से मानव रचित ज्ञान कथन प्रकृति की नैसर्गिक देन प्रतीत होते हैं। इसके वे कई उदाहरण देती हैं और कहती हैं कि कक्षा–प्रक्रिया में भाषा की दृष्टि ज्ञानार्जन की होनी चाहिए न की निश्चितता की।

रमा कान्त अग्निहोत्री विज्ञान की किताबों के लेखन की शैली और उससे विज्ञान न समझ पाने की स्थिति को सामने रखते हैं। उन्होंने विज्ञान और साहित्य लेखन के उदाहरण व उनकी रोचकता व ग्राह्यता के आधार पर कहा है कि यह ज़रूरी नहीं कि सरल शब्द और छोटे वाक्य सामग्री को समझने योग्य बना दें। उनका मत है कि विज्ञान की पुस्तकों में पाठों को तीसरे व्यक्ति यानी अवैयक्तिक शैली में लिखा जाता है और इन किताबों में संवाद की कमी के कारण पाठ जटिल हो जाते हैं और रोचक व पठनीय नहीं रहते। वे यह भी कहते हैं कि पुस्तक की ग्रहणशीलता का प्रश्न मात्र शैली का नहीं है, बल्कि पाठ लिखने वालों की विज्ञान की संकल्पनाओं का और उनकी अपनी समझ के गहरे होने

(अथवा ग़लत) का भी है। इससे भी निर्धारित होता है कि पाठ कितना समझ आने योग्य है। हालाँकि यह पढ़ाने वाले की समझ पर भी निर्भर करता है। अवधारणा–समझ के भाषा उपयोग से सम्बन्ध के मामले पर गुरजीत के पर्चे में भी चर्चा की गयी है। *भोलेश्वर दुबे* और *किशोर पंवार* ने अपने पर्चे में इसी तरह का एक और आयाम खोला है। सीखने वाले की भाषा में विज्ञान की पढ़ाई के मुद्दे को उठाया है। पर्चे में उन्होंने हिन्दी में विज्ञान की पुस्तकों के कुछ उदाहरण दिये हैं। वे अपने स्कूल स्तर पर विज्ञान की किताब को हिन्दी में लिखने के अनुभव से सीखे कुछ बिन्दुओं पर बात करते हैं और फिर उच्च शिक्षा में विज्ञान की सामग्री भारतीय भाषाओं में उपलब्ध कराने की आवश्यकता पर। इस सन्दर्भ में उन्होंने अज़ीम प्रेमजी विश्वविद्यालय के लिए जीवशास्त्र की महाविद्यालयीन स्तर की किताब के अनुवाद के अपने अनुभवों और अनुवाद की गहराई के विषय में मुख्यतः स्नातक स्तर के लिए उपयुक्त जीवशास्त्र की सामग्री के अनुवाद में उठे विवादों और निर्णय लेने की प्रक्रिया को रेखांकित किया है। उन्होंने इसमें तकनीकी शब्दावली को लचीले ढंग से अन्य व्यक्तियों के साथ गढ़ने व सामूहिक उपयोग की बात की है। उनका मानना है कि अनुवाद की प्रक्रिया एक सहयोग व सहकार की प्रक्रिया है।

विज्ञान शिक्षा वैज्ञानिक चेतना और सामाजिक न्याय विषय के अन्तर्गत पाँच पर्चे संगोष्ठी में पढ़े गये। इस हिस्से में शामिल पर्चे लोकतान्त्रिक और मुक्तिकारी समाज के लिए विज्ञान और विज्ञान शिक्षण की भूमिका को गानते हुए विज्ञान के इतिहास, समाजशास्त्र और दर्शन की पड़ताल करते हैं। यह पर्चे विज्ञान के स्वरूप, प्रकृति, इनसान व इनसानी समाज से रिश्ते की अलग–अलग ढंग से व्याख्या करते हैं। इस व्याख्या में वे विज्ञान के रुतबे, उसकी वस्तुनिष्ठता, सार्वभौमिकता, शाश्वतता व समावेशन क्षमता की पड़ताल भी करते हैं। ये पर्चे विज्ञान को इन पहलुओं पर पूरी तरह खरा न उतर पाने के बावजूद कई कारणों से उसकी वकालत भी करते हैं। इनमें से कुछ पर्चे विज्ञान करने वाले व्यक्तियों के समाज व वैज्ञानिक संस्थानों में रचे गये व वैज्ञानिक व व्यक्ति निरपेक्ष कहलाये जाने वाले महत्त्वपूर्ण वैज्ञानिक ज्ञान की स्वीकृति के पीछे छिपे हितों व उनके टकराव को भी प्रस्तुत करते हैं। इनमें *मोहम्मद जावेद हुसैन* का पर्चा

इन सब मसलों पर हो रहे चिन्तन के लिए एक फ्रेमवर्क भी प्रस्तुत करता है। इसके लिए यह हाल में हुए कई शोध कार्यों का उपयोग करता है।

पहले इसी पर्चे के बारे में। जावेद हुसैन का यह पर्चा विज्ञान शिक्षा की विषयवस्तु व उसकी पैडागॉजी को उसके समाजशास्त्रीय अध्ययन के आलोक में गढ़ने का आग्रह करता है। उनका कहना है कि इससे ही विज्ञान की शिक्षा अधिक प्रामाणिक और समावेशी बन पायेगी। जावेद कहते हैं कि एन.सी.एफ. (NCF) 2005 और विज्ञान के स्थिति पत्र 2006 भी आग्रह करते हैं कि विज्ञान, प्रौद्योगिकी एवं समाज के बीच के जटिल सम्बन्धों की समझ विकसित की जानी चाहिए। परिवेश व अनुभव क्षेत्र में विविधता के मद्देनज़र, सभी पृष्ठभूमि के शिक्षार्थी अपनी–अपनी परिस्थिति के सन्दर्भ में वैज्ञानिक ज्ञान प्राप्त करने के तरीकों व उन तक पहुँचने की प्रक्रिया को सीख पायें। सभी के लिए (न सिर्फ विज्ञानोमुख माने जाने वालों के लिए) सीखना तभी सम्भव हो सकता जब विज्ञान की शिक्षा में ऐतिहासिक व दार्शनिक परिप्रेक्ष्यों के साथ ही समाजशास्त्रीय परिप्रेक्ष्य को भी शामिल करें। जावेद विज्ञान के ज्ञान, उसके रचे जाने की प्रक्रिया, उसमें शामिल हो पाने वालों की पृष्ठभूमि आदि के बारे में विस्तृत चर्चा करते हैं व विज्ञान के समावेशी शाश्वत, सार्वभौमिक व सर्वहितकारी न होने के बहुत–से उदाहरण व तर्क देते हैं। वे कहते हैं कि विज्ञान का वर्तमान वर्चस्व व उसके ज्ञान के इर्द–गिर्द श्रेष्ठता का जो आडम्बर है वह मिथ्या है। विज्ञान अन्य विषयों की तरह मानव रचित ज्ञान है, उससे अधिक कुछ नहीं। जावेद विज्ञान शिक्षा को बदलने की राह में कुछ सरल सुझाव भी देते हैं और चेताते हैं कि हमें इस तरह की सोच पैदा करने से बचना है जो माने कि विज्ञान मात्र एक भेड़चाल है और उसमें हर तरह की बात सही हो सकती है। किन्तु विज्ञान शिक्षा में ऐतिहासिक, दार्शनिक परिप्रेक्ष्यों और उसके साथ–साथ समाजशास्त्रीय पहलुओं को मिलाने से विज्ञान शिक्षण के निहितार्थ गहरे किये जा सकते हैं।

इसी दृष्टि से लिखा गया पर्चा *दीपिका बंसल* का है। यह पर्चा नारीवादी दृष्टिकोण से विज्ञान की जाँच करता है और फिर कुछ महत्त्वपूर्ण सुझाव देता है। यह पर्चा जावेद द्वारा उठाये गये मसलों के एक पहलू को गहराई से टटोलता है। इन दोनों पर्चों में अलग–अलग तरह से समान्तर विचारों को रखा गया है और यह एक–दूसरे को समझने में मदद करते हैं।

अपने पर्चे में दीपिका बंसल विज्ञान की नारीवादी आलोचना और उसके आलोक में विज्ञान शिक्षण में प्रगतिशील परिवर्तन के ढाँचों को तैयार करने की सम्भावनाओं पर चर्चा करती हैं। बंसल इस पूरे विषय को दो भागों, विज्ञान में महिलाएँ और जेंडर विज्ञान में बाँट कर समझाती हैं। पहले भाग के सन्दर्भ में दीपिका ने विज्ञान के परम्परागत इतिहास में महिलाओं की अनुपस्थिति और उनके योगदान को भुलाने की प्रथा की ओर ध्यान आकर्षित किया है। वे लिखती हैं कि शोधकर्ताओं ने इसकी भी पड़ताल की है कि विज्ञान कैसे जेंडर–आइडियोलॉजी को सुदृढ़ करने में मदद करता है। परन्तु बात केवल महिलाओं की अनुपस्थिति और उनके योगदान को अनदेखा करने या छिपा/दबा देने की नहीं है। उनके अनुसार, आधुनिक विज्ञान की संस्कृति, उसके सिद्धान्त व नियम, कार्यप्रणाली और ज्ञान मीमांसा जैसे पहलुओं पर जेंडर या नारीवादी लेंस से नज़र डालने पर पता चलता है कि ये भी जेंडर विचारधारा से अछूते नहीं हैं। बंसल अपने पर्चे में अन्तर्राष्ट्रीय और कुछ हद तक राष्ट्रीय शोधों के आधार पर उदारवादी नारीवादी व रेडिकल नारीवादी परिप्रेक्ष्यों की बारीकियों पर चर्चा करती हैं। वे कहती हैं कि बात सिर्फ़ महिलाओं को विज्ञान में समान जगह दिलाने की नहीं है वरन् उसमें महिलाओं के लिए अतिरिक्त आकर्षण व विज्ञान के प्रति आलोचनात्मक दृष्टि विकसित करनी होगी। वे इस ज्ञान के मद्देनज़र स्कूली विज्ञान में किये जा सकने वाले प्रगतिशील परिवर्तनों के सुझाव भी अपने पर्चे में देती हैं।

लल्लन सिंह बघेल व *मनीष शर्मा* के पर्चे विज्ञान की दर्शनशास्त्रीय पडताल करते हैं व उसके मुक्तिदायक होने के प्रश्न को खँगालते हैं। इनमें से लल्लन का पर्चा ज्ञान मीमांसा की दृष्टियों के तहत विज्ञान के कार्य करने के ढंग को व उसके इन्सान व समाज के साथ रिश्ते को समझने का प्रयास करता है। उन्होंने अपने पर्चे में विभिन्न दार्शनिक बहसों के सन्दर्भ में यह सवाल उठाया है कि क्या विज्ञान के विकास को पूँजीवाद से पूरी तरह से अलग किया जा सकता है? या क्या हम कह सकते हैं कि असल में विज्ञान की प्रकृति ही है जो तकनीकी के ज्ञान के माध्यम से पूँजीवाद का निर्माण करती है? वे विज्ञान और मुक्ति व तकनीकी और पूँजीवाद के बीच के द्वन्द्वात्मक रिश्ते को भी उकेरते हैं। वे कहते हैं कि विज्ञान मुक्तिवाहक भी है पर साथ ही यह पूँजीवादी तार्किकता को भी सम्बलित करता है।

मनीष शर्मा का पर्चा विज्ञान की मूल्य निरपेक्षता, उसके मुक्ति वाहक होने और इसके भारतीय सन्दर्भ, परिस्थिति व निहितार्थ पर चर्चा करता है। मनीष कहते हैं कि विज्ञान मूल्य निरपेक्ष नहीं है व उस समय की राजनीतिक व अन्य व्यवस्थाओं पर निर्भर है। वे कहते हैं कि इस प्रश्न के सन्दर्भ में हम विज्ञान और पूँजीवाद के बीच के सम्बन्ध को नज़रअन्दाज़ नहीं कर सकते। मनीष कहते हैं कि एक ओर विज्ञान वैज्ञानिक मानसिकता से मनुष्य को तार्किकता व औचित्य के आधार पर निर्णय लेने की छूट व प्रेरणा देती है और दूसरी ओर यह इस सबको मशीन के हवाले कर मेहनतरहित जीवन को लक्षित करता है। कुल मिलाकर मनीष अपने पर्चे से यह इंगित करते हैं कि विज्ञान उस तरह की भूमिका नहीं अदा कर पा रहा जिसे मुक्ति वाहक कहा जा सके व इसे स्वयं के द्वारा निर्मित तकनीक के विनाशकारी परिणामों से मुक्त नहीं किया जा सकता।

फरहत बानू ने विज्ञान और इसके द्वारा समाज में वैज्ञानिक चेतना के प्रसार की पड़ताल की है। इस मायने में फरहत बानू व अन्य उपरोक्त चारों पर्चों में बुनियादी अन्तर है। फरहत विज्ञान क्या है जैसे प्रश्न की पड़ताल तो करती हैं परन्तु विज्ञान के समाजशास्त्र को छोड़ देती हैं यानी विज्ञान का ज्ञान दिया हुआ है और इससे वैज्ञानिक चेतना का प्रसार हो, यह आग्रह है। वे कहती हैं कि विज्ञान एक संज्ञानात्मक उपकरण है जो व्यक्ति को समस्त प्रकार से मुक्त होने की तार्किक शक्ति देता है। वे एक सुव्यवस्थित शिक्षा–प्रणाली, जिसमें विज्ञान न केवल उत्पादन का साधन मात्र बने बल्कि लोगों में वैज्ञानिक सोच भी विकसित करे, इसकी प्रस्तावना करती हैं। इसके लिए ग़ैर–बराबरी आधारित शोषणकारी सामाजिक परिस्थितियों में पहले बदलाव लाना ज़रूरी है। जब तक ऐसा नहीं होगा तब तक वैज्ञानिक शिक्षा की चुनौतियाँ बनी रहेंगी।

इस संकलन के अगले तीन पर्चें विज्ञान, उसके सामाजिक विवेचन और इनके विज्ञान की शिक्षा पर प्रभाव की चर्चा करते हैं। *भारती पण्डित* मानती हैं कि अच्छी विज्ञान शिक्षा समाज के विकास का साधन है। वे अशिक्षित और शिक्षित जनता में अन्धविश्वास, कुरीतियों, भेदभाव का कारण विज्ञान शिक्षण के तरीक़ों में और इसके द्वारा विज्ञान के आधारभूत कौशल विकसित न हो पाने में पाती हैं। वे कहती हैं कि विज्ञान के मूल में ही निहित है कि वह हर घटना को तर्क की कसौटी पर कसना सिखाता है,

वैज्ञानिक दृष्टिकोण विकसित करता है। इसीलिए वे पाठ्यचर्चा को एन.सी.एफ. 2005 के अनुरूप बनाने की सिफ़ारिश करती हैं। इसी क्रम का अगला पर्चा *कुलदीप पुरी* का सवाल उठाने की सिमटती ज़मीन पर और उसके शिक्षा–प्रक्रिया से सम्बन्ध पर केन्द्रित है। वे अलग–अलग स्तर की कक्षाओं के कुछ उदाहरण देते हैं जिनमें वह सवाल न पूछने देने की प्रवृत्ति को रेखांकित करते हुए इसके सीखने वालों पर होने वाले सम्भावित असर पर चिन्ता व्यक्त करते हैं।

हिमांशु श्रीवास्तव अपने पर्चे में समता और न्याय केन्द्रित शिक्षा के यथार्थ और सम्भावनाओं की तलाश करते हैं। इसके सन्दर्भ में वे पूँजीवादी व्यवस्था में विकसित हुए विज्ञान के शोषणकारी और अमानवीय परिणामों, जिसमें विकास के नाम पर हो रहे पर्यावरण संकट शामिल है, का ज़िक्र करते हैं। विज्ञान शिक्षा कैसी हो इसके लिए केरल शास्त्र साहित्य परिषद (KSSP) और होशंगाबाद विज्ञान शिक्षण कार्यक्रम (HSTP) की चर्चा करते हैं और एन.सी.ई.आर.टी. के विज्ञान शिक्षण पर लिखे आधार–पत्र का विश्लेषण प्रस्तुत करते हैं। उनके अनुसार HSTP और KSSP की तरह यह आधार–पत्र विज्ञान को एक मुक्तिकारी समाज बनाने की भूमिका में देखता है। वे विज्ञान पर कारपोरेट पूँजी की पकड़ और इस कारण उसके जनविरोधी होने की आलोचना करते हैं, परन्तु यह उम्मीद रखते हैं कि इस तरह पैदा हुए विज्ञान के प्रति आलोचनात्मक रुख़ रखते हुए और समाज के दबे वर्गों के साथ मिलकर उनके मुद्दों पर काम करने से विज्ञान मुक्तिकारी हो सकेगा।

इन तीनों प्रपत्रों में यह स्पष्ट है कि उन्हें विज्ञान की संस्कृति, प्रकृति, प्रणाली, पड़ताल प्रक्रियाओं पर संशय नहीं है। जिन मसलों की पड़ताल जावेद, दीपिका (समाजशास्त्रीय दर्शन से) और लल्लन व मनीष (दर्शन और ऐतिहासिक) सन्दर्भ में करते हैं वे इनके लिए महत्त्वपूर्ण नहीं हैं। ये मानते हैं कि सामाजिक, राजनीतिक परिस्थितियों को समझते हुए कार्य उपयुक्त व उपयोगी ढंग से किया जा सकता है। जैसे हिमांशु स्पष्ट रूप से कहते भी हैं कि वैकल्पिक रास्ते खोजे जा सकते हैं जिसमें सामाजिक व पर्यावरणीय न्याय को पूँजीवाद के बजाय सशक्त किया जा सकता है। कुलदीप व भारती इन मसलों का ज़िक्र नहीं करते व विज्ञान व उसकी

शिक्षा के कुछ पहलुओं को मूलतः एक सीमित पैडागॉजिकल लेंस के तहत ही समझने का प्रयास कर रहे हैं।

इस पुस्तक के तीसरे हिस्से में पाँच पर्चे हैं, ये प्राथमिक शाला शिक्षण से लेकर स्नातक स्तर की शिक्षा में विज्ञान शिक्षण के कुछ मसलों पर विमर्श करते हैं। इनमें से *सुभाष कुमार, अनुपम कुमार* और *सावित्री सिंह* का पर्चा और *अरविन्द* का पर्चा मुख्यतौर पर स्नातक स्तर की विज्ञान शिक्षा में शिक्षण प्रक्रिया व समावेशन के मसले को सामने रखता है। आई.आई.एस.ई.आर. में पढ़ाने वाले प्राध्यापक अरविन्द का लेख भारत में विज्ञान शिक्षण के विकास पर और उसमें स्थानीय भाषा की आवश्यकता पर है। लेखक भारत में विज्ञान में उच्च शिक्षा व अनुसन्धान कार्य के विकास की झलक देता है। अरविन्द कहते हैं कि देश में विज्ञान शिक्षा के भारतीय भाषाओं में व स्वयं विज्ञान शिक्षा के विकास में स्वतन्त्रता के बाद के कुछ दशक में महत्त्वपूर्ण प्रयास हुए। किन्तु एक ओर तो क्षेत्रीय भाषाओं में विज्ञान पढ़ाने की कोई प्रणाली विकसित नहीं हो पायी और दूसरी ओर इंजीनियरिंग व मेडिकल की व्यावसायिक प्रकृति व वैज्ञानिक बनने के बाद भविष्य की अनिश्चितता के चलते विज्ञान में रुचि कम होती गयी। वे कहते हैं कि इन चुनौतियों से जूझने के लिए भारत सरकार ने आई.आई.एस.ई.आर.स्थापित किये। उनका पर्चा इसी प्रश्न को खँगलाता है कि इन संस्थानों की स्थापना से विज्ञान शिक्षा में कुछ बड़े परिवर्तन की सम्भावना है या नहीं। उन्होंने इनमें से एक संस्थान में चुने गये विद्यार्थियों की पृष्ठभूमि का अध्ययन किया और पाया कि इसमें गाँव से आने वाले, ग़रीब पृष्ठभूमि वाले और क्षेत्रीय भाषाओं में विज्ञान पढ़े विद्यार्थी बहुत कम थे। इसके आधार पर यह कहा जा सकता है कि बहुत–से सम्भवतः अधिक मुनासिब और योग्य प्रवेशार्थी या तो चुने नहीं जाते या वह प्रवेश परीक्षा तक ही नहीं आते, हम बहुत थोड़े–से न्यादर्श में से ही चुनाव कर रहे हैं। वे कहते हैं कि आई.आई.एस.ई.आर. जैसे संस्थानों का न तो स्थानीय भाषाओं में कोई कार्यक्रम है और न ही वे आसपास के क्षेत्र से विज्ञान को बढ़ावा देने के लिए अन्तःक्रिया करते हैं। उनमें भारत में वैज्ञानिक विकास के ढंग पर भी कोई चर्चा नहीं होती और इस सबके कारण कुल मिलाकर यह संस्थान विज्ञान शिक्षा को फैलाने में उपयुक्त योगदान नहीं दे पाये हैं।

विज्ञान शिक्षण में प्रयोग के महत्त्व व भूमिका पर बहुत कुछ कहा गया है। सुभाष कुमार, अनुपम कुमार और सावित्री सिंह द्वारा लिखा गया लेख उच्च शिक्षा के सन्दर्भ में प्रयोग के स्थान की बात करता है। लेख उच्च कक्षाओं में विज्ञान शिक्षण की मौजूदा परिस्थिति और उसमें दिल्ली विश्वविद्यालय के आचार्य नरेन्द्र देव कॉलेज में किये जा रहे प्रयास का ज़िक्र करते हुए उस जैसे प्रयासों को विज्ञान शिक्षण के लिए सही दिशा बताता है।

लेखक कहते हैं कि अनुसन्धान और शिक्षक एक–दूसरे के बिना अपूर्ण हैं। वे कहते हैं कि शिक्षण के बिना अनुसंधान एक मृगमरीचिका का तालाब है जिसमें पानी का भ्रम होता है और अनुसन्धान के बिना शिक्षण गहरे ठहरे हुए बासी पानी का तालाब बन जाता है। वे यह भी कहते हैं कि लोगों का बीएस.सी., बी.ए. आदि में नौकरी दिला पाने का भरोसा न होने के कारण इंजिनियरिंग करने के लिए बहुत–से अधकचरी शिक्षा देने वाले कॉलेज भी खुल गये व युवाओं की भीड़ इनसे डिग्री लेकर निकली। इससे एक ओर तो उनकी रुचि और झुकाव का हनन हुआ साथ–साथ विज्ञान शिक्षा को भी नुक़सान हुआ। वे विज्ञान शिक्षण द्वारा अच्छे वैज्ञानिक बनाने की राह में विज्ञान शिक्षण में विद्यार्थी निष्क्रियता, बोरियत, रटन्त प्रक्रिया को बड़े रोड़े बताते हुए तर्क देते हैं कि अच्छे वैज्ञानिक बनने के लिए साहस, जिज्ञासा खोज–बीन के लिए आत्मविश्वास पैदा करने के लिए नरेन्द्र देव कालेज की थिंक लेब जैसी व्यवस्थाएँ, जिनमें विज्ञान शिक्षण व प्रायोगिक कार्य अन्तःसम्बन्धित हों, आवश्यक हैं। हमें विज्ञान की कक्षाओं में पुराने विचारों की प्रतिलिपि बनाने के स्थान पर नये और मूल विचारों के विकास का प्रयास करना चाहिए।

शोभा बाजपेई, किशोर पंवार व *भोलेश्वर* दुबे के पर्चे विज्ञान शिक्षण के दो विशेष पहलुओं यथा मूल्यांकन व शिक्षण में प्रयोग की महत्ता पर केन्द्रित हैं। किशोर पंवार और भोलेश्वर दुबे द्वारा लिखा पर्चा विज्ञान की शिक्षा में प्रयोगों के महत्त्व से शुरू होकर विज्ञान शिक्षण के लिए उपयोग में आ रही पाठ्यपुस्तकों में प्रयोगों के चुनाव व उनकी प्रस्तुति के ढंग का विश्लेषण करता है। स्कूल से शुरू करके महाविद्यालय तक विज्ञान शिक्षा के अलग–अलग स्तरों पर तीन दशकों से अधिक के प्रयोगों के सन्दर्भ में अपने अनुभव की मुख्य बातें वे उल्लेख करते हैं। वह कहते हैं कि आज विज्ञान शिक्षा की स्वीकृत नीति व राष्ट्रीय पाठ्यचर्या रूपरेखा 2005 के आधार पर विज्ञान व विज्ञान की शिक्षा के स्वरूप की

अपेक्षित छवि में व वास्तविक यथार्थ में बहुत बड़ी दूरी है। ऐसा नहीं है कि इसके लिए वैकल्पिक सुझाव नहीं दिये गये हैं, किन्तु न तो यह व्यापक तौर पर अन्य जगह व्यवहार में लाये गये और न ही इन्हें बरकरार रहने दिया गया। वे होशंगाबाद विज्ञान शिक्षण कार्यक्रम में जीवविज्ञान के प्रति दृष्टि व उसके कुछ प्रयोगों के उदाहरण, उनकी सरलता व स्कूलों में बच्चों के लिए सहज उपलब्धता का उल्लेख करते हैं। वे यह भी इंगित करते हैं कि प्रयोग करते रहने से उनमें और ज़्यादा सहजता आती है और उनका दायरा भी व्यापक होने के साथ–साथ पैना और केन्द्रित होता जाता है। अलग–अलग स्थानों पर अलग–अलग नये पहलू उभरने से शिक्षण, पाठ्यपुस्तक व पूरे शिक्षक–प्रशिक्षक–पाठ्यपुस्तक व पाठ्यक्रम रचयिता समूह में जोश बना रहता है।

शोभा बाजपेई मध्य प्रदेश के होशंगाबाद जिले में चले होशंगाबाद विज्ञान शिक्षण कार्यक्रम में 1980 के दशक से उसके 2003 में बन्द होने तक एक स्रोत शिक्षिका के रूप में जुड़ी रही थीं। उनका यह लेख विज्ञान शिक्षा में मूल्यांकन व शिक्षण से अन्तःसम्बन्ध पर एक भागीदार की नज़र से रोशनी डालता है। शोभा एक शिक्षिका की दृष्टि से शिक्षा नीतियों में व पाठ्यचर्या दस्तावेज़ों में विज्ञान शिक्षा के उद्देश्य व उसके लिए महत्त्वपूर्ण माने गये कौशलों व सीखने की प्रक्रियाओं को खँगालती हैं। वे उनमें कुछ मुख्य पहलुओं को रेखांकित करते हुए कहती हैं कि उच्च प्राथमिक स्तर पर पाठ्यक्रम को हल्का नहीं होना चाहिए पर उसमें प्रक्रिया की कुशलता पर ज़ोर देना चाहिए व इसीलिए मूल्यांकन परीक्षा की तरह नहीं होना चाहिए।

वे एन.सी.एफ. में दिये गये लक्ष्यों से परीक्षा के उद्देश्यों को जोड़कर निष्कर्ष निकालती हैं कि जाँच जानकारी याद रखने की नहीं वरन, अलग–अलग तरह की क्षमताओं की जाँच इस प्रकार हो सके कि उससे सीखने–सिखाने में मदद मिले। वे होशंगाबाद विज्ञान शिक्षण के अपने अनुभव के आधार पर विज्ञान मूल्यांकन के वैकल्पिक तरीक़े को प्रस्तुत करती हैं और उसमें आने वाली चुनौतियों व उसके कारण आने वाली व्यावहारिक दिक़्क़तों का विश्लेषण करती हैं। वे बताती हैं कि इस तरह की परीक्षा, चाहे वह लिखित हो चाहे प्रायोगिक, के लिए प्रश्न बनाने से लेकर परीक्षा की व्यवस्था करना और मूल्यांकन तक सामूहिक व केन्द्रित प्रयत्न आवश्यक हैं। वे यह भी कहती हैं कि परीक्षा के इस तरीक़े पर बहुत से लोगों की तीखी प्रतिक्रिया होती थी, वे इसके आधार को समझ

नहीं पाये और इसीलिए शायद उस कार्यक्रम के प्रयास को ही बन्द कर दिया गया। हालाँकि एन.सी.एफ. ने भी खुली परीक्षा प्रणाली का सुझाव दिया है। किन्तु ऐसा प्रयास शिक्षकों में विज्ञान शिक्षण की सही समझ की विकास के बाद ही किया जा सकता है।

हृदय कान्त दीवान का पर्चा विज्ञान शिक्षण के सार्वजनिक स्कूलों में रिफार्म के एक प्रयास का विश्लेषण है और यह इसमें कई सारे मसलों, जिनके बारे में संकलन के अन्य हिस्सों के पर्चों में बात हुई, की झलकियों को देखा जा सकता है। हृदय कान्त दीवान का पर्चा मध्य प्रदेश में सरकारी व्यवस्था की पार्टनरशिप में लम्बे समय तक चले विज्ञान शिक्षा में सुधार के प्रभाव का पुनरावलोकन, उनके अपने अनुभव व कार्यक्रम से जुड़े व्यक्तियों के साक्षात्कार पर आधारित है। पर्चे में लोगों की यादों में बसे कार्यक्रम की मुख्य विशेषताओं का उल्लेख है जिसमें विज्ञान और उसकी समझ में अन्तर के अलावा कई ऐसे पहलू हैं जिनमें कार्यक्रम की जड़ों का निर्माण किया। दीवान लिखते हैं कि शिक्षकों के लिए सबसे प्रमुख बात कार्यक्रम से जुड़े लोगों का व्यवहार था। जहाँ कार्यक्रम में प्रयोग करने पर ज़ोर था पर उससे ज़्यादा महत्त्व संवाद का, सवाल करने की छूट का, सहकार का, सहृदयता व निकटता का था। उन्होंने साक्षात्कारों के हवाले से बताया है कि अन्तःक्रिया में ज्ञान का आडम्बर नहीं था और सबका व्यवहार धैर्यपूर्ण था। शिक्षक प्रशिक्षण में बराबरी का माहौल व तीखी चर्चाएँ थीं यानी मित्रवत् माहौल किन्तु विज्ञान की अवधारणाओं व पैडागॉजी के साथ कोई ढील नहीं। दीवान इस कार्यक्रम को एक मूवमेंट मानते हैं जिसमें बहुत–से लोग स्वैच्छिकता से शामिल हुए। इनमें कई तरह के लोग थे जिन्होंने अलग–अलग योगदान किया।

दीवान कहते हैं कि इस कार्यक्रम से स्कूली विज्ञान शिक्षा की कल्पना व उसके संचालन के बारे में कई नये आयाम खुले। इसकी सबसे महत्त्वपूर्ण बात यह थी कि इस कार्यक्रम के साथ जुड़े शैक्षिक समूह ने सरकार के साथ अपनी शर्तों पर काम करना शुरू किया। हालाँकि इस प्रयास में राज्य के साथ सम्बन्ध बनते–बिगड़ते रहे परन्तु इसे ढाँचे का भाग बनाने में थोड़ी बहुत सफलता मिली और कई बातें काफ़ी लम्बे समय तक जारी रहीं। दीवान कहते हैं कि इसमें मिली सफलता ढाँचे का हिस्सा नहीं बन पाई और शायद बन भी नहीं सकती थी। शायद जो हो पाया वह ऐसा असाधारण घटनाक्रम था जो दोहराया नहीं जा सकता।

हमें उम्मीद है कि यह संकलन विज्ञान व विज्ञान पर हिन्दी में हो रहे विमर्श को पुख़्ता करेगा और बहुत से अन्य लोगों को भी हिन्दी में सोचने, अनुभवों को व्यक्त करने व उनका विश्लेषण करने में मदद करेगा।

–हृदय कान्त दीवान
साधना सक्सेना

सन्दर्भ सूची

1. रिपोर्ट ऑफ़ द नेशनल कमीशन ऑन एजुकेशन 1964–66, एजुकेशन एंड नेशनल डेवलपमेंट, जनरल प्रॉबल्मस वाल्यूम 1 रिप्रिंट 1970 एन.सी.ई.आर.टी. दिल्ली। (पेज 41 पैरा 7), पेज 396 16.15 (पेज 9 1.23,1.24 पेज 25), 1.69 पेज 27, 1.74 पेज 30–31, (1.80 से 1.84 समरी 4.5 पेज 36)।
2. रिपोर्ट ऑफ़ द नेशनल कमीशन ऑफ़ एजुकेशन 1966, पार्ट 1 एंड पार्ट 2 मिनिस्ट्री ऑफ़ एजुकेशन ऑफ़ इंडिया।
3. दीवान एच.के.प्रेजेंटेशन मेड इन दी वर्कशॉप इन आई.आई.एस.ई.आर. मोहाली, एंगेजिंग साइंस कनवरशेसेन एक्रॉस डिसीप्लेनस, नवम्बर, 2019
4. ए) नन्दी आशीष, काउंटर स्टेटमेंट ऑन 'ह्युमेनिस्टक टेम्पर' (मेनस्ट्रीम अक्टूबर, 10,1981)

   बी) नन्दी आशीष, साइंस एज ए रीजन ऑफ ए स्टेट इन, साइंस हेजेमनी एंड वायलेंस : ए रिक्यिूम फ़ॉर वायलेंस, 1990 ऑक्सफोर्ड। http://www.arvindguptatoys.com/ arvindgupta/ hegemony-nandy.pdf
5. हक्सर,पी.एन., रामन्ना, आर., भार्गव,पी.एम. (1981, जुलाई 25), 'ए स्टेटमेंट ऑन साइंटिफ़िक टेम्पर', मेनस्ट्रीम, पेज 6–9, जुलाई 1981
6. ए) शिवा वन्दना 1981। मिथ ऑफ़ साइंटिफ़िक मैथड, मेनस्ट्रीम, पेज 9–10। दिसम्बर 1981

   बी) शिवा वन्दना 1988, रिडक्सटनिस्ट साइंस एज एपीस्टेमोलोजिकल वायलेंस, इन साइंस हेजेमनी एंड वायलेंस–ए रिक्यिूम फ़ॉर वायलेंस, 1990 ऑक्सफोर्ड। http://www.arvindguptatoys.com/ arvindgupta/ hegemony-nandy.pdf
7. ए थपलियाल, मानसी नवानी 2012। द *आइडिया ऑफ़ साइंटिफ़िक टेम्पर एंड साइंस एजुकेशन : सम रिफेलेक्शन ऑन 'पीपुल्स साइंस' डिस्कोर्स इन इंडिया अनपब्लिशड* पेपर
8. वर्मा रोली, 2001, पीपुल्स साइंस मूवमेंट एंड साइंस वार्स? इकोनोमिक एंड पॉलिटिकल वीकली, 4796–4802, 2001

आभार

'शिक्षा के सरोकार' शृंखला की दूसरी संगोष्ठी के आयोजन में अज़ीम प्रेमजी विश्वविद्यालय और भारतीय विज्ञान शिक्षा और अनुसन्धान संस्थान, मोहाली (आइसर) के अनेक साथियों का सक्रिय सहयोग मिला।

भारतीय विज्ञान शिक्षा और अनुसन्धान संस्थान, मोहाली (आइसर) से सम्बद्ध अनेक व्यक्तियों ने तीन दिवसीय सेमिनार के संचालन में आयोजकों की मदद की। संस्थान के कई प्राध्यापकों ने इस आयोजन को सम्भव बनाने में महती भूमिका अदा की है। यहाँ तक कि *प्रोफ़ेसर अरविन्द* के प्रयासों से इसके समानान्तर संगोष्ठी पंजाबी भाषा में भी आयोजित हुई। हम आइसर के संचालक, प्राध्यापकों, स्वयंसेवक विद्यार्थियों, तकनीकी व अन्य व्यवस्थाओं में लगे कर्मचारियों के हृदय से आभारी हैं। उनके प्रयासों ने ही इस संगोष्ठी को सम्भव और सफल बनाया। इस संगोष्ठी के लिए विषय परिसीमन से लेकर पर्चों को अन्तिम रूप देने तक में दिल्ली विश्वविद्यालय की पूर्व प्राध्यापिका *डॉ. साधना सक्सेना* का अकादमिक सहयोग निरन्तर उपलब्ध रहा है।

अज़ीम प्रेमजी विश्वविद्यालय की 'अनुवाद पहल' टीम के सदस्य *राजेश उत्साही* और *रंजना सिंह* ने पूर्व की भाँति शुरुआत से ही इस आयोजन की ज़िम्मेदारी सँभाली। सम्भावित सहभागियों तक सन्देश पहुँचाना, उन्हें संगोष्ठी के मक़सद, मसौदे व रूपरेखा के बारे में बताकर इस प्रक्रिया में सहभागी होने के लिए तैयार करना। संगोष्ठी के लिए पर्चों के भावी लेखकों से निरन्तर सम्पर्क में रहते हुए संगोष्ठी में पढ़े जाने वाले आलेखों की रूपरेखा मँगवाने, प्राप्त रूपरेखा पर उन्हें समीक्षकों की टिप्पणियों से अवगत करा कर लेख को अन्तिम रूप दिलाने व स्वीकृत आलेखों को

व्यवस्थित करने के साथ–साथ संगोष्ठी की व्यवस्था सँभालने में उन्होंने महती भूमिका निभायी। इस संकलन की कॉपी एडीटिंग में *कविता तिवारी* का उल्लेखनीय योगदान है।

हम उन सब लेखकों के भी आभारी हैं, जिन्होंने कई–कई बार धैर्यपूर्वक अपने पर्चे को सुझावों के अनुरूप संशोधित व परिमार्जित किया।

इस तरह का कोई भी अकादमिक कार्यक्रम तभी सम्भव हो पाता है जब उसके लिए आवश्यक सभी व्यवस्थाएँ अपेक्षानुसार कार्य करें। इसमें अज़ीम प्रेमजी विश्वविद्यालय एवं आइसर दोनों की व्यवस्था टीम के सदस्य अभिवादन और धन्यवाद के पात्र हैं। उनके बिना यह बृहद् आयोजन कर पाना सम्भव नहीं था।

सम्पादक परिचय

हृदय कान्त दीवान

अज़ीम प्रेमजी विश्वविद्यालय, बेंगलूरु में प्राध्यापक के पद पर कार्यरत हैं। वे अज़ीम प्रेमजी विश्वविद्यालय के 'अनुवाद पहल' कार्यक्रम से जुड़े हुए हैं।

ई–मेल : hardy@azimpremjifoundation.org

साधना सक्सेना

डेढ़ दशक तक किशोर भारती संस्था के साथ मध्य प्रदेश में ग्रामीण शिक्षा का काम करने के पश्चात लगभग दो दशक तक दिल्ली विश्वविद्यालय के शिक्षा विभाग में अध्यापन किया। शिक्षा विभाग की हेडशिप और डीनशिप भी सँभाली। वर्तमान में आइसर (IISER), मोहाली में विजिटिंग प्रोफ़ेसर के पद पर कार्यरत।

ई–मेल : sadhna1954@gmail.com

राजेश उत्साही

अज़ीम प्रेमजी विश्वविद्यालय, बेंगलूरु में 'अनुवाद पहल' कार्यक्रम में वरिष्ठ हिन्दी सम्पादक हैं। वे विश्वविद्यालय के टीचर्स ऑफ़ इंडिया पोर्टल के हिन्दी सम्पादक भी रहे हैं। वे लम्बे समय तक बाल साहित्य के क्षेत्र में कार्यरत रहे हैं।

ई–मेल : utsahi@azimpremjifoundation.org

लेखकों की संस्थागत सम्बद्धता

1. **साधना सक्सेना**
विजिटिंग प्रोफ़ेसर, आइसर (IISER), मोहाली
ई–मेल : sadhna1954@gmail.com

2. **गुरजीत कौर**
अध्यापक प्रशिक्षण एवं अनौपचारिक शिक्षा विभाग, शिक्षा संकाय, जामिया मिल्लिया इस्लामिया, केन्द्रीय विश्वविद्यालय, दिल्ली
ई–मेल : gurjeet_edu@yahoo.co.in

3. **रमा कान्त अग्निहोत्री**
विद्या भवन शिक्षा सन्दर्भ केन्द्र, विद्या भवन सोसायटी, उदयपुर (राजस्थान); पूर्व प्राध्यापक, भाषा विज्ञान विभाग, दिल्ली विश्वविद्यालय, दिल्ली
ई–मेल : agniirk@yahoo.com

4. **भोलेश्वर दुबे**
पूर्व प्राध्यापक वनस्पतिविज्ञान, आदर्श शासकीय होल्कर विज्ञान महाविद्यालय, इन्दौर, मध्य प्रदेश
ई–मेल : dubebholeshwar@gmail.com

5. **किशोर पंवार**
पूर्व प्राध्यापक वनस्पतिविज्ञान एवं विभागाध्यक्ष बीज तकनीकी, आदर्श शासकीय होल्कर विज्ञान महाविद्यालय, इन्दौर, मध्य प्रदेश
ई–मेल : kishore.panwar@gmail.com

6. **लल्लन सिंह बघेल**
दर्शनशास्त्र विभाग, पंजाब विश्वविद्यालय, चण्डीगढ़
ई–मेल : lallanbaghel@gmail-com

7. **कुलदीप पुरी**
सेवानिवृत्त प्राध्यापक, शिक्षा विभाग, पंजाब विश्वविद्यालय, चण्डीगढ़
ई–मेल : kuldip.puri@gmail.com

8. **हिमांशु श्रीवास्तव**
होमी भाभा विज्ञान शिक्षा केन्द्र, मुम्बई से पीएच. डी. कर रहे हैं। वर्तमान में म.प्र. के होशंगाबाद जिले के एक आदिवासी–बहुल इलाके में शिक्षा के क्षेत्र में कार्यरत हैं।
ई–मेल : srihim@gmail.com

9. **मोहम्मद जावेद हुसैन**
शैक्षिक अध्ययन विभाग, शिक्षा संकाय, जामिया मिल्लिया इस्लामिया, केन्द्रीय विश्वविद्यालय, दिल्ली
ई–मेल : mjhussainjmi@gmail.com

10. **भारती पण्डित**
अज़ीम प्रेमजी फ़ाउंडेशन, भोपाल, मध्य प्रदेश
ई–मेल : bharti.pandit@azimpremjifoundation.org

11. **मनीष शर्मा**
सीनियर रिसर्च फैलो, दर्शनशास्त्र विभाग, पंजाब विश्वविद्यालय, चण्डीगढ़
ई–मेल : outsidermanish@gmail.com

12. **फरहत बानू**

वनस्पतिशास्त्र विभाग, राजकीय कन्या महाविद्यालय, उदयपुर, राजस्थान

ई–मेल : farhatbanu62@gmail.com

13. **दीपिका बंसल**

सेंटर ऑफ़ एक्सीलेंस इन टीचर एजुकेशन, टाटा इंस्टीट्यूट ऑफ़ सोशल साइंसेज, मुम्बई

ई–मेल : deebans.88@gmail.com

14. **सुभाष कुमार**

भौतिकी विभाग, आचार्य नरेन्द्र देव कॉलेज (दिल्ली विश्वविद्यालय), गोविन्दपुरी, कालकाजी, नयी दिल्ली–110019

ई–मेल : subhashkumar@andc.du.ac.in

15. **अनुपम कुमार**

हिन्दी विभाग, रामानुजन कॉलेज (दिल्ली विश्वविद्यालय), कालकाजी, नयी दिल्ली–110019

ई–मेल : anupamhh@gmail.com

16. **सावित्री सिंह**

पूर्व प्रिंसिपल, आचार्य नरेन्द्र देव कॉलेज (दिल्ली विश्वविद्यालय), गोविन्दपुरी, कालकाजी, नयी दिल्ली–110019

ई–मेल : singh.savithri53@gmail.com

17. **हृदय कान्त दीवान**

अज़ीम प्रेमजी विश्वविद्यालय, बेंगलूरु

ई–मेल : hardy@azimpremjifoundation.org

18. **अरविन्द**

कुलपति, पंजाबी विश्वविद्यालय, पटियाला, पंजाब एवं प्राध्यापक, आइसर (IISER), मोहाली

ई–मेल : arvind@iisermohali.ac.in

19. **शोभा बाजपेई**

पूर्व सहायक शिक्षिका, शासकीय हाई स्कूल, ऊड़ा, हरदा, मध्य प्रदेश

ई–मेल : bajpai.shobha@gmail.com

अध्याय–1

विज्ञान शिक्षा और भाषा के प्रश्न

साधना सक्सेना

इस पर्चे में भाषा सम्बन्धी व्यापक मुद्दों जैसे भारत में भाषायी विविधता, उसकी राजनीति और औपनिवेशीकरण के कारण अंग्रेज़ी के वर्चस्व के सन्दर्भ में विज्ञान शिक्षण की भाषा को समझने का प्रयास किया गया है। दूसरी ओर 'विज्ञान की भाषा' और 'विज्ञान में भाषा' जैसे शीर्षकों के तहत तकनीकी भाषा की ज़रूरत और इसके बनने के इतिहास को भी प्रस्तुत किया गया है। इस सन्दर्भ में अन्य अन्तर्राष्ट्रीय भाषाओं जैसे रूसी, जापानी, जर्मन, स्पेनिश, चीनी इत्यादि में वैज्ञानिक शोध लेखन के लम्बे इतिहास के बावजूद तत्कालीन समय में अंग्रेज़ी के उभरते हुए वर्चस्व पर भी चर्चा की गयी है। लेखिका के लिए भारतीय भाषाओं में विज्ञान शिक्षण सिर्फ़ व्यावहारिक प्रश्न नहीं है वरन इसमें सिद्धान्त के प्रश्न भी शामिल हैं।

यह पर्चा तीन भागों में विभाजित है। पहले भाग में, संक्षेप में भारत की भाषायी विविधता, संवैधानिक भाषाएँ, मातृभाषा व स्कूली शिक्षा और उच्च शिक्षा में अंग्रेज़ी माध्यम पर ज़ोर इत्यादि मुद्दों पर चर्चा की गयी है। इसके साथ ही, उच्च शिक्षा को बहुभाषी बनाने की सिफ़ारिश व रोज़गार तथा सामाजिक–आर्थिक गतिशीलता के लिए अंग्रेज़ी माध्यम की बढ़ती माँग को समझने की कोशिश की गयी है।

पर्चे के दूसरे भाग में विज्ञान पढ़ने/पढ़ाने की भाषा से सम्बन्धित मुद्दों को उठाया गया है जैसे– विज्ञान की शिक्षा किस भाषा में होना बेहतर है विशेषकर, सीखने और ज्ञान के सृजन व सम्प्रेषण की दृष्टि से। वर्तमान की वास्तविकता क्या है, विज्ञान के ज्ञान सृजन में, शोध पत्रों के छपने आदि में अन्तर्राष्ट्रीय स्तर पर बढ़ते अंग्रेज़ी के वर्चस्व के क्या परिणाम हैं?

पर्चे के तीसरे भाग में तीन मसलों पर चर्चा की गयी है। पहला, भाषा मात्र ज्ञान के सम्प्रेषण का उदासीन माध्यम नहीं है। विज्ञान में भाषा की भूमिका ज़्यादा जटिल (Complex) है। जैसे– संकल्पनाओं के अधिग्रहण में भी भाषा की अहम् भूमिका है। दूसरा, भाषा के रोज़मर्रा के शब्द जब विज्ञान में लाये जाते हैं तो उनका अलग और ख़ास अर्थ होता है। रोज़मर्रा के अर्थ से बिल्कुल भिन्न होने के कारण कई बार वैज्ञानिक संकल्पना समझने में उलझन भी पैदा हो सकती है। तीसरा, यह भी समझना ज़रूरी है कि विज्ञान की शब्दावली (Terminology) विज्ञान के विकास के साथ–साथ ही विकसित होती है। इसलिए ऐसी भाषाएँ जिनमें विज्ञान का विकास नहीं हुआ पर आज उन भाषाओं में वैज्ञानिक ज्ञान को अनूदित किया जा रहा है, शब्दावली का अनुवाद दिक़्क़त पैदा करता है। इस भाग में इन्हीं विषयों पर चर्चा की गयी है।

भाग-1 : भारत में भाषायी मसले

शैक्षिक अनुभवों ने यह दिखाया है कि बच्चों की शुरुआती शिक्षा मातृभाषा में ही होनी चाहिए। बुनियादी शिक्षा के सन्दर्भ में महात्मा गाँधी ने यह बात बहुत पहले ही कही थी। स्कूली शिक्षा पर गठित समितियों और कमीशनों में भी इसकी सिफ़ारिश की गयी। नेशनल करिकुलम फ्रेमवर्क (NCF : 1.3, 2005) में भी इस पर ज़ोर दिया गया है। विभिन्न अकादमिक शोधों में भी इस बात की पुष्टि की गयी है कि प्राथमिक और पूर्व प्राथमिक स्तर की कक्षाओं में पढ़ाई का माध्यम मातृभाषा ही होना चाहिए (बाल, 2011)। इसके बावजूद विभिन्न आर्थिक, व्यवहारिक और बाज़ार में अंग्रेज़ी के बढ़ते प्रभाव जैसे कारणों के चलते वास्तविकता में ऐसा हुआ नहीं है।

इसके विपरीत उच्च शिक्षा, ख़ास तौर से महाविद्यालयीन और विश्वविद्यालय स्तर की शिक्षा किस भाषा में हो इस पर इतनी स्पष्टता नहीं रही है। उच्च शिक्षा में ज्ञान हासिल करने के साथ–साथ ज्ञान का सृजन

व शोध करना और पढ़ कर सीखने में आत्मनिर्भर होना भी अपेक्षित है। इसलिए ऐसी भाषा/भाषाओं में पारंगत होना ज़रूरी हो जाता है जिसमें/जिनमें अन्तर्राष्ट्रीय स्तर का ज्ञान और शोध उपलब्ध हो। ऐतिहासिक कारणों से भारत में यह भाषा अंग्रेज़ी है।

उच्च शिक्षा का एक अन्य अहम् उद्देश्य एक ऐसे इन्सान का निर्माण भी है जो भाषा, राष्ट्र इत्यादि जैसी हदें पार कर अपनी समझ और विश्वदृष्टि बनाने में सक्षम होगा। पर, इसी विमर्श में भाषा से जुड़े कई और मसले भी गुँथे हुए हैं। जैसे, भाषा मात्र एक साधन या माध्यम नहीं है। प्रसिद्ध समाजशास्त्री सतीश देशपाण्डे के शब्दों में कहें तो, "भाषा मूक (inert) नहीं है, वह विचारों को और विश्वदर्शन (world view) को आकार भी देती है (केन्द्रीय शिक्षा संस्थान, वक्तव्य, 5/9/19)।" यानी, भाषा एक वाहन नहीं है जिस पर चढ़ कर ज्ञान का प्रसार होता है। भाषा के प्रश्न ज्ञान के सृजन और प्रसार के अलावा लोगों की संस्कृति, अस्मिता, सामाजिक हैसियत, राष्ट्रीयता और बाज़ार की माँग जैसे मुद्दों से भी गहराई से जुड़े हैं। किसी भी विषय के अकादमिक विमर्श से जुड़ने और उस विषय को उच्च स्तर पर पढ़ने–पढ़ाने की औपचारिक भाषा क्या हो इन प्रश्नों से जूझने के लिए उपरोक्त सभी मुद्दों को ध्यान में रखना या उनके सन्दर्भ में सोचना भी ज़रूरी होगा। उदाहरणार्थ उच्च शिक्षा में विज्ञान पढ़ाने की भाषा अंग्रेज़ी हो, पर कक्षाओं में संवाद की भाषा स्थानीय भाषाएँ हों, क्या यह एक अच्छी नीति/रणनीति हो सकती है? यह कैसे तय होगा और कौन तय करेगा?

ऐतिहासिक सन्दर्भ में अंग्रेज़ी

बहुत बार यह प्रश्न पूछा जाता है कि जापान, चीन, रूस या कोरिया जैसे देशों में विज्ञान वहीं की भाषाओं में कैसे विकसित हुआ और पढ़ाया भी जाता है?[1] भारत में ऐसा क्यों नहीं हुआ व क्या आज यह सम्भव है? इन प्रश्नों का उत्तर ढूँढ़ने के लिए निम्नलिखित मसलों की ओर ध्यान देने की ज़रूरत है :

1. यहाँ आज के सन्दर्भ में एक अन्य बात नोट करना भी ज़रूरी है। ट्रअनर–कोरास (2005) के लेख के अनुसार असल में अब हर देश के अधिकतर वैज्ञानिकों के द्वारा शोध प्रपत्र अंग्रेज़ी में ही छपवाये जा रहे हैं। वे लिखते हैं कि 2012 के एक अध्ययन में यह पाया गया कि 239 देशों के 21,000 प्रपत्रों में से 80 प्रतिशत पूरी तरह से अंग्रेज़ी में थे। इसका एक सबसे महत्त्वपूर्ण कारण है कि अंग्रेज़ी में न लिखे जाने पर शोध पत्रों की पहुँच बहुत सीमित हो जाती है।

- रूस, चीन, जापान या कोरिया से अलग भारत एक औपनिवेशिक देश रहा है (शुक्ला, 1996)। आधुनिक स्कूली और उच्च शिक्षा के उदय, प्रसार और विकास में औपनिवेशिक सरकार और उसकी नीतियों का बड़ा हाथ रहा है (देसाई, 1976)। इसलिए औपनिवेशिक सरकार की ज़रूरतों के अनुसार शिक्षा की भाषा तय हुई। औपचारिक शिक्षा का प्रसार और अंग्रेज़ी माध्यम, औपनिवेशिक राज्य के निम्न स्तरीय प्रशासनिक अधिकारियों की ज़रूरतों से जुड़े थे। इसने अंग्रेज़ी के महत्त्व को पुख़्ता किया।
- आज़ादी के पहले राजा राममोहन राय जैसे नेताओं ने भी उच्च शिक्षा का माध्यम अंग्रेज़ी रखने की पैरवी की थी (नायक और नरूला 1976)। वहीं मिश्रा (2007) अपने निबन्ध 'नेहरू एंड द लैंग्वेज क्वेश्चन' में लिखते हैं कि उन्नीसवीं सदी के नेता जैसे बाल गंगाधर तिलक, साहित्यकार जैसे प्रेमचन्द, भाषाविद जैसे सुनीति कुमार चटर्जी सभी ने एक राष्ट्र एक भाषा की ज़ोरदार पैरवी की। हालाँकि स्वतन्त्रता से पहले कई राष्ट्रवादियों का ज़ोर भारतीय भाषाओं में शिक्षा देने का रहा था परन्तु स्वतन्त्रता के बाद इनका रुख़ भी बदला था। इन्हीं में से कई नेताओं ने शिक्षा का माध्यम, प्रारम्भिक शिक्षा के बाद, अंग्रेज़ी रखने की पैरवी की (नायक और नरूला, 1976)। इसके मिश्रित कारण रहे होंगे जैसे अंग्रेज़ी का रुतबा, पूरे देश में संवाद की सहूलियत, ज्ञान और रोज़गार का ज़रिया इत्यादि।
- यह तथ्य भी ध्यान में रखना ज़रूरी है कि स्वतन्त्रता के पूर्व से ही भारत का अभिजात और प्रभुत्व वर्ग विज्ञान, प्रौद्योगिकी और क़ानून की उच्च शिक्षा प्राप्त करने के लिए विदेशी विश्वविद्यालयों ख़ासतौर से इंग्लैंड में पढ़ने जाता रहा। इस वर्ग के बच्चे स्वतन्त्रता–पूर्व से ही अभिजात पब्लिक स्कूलों में पढ़े जिसका महत्त्व हमेशा समाज के हर क्षेत्र में हावी रहा। इन सभी कारकों से अंग्रेज़ी भाषा की जड़ें औपचारिक शिक्षा और प्रशासन में आज़ादी से पहले ही गहरी हो चुकी थीं।
- मिश्रा (2007) लिखते हैं कि 19वीं सदी में भारत की क्षेत्रीय भाषाओं का तेज़ी से विकास हुआ। उसमें उत्कृष्ट साहित्य का सृजन हुआ, शब्दकोश बने, मानकीकरण हुआ और बुद्धिजीवियों का अपनी

भाषा से जुड़ी अस्मिता का निर्माण हुआ। इस प्रकार जहाँ राष्ट्रीय और अन्तर्राष्ट्रीय स्तर पर भारत की भाषा के रूप में अंग्रेज़ी का आधिपत्य रहा वहीं क्षेत्रीय स्तर पर क्षेत्रीय भाषाओं का।

पर इतना ही महत्त्वपूर्ण तथ्य यह भी है कि अन्य देशों की तुलना में भारत भाषायी दृष्टि से एक अत्यन्त समृद्ध, जटिल और चुनौतीपूर्ण क्षेत्र रहा है। विभिन्न क्षेत्रों की अभिजात वर्ग की भाषाएँ और आमजनों, मज़दूरों, किसानों की भाषाएँ भी अलग–अलग रही हैं और उनमें सत्ता–असन्तुलन रहा है। मेहनतकश लोगों की भाषाएँ, जो आमतौर पर मुखाग्र, पर सम्पन्न भाषाएँ रहीं, वे उनके बोलने वालों की तरह ही पीछे छूटती रही हैं। अनेक भाषा–विशेषज्ञों और शिक्षाशास्त्रियों ने इन मसलों पर शोध किया है और विविधता को चुनौतीपूर्ण, पर सांस्कृतिक समृद्धि का स्रोत भी माना है (कृष्णा, 1991; गुप्ता और अब्बी 1995)।

- नीतिगत दृष्टि से, स्वतन्त्रता के बाद, साठ के दशक में काफ़ी जद्दोजहद के बाद, जब हिन्दी को राष्ट्रभाषा बनाने का प्रयास हुआ तो ख़ासतौर से दक्षिण के राज्यों में इसका विरोध हुआ। 1963 में तमिलनाडु में तो विरोध हिंसक भी हुआ और स्पष्ट हुआ कि भारत जैसे देश में कोई एक राष्ट्रीय भाषा थोपी नहीं जा सकती (मिश्रा, 2007)। इस तीखी प्रतिक्रिया के बाद भाषायी आधार पर राज्यों के पुनर्गठन ने कुछ शान्ति स्थापित की जिससे न केवल क्षेत्रीय भाषाओं (अस्मिता) का रुतबा बढ़ा, वरन वे राज्य स्तर पर काम–काज की भाषाएँ भी बनीं (बोरीस 1986; मिश्रा, 2007)।
- साथ ही संविधान सभा (Constituent Assembly) के निर्णय ने कि अगले कुछ वर्षों तक एक राष्ट्रभाषा विकसित की जायेगी और संविधान लागू होने की तारीख़ से 15 सालों तक अंग्रेज़ी सम्पर्क–भाषा के रूप में स्वीकृत मानी जायेगी, उस समय के संकट को टाला। वैसे, अनौपचारिक रूप से, अंग्रेज़ी का एक सम्पर्क भाषा के रूप में रुतबा इस औपचारिक निर्णय से पहले बन चुका था। 15 वर्षों के बाद यानी 1965 आने तक अंग्रेज़ी की पैठ और गहरी हुई और सम्पर्क भाषा बनाये रखने का फ़ैसला 10 साल तक बढ़ा दिया गया था। यह वह समय था जब नेहरू, जिन्होंने हिन्दुस्तानी को राष्ट्रभाषा बनाने की पैरवी की थी, इस दुनिया से

जा चुके थे और राष्ट्रभाषा का मसला अनसुलझा ही रहा। अंग्रेज़ी की बखत वास्तव में बढ़ती गयी। आज सामाजिक गतिशीलता के लिए अंग्रेज़ी भाषा पर पकड़ एक आवश्यकता बन गयी है।

- भारत की भाषायी विविधता के चलते 1964 में बने राष्ट्रीय शिक्षा आयोग ने, जिसे आमतौर पर कोठारी आयोग कहा जाता है, 'त्रिभाषा सूत्र' की नीति प्रस्तावित की थी। इसके अन्तर्गत हर स्कूली विद्यार्थी से अपेक्षित था कि वह अपनी क्षेत्रीय भाषा के अलावा कम–से–कम एक अन्य क्षेत्रीय भाषा सीखेंगे। इस सूत्र के भाषायी विकल्पों में संस्कृत को शामिल कर देने के बाद ज़्यादातर हिन्दी भाषियों ने कोई भी अन्य क्षेत्रीय भाषा, ख़ासतौर से दक्षिण भारतीय भाषा, नहीं सीखी। कोठारी आयोग के बाद आयी हर शिक्षा नीति में त्रिभाषा सूत्र को शामिल किया गया परन्तु पठन सामग्री, शिक्षकों की कमी और आर्थिक अवरोधों के कारण इसके अपेक्षित परिणाम नहीं मिले। इसके अलावा, त्रिभाषा सूत्र की भाषा नहीं होते हुए भी अंग्रेज़ी का महत्त्व बढ़ता ही गया।

गुप्ता आदि (1995) के अनुसार भारतीय भाषाओं की सत्ता और हैसियत का अनुक्रम बनाने में संविधान के आठवें अनुच्छेद की भी अहम भूमिका रही है। इस अनुच्छेद में भारत की सैकड़ों भाषाओं में से चुन कर पहले मात्र 14 और फिर बढ़ा कर 22 भाषाओं को सरकारी मान्यता दी गयी। पहले दौर के बाद, स्थानीय संघर्षों के परिणामस्वरूप, आठ अन्य भाषाओं को संवैधानिक मान्यता मिली और उन्हें भी संविधान के आठवें अनुच्छेद में शामिल किया गया। भाषाविज्ञानी गुप्ता और अब्बी (1995) लिखती हैं कि हालाँकि इस मान्यता के मिलने से आर्थिक उपलब्धि मात्र कुछ लाख रुपये की ही होती थी, परन्तु इससे भाषा का रुतबा, सत्ता और ताकत बढ़ती है। साथ ही संवैधानिक रूप से मान्य भाषा सरकारी काम–काज और शिक्षा की भाषा भी बनती है। इसी सन्दर्भ में अग्रवाल (1995) कहते हैं कि पहले उन्हें आश्चर्य होता था कि उनके राज्य मणिपुर में मणिपुरी भाषा को आठवें अनुच्छेद में शामिल करने को लेकर इतने आन्दोलन क्यों होते रहे और मणिपुरी भाषा के इसमें शामिल होने के बाद भी आन्दोलन क्यों जारी रहे? उन्हें इस वस्तुस्थिति के कारण भाषा को लेकर उससे जुड़े व्यापक दायरे को समझने की ज़रूरत हुई जो न केवल अस्मिता और संस्कृति

जैसे मसलों से जुड़ी है, बल्कि संसाधनों पर नियन्त्रण, न्याय, ग़ैर–बराबरी और सत्ता के असन्तुलन जैसे बुनियादी मसलों से भी जुड़ी है (अग्रवाल, 1995)। उनके अनुसार, "इस फ्रेमवर्क से देखने पर 1652 मातृभाषाओं वाला यह देश 'एक सामाजिक भाषायी दैत्य (A Sociolinguistic Giant)' या 'एक भाषायी पागलखाना' नहीं दिखेगा, बल्कि समृद्ध भाषायी विविधता में शायद वैकल्पिक विश्वदर्शन, सामाजिक न्याय का अहसास और अपने प्राकृतिक और सांस्कृतिक पर्यावरण के साथ सामंजस्य बना कर जीने का स्रोत दिखेगा।" (222)

भाषा और संस्कृति व अस्मिता के मसलों की गहरी समझ के बावजूद उच्च स्तरीय शिक्षा पर बने राधाकृष्ण कमीशन (1948–49) ने भी महाविद्यालयों और विश्वविद्यालयों में शिक्षा के लिए अंग्रेज़ी माध्यम और बाद में धीरे–धीरे क्षेत्रीय भाषाओं में शिक्षण करने की सिफ़ारिश की थी। कोठारी आयोग (1964–66) ने स्कूली शिक्षा क्षेत्रीय भाषाओं में करने की सिफ़ारिश की थी। शायद इसके फलस्वरूप और उच्च शिक्षा के प्रसार के कारण, अस्सी का दशक आते–आते उच्च शिक्षा का माध्यम एक भाषायी, जो अंग्रेज़ी होती थी, से बदल कर दो या बहुभाषायी होना शुरू हुआ (जयराम, 1993)। परन्तु जयराम यह भी बताते हैं कि इंजीनियरिंग, विज्ञान और औषधि–विज्ञान की शिक्षा में अंग्रेज़ी का ही आधिपत्य रहा। यह भी स्पष्ट था कि कला और मानविकी के विद्यार्थियों की तुलना में विज्ञान, प्रौद्योगिकी और सम्बन्धित विषयों के विद्यार्थियों ने भी हिन्दी या अन्य क्षेत्रीय भाषाओं को ज्यादा महत्त्व नहीं दिया। अंग्रेज़ी के महत्त्व को, जयराम के अनुसार, रोज़गार और गतिशीलता की चिन्ताओं से अलग कर के नहीं देखा जा सकता था। रोचक बात यह है कि अंग्रेज़ी संवैधानिक रूप से आठवें अनुच्छेद में भी शामिल भाषा नहीं है। आठवें अनुच्छेद के कारण राज्य सरकारें, केन्द्रीय सरकार से, आधिकारिक रूप से अपनी क्षेत्रीय भाषाओं में पत्राचार कर सकती हैं। परन्तु व्यावहारिक वास्तविकता यह है कि उन पर कार्रवाई तभी होती है जब या तो ऐसे पत्रों/रपटों को अंग्रेज़ी में अनूदित किया जाये या अंग्रेज़ी में ही लिखवाया जाये। तो ऐतिहासिक रूप से अंग्रेज़ी का रुतबा और ताक़त संवैधानिक भाषाओं से ऊपर ही रहा है चाहे वह मात्र सम्पर्क–भाषा ही मानी गयी। फलस्वरूप, कम–से–कम उच्च शिक्षा में, विज्ञान की पढ़ाई का माध्यम, ख़ासतौर से दक्षिण के राज्यों में, अंग्रेज़ी ही रहा।

ऐसे बहुभाषी भूभाग में, जहाँ अंग्रेज़ी की गहरी विरासत है, उच्च शिक्षा के स्तर पर विज्ञान किस भाषा में पढ़ाया जाना चाहिए, यह एक उलझा हुआ प्रश्न है। मसला जहाँ एक तरफ़ विज्ञान के विषयों को अपनी भाषा में पढ़ने से समझ गहरी होने की सम्भावनाओं का है, तो वहीं दूसरी तरफ रोज़गार के मौक़ों, ज्ञान हासिल करने व शोध की सम्भावनाओं और अकादमिक स्रोतों की अपर्याप्तता जैसी वास्तविकताएँ भी सामने हैं।

भाग-2 : उच्च शिक्षा में विज्ञान पढ़ने की भाषा : सम्बन्धित प्रश्न और विमर्श

ऐसी भाषायी विविधता के सन्दर्भ में उच्च स्तरीय विज्ञान और प्रौद्योगिकी की भाषा कौन–सी हो, इस प्रश्न का कोई सीधा और आसान उत्तर नहीं है। इस मसले से जुड़े कई महत्त्वपूर्ण प्रश्न इस प्रकार हैं :

- क्या यह मात्र एक व्यावहारिक प्रश्न है या इसमें गहरे सैद्धान्तिक मसले भी जुड़े हैं?
- विज्ञान की पढ़ाई किन भाषाओं में हो, क्या इस प्रश्न को अन्य विषयों की पढ़ाई की भाषा से जोड़े बिना समझा जा सकता है?
- क्या विज्ञान की भाषा का मसला विज्ञान के विकास, पूँजीवाद औपनिवेशिक इतिहास और उससे जुड़ी अंग्रेज़ी की हैसियत और प्रभुता, आमजनों का विश्वदर्शन इत्यादि से अलग कर समझा जा सकता है?
- क्या अधिक–से–अधिक पठन/स्रोत सामग्री 'अपनी भाषा' या क्षेत्रीय भाषाओं या आठवें अनुच्छेद की भाषाओं में उपलब्ध कराने से ही भारत में विज्ञान और प्रौद्योगिकी की शिक्षा का लोकतन्त्रीकरण सम्भव है?
- क्या इससे भारत में विज्ञान के मौलिक शोध का स्तर ऊँचा होगा क्योंकि इससे विषय की समझ बन पाने की सम्भावनाएँ बढ़ेंगी?
- क्या भारत जैसे भाषायी विविधता वाले देश में स्कूली और उच्च शिक्षा, एक भाषी की जगह बहुभाषी होना आवश्यक नहीं है?

जहाँ तक विषय की समझ गहरी होने की बात है दो–तीन अनुभवों के आधार पर इस पर प्रकाश डाल सकते हैं। प्रसिद्ध समाज वैज्ञानिक जर्नल इकनॉमिक एंड पोलिटिकल वीकली का हिन्दीकरण करने का एक प्रयास क़रीब तीन दशक पहले किया गया था। इस कार्य में अनेकों बाधाएँ आयीं।

हिन्दी में लिखे मौलिक लेख नहीं मिले और अंग्रेज़ी जर्नल के शोधपत्रों और लेखों को हिन्दी में अनूदित कर साँचा नामक जर्नल निकाला गया।

साँचा निकालने का प्रयास आर्थिक और अन्य कारणों से बन्द किया गया। एक महत्त्वपूर्ण कारण यह था कि साँचा उन्हीं ने पढ़ा जो ई.पी.डब्ल्यू. अंग्रेज़ी में पढ़ते थे। इसलिए पाठक आधार का विस्तार नहीं हो पाया। यह बावजूद इसके कि उच्च शिक्षा में इतिहास, समाजशास्त्र, मनोविज्ञान आदि की हिन्दी पठन–सामग्री की माँग हमेशा रही है। ग्रन्थशिल्पी और अन्य कई प्रकाशकों के माध्यम से जाने–माने इतिहासकारों की किताबें हिन्दी में उपलब्ध हुईं। इनसे कितने लोगों ने लाभ उठाया यह समझना ज़रूरी है और यह भी कि साँचा की असफलता का कारण क्या इसमें शोध आधारित पर्चों की बहुतायत थी? क्या उनकी हिन्दी कठिन थी? या यह क्यों माना जाता है कि कोई भी परिकल्पना या सिद्धान्त हिन्दी में पढ़ने से तुरन्त समझ में आ जाना चाहिए, वरना वह परिकल्पना की कठिनता का प्रश्न न होकर अनुवाद की ग़लती मान ली जायेगी। जैसे, 'हिन्दी में ज़्यादा कठिन शब्द थे।'

दिल्ली विश्वविद्यालय जैसे केन्द्रीय संस्थान में हिन्दी क्षेत्रों से आने वाले समाजशास्त्र के विद्यार्थियों की ज़रूरतों को पिछले 15–20 वर्षों से समझा गया और न केवल पठन सामग्री वरन परीक्षा का माध्यम और कक्षा की पढ़ाई की भाषा काफ़ी हद तक द्विभाषी हुई। परन्तु यह परिवर्तन विज्ञान और गणित विषयों में नहीं हुआ। हिन्दी क्षेत्र से आये विद्यार्थी, अपने–अपने राज्यों में विज्ञान हिन्दी में ही पढ़ते हैं। यदि ऊपर लिखित अन्तिम तीन प्रश्नों का उत्तर 'हाँ' में है तो फिर प्रश्न यह है कि ऐसा विज्ञान में क्यों नहीं हुआ? आख़िर विज्ञान और गणित विषयों में ऐसा भाषायी परिवर्तन या इसकी माँग महाविद्यालयीन विद्यार्थियों से भी क्यों नहीं आयी?

गुणाकर मुले ने विज्ञान के विभिन्न विषयों पर गहन शोध आधारित उम्दा गुणवत्ता की दसियों पुस्तकें हिन्दी और मराठी भाषा में लिखी हैं। इसी प्रकार कुछ वर्षों पहले, वैज्ञानिकों और समाजशास्त्रियों के एक समूह ने 'सन्धान' नाम से एक पत्रिका निकाली थी जिसमें विज्ञान के दर्शनशास्त्र (Philosophy of Science) और प्रबोधन (Enligtenment) सम्बन्धी बहुत से उम्दा लेख छापे गये। पर हिन्दी की इस प्रकार की स्रोत–सामग्री किसी भी उच्च शिक्षा संस्थान के कोर्स की पठन सूची में शामिल नहीं की गयी।

हम में से कितने लोग जानते हैं कि भौतिकशास्त्री और राजनीतिज्ञ, रवि सिन्हा की हिन्दी में 'रिलेटीविटी' पर लिखी पुस्तक इस विषय की बेहतरीन कृतियों में से एक है? शायद उन्होंने भौतिकशास्त्र के अन्य विषयों पर भी हिन्दी में किताबें लिखीं, पर कभी भी महाविद्यालयी या विश्वविद्यालयी शिक्षकों को भौतिकी की समझ बेहतर करने के लिए इनकी ज़रूरत नहीं दिखी। अक्सर विज्ञान के विद्यार्थी यह कह कर बात ख़त्म कर देते हैं कि विज्ञान हिन्दी में समझ में नहीं आता और न ही पढ़ाया जा सकता है। परन्तु समझना यह ज़रूरी है कि सवाल विज्ञान ही न समझ पाने का है, जिसे भाषा का मुद्दा बना कर बचने का रास्ता ढूँढ़ लिया जाता है या ख़राब अनुवाद का? मुख्यधारा यानी महाविद्यालयी स्तर की शिक्षा के लिए यदि हिन्दी भाषा में पठन–पाठन सामग्री उपलब्ध हुई भी तो उसकी गुणवत्ता पर हमेशा सवाल रहे यानी कम–से–कम 'हिन्दी क्षेत्र' के नाम से पहचाने जाने वाले इलाक़ों के उच्च स्तरीय शिक्षा संस्थानों में पढ़ाई हिन्दी में (या अन्य राज्यों में उड़िया, बंगाली, असमी या पंजाबी) यदि हुई भी तो उसकी गुणवत्ता पर हमेशा प्रश्न रहे। हालाँकि यह भी सही है कि मुद्दा मात्र भाषा का ही नहीं है। विज्ञान की पढ़ाई के लिए शिक्षकों और प्रयोगशालाओं का न होना या ख़राब होना भी एक महत्त्वपूर्ण मसला है।

इतना ही महत्त्वपूर्ण मसला है ज्ञान के लोकतन्त्रीकरण का और विषय की समझ गहरी होने का है। हालाँकि प्रश्न यह भी है कि विज्ञान की उच्च शिक्षा हिन्दी या अन्य भाषाओं में होगी तो ऐसे लोगों को नौकरियाँ कैसे मिलेंगी? वस्तुतः आज़ादी के बाद से हर क्षेत्र में, शायद साहित्य को छोड़ कर, अंग्रेज़ी की पैठ गहरी हुई है। इसके ऐतिहासिक कारण हैं, जिनको पलटना सम्भव नहीं है। जैसा ऊपर कहा गया है कि औपनिवेशिक सरकार के कारण स्वतन्त्रता से पूर्व ही अंग्रेज़ी एक सम्पर्क–भाषा, सत्ता/रुतबे की भाषा, उच्च शिक्षा की भाषा, प्रशासन की भाषा और विद्वत अकादमिक विमर्श की भाषा के रूप में स्थापित हो चुकी थी। मिश्रा विस्तार से बताते हैं (मिश्रा, 2007) कि स्वतन्त्रता के बाद भारत में हिन्दी या हिन्दुस्तानी को राष्ट्रभाषा बनाने के प्रयास हुए, जो विफल रहे। इस इतिहास के मद्देनज़र और वर्तमान वास्तविकता के तहत क्यों उच्च शिक्षा बहुभाषीय या कम से कम द्विभाषी नहीं हो? क्या मात्र अनुवादों पर निर्भरता पठन–सामग्री के विकल्पों को सीमित नहीं करती है और अनुवाद के लिए सामग्री का

चुनाव करने वालों पर निर्भरता बढ़ाती है? क्षेत्रीय भाषाओं में विज्ञान पर लिखना, विभिन्न अन्तर्राष्ट्रीय भाषाओं के ज्ञान को भारतीय भाषाओं में उपलब्ध कराना इत्यादि उतना ही ज़रूरी है जितना सभी को अंग्रेज़ी सीखने के मौक़े मिलना।

भाग-3 : विज्ञान में भाषा की भूमिका

भाषाविदों ने भाषा और विचार (लैंग्वेज एंड थॉट) पर गहराई से शोध किया है और लिखा है। इस आधार पर यह स्पष्ट है कि भाषा ज्ञान और विचारों को सम्प्रेषित करने का माध्यम या वाहन मात्र नहीं है। और न ही भाषा ज्ञान और विचारों को कोड में बदलने के संकेत मात्र हैं। पढ़ने और लिखने की प्रक्रिया में हर व्यक्ति गहराई से सोचता है, संकल्पनाएँ ग्रहण करने और अर्थ की रचना करने में जूझता है। वैज्ञानिक संकल्पनाओं के अधिग्रहण में भाषा की अहम भूमिका होती है। फोर्ड और डेविड पीट (1988) अपने शोध 'विज्ञान में भाषा की भूमिका' में लिखते हैं कि कैसे भाषा का असंवेदनशील उपयोग वैज्ञानिक सृजनात्मकता के लिए बाधक हो सकता है। वे यह भी दिखाते हैं कि वैज्ञानिकों का एक तरह से भाषा का उपयोग कैसे एक ख़ास तरह का विश्वदर्शन सामने लाता है। वे तर्क करते हैं कि जैसे दृश्य (Vision) दुनिया गढ़ते हैं उसी प्रकार भाषा दिमाग़ में चित्र गढ़ती है। वे यह भी कहते हैं कि इन्सान को सम्प्रेषण के लिए भाषा का उपयोग करना होता है और इसीलिए हमें भाषा की सत्ता और सीमाओं के प्रति सावधान रहना चाहिए।

इसी तारतम्य में एक दूसरा मसला है रोज़मर्रा के शब्दों को विज्ञान में लाने का है। ऐतिहासिक रूप से, विज्ञान के विकास के साथ–साथ, आम शब्दों का विज्ञान में आने का सिलसिला चलता है और इस तरह वैज्ञानिक शब्दावली विकसित होती है और हुई है। विज्ञान में इन शब्दों के अर्थ रोज़मर्रा के शब्दों से भिन्न और ख़ास होते हैं। इतिहास के सन्दर्भ से अलग, वर्तमान में, जब ऐसी शब्दावली अनूदित की जाती है तो उसके रोज़मर्रा के अर्थ और वैज्ञानिक अर्थ कई बार संकल्पना की समझ विकसित करने में अवरोध पैदा करते हैं। इसी संकलन में, डॉ. गुरजीत कौर ने इस विषय पर विस्तार में चर्चा की है।

इसी सन्दर्भ में मुले (2006) बहुत स्पष्ट रूप से बताते हैं कि आठवीं सदी के बाद भारत क्षेत्र में विज्ञान पिछड़ने लगा था। वे इसका सम्बन्ध जातिवाद के उदय से देखते हैं। उनके अनुसार उसके पहले का भारतीय वैज्ञानिक ज्ञान संस्कृत से अरबी में अनूदित होकर यूरोप पहुँचा, यह सही है। परन्तु उसके बाद विज्ञान का विकास तेजी से यूरोप के देशों में हुआ। विज्ञान के विकास के साथ वैज्ञानिक शब्दावली विकसित हुई, चाहे वह लैटिन हो या ग्रीक हो। हिन्दी में विज्ञान की किताबों के अनुवाद की एक प्रमुख बहस तकनीकी शब्दावली पर भी है। क्या विज्ञान के शोध और विकास की ऐतिहासिक प्रक्रिया से बनी तकनीकी शब्दावली को अनुवाद करने का कोई मतलब दिखता है? ज़रूरी शायद यह है कि अनूदित या नयी गढ़ी तकनीकी शब्दावली के साथ ही अंग्रेज़ी/ग्रीक/लातिनी तकनीकी शब्दावली का उपयोग भी करने दिया जाये। पर शुद्ध भाषा के सन्दर्भ में यह एक नाजायज़ विचार माना जाता है। इस तरह की सोच शब्दावली के विकास को महज़ यान्त्रिक प्रक्रिया मानती है, जिसे अनुवाद से हल किया जा सकता है।

विज्ञान में भाषा की भूमिका जैसे विषय को ज़्यादा विस्तार से समझने की ज़रूरत है। यहाँ, इससे जुड़े मुद्दे को रेखांकित भर किया गया है।

संक्षेप में

वर्तमान भारत में सभी समझते हैं कि अंग्रेज़ी न केवल उच्च शिक्षा, विज्ञान, प्रौद्योगिकी, व्यावसायिक शिक्षा, रोज़गार आदि की भाषा है, बल्कि यह सत्ता की भाषा भी है। इसीलिए जिन अभिभावकों का बस चलता है वे अपने बच्चों को अंग्रेज़ी माध्यम के स्कूलों में पढ़ाने का प्रयास करते हैं। यह भी वास्तविकता है कि इस कारण से उन लोगों के लिए निम्न दर्जे के अंग्रेज़ी माध्यम के स्कूलों और कोचिंग–कक्षाओं का बाज़ार फैलता जा रहा है जिनके पास अंग्रेज़ी सीखने के बेहतर मौक़े नहीं हैं। इस वस्तुस्थिति के मद्देनज़र स्कूलों में अंग्रेज़ी सिखाने के बेहतर तरीक़ों को शिक्षक–प्रशिक्षण का हिस्सा बनाना एक ज़रूरी मसला है। हालाँकि यह कह देना भी ज़रूरी है कि कम–से–कम हिन्दी क्षेत्र में हिन्दी पढ़ाने का तरीक़ा और भी बदतर है। इसलिए भाषा पढ़ने/पढ़ाने की प्रक्रिया पर गहन विचार करना ज़रूरी है। साथ ही भाषा–शिक्षण पर एन.सी.ई.आर.टी. द्वारा बनाये गये प्रपत्र (एन.सी.ई.आर.टी., 2005) पर दोबारा सोचना ज़रूरी है।

इस सब के साथ अंग्रेज़ी सीखने के सकारात्मक कारण भी हैं जिन्हें स्वीकारना और समझना ज़रूरी है। ज्ञान हासिल करने के लिए कई नयी भाषाएँ सीखी जाती हैं जैसे, गुणाकर मुले ने भारतीय विज्ञान की समझ हासिल करने के लिए संस्कृत सीखी और दिल्ली विश्वविद्यालय के प्रो. विजय बहादुर सिंह ने जर्मन, ताकि वे मार्क्स के मौलिक लेखन को पढ़ सकें। हमारी विरासत अंग्रेज़ी भी है और समृद्ध भाषायी विविधता भी है। ऐसे में विज्ञान विषय की बेहतर समझ और पहुँच बनाने और अन्तर्राष्ट्रीय ज्ञान हासिल करने के लिए उच्च शिक्षा को एक भाषी बनाये रखने का हठ, चाहे वह भाषा हिन्दी हो या गोंडी हो या तमिल हो, न केवल अव्यावहारिक है बल्कि बहुभाषिता के विरुद्ध एक सैद्धान्तिक हट भी है। इसलिए :

- अंग्रेज़ी बाज़ार की भाषा है, सत्ता की भाषा है, औपनिवेशिक विरासत है पर साथ ही ज्ञान की भाषा भी है। ज्ञान की भाषा जैसी वास्तविकता के कारण विज्ञान की अंग्रेज़ी की पठन–पाठन सामग्री को अनूदित करना, वैज्ञानिकों द्वारा मौलिक लेखन अंग्रेज़ी के अलावा अन्य भाषाओं में करना आदि ज़रूरी हो जाता है। पर, ज्ञान के प्रसार और, बाज़ार और रोज़गार की आवश्यकताओं के कारण अंग्रेज़ी को बेहतर ढंग से पढ़ाने (एन.सी.ई.आर.टी., 1.4, 2005) के मौक़े उपलब्ध होना भी उतना ही ज़रूरी है।
- स्कूली स्तर पर बहुभाषायी कक्षाएँ एक वास्तविकता मानी गयी है और पढ़ाने की पद्धतियाँ उसके अनुसार ही तय करने की सिफ़ारिश भी हुई है (एन.सी.ई.आर.टी., 1.3, 2005)। यह विमर्श महाविद्यालयीन और विश्वविद्यालयीन शिक्षा के लिए भी ज़रूरी है। भारत जैसे भाषायी विविधता वाले देश में उच्च शिक्षा एक भाषायी होना सिद्धान्तः ग़लत है और व्यावहारिक रूप से असम्भव है।

सन्दर्भ सूची

1. अग्रवाल, कैलाश (1995)। 'इपिलॉग' गुप्ता, आर.एस., अनविता अब्बी और कैलाश एस. अग्रवाल, (सम्पा.) *'लैंग्वेज एंड स्टेट'* पुस्तक में, नयी दिल्ली, क्रियेटिव बुक्स।
2. बाल, जेसिका (2011), *एनहैनसिंग लर्निंग ऑफ चिल्ड्रन फ्रॉम डाइवर्स लिंगुअल बैकग्राउंड्स रू मदरटंग बेस्ड बाइलिंगुअल ऑर मल्टीलिंगुअल एजुकेशन इन अर्ली इयर्स,* पेरिस : यूनेस्को।

3. क्लूयेव, बोरिस (1976), स्वतन्त्र भारत : *जातीय तथा भाषायी समस्या,* मास्को : प्रगति प्रकाशन
4. गुप्ता, आर. एस., अनविता अब्बी और कैलाश अग्रवाल (1995), इंट्रोडक्शन 'लैग्वेंज एंड स्टेट' पुस्तक में, नयी दिल्ली : क्रिएटिव बुक्स
5. कृष्णा (1995), *इंडियाज लिविंग लैंग्वेजेज* : द क्रिटिकल इस्यूज, नयी दिल्ली : अलाइड पब्लिशर्स
6. देसाई, ए. आर. (1976), *सोशल बैकग्राउंड ऑफ इंडियन नेशनलिज़्म,* बॉम्बे : पॉप्युलर प्रकाशन
7. मुले, गुणाकर (2006)। *इतिहास, संस्कृति और साम्प्रदायिकता,* दिल्ली : यात्री प्रकाशन
8. नायक, जे. पी. और सैयद नरूला (1976), *भारतीय शिक्षा का इतिहास,* नयी दिल्ली : मैकमिलन
9. शुक्ल, सुरेशचन्द्र (1996), *फ्रॉम प्री–कोलोनियल टु पोस्ट–कोलोनियल : एजुकेशनल ट्रांजिसंस इन सदर्न एशिया इकनॉमिक एंड पोलिटिकल वीकली,* 31 (22) पृ. 1344–49।
10. मिश्रा, सलिल (2007) नेहरू एंड दि लैंग्वज क्वेश्चन, *कंटेम्परेरी पर्सपेक्टिव्स* 1(1) : 80–106
11. हटनर–कोरास, एडम (2015).'द *हिडन बायसेस ऑफ साइंसेस यूनीवर्सल लैंग्वेज* ,-theatlantic-com@author@adam&huttner&koros.
12. जयराम, एन. (1993)।
13. एन.सी.ई.आर.टी. (1.3) (2005), *पोजिशन पेपर नेशनल फोकस ग्रुप ऑन टीचिंग ऑफ़ इंडियन लैंग्वेजेज,* नयी दिल्ली : नेशनल काउंसिल ऑफ एजुकेशनल रिसर्च एंड ट्रेनिंग
14. एन.सी.ई.आर.टी. (1.4) (2005), *पोजिशन पेपर नेशनल फोकस ग्रुप ऑन टीचिंग ऑफ़ इंग्लिश,* नयी दिल्ली : नेशनल काउंसिल ऑफ एजुकेशनल रिसर्च एंड ट्रेनिंग।
15. फोर्ड, एलन और डेविड पीट, एफ (1988), 'द रोल ऑफ़ लैंग्वेज इन साइंस'। फ़ाउंडेशन ऑफ़ फिज़िक्स, वाल्यूम 18 : 1233

अध्याय–2

भौतिकी, भाषा और भावी शिक्षक

गुरजीत कौर

लेखिका ने इस लेख में विज्ञान की भाषा और उससे प्रतिबिम्बित विज्ञान की समझ के अपर्याप्त होने व कथनों के भ्रामक होने पर ध्यान आकर्षित किया है। उनके अनुसार, संकल्पनात्मक समझ विकसित करने में भाषा की भूमिका ने विचारकों और शिक्षाविदों का ध्यान अक्सर आकर्षित किया है। भौतिकी के सन्दर्भ में वे कहती हैं कि भौतिक विज्ञान की कक्षा में भाषा दो प्रकार से कार्य करती है–संकल्पनात्मक समझ विकसित करने का और विज्ञान की प्रकृति को सम्प्रेषित करने का। वे मानती हैं कि इन दोनों लेंसों से भाषा का सटीक होना विषय की सम्पूर्ण जानकारी देने के लिए आवश्यक है। वे बी.एड. के विद्यार्थियों को पढ़ाये जाने वाली भौतिकी की कक्षाओं के अवलोकनों के आधार पर शिक्षक की भाषा और संकल्पनात्मक समझ का विश्लेषण इस पर्चे में प्रस्तुत करती हैं। वे यह भी कहती हैं कि विज्ञान में ज्ञान निर्मिति में मानव के हस्तक्षेप पर पर्याप्त ध्यान नहीं देने से बहुत–से मानव रचित ज्ञान कथन प्रकृति की नैसर्गिक देन प्रतीत होते हैं। इसके वे कई उदाहरण देती हैं व कहती हैं कि कक्षा–प्रक्रिया में भाषा की दृष्टि ज्ञानार्जन की होनी चाहिए न कि निश्चितता की।

परिचय

भाषा और विचार का अन्तःसम्बन्ध बहुत–से शिक्षा–चिन्तकों के मनन का विषय रहा है। संकल्पनात्मक समझ विकसित करने में भाषा की भूमिका ने

विचारकों और शिक्षाविदों का ध्यान अक्सर आकर्षित किया है। वायगोट्स्की (इन रीबर एंड कार्टन, 1987) ने जिस तरह संकल्पना अधिग्रहण में भाषा की भूमिका को केन्द्र में रखा, उससे निश्चित रूप से भाषा की अहमियत पर पुनर्विचार की लहर उत्पन्न हुई। इस लहर ने विज्ञान–शिक्षा के क्षेत्र पर भी व्यापक तौर पर असर डाला। उन्होंने स्पष्ट किया कि मनोवैज्ञानिक दृष्टि से संकल्पनाओं का विकास और शब्द–अर्थ का विकास एक समान प्रक्रियाएँ हैं। अर्थ, किसी भी निरूपणात्मक चिह्न (जिसमें भाषा शामिल है) द्वारा सम्प्रेषित नहीं किया जाता, बल्कि उस चिह्न से स्वयं गढ़ा जाता है। लीच और स्कॉट (2003) के अनुसार भाषा व्यक्तिगत और आन्तरिक रूप से अपने विचारों को व्यक्त मात्र करने का कोई उदासीन माध्यम नहीं है। भाषा वह उपकरण प्रदान करती है जिसके द्वारा सबसे पहले विचारों का अन्तःमानसिक तल पर पुनर्भ्यास किया जाता है और फिर उनका अनुप्रयोग किया जाता है। चिह्न–प्रणाली के तौर पर भाषा या तो संकल्पना अधिगम में सहायता कर सकती है या उसे बाधित कर सकती है। इसका कारण यह है कि शब्दों का अर्थ निष्क्रिय रूप से प्राप्त नहीं किया जाता, बल्कि सक्रिय रूप से सृजित किया जाता है। लेमके (1988) तो यहाँ तक कहते हैं कि अकादमिक विषयों पर प्रभुत्व पाना सीधे तौर पर उन विषयों के विशिष्ट भाषायी पैटर्न पर प्रभुत्व प्राप्त करना है। विज्ञान और ख़ासतौर पर भौतिकी के सन्दर्भ में भाषा की भूमिका का अध्ययन करना और भी रोचक हो जाता है। 'घटनाओं और वस्तुओं का विश्व' 'थ्योरी और मॉडल के विश्व' से अलग है। इनके बीच का अन्तःसम्बन्ध समझना आवश्यक है (बूटी एंड मोर्टिमर, 2008)। और इसके लिए आवश्यक है कि हम समझ पायें कि भौतिक वैज्ञानिकों की भाषा क्या कोडित करती है?

भौतिकी और भाषा

शिक्षा–विचारकों ने ज्ञान के प्रकार को मुख्यतः दो श्रेणियों में बाँटा है–वर्णनात्मक ज्ञान (Declarative Knowledge) और प्रक्रियात्मक ज्ञान (Procedural Knowledge) (एंडरसन, 1980)। वर्णनात्मक ज्ञान से तात्पर्य उन तथ्यों, नियमों और सिद्धान्तों से है जो विश्व और उसकी घटनाओं की हमारी समकालीन समझ को बयाँ करते हैं। प्रक्रियात्मक ज्ञान से हमारी मुराद उस समझ से है कि ये व्याख्याएँ किस तरह विकसित हुईं और

क्यों हम एक व्याख्या को दूसरी से अधिक प्राथमिकता देते हैं। विज्ञान की एक अच्छी कक्षा में दोनों ही श्रेणियों के ज्ञान को बच्चों तक पहुँचाया जाना चाहिए।

वर्णनात्मक ज्ञान

विज्ञान में बोल–चाल के शब्द उठा कर उन्हें ख़ास अर्थ दिया जाता है। इस अर्थ को आत्मसात करना विषय पर पकड़ हासिल करने के लिए अति महत्त्वपूर्ण है। जब तक अधिगमकर्ता इस विशेष अर्थ को आत्मसात नहीं करेंगे तब तक वे विषय पर पकड़ भी नहीं बना पायेंगे। आम भाषा में यदि 'बल' और 'शक्ति' जैसे शब्दों को एक–दूसरे के पर्याय के रूप में प्रयोग कर लें तो ज़्यादा फ़र्क़ नहीं पड़ेगा लेकिन भौतिकी में इनके मायने अलग हैं और ये दो अलग–अलग संकल्पनाओं का वर्णन करते हैं। कुछ शब्दों का अर्थ अस्पष्ट होता है क्योंकि इनकी उत्पत्ति जिन शब्दों से हुई है वे अपरिचित भाषायी प्रसंग से सम्बन्ध रखते हैं। जैसे हिन्दी बोलने वाले अधिकांश विद्यार्थियों के लिए 'टॉर्क' (Torque) की अपेक्षा 'आघूर्णन' शब्द अधिक अर्थपूर्ण हो सकता है, कम–से–कम उनके लिए जो घूर्णन शब्द से परिचित हैं। अतः भौतिकी की शब्दावली से जूझना एक मानसिक उद्यम है। बोल–चाल की भाषा और भौतिकी की भाषा के द्वन्द्व के अतिरिक्त भाषा से जुड़ी एक और समस्या भी है। भौतिकी में कई बार एक ही शब्द अलग–अलग सन्दर्भों में प्रयोग होता है और इससे भी उलझन हो सकती है, जैसे ध्रुवीकरण। इसी तरह एक ही संकल्पना के लिए अलग–अलग सन्दर्भों में अलग–अलग पारिभाषिक शब्द इस्तेमाल होते हैं, जिनसे भी परेशानी हो सकती है, जैसे बल के लिए न्यूटन के तीसरे नियम में क्रिया और प्रतिक्रिया शब्दों का उपयोग होता है। एरॉन्स (1997, पृ. 76) के अनुसार सही शब्दों के चुनाव के साथ–साथ इन शब्दों को उचित वाक्यों में पिरोना भी आवश्यक है तभी अधिगमकर्ताओं में विषय की समझ बन पायेगी। ची (1992) के अनुसार कई बार किसी संकल्पना को समझाने के लिए प्रयोग की गयी भाषा में संकल्पनाओं के गुणधर्मों–प्रक्रिया, विचार और भौतिक पदार्थ–में सही वर्गीकरण नहीं हो पाता जो अधिगमकर्ताओं की परेशानी का कारण बनता है। इस पर कोई व्यवस्थित आँकड़ा तो उपलब्ध नहीं है लेकिन अनौपचारिक अवलोकनों के दौरान कई बार शिक्षकों द्वारा

इस तरह का भाषा–प्रयोग सामने आया है–"रोशनी वह शय है जो हमें देखने में मदद करती है" (मानो वह कोई भौतिक वस्तु हो) या फिर "बल प्रदान किये जाने पर स्थिर वस्तु गतिमान हो जाती है" (मानो बल कोई प्रदत्त की जा सकने वाली वस्तु हो)। इस तरह की भाषा, संकल्पनाओं की प्रकृति से बेमेल है। क्वांटम मैकेनिक्स में तो भाषा का रोल और भी पेचीदा है क्योंकि हम क्वांटम घटनाओं को क्लासिकल भाषा के ज़रिये समझने की कोशिश करते हैं (इरेसन, 2000; हॉब्सन, 2007)। फोटोन कण नहीं है। लेकिन वाक्य में वह एक संज्ञा की तरह प्रयोग होता है और उसका बहुवचन भी मौजूद है जो एक कण की संकल्पना से ही मेल खाता है। उसी तरह प्रकाश शब्द क्योंकि बहुवचन में प्रयोग नहीं हो सकता, कणीय तस्वीर नहीं उभारता यानी शब्दों का चुनाव तरंग और कण दोनों में से कोई एक संकल्पना ही रेखांकित करेगा। तरंग व कण की द्विविधता को चिह्नित करती कोई शब्दावली हमारे पास नहीं है।

प्रक्रियात्मक ज्ञान

यह भी आवश्यक है कि भाषा का चुनाव ऐसा हो कि वह विज्ञान में ज्ञान के गठन की वास्तविक और वैध तस्वीर पेश करे। भाषा में विभिन्न खोजी प्रक्रियाओं–जैसे अवलोकन करना, सवाल उठाना, परिकल्पना करना, पूर्वानुमान लगाना, निष्कर्ष निकालना, मापना आदि की भरपूर छाप दिखनी चाहिए क्योंकि ये वैज्ञानिक अध्ययन के अभिन्न अंग हैं। संकल्पनाएँ भी मानव–मस्तिष्क की सृजनात्मक उपज के रूप में झलकनी चाहिए। शब्दों का चुनाव ऐसा हो कि विज्ञान की सृजनात्मकता, परिवर्तनशीलता और सामाजिक, सांस्कृतिक सन्दर्भ में उसका अन्तःस्थापन उभर कर आये। विज्ञान का गत्यात्मक पहलू भी उतना ही उजागर हो जितना कि संज्ञानात्मक पहलू। इसका मतलब यह है कि विद्यार्थियों को केवल गतिविधि करने के निर्देश न दिये जायें, बल्कि पहले उन सवालों पर चिन्तन करने का भी यथोचित समय दिया जाये जिनके जवाब हम निर्देशित गतिविधि से चाह रहे हैं। वे ही सवालों के जवाब ढूँढ़ने के तरीक़ों के बारे में सोचें और खुद क्रियाकलाप का स्वरूप तय करें।

अतः भौतिकशास्त्र की कक्षा में भाषा दो मुख्य कार्य करती है–संकल्पनात्मक समझ विकसित करने का और विज्ञान की प्रकृति को

सम्प्रेषित करने का। इन दोनों लैंसों से भाषा का सटीक होना विषय की सम्पूर्ण जानकारी देने के लिए आवश्यक है यानी विद्यार्थियों को केवल समकालीन समझ सलीके से परोसी न जाये, बल्कि उन्हें उन प्रक्रियाओं का भी ज़ायका दिलाया जाये जिनसे वह समझ बनी है। जब न्यूटन का गुरुत्वाकर्षण नियम समझायें तो यह भी बतायें कि इसे पूर्ण रूप से विकसित करने में बीस वर्ष का समय लगा। यह भी कि न्यूटन कैप्लर, गैलिलियो और अन्य वैज्ञानिकों के काम से लाभान्वित हुए और कैवेंडिश ने लगभग 100 साल बाद गुरुत्वाकर्षण स्थिरांक की गणना की। इस तरह के विवरण विज्ञान का मानवीय चेहरा उजागर करते हैं। विज्ञान कैसे किया जाता है और मानव के सामूहिक प्रयास के रूप में इसका प्रतिबिम्ब कक्षा में प्रयोग की जाने वाली भाषा में भी दिखना चाहिए।

बी.एड. पाठ्यक्रम में भाषा

2015 में बी.एड. कार्यक्रम द्विवर्षीय हो गया। यह एक बड़ा प्रयास था इस कार्यक्रम को नयी दृष्टि से देखने का और शिक्षा के क्षेत्र में उभरी नयी सोच को शिक्षण–प्रशिक्षण की प्रक्रिया में प्रतिबिम्बित करने का। राष्ट्रीय शिक्षक शिक्षा परिषद ने एक मॉडल पाठ्यक्रम तैयार किया और इसकी रोशनी में देश के सभी संस्थानों ने अपने पाठ्यक्रम का पुनरावलोकन किया जिनमें से जामिया मिल्लिया इस्लामिया भी एक था। नये पाठ्यक्रम में बहुत से समकालीन मुद्दे और नयी समझ को दर्शाते घटक जोड़े गये। पहली बार ज्ञान के गठन में भाषा की भूमिका का व्यवस्थित रूप से संज्ञान लिया गया। लैंग्वेज अक्रॉस करिकुलम (LAC) नामक पर्चा कोर फंडामेंटल थ्योरी (Core Foundational Theory) का हिस्सा बना। एल.ए.सी. 50 अंक, 2 क्रेडिट और 20 सम्पर्क–घण्टों का कोर्स है। इसकी तीन इकाइयाँ हैं– 1. भाषा, मस्तिष्क और समाज, 2. भाषा और पाठ्य क्षेत्र, 3. आकलन और मूल्यांकन। पहली इकाई भाषा का स्वरूप समझने, बहुभाषिता का महत्त्व पहचानने और घर व स्कूली भाषा के बीच के सम्बन्ध को समझने को समर्पित है। तीसरी इकाई के अन्तर्गत उत्पाद आधारित बनिस्बत प्रक्रिया आधारित आकलन, भाषायी विकास में त्रुटि और विषयवस्तु का विश्लेषण समाहित हैं। दूसरी इकाई पहली और तीसरी के मुक़ाबले अधिक व्यापक है। इसमें निम्न बिन्दु शामिल हैं–'ज्ञान के गठन में भाषा की केन्द्रीय भूमिका',

'भाषा और विषय क्षेत्र (भाषा, साहित्य, सामाजिक ज्ञान, विज्ञान और गणित; गणित एक भाषा के रूप में)', 'समेकित भाषा उपागम, टेक्सट्स में विविधता और उनकी सरंचना' तथा 'विभिन्न भाषाएँ और बोलियाँ'। कुछ शिक्षाशास्त्रीय पर्चों में भी भाषा पर बातचीत आरम्भ हुई।

'भौतिकी का शिक्षाशास्त्र' के थ्योरी पेपर में भी एक बुलेट पॉइंट जुड़ा– भौतिकशास्त्र में भाषा। मैं यह पेपर बी.एड. प्रथम वर्ष में ही पढ़ाती हूँ। इसके तहत हम भाषा और भौतिकी के रिश्ते को कई तरह से समझने का प्रयास करते हैं। हम उदाहरणों द्वारा आम बोल–चाल की शब्दावली को वैज्ञानिक शब्दावली से अलग करते हैं। हम सही शब्दों और सही वाक्य–विन्यास के महत्त्व पर चर्चा करते हैं। क्योंकि इसी कोर्स में विज्ञान की प्रकृति भी शामिल है इसलिए विज्ञान की प्रकृति को उपयुक्त भाषा के चुनाव द्वारा अन्तर्निहित तरीक़े से बच्चों तक पहुँचाने के महत्त्व पर भी चर्चा होती है। अपेक्षा यही होती है कि प्रथम वर्ष में की गयी ये सारी बातचीत अगले वर्ष उनके स्कूली शिक्षण को प्रभावित करेगी। यह पर्चा इसी अपेक्षा की पुष्टि करने और इंटर्नशिप के दौरान शिक्षण में उनके द्वारा प्रयुक्त भाषा के विश्लेषण की रोशनी में भौतिकी और भाषा के आपसी सम्बन्धों पर विचार करने का प्रयास है।

2017 में 'भौतिकी का शिक्षाशास्त्र' पढ़ने वाले विद्यार्थियों की संख्या 23 थी। ये वे विद्यार्थियों थे जिन्होंने स्नातक स्तर पर कम–से–कम दो वर्ष तक भौतिकशास्त्र पढ़ा था और इन्होंने बी.एड. में अपने दो विषयों में से एक भौतिकी चुना था। चार महीनों तक स्कूल में पढ़ाने के बाद, इंटर्नशिप के आख़िरी दिनों में, हमारे विद्यार्थी एक विशिष्ट पाठ पढ़ाते हैं, एक ख़ास कक्षा जिसका अवलोकन उनके नियमित विषय अध्यापक/ अध्यापिका द्वारा ही किया जाता है। इस पाठ का आकलन भी अलग से होता है और इसके नम्बर भी अलग से जुड़ते हैं। एक तरह से कहा जा सकता है कि विद्यार्थी कोशिश करते हैं कि इस पाठ में वे अर्जित की गयी अपनी समूची शिक्षाशास्त्रीय समझ का प्रदर्शन करें। इस लिहाज़ से देखें तो यह पाठ उनका 'सर्वश्रेष्ठ प्रयास' (Best Effort) होता है। इसे डिस्कशन लेसन की संज्ञा दी जाती है। चार महीने की इंटर्नशिप में, जिसमें विद्यार्थी एक नियमित टीचर की तरह कार्य करता है, इस तरह से एक पाठ को अलग से आकलित करने के औचित्य पर निश्चित रूप से एक लम्बी बहस

हो सकती है लेकिन वह इस पर्चे के परिक्षेत्र में नहीं है। मैंने अपने एक वर्ष के अध्यापन के अनुभव के आधार पर उपयुक्त संकल्पनात्मक समझ रखने वाले आठ विद्यार्थियों का चुनाव किया और भाषा की दृष्टि से इनकी कक्षाओं का विश्लेषण किया। ज़ाहिर है कि ये हमारे ग्रुप की 'सर्वश्रेष्ठ' (Best of the Best) कक्षाएँ थीं। चूँकि सभी विद्यार्थी अलग–अलग स्कूलों में थे और अलग–अलग कक्षाओं को पढ़ा रहे थे इसलिए विषयवस्तु भी हर कक्षा में भिन्न थी।

भौतिकी की कक्षाएं : कुछ प्रचलित प्रवृत्तियाँ

अपने 24 वर्षीय अध्यापन के अनुभव में (5 वर्ष स्कूली स्तर पर और 19 वर्ष शिक्षण अध्यापन के स्तर पर) मैंने भौतिकी की कक्षाओं में प्रयोग होने वाली भाषा के कुछ पहलू अवलोकित किये हैं जिन पर ग़ौर करना आवश्यक है। इनकी पुष्टि के लिए जो उदाहरण मैंने चुने हैं वे मेरे पिछले अकादमिक वर्ष के विद्यार्थियों की कक्षाओं से अवश्य हैं लेकिन ये ऐसी बहुत–सी कक्षाओं का प्रतिनिधित्व करते हैं जिनका अभिलेखीकरण मैं शोध की दृष्टि से वैध और व्यवस्थित तरीक़े से नहीं कर पायी। यहाँ पर उल्लेखित उदाहरण 8 छात्राध्यापक / छात्राध्यापिकाओं की कक्षाओं के हैं जिनके बदले हुए नाम हैं–तारिक़, नुसरत, प्रियंका, उर्वशी, नज़्म, अमीना, हामिद और शादाब। इनके द्वारा पढ़ाये जा रहे प्रकरण इस प्रकार हैं : तारिक़–न्यूटन का तीसरा नियम (कक्षा 9), नुसरत–ध्वनि (कक्षा 8), प्रियंका– Sorting Materials Into Groups (कक्षा 6), उर्वशी–गति का ग्राफ़ीय निरूपण (कक्षा 7), नज़्म–आर्कमिडीज़ का सिद्धान्त (कक्षा 9), अमीना–न्यूटन का दूसरा नियम (कक्षा 9), हामिद–प्रकाश के परावर्तन के नियम (कक्षा 8) और शादाब–आर्कमिडीज़ सिद्धान्त (कक्षा 9)। भौतिक विज्ञान की कक्षाओं में प्रयोग होने वाली भाषा की कुछ प्रचलित प्रवृत्तियाँ इस प्रकार हैं :

तात्विक विरोधाभास

ची (1992) ने एक महत्त्वपूर्ण बात कही कि विश्व की सभी संकल्पनाओं को मुख्यतः तीन श्रेणियों में बाँटा जा सकता है–पदार्थ, प्रक्रिया और मानसिक अवस्था। पदार्थ प्राकृतिक हो सकते हैं और वस्तुएँ भी। प्रक्रियाओं में विधियाँ, घटनाएँ और प्रतिबन्धित अन्तःक्रियाएँ समाहित हैं। मानसिक अवस्थाएँ दो

तरह की हो सकती हैं–भावनात्मक (जैसे भय) और ऐच्छिक (जैसे चाह)। ची ने भौतिकी समझने में विद्यार्थियों की कठिनाइयों को संकल्पनाओं के त्रुटिपूर्ण वर्गीकरण से जोड़ा और इसके लिए मुख्यतः दो वर्गों–पदार्थों और प्रक्रियाओं पर ध्यान केन्द्रित किया। ब्रुक्स (2006) ने इस वर्गीकरण को विस्तृत करते हुए कहा कि मानसिक अवस्था एक व्यापक श्रेणी 'अवस्था' का उपभाग है। 'अवस्था' दो प्रकार की हो सकती है–मानसिक या भौतिक। भौतिक अवस्था में भी दो तरह के तत्त्व हो सकते हैं–वस्तुओं के भौतिक गुणधर्म (द्रव्यमान, चार्ज आदि) और अवस्था चर (जैसे–संवेग, स्थिति आदि)। परेशानी तब उत्पन्न होती है जब हम एक तात्त्विक श्रेणी के संघटकों को किसी अन्य श्रेणी में वर्गीकृत कर देते हैं, जैसे प्रक्रियाओं को भौतिक पदार्थों की श्रेणी में रख लेना। बल एक अन्तःक्रिया है लेकिन यदि इसे एक पदार्थ की तरह समझें तो यह बहुत–सी वैकल्पिक अवधारणाओं को जन्म दे सकता है। जैसे, बल एक पदार्थ है जो किसी कर्ता द्वारा किसी वस्तु को प्रदत्त किया जाता है जिससे वह हरक़त में आ जाती है। बल का पूर्ण उपभोग हो जाने के बाद वस्तु रुक जाती है।

इसी तरह ऊष्मा का संज्ञा की तरह प्रयोग भी अनुचित है। किसी संकल्पना का सही तात्त्विक वर्गीकरण उस संकल्पना को समझने के समतुल्य है।

उदाहरण-एक

हामिद भौतिकशास्त्र में स्नातकोत्तर है। कक्षा में वह भौतिकी में दिलचस्पी दिखाता है। हिन्दी में वह अपनी बात बहुत स्पष्टता से रखता है। अपने डेढ़ वर्ष के अनुभव के आधार पर मैं कह सकती हूँ कि उसकी बुनियादी संकल्पनाओं पर पकड़ मज़बूत है। वह कक्षा को परावर्तन के नियम सिखा रहा है। उसके द्वारा प्रयोग किये गये कुछ वाक्य इस प्रकार हैं :

"प्रकाश वस्तुओं को देखने का एक माध्यम है।"

"प्रकाश अदृश्य है।" फिर वह एक लेज़र लाइट को एक दर्पण पर आपतित करता है और कहता है–

"Light को Visible करने के लिए हम उसके पथ में धूल के कण छिड़क देते हैं।"

यह बातचीत हमें यह सोचने को प्रोत्साहित करती है : 'क्या इस सन्दर्भ में प्रकाश को एक माध्यम कहना सही समझ सम्प्रेषित कर रहा है?' देखने से हम क्या समझते हैं? धूल के कण छिड़कने पर क्या दिखा, प्रकाश या धूल के कण? क्योंकि प्रकाश का पथ का तो केवल अन्दाज लगाया जा सकता है। ज़ाहिर है, प्रकाश को हम उस तरह से तो नहीं देख सकते जैसे भौतिक वस्तुओं को यानी कोई निश्चित आकार की वस्तु हो, जो हमारी आँखों पर कोई कोण अन्तरित करे। लेकिन हम प्रकाश को महसूस कर सकते हैं। इसलिए 'देखने' जैसे शब्द पर चर्चा की जाती तो प्रकाश की प्रकृति समझने में सहायता हो सकती थी।

प्रक्रिया-कौशलों का निरूपण करते शब्दों का अभाव

वैज्ञानिक अध्ययन में जिन संज्ञानात्मक कौशलों का प्रयोग होता है, एक प्रासंगिक विज्ञान की कक्षा में विद्यार्थियों को उन सभी कौशलों का इस्तेमाल करने के भरपूर अवसर प्रदान किये जाने चाहिए और प्रयुक्त भाषा में भी इनकी छाप दिखनी चाहिए। अवलोकित कक्षाओं के दो उदाहरण नीचे दिये गये हैं :

उदाहरण-दो

शादाब बी.एड. का एक मेहनती विद्यार्थी है। वह भौतिकी में स्नातकोत्तर है। वह अपनी आठवीं कक्षा के विद्यार्थियों को आर्कमिडीज़ सिद्धान्त समझाने की कोशिश कर रहा है। वह बच्चों से पूछता है कि क्या उन्होंने देखा है कि पानी में चीज़ें हल्की महसूस होती हैं। कुछ बच्चे हाँ में जवाब देते हैं तो वह उन्हें सोचने के लिए उकसाता है, ऐसा क्यों हुआ? क्या आपने कभी सोचा नहीं... सन्तोषजनक उत्तर न मिलने पर वह एक गतिविधि आरम्भ कर देता है जिसमें वह दिखाता है कि कैसे एक आलू का भार पानी के अन्दर और बाहर अलग–अलग है और फिर आर्कमिडीज़ का सिद्धान्त समझाता है।

उदाहरण-तीन

अमीना भी भौतिकशास्त्र में स्नातकोत्तर है। वह काफ़ी विस्तृत पाठ योजनाएँ बनाती है और उसकी संकल्पनात्मक समझ भी सन्तोषजनक है।

वह नौवीं कक्षा के विद्यार्थियों को न्यूटन का तीसरा नियम समझाना चाह रही है। वह एक चार्ट पर कुछ घटनाओं को दर्शाते हुए चित्र बना कर लायी है, जैसे उड़ते हुए रॉकेट में से पीछे की ओर निकलता हुआ धुआँ, राइफल में से निकलती हुई गोली आदि। वह विद्यार्थियों से पूछती है कि इन घटनाओं में वे क्या देख पा रहे हैं। कुछ विद्यार्थी बता देते हैं और कुछ तो तीसरा नियम भी बता देते हैं। शायद वे ट्यूशन में पढ़ चुके हैं और उनके लिए स्कूल की अध्यापिका सूचना का एकमात्र स्रोत नहीं है। इन्हीं जवाबों को आधार बना कर वह तीसरा नियम बताती है।

ऐसा पाया गया कि जिस प्रक्रिया–कौशल का सर्वाधिक उल्लेख हुआ वह है–अवलोकन। इसके बाद कुछ हद तक परिकल्पना (hypothesising) को भी उत्साहित करने के प्रयास दिखे, जैसे–क्या बता सकते हो कि ऐसा क्यों हुआ? कभी सोचा है आदि। लेकिन सन्तोषजनक उत्तर न मिल पाने पर कोई मददगार संकेत देते शब्द प्रयोग नहीं हुए। इनके अतिरिक्त किसी भी प्रक्रिया–कौशल का ज़िक्र नहीं हुआ।

जबकि भौतिकी की कार्यविधि–प्रधान और परिणामों के कारण ढूँढ़ने वाले विषय (Physics as a way of doing and as a discipline which looks for causes behind effects) की छवि तो कई बार पुनर्बलित हुई लेकिन उसका अनुसन्धानात्मक पक्ष अधिक उजागर नहीं हुआ यानी सवाल तो उठाये गये लेकिन उनके जवाब ढूँढ़ने के तरीक़ों को चिह्नित करती भाषा दिखाई नहीं दी।

ज्ञान पर मानवीय प्रभुसत्ता दर्शाते शब्दों का अभाव : ज्ञान पर मानवीय प्रभुसत्ता दर्शाते शब्दों का प्रयोग भी नगण्य था। मोटे तौर पर देखें तो ज्ञान की 'स्वयं से बाहर' या 'बाह्य सत्व' की तस्वीर ही उभरकर सामने आयी न कि मानव द्वारा व्यक्तिगत स्तर पर गढ़ी जाने वाले सत्व की छवि। संकल्पनाओं के उद्‌गम के सन्दर्भ का विवरण किसी कक्षा में नहीं पाया गया। संकल्पनाओं के मानव–निर्मित होने की पुष्टि करती शब्दावली का प्रयोग भी नहीं दिखा। जैसे कि परावर्तन के नियम पढ़ाते समय कहा जा सकता था कि किरण वास्तव में एक काल्पनिक युक्ति है जो प्रकाश का व्यवहार समझने में सहायता करती है। इससे यह पता चलता कि विश्व के गुणधर्मों को समझने के लिए हम कई दफ़ा इस प्रकार के काल्पनिक उपकरणों का सृजन करते हैं।

उर्वशी नौवीं कक्षा को 'दूरी–समय का ग्राफ़' पढ़ा रही थी। बच्चों से पूर्वज्ञान पर आधारित कुछ प्रश्न पूछने के बाद उसने समझाया कि ग्राफ़ क्या होता है। उसके X और Y अक्ष और फिर एक दूरी–समय ग्राफ़ पर तीन अलग रेखाओं–एक X–अक्ष के समानान्तर, एक X –अक्ष के साथ लगभग 45 डिग्री का कोण बनाती हुई सीधी रेखा और एक वक्र रेखा द्वारा वर्णित गति की प्रकृति को समझाया। इसके बाद उसने बच्चों से कुछ ग्राफ़ बनवाये। फिर वास्तविक जीवन के कुछ उदाहरण देकर पूछा कि उनका ग्राफ़ कैसा दिखेगा। जैसे, उसने विभिन्न प्रकार के ग्राफ़ बना कर विद्यार्थियों से उनका, उनके द्वारा प्रदर्शित परिस्थितियों से मिलान करने को कहा। कुछ परिस्थितियाँ यूँ थीं : मैं समान दर से बढ़ती चाल से स्कूल की तरफ़ चली, आपकी लम्बाई का उम्र के साथ बदलाव आदि बच्चों के उत्तरों से पता चल रहा था कि निश्चित रूप से उर्वशी संकल्पनाओं को बच्चों तक पहुँचाने के अपने प्रयास में काफ़ी हद तक सफल रही। लेकिन क्या बच्चों में ज्ञान के स्रोतों पर सवाल उठाने या संकल्पनाओं की आवश्यकता को व्यक्तिगत स्तर पर पहचानने की क्षमता प्रोत्साहित हो पायी? शायद नहीं यानी ग्राफ़ को एक आरम्भ बिन्दु माना गया। लेकिन ग्राफ़ की संकल्पना, उसके महत्त्व, आवश्यकता और मानव–निर्मित एक जुगत के रूप में इसका प्रतिबिम्बन नहीं हुआ।

ग्राफ़ को अगर यूक्लिडियन ज्यामिति, अलजेब्रा से जोड़ने वाले प्रयास के रूप में प्रस्तुत किया जाता तो मुमकिन है कि ग्राफ़ की समझ भी सुदृढ़ होती और ज्ञान पर मानव का स्वामित्व भी उजागर होता। इस तरह के छुटपुट विवरण मुमकिन भी हैं और वांछनीय भी।

तारिक भौतिकशास्त्र में स्नातकोत्तर है। कक्षा में वह सवालों के जवाब तत्परता से देता है और चर्चा में भी सक्रिय भाग लेता है। अक्सर कक्षा के बाद भी वह समय पा कर कुछ संकल्पनाओं पर स्पष्टीकरण लेने के लिए चला आता है। मैं उसे एक मेहनती और विचारशील भावी शिक्षक के रूप में देखती हूँ।

जैसा कि पहले उल्लेख किया गया है तारिक़ नौवीं कक्षा में न्यूटन का तीसरा नियम पढ़ा रहा था। पढ़ाने के दौरान बल की संकल्पना के सन्दर्भ में उसने कहा : "हम जानते हैं कि भौतिक राशियाँ दो प्रकार की होती हैं–अदिश और सदिश। अदिश राशियाँ वे होती हैं जो सिर्फ़ परिमाण

द्वारा व्यक्त होती हैं और सदिश राशियाँ वे होती हैं जो परिमाण और दिशा दोनों द्वारा व्यक्त की जाती हैं। बल सदिश राशि है और इसको व्यक्त करने के लिए हमें इसका परिमाण और दिशा दोनों बताने होंगे।" विचारणीय है कि इस तरह का भाषा–प्रयोग सदिश और अदिश को एक प्राकृतिक वर्गीकरण का दर्जा देता है, न कि एक गणितीय नियम–निष्ठता या मन–मस्तिष्क द्वारा गठित एक गणितीय नवाचार का, जो कि वह वास्तव में है यानी वाक्य–रचना कुछ इस तर्ज़ पर भी हो सकती थी : प्रकृति को समझने के लिए और विभिन्न घटनाओं को समझ पाने के लिए हम अक्सर कुछ संकल्पनात्मक उपकरणों का निर्माण करते हैं और वेक्टर्स भी इसी का उदाहरण है। वेक्टर्स (सदिश राशि) का एक गणितीय युक्ति के रूप में प्रयोग अठारहवीं और उन्नीसवीं शताब्दी में हुआ, जबकि न्यूटन ने बहुत–सी सदिश राशियों पर काम किया लेकिन उस समय सदिश राशियों का गणित उस तरह से विकसित नहीं हुआ था जैसा कि अब है।

वेक्टर (सदिश राशि) जैसे शब्द का इसके अर्थ से मिलान करना अंग्रेज़ी माध्यम के विद्यार्थियों के लिए भी कठिन हो सकता है और क्या यह कहना कि सदिश राशियाँ वे होती हैं जो परिमाण और दिशा दोनों द्वारा व्यक्त की जाती हैं, पर्याप्त है? इस परिभाषा के अनुसार तो विद्युतधारा को भी सदिश होना चाहिए, क्योंकि उसका परिमाण भी है और उसकी दिशा भी बतायी जाती है। यह भी बताना होगा कि सदिश राशियाँ संयोजन के ख़ास नियमों का अनुसरण करती हैं जैसे कि सदिश राशियों के संयुक्त प्रभाव को जानने के लिए केवल उनके परिमाण नहीं जोड़ सकते, बल्कि उनकी दिशाओं का भी संज्ञान लेना होगा। लेकिन आरम्भिक स्तर पर सदिश राशियों का इस प्रकार परिचय देना प्रचलित पद्धति है क्योंकि हम शायद समझते हैं कि छोटे बच्चे इतना ही समझ पायेंगे लेकिन इस पर पुनर्विचार करने की ज़रूरत है। भले ही उन्हें औपचारिक गणितीय निरूपण की जटिलता से अवगत न कराया जाये लेकिन आधारभूत विचार सम्प्रेषित करने की आवश्यकता निश्चित रूप से है जिसके अभाव में आगे चल कर विद्यार्थियों को कठिनाई हो सकती है।

शब्दावली पर बातचीत की कमी

कई बार कई पदों के उद्गम का विवरण भी उनके द्वारा चिह्नित संकल्पनाओं तक पहुँचाने में मदद करता है। संकल्पनाओं के शाब्दिक अर्थ पर चिन्तन

और उनके उद्गम के सन्दर्भ से परिचय उन संकल्पनाओं को आत्मसात करने में बहुत सहायक होता है। यदि संकल्पनाओं के अर्थ पर चर्चा के लिए कुछ समय निकाला जाये तो समझने में मदद मिल सकती है। हम प्रथम वर्ष में इसकी चर्चा भी करते हैं लेकिन किसी भी कक्षा में वैज्ञानिक पदों की उत्पत्ति पर कोई बात नहीं हुई। जैसे कि नज़्म ने आर्कमिडीज़ सिद्धान्त को समझाते हुए उछाल (Buoyancy) शब्द पहली बार प्रयोग किया। यदि इस शब्द के शाब्दिक अर्थ के लिए कुछ वक़्त निकाला जाता तो निश्चित तौर पर संकल्पना सुदृढ़ होती। संकल्पनात्मक शब्दों की उत्पत्ति की परिस्थितियाँ उसे समझने में मदद कर सकती हैं। जैसे कि 'कार्य' संकल्पना का उपयोग पहली बार जलमग्न लौह–अयस्क की खानों से भाप के इंजनों द्वारा पानी की बाल्टियाँ उठाने के सन्दर्भ में हुआ था और इसी से कार्य की भौतिक और गणितीय संकल्पना (Weight Lifted Through A Distance) विकसित हुई यानी इस मामले में टेक्नोलॉजी ने संकल्पना के निर्माण में भूमिका निभायी। इस तरह के छुटपुट वृत्तान्त संकल्पनाओं तक पहुँचने में सहायता कर सकते हैं। Gravity शब्द को भी लैटिन के Gravitas और अरस्तु के भारीपन (Heaviness) के विचार से जोड़ा जा सकता था।

कहीं-कहीं सटीक शब्दावली की कमी

शब्दों का चुनाव सही होना वैध समझ पैदा करने के लिए अति आवश्यक है। लफ्ज़ केवल लफ्ज़ नहीं होते, संकल्पनाएँ होती हैं और यह सावधानीपूर्वक इस्तेमाल किये जाने चाहिए। लेकिन कई बार छात्राध्यापक या अध्यापिका शब्दों के सूक्ष्म अन्तर को नज़रअन्दाज़ कर देते हैं। नुसरत सातवीं कक्षा में ध्वनि पढ़ा रही थी। उसने बच्चों को कई तरीक़ों से ध्वनि उत्पन्न कर के दिखाई और बार–बार कहा कि "अब मैं आपको एक एक्टिविटी दिखाती हूँ।" मानो एक्टिविटी करने की नहीं, बल्कि देखने की विषयवस्तु हो। बीच में उसने ध्वनि और संगीत को एक–दूसरे के पर्याय के रूप में कई बार प्रयोग किया जो कि सही नहीं है। नज़्म आर्कमिडीज़ के सिद्धान्त की व्याख्या कर रही थी। उसने कई बार Buoyancy और Buoyant Force शब्दों को बदल कर इस्तेमाल किया। एक भौतिकी–प्रशिक्षित मस्तिष्क के लिए शायद यह चल भी जाये लेकिन शायद बच्चों के लिए इस पहलू पर ध्यान देना चाहिए।

तारिक़ ने न्यूटन के तीसरे नियम की व्याख्या करने के लिए एक स्ट्रॉ पर गुब्बारा लगा कर फुलाया और अँगूठे से छेद को बन्द कर दिया। अँगूठा हटाने पर स्ट्रॉ अंश मात्र ऊपर जा कर नीचे की ओर गिर गया जिसका कारण तारिक़ ने यह बताया कि "उसका वेट ज़्यादा हो गया है।" यह अवधारणाओं पर चर्चा का एक महत्त्वपूर्ण मौका था पर उसका इस्तेमाल नहीं हो पाया। तारिक़ के इस कथन से कि इसका वेट ज़्यादा हो गया यह समझ नहीं आया कि किसका वेट ज़्यादा हो गया।

भौतिक विज्ञान की अनिश्चितता और लचीलापन दर्शाते शब्दों का अभाव : ऐसी शब्दावली का प्रयोग किसी कक्षा में नहीं दिखा जिससे भौतिकशास्त्र के अनिश्चित, लचीले या विकासशील होने का आभास हो। सभी कक्षाओं में अध्यापकों की भाषा निश्चयात्मक थी अर्थात हर छात्राध्यापक ने भौतिकी को एक अन्तिम सत्य की तरह ही प्रस्तुत किया। कहीं भी भौतिकशास्त्र के प्रगतिमान होने का बोध नहीं हुआ। ऐसा भी नहीं था कि इसके अवसर न आये हों। गुरुत्व और गुरुत्वाकर्षण बल की बात करते समय ज़िक्र हो सकता था कि इतना परिचित बल होने पर भी हम गुरुत्वाकर्षण की प्रकृति और उद्‌गम को पूरी तरह समझ नहीं पाये हैं। कहा जा सकता था कि गुरुत्वाकर्षण द्रव्यमान पर निर्भर है परन्तु वे कौन–सी प्रक्रियाएँ हैं जो द्रव्यमान का निर्धारण करती हैं, इसे हम समझने का प्रयास कर रहे हैं। लेकिन ऐसा हुआ नहीं और भौतिकशास्त्र की एक देय संकल्पना ही सामने आयी।

प्रवृत्तियों के कारक : कुछ विचार बिन्दु

जैसा कि पहले बताया जा चुका है हमारा सैम्पल 8 विद्यार्थियों का था। ये वे लोग थे जिनकी विषय और शिक्षाशास्त्र की समझ की पुष्टि मैं अपने अनुभव के आधार पर कर सकती हूँ। इस तरह भावी शिक्षकों की 23 में से 8 कक्षाएँ अवलोकन के लिए चुनी गयीं। अतः कहा जा सकता है कि यह एक सोद्देश्य प्रतिचयन था। अध्ययन के लिए वे केस चुने गये जो सामर्थ्य और सम्भावना से परिपूर्ण थे ताकि सूक्ष्मताओं पर बात करने का सन्दर्भ मिल सके। स्कूल मुख्यतः दो प्रकार के थे–जामिया स्कूल और सरकारी स्कूल। हर अवलोकित कक्षा में औसतन 30–35 विद्यार्थी मौजूद थे। ज़ाहिर है कि यह एक बहुत ही छोटे समूह का अनुभव है

जो किसी सामान्यीकरण की तरफ़ इशारा नहीं करता लेकिन ये अवलोकन हमें प्रोत्साहित करते हैं कि हम इनके कारकों पर विचार करें ताकि परिस्थिति में अर्थपूर्ण तरीक़े से हस्तक्षेप किया जा सके। इन प्रचलित प्रवृत्तियों के कुछ कारक जो समझ में आते हैं वे निम्न हैं :

पाठ्यचर्या की सामग्री विशेषकर पाठ्यपुस्तक में पाठ्यवस्तु का स्वरूप : एक कक्षा को छोड़ कर सभी कक्षाओं में पाठ्यपुस्तकों की प्रधानता दिखी। आठ में से सात कक्षाओं में कक्षा–कक्ष व्यवहार मुख्यतः पाठ्यपुस्तकों से ही प्रेरित पाया गया। छात्राध्यापकों के शिक्षण में पायी जाने वाली बहुत–सी प्रवृत्तियों को सीधे–सीधे पाठ्यपुस्तकों की प्रवृत्तियों से जोड़ कर देखा जा सकता है, जैसे–ऐतिहासिक परिप्रेक्ष्य का अभाव, हस्त–गतिविधियों की केन्द्रीयता जो कि वांछनीय है और अनुसन्धान के निर्धारण में विद्यार्थियों की सीमित भूमिका। लगभग सभी दी गयी गतिविधियों की भाषा निर्देशात्मक थी। अर्थपूर्ण अधिगम के लिए आवश्यक है कि शिक्षण के दौरान किये जाने वाले क्रियाकलाप विद्यार्थियों को केवल निर्देशात्मक तरीक़े से न सुझाये जायें, बल्कि उन्हें प्रोत्साहित किया जाये कि वे अन्वेषित किये जा रहे प्रश्नों की रोशनी में स्वयं उन गतिविधियों का स्वरूप तय करें जिनसे वे उत्तर तक पहुँच सकते हैं। कुछ तात्त्विक वर्गीकरण की त्रुटियों को भी पाठ्यपुस्तकों की भाषा से जोड़ा जा सकता है। जैसे कि आठवीं कक्षा की पुस्तक से लिया गया निचला अंश :

> *किसी सख्त काग़ज़ की शीट अथवा चार्ट पेपर का उपयोग कीजिए। शीट मेज़ के किनारे से थोड़ी बाहर निकली हुई होनी चाहिए। शीट के बाहर निकले भाग को बीच में से काटिये। सुनिश्चित कीजिए परावर्तित किरण काग़ज़ के बाहर निकले हिस्से पर भी दिखाई दे। काग़ज़ के बाहर निकले उस हिस्से को मोड़िये जहाँ पर परावर्तित किरण दिखाई दे रही है। क्या आप अब भी परावर्तित किरण देख पाते हैं?*
>
> (एन.सी.ई.आर.टी. 2008, पृ. 200)

हम देखते हैं कि उपरोक्त अनुच्छेद में बार–बार किरण को देखने की बात की गयी है, मानो वह कोई भौतिक वस्तु हो जिसे देखा जा सकता है।

इसी तरह हम ऊष्मा की संकल्पना की समीक्षा कर सकते हैं। ऊष्मा अंग्रेज़ी के शब्द 'हीट' (Heat) के लिए उपयोग होता है। हीट शब्द का प्रयोग अंग्रेज़ी में भौतिकी के बाहर भी आम होता है लेकिन भौतिकी के क्षेत्र में इसके एक अर्थ में इसका प्रवाह या स्थानान्तरण निहित है। इसलिए इसका इस तरह का प्रयोग जिसमें इसके पदार्थ होने की झलक लगे उसकी प्रकृति से बेमेल है। विज्ञान की हिन्दी माध्यम की किताबों में भी ऊष्मा शब्द का उपयोग जिस तरह होता है वह इसकी पदार्थीय तस्वीर का अहसास देता है। जैसे कि सातवीं कक्षा की विज्ञान की पाठ्यपुस्तक से लिये गये निम्नलिखित कथन में :

> *आपने देखा होगा कि जब किसी बर्तन को ज्वाला पर रखते हैं तो वह तप्त हो जाता है। इसका कारण है कि ऊष्मा ज्वाला से बर्तन की ओर चली जाती है।*
>
> (विज्ञान–कक्षा 7 के लिए पाठ्यपुस्तक, पृ. 41)।

ऊष्मा या हीट का प्रयोग पाठ्यपुस्तकों में इस प्रकार किया जाता है जो कि 'कैलोरिक थ्योरी' की याद दिलाता है। रोमर इस बात का समर्थन करते हैं कि इन पाठ्यपुस्तकीय और शिक्षण की प्रवृत्तियों पर पुनर्विचार किया जाना चाहिए। वे सुझाते हैं कि दरअसल जब हम ऊष्मा शब्द का प्रयोग भौतिक विज्ञान के सन्दर्भ में कर रहे होते हैं तो हमारा आशय अक्सर 'तापमान–अन्तर के फलस्वरूप स्थानान्तरित ऊर्जा' (रोमर, 2001) से होता है और इसे इसी तरह लिखने में कोई हर्ज़ नहीं है।

कुछ अपवाद भी दिखे, जैसे कि पाठ्यपुस्तकें कुछ स्थानों पर संकल्पनाओं के मानव–निर्माण की ओर इशारा करती हैं लेकिन अवलोकित कक्षाओं में ऐसा नहीं दिखा। ग़ौरतलब है कि किसी भी कक्षा में ज्ञान को ऐतिहासिक दृष्टि से देखने का प्रयास नहीं हुआ।

आठ कक्षाओं में से एक कक्षा अपवाद के रूप में सामने आयी जिसमें भाषा से सम्बन्धित कोई समस्या दिखाई नहीं दी। इसमें प्रियंका छठी के बच्चों को समझा रही थी कि वस्तुओं का वर्गीकरण क्यों और किस आधार पर किया जाता है। इसमें बच्चों को दैनिक जीवन की बहुत–सी वस्तुएँ देकर उन्हें किसी भी आधार पर बाँटने को कहा गया और बच्चों ने बाँटा भी और फिर पदार्थों को छाँटने की आवश्यकता को उभारा गया।

बातचीत के दौरान इस छात्राध्यापिका ने बताया कि उसने गर्मी की छुट्टियों में एक कार्यशाला में हिस्सा लिया था जहाँ से उसे यह आइडिया मिला।

शिक्षण–प्रशिक्षण कार्यक्रमों की पाठ्यचर्या में भाषा का स्थान : जैसा कि पहले कहा गया है बी.एड. के द्विवर्षीय अवतार में अधिगम में भाषा की भूमिका को स्वीकारा गया है और उसे नये सिरे से देखने की कोशिश की गयी है। लैंग्वेज अक्रॉस करिकुलम नामक अनिवार्य पर्चा भाषा–विमर्श को शिक्षण–प्रशिक्षण में सम्मिलित करने का सुगठित प्रयास है। यह प्रयास प्रशंसनीय तो है लेकिन नाकाफ़ी भी है। परिक्षेत्र के लिहाज़ से और टाइम के लिहाज़ से इस पेपर में इतनी गुंज़ाइश नहीं है कि भौतिकी की भाषाओं की सूक्ष्मताओं पर विचार कर सके। इसमें भाषा की भूमिका को सभी विषयों के अनुप्रस्थ देखा जाता है लेकिन भौतिकी की सही संकल्पनात्मक समझ विकसित करने के लिए एक–एक पद को सही अर्थ प्रदान करना आवश्यक है। इसके लिए भाषा–अध्ययन का, संकल्पना विशिष्ट उपागम अपनाने की ज़रूरत है। शब्दों और संकल्पनाओं को जोड़ कर देखना होगा। चुनिन्दा शब्दावली पर गहराई से बात करने की आवश्यकता है।

अच्छे शिक्षण की संकल्पना : एक शिक्षण–प्रशिक्षण कार्यक्रम के दौरान हर विद्यार्थी 'अच्छे शिक्षण' की एक छवि बना लेता/लेती है। यह छवि किसी एक थ्योरी पेपर या किसी एक प्रैक्टिकल का परिणाम नहीं होती, बल्कि यह हर पर्चे, हर प्रैक्टिकल और हर गतिविधि से मिलने वाले मिले–जुले सन्देशों का नतीजा होती है। विद्यार्थियों से अनौपचारिक तौर पर बातचीत के दौरान इस छवि के कुछ इस क़िस्म के घटक उजागर होते हैं–अच्छी यानी सुगम व्याख्याएँ, सक्रिय विद्यार्थी यानी विद्यार्थी कर के सीखें, नयी सूचना को बच्चों के पूर्वज्ञान से जोड़ना, दैनिक जीवन से उदाहरण देना, बच्चों का सतत आकलन करना, आई.सी.टी. का प्रयोग आदि। इनमें से कहीं भी भाषा के सटीक या विषयवस्तु की प्रकृति से मेल खाने का ज़िक्र नहीं है। ग़ौर करें कि यहाँ हमारा आशय भाषा के सरल होने से नहीं है, बल्कि इस तरह के शब्दों और वाक्य–विन्यास के प्रयोग से है जो विज्ञान में ज्ञानार्जन की प्रक्रियाओं का प्रतिबिम्बन करे। प्रभावशाली शिक्षण केवल प्रभावी सम्प्रेषण के बारे में नहीं है, बल्कि उस सम्प्रेषण प्रक्रिया की बारीक़ियों के बारे में भी है। आई.सी.टी. का प्रयोग मात्र अपने आप में अधिगम को सुनिश्चित नहीं करेगा, बल्कि उसकी प्रकृति और स्वरूप पर ध्यान देने की आवश्यकता है।

सुगम व्याख्याएँ महत्त्वपूर्ण हैं परन्तु यह भी पता होना चाहिए कि सुगमता की कोई एक परिभाषा नहीं है। यह हर विद्यार्थी के लिए अलग हो सकती है। हस्त गतिविधियाँ कराने मात्र से अर्थपूर्ण समझ बने यह ज़रूरी नहीं, अधिक महत्त्वपूर्ण यह सोचना है कि उन गतिविधियों में व्यक्तिगत स्तर पर ज्ञान–निर्माण की कितनी गुंज़ाइश थी। दैनिक जीवन से उदाहरण दिये जाने चाहिए लेकिन सभी विद्यार्थियों के जीवन की विविधता का भी संज्ञान लिया जाना चाहिए। अतः 'अच्छे शिक्षण' की संकल्पना को विस्तृत करना अति आवश्यक है।

रचनावाद का संकुचित अर्थांकन : हाल में शिक्षा के क्षेत्र में रचनावाद का ख़ासा बोल–बाला हुआ है। इस बात को सार्वभौमिक स्तर पर स्वीकारा जा चुका है कि बच्चे अपना ज्ञान अपने तौर पर खुद गढ़ते हैं। अध्यापक का काम एक सुसाधक का है जो ऐसा माहौल तैयार करे जिसमें कि बच्चे खुद सीख सकें 'गतिविधियाँ और Hands-on एक्टिविटीज़' जैसे शब्द हर शिक्षक और ख़ासतौर पर एलीमेंट्री शिक्षकों और भावी शिक्षकों की रोज़मर्रा की भाषा का हिस्सा बन चुके हैं। लेकिन शायद इस बात पर भी सोचना ज़रूरी है कि कही हम रचनावाद का बहुत ही सीमित और संकुचित अर्थांकन तो नहीं कर रहे? ज्ञान जितना करने की विषयवस्तु है, उससे कहीं अधिक सोचने की भी है और दोनों ही पक्षों को समान महत्त्व मिलना चाहिए। अधिकतर प्रयोग जो कक्षाओं में करवाये जाते हैं महज़ पुष्टीकरण तक सीमित होते हैं, जिन्हें रस्मों की तरह निभा दिया जाता है और मान लिया जाता है कि यह विद्यार्थियों को निहित संकल्पना का विश्वास दिलाने के लिए पर्याप्त हैं। जैसे कि पेंडुलम के दोलन से 'g' का मान ज्ञात करना, परावर्तन और अपवर्तन के नियमों की पुष्टि करना आदि। विद्यार्थियों से यह अपेक्षा नहीं की जाती कि वे स्वयं प्रयोगों को अवधारित करें यानी स्वयं उनका स्वरूप सोचें। क्या ये जानने का प्रयास किया जाता है कि परावर्तन/अपवर्तन के नियमों की पुष्टि करने के दौरान कितने विद्यार्थी यह समझ पाये कि जब वे दर्पण/स्लैब के एक ओर लगी पिनों की सीधाई में दूसरी तरफ़ पिन लगा रहे होते हैं तो वे वास्तव में कैसे प्रकाश के पथ को चिह्नित कर रहे होते हैं, इस तरह की बातों पर विचार किया जाना चाहिए।

निष्कर्ष

एक प्रश्न जो उठाया जा सकता है, वह यह है कि क्या कोई प्रमाण है कि जिन कक्षाओं में प्रयुक्त भाषा, विज्ञान की प्रकृति और प्रक्रिया के अनुरूप होती है उनमें पढ़ने वाले बच्चे परीक्षाओं में अन्य बच्चों से बेहतर करते हैं? इसका जवाब देना सरल नहीं है और इसके पक्ष में निर्णयात्मक शोध भी मौजूद नहीं है। दरअसल, हमारा सवाल ही ग़लत है। प्रश्न यह होना चाहिए कि क्या ऐसी कक्षाओं में पढ़ने वाले बच्चे अन्य बच्चों से बेहतर वैज्ञानिक बनते हैं? इसलिए शोधों की दिशा बदलनी होगी। समस्या यह भी है कि इस तरह के प्रयासों का असर न तो तात्कालिक होता है और न ही संख्यात्मक तरीक़े से मापन–योग्य। निश्चित तौर पर बी.एड. के नये पाठ्यक्रम में भाषा को एक ख़ास स्थान दिया गया है और ज्ञान के गठन में भाषा की भूमिका को समझने का प्रयास हुआ है लेकिन इस विमर्श को और विशिष्ट और सुदृढ़ बनाने की आवश्यकता है। विशेषकर भौतिकी जैसे विषय में भाषा की भूमिका पर सामान्य चर्चा काफ़ी नहीं है, उसे संकल्पना विशिष्ट बनाने की आवश्यकता है। 'Hands-on' गतिविधियों के साथ–साथ Minds-on गतिविधियों का महत्त्व भी समझना होगा। यह स्वीकारना होगा कि 'सोच के सीखना' भी उतना ही महत्त्वपूर्ण है जितना कि करके सीखना। पाठ्यपुस्तकों पर भाषा के लैंस से एक नयी दृष्टि डालनी होगी। ख़ासतौर पर भारत जैसे देश में जहाँ पाठ्यपुस्तकें अधिकांश बच्चों के लिए वैध ज्ञान का एकमात्र स्रोत हैं। अच्छे शिक्षण की संकल्पना को और विस्तृत करना होगा और इसके लिए सभी दिशाओं से प्रयास होने चाहिए।

सन्दर्भ सूची

1. एंडरसन, जे. आर. (1980), *कॉग्नीटिव साइकलोजी एंड इट्स इंप्लिकेशंस,* सेन फ्रांसिस्को : फ्रीमैन
2. एरॉन्स, ए. बी. (1997), *टीचिंग इंट्रोडक्टरी फिजिक्स,* यू.एस.ए. : जॉन विले एंड संस।
3. ब्रुक्स, डी. (2006, अक्टूबर 1), *दि रोल ऑफ लैंग्वेज इन लर्निंग फिजिक्स,* रटगर्स यूनिवर्सिटी, अवेलिबिल एट https://per.physics.illinois.edu/people/David/thesis_Y2.pdf

4. बूटी, सी. एंड मोर्टिमर, ई.एफ. (2008), *अथॉरटिव डिस्कोर्स एंड मॉडलिंग इन हाई स्कूल टीचिंग सीक्वेंस ऑन ऑप्टिक्स, इंटरनेशनल जर्नल ऑफ़ साइंस एजुकेशन* 30(12), पृ. 1635–1660
5. ची, एम.टी.एच. (1992), *कंसेप्चुअल चेंज विद इन एंड अक्रॉस ओंटोलोजिकल केटेगरीज़ : एग्ज़ाम्पल्स फ्रॉम लर्निंग एंड डिस्कवरी इन साइंस, इन आर. गिएर (एड.), कॉग्नीटिव मॉडल्स ऑफ़ साइंस,* मिनियापॉलिस, मिनेसोटा : यूनिवर्सिटी ऑफ़ मिनेसोटा प्रेस, पृ. 129–186
6. हॉब्सन, ए. (2007), टीचिंग क्वांटम फिजिक्स विदाउट पेराडॉक्स, *दि फिज़िक्स टीचर* 45(2), पृ. 96–99
7. इरेसन, जी. (2000), *दि क्वांटम अंडरस्टैडिंग ऑफ़ प्री–यूनिवर्सिटी स्टूडेंट्स, फिजिक्स एजुकेशन* 35(10), पृ. 15–21
8. लीच, जे. एंड स्कॉट, पी. (2003), *इंडिविजुअल एंड सोशियो–कल्चुरल व्यूज़ ऑफ़ लर्निंग इन साइंस एजुकेशन, साइंस एंड एजुकेशन* 12(1), पृ. 91–113
9. लेमके, जे.एल. (1988), *जेनर्स, सीमेंटिक्स एंड क्लासरूम एजुकेशन, लिंगग्विस्टिक्स एंड एजुकेशन* 1(1), पृ. 81–99
10. एन.सी.ई.आर.टी. (2007), *विज्ञान पाठ्यपुस्तक–कक्षा 7,* नयी दिल्ली : नेशनल काउंसिल ऑफ़ एजुकेशनल रिसर्च एंड ट्रेनिंग।
11. एन.सी.ई.आर.टी. (2007)। *विज्ञान पाठ्यपुस्तक – कक्षा 8*। नयी दिल्ली : नेशनल काउंसिल ऑफ़ एजुकेशनल रिसर्च एंड ट्रेनिंग।
12. रोमर, आर.एच. (2001), *हीट इज़ नॉट अ नाउन,* एडिटोरियल *अमेरिकन जर्नल ऑफ़ फिजिक्स 69*(2), पृ. 107–109
13. वायगोट्स्की, एल.एस. (1987), दि डिवेलपमेंट ऑफ़ *साइंटिफिक कंसेप्ट्स इन चाइल्डहुड, दि कलेक्टेड वर्क्स ऑफ़ एल. एस. वायगोट्स्की वॉल्युम 1, प्रॉब्लम्स ऑफ़ जनरल साइकलोजी,* इन रीबर आर.डब्ल्यू. एंड कार्टन ए.एस. (एडिट), न्यूयॉर्क : प्लेनम प्रेस।

https://www.encyclopedia.com/science-and-technology/technology/technology-terms-and-concepts/steam-engine.

अध्याय–3

विज्ञान एवं भाषा

रमा कान्त अग्निहोत्री

एवं विद्या भवन शिक्षा सन्दर्भ केन्द्र टीम, उदयपुर[1]

लेखक विज्ञान की किताबों के लेखन की शैली और उससे विज्ञान न समझ पाने की स्थिति को सामने रखते हैं। उन्होंने विज्ञान और साहित्य लेखन के उदाहरण व उनकी रोचकता व ग्राह्यता के आधार पर कहा है कि यह ज़रूरी नहीं कि सरल शब्द और छोटे वाक्य सामग्री को समझने योग्य बना दें। उनका मत है कि विज्ञान की पुस्तकों में पाठों को तीसरे व्यक्ति यानी अवैयक्तिक शैली में लिखा जाता है और इन किताबों में संवाद की कमी के कारण पाठ जटिल हो जाते हैं और रोचक व पठनीय नहीं रहते। वे यह भी कहते हैं कि पुस्तक की ग्रहणशीलता का प्रश्न मात्र शैली का नहीं है, बल्कि पाठ लिखने वालों की विज्ञान की संकल्पनाओं का और उनकी अपनी समझ के गहरे होने (अथवा गलत) का भी है। इससे भी निर्धारित होता है कि पाठ कितना समझ आने योग्य है। हालाँकि यह पढ़ाने वाले की समझ पर भी निर्भर करता है।

---

1. विद्या भवन शिक्षा सन्दर्भ केन्द्र, विद्या भवन सोसायटी, उदयपुर, राजस्थान का एक अंग है। विद्या भवन सोसायटी शिक्षा के क्षेत्र में कार्यरत संस्था है। सोसायटी के शैक्षिक नवाचारों, अनुभवों व प्रयोगों को राष्ट्रीय शैक्षिक संवादों का हिस्सा बनाने के लिए 1995 में विद्याभवन शिक्षा सन्दर्भ केन्द्र की स्थापना हुई थी। केन्द्र रामाज के व्यापक आबादी के बच्चों को गुणवत्तापूर्ण शिक्षा प्रदान करने के लिए शोध–अध्ययन, सामग्री–विकास, पाठ्यपुस्तक निर्माण व पाठ्यचर्या–पाठ्यक्रम विकास के साथ अध्यापन–कला के नवाचारों से जुड़ा हुआ है।

प्रस्तावना

जब विज्ञान की बात होती है तब यह मान लिया जाता है कि विज्ञान तो सिद्धान्त व प्रयोग की बात है। सीखने वालों को प्रयोग, अवलोकनों व चित्रों द्वारा बात समझा दो तो उन्हें विज्ञान की पकड़ स्वतः हो जायेगी ऐसा अक्सर लोग मानते हैं; भाषा का इससे कोई लेना–देना नहीं। लेकिन यदि किसी विद्यार्थी को भाषा ही समझ में नहीं आयेगी तो वह विज्ञान क्या समझेगा? यदि वाक्य–संरचना जटिल हो व शब्दावली समझ से बिल्कुल परे हो तो विज्ञान क्या करेगा? भला, भाषा के इतर विज्ञान का क्या अस्तित्व हो सकता है? मेरी समझ है कि यदि विज्ञान के शब्द स्तर के विपरीत अधिकतर बड़े–बड़े और अपरिचित होंगे, वाक्य लम्बे व जटिल होंगे और हर वाक्य में कई ऐसे संज्ञा पद होंगे जिन्हें आम भाषा में क्रियापद होना चाहिए तो स्वाभाविक है कि विद्यार्थी को विज्ञान की बात समझने में कठिनाई होगी। लेकिन असली बात वाक्य या शब्द के छोटे–बड़े होने की नहीं है। असली बात है भाषागत अकादमिक प्रवीणता/संज्ञानात्मक कौशलों और अवधारणात्मक समझ की। यह पर्चा इन्हीं बातों के बारे में कुछ छानबीन करेगा।

बुनियादी साक्षरता, अकादमिक प्रवीणता/संज्ञानात्मक कौशल और अवधारणात्मक समझ

बच्चे जब स्कूल आना शुरू करते हैं तब तक वे अपनी भाषाओं में पूरी तरह से प्रवीण होते हैं। इसमें कोई शक नहीं कि उन्हें कई नये–नये शब्द व अभिव्यक्तियों के तौर–तरीक़े सीखने होते हैं, पर अपने समाज में सम्प्रेषण के लिए वह समझ कर सुनने–बोलने की भाषा में पूरी तरह से तैयार होते हैं। यह भाषा सीखने की क्षमता उनमें जन्म से ही रहती है। नयी शब्दावली व नये मुहावरे तो इनसान सारी उम्र ही सीखता रहता है। पढ़ने–लिखने की भाषा की शुरुआत तो स्कूल से ही होती है। यदि बच्चों का सौभाग्य हो तो यह बुनियादी साक्षरता उसी भाषा में हो सकती है जो उनके बोल–चाल की भाषा रही हो। लेकिन अक्सर ऐसा होता नहीं। इसीलिए बच्चे अकादमिक साक्षरता तो क्या बुनियादी साक्षरता भी ठीक से नहीं सीख पाते यानी अधिकतर बच्चों को समझ कर पढ़ना–लिखना नहीं आता और यदि बुनियादी साक्षरता की भाषा वही न हो जो भाषा बच्चे स्कूल में ले कर आते हैं, तो यह प्रक्रिया और भी कठिन हो जाती है।

हमारी शिक्षा–नीतियों, शिक्षा–संस्थानों, किताबों व पढ़ाई–लिखाई के तौर–तरीक़ों के चलते कोई विद्यार्थी सचमुच ठीक से पढ़–लिख जाये तो यह अपने आप में एक चमत्कार ही है। घर व गली–कूचों की आज़ादी से जब बच्चे स्कूल पहुँचते हैं तो वे अचानक ही शारीरिक व मानसिक दृष्टिकोणों से बैंचों की सीमाओं में बँध जाते हैं। निरन्तर सवाल पूछना और नये–नये तरीक़े से रास्ते खोजना तो ज्ञान की संरचना का अभिन्न अंग होना चाहिए। ख़ासकर विज्ञान की पढ़ाई–लिखाई के बारे में तो यह बात और भी अधिक सच है। लेकिन मुझे ऐसा लगता है कि हम इसके ठीक विपरीत दिशा में काफ़ी ज़ोर–शोर से प्रयत्नशील रहते हैं।

अकादमिक प्रवीणता में शामिल हैं–समझ कर पढ़ना–लिखना, तर्कसंगत बात करना, निरन्तर सवाल पूछना और हर नयी बात का आलोचनात्मक मूल्यांकन करना व ज्ञान का निर्माण करना। इसीलिए अकादमिक साक्षरता व संज्ञानात्मक कौशलों में अन्तर सम्भव नहीं; दोनों एक–दूसरे के पूरक हैं। और अवधारणात्मक समझ भी तभी सम्भव है जब अकादमिक साक्षरता व संज्ञानात्मक कौशल हों। अकादमिक प्रवीणता एक बार हासिल हो जाये तो उसे बार–बार नहीं सीखना पड़ता (कमिन्ज़ 1979, 1984, 2000; कमिन्ज़ एंड स्वेन 1986)।

अपनी बात

विज्ञान के सम्बन्ध लेकर मेरी एक विशेष समस्या है। मैंने ज़िन्दगी में कभी विज्ञान नहीं पढ़ा, न स्कूल में, न बाद में। विज्ञान से मेरा हल्का–सा, पर रुचिकर परिचय होशंगाबाद विज्ञान शिक्षण कार्यक्रम (हो.वि.शि.का.) के कुछ प्रशिक्षण शिविरों में हुआ। मुझे अच्छा लगा कि ''प्रशिक्षण में पाठ्यक्रम को महज़ रस्म अदायगी के लिए पूरा नहीं किया जाता, वरन पूरी कोशिश होती है कि सभी शैक्षिक गतिविधियों में शिक्षकों की अधिक–से–अधिक भागीदारी हो। खुली बहस, तार्किक चिन्तन, निर्भीकतापूर्वक प्रश्न खड़े करने की प्रकृति को बढ़ावा दिया जाता है...(एकलव्य 1984)।'' फिर भी मेरी समझ से इन प्रशिक्षणों में भाषा कोई विशेष मुद्दा नहीं था।

ख़ैर, मैं अपनी व विज्ञान की बात कर रहा था। वैज्ञानिक विश्लेषण से मेरा परिचय भाषा–विज्ञान में तो हुआ पर विज्ञान के किसी विषय जैसे भौतिकी या रसायनशास्त्र में नहीं। हाँ, गणित का मुझे शौक़ था सो

स्नातक होने तक पढ़ा। जब मैं स्कूल में था तब पाँचवीं कक्षा में ही यह निर्धारित हो जाता था कि कौन विज्ञान पढ़ेगा और कौन मानविकी। बड़ा भाई विज्ञान में गया तो मैं मानविकी में। यही प्रथा थी उन दिनों। यह अलग बात है कि वह ब्रिगेडियर बना और मैं भाषा–वैज्ञानिक।

ख़ैर, इस बात का यह फ़ायदा हुआ कि जब आयोजकों ने मुझे मजबूर किया कि मैं यह पर्चा लिखूँ तो मैं कोरे काग़ज़–सा था विज्ञान पर। मैंने पाँचवीं कक्षा से लेकर आठवीं तक की कई किताबों के कई पाठ देख डाले। कुछ मज़ा नहीं आया। कुछ बात भी विशेष समझ में नहीं आयी। कई लोगों से मदद भी ली फिर भी मामला कुछ साफ़ नहीं हुआ।

जब मैं हो.वि.शि.का. से जुड़ा तो एक बात और समझ में आयी। हो.वि.शि.का. के साथी बहुत चिन्तित थे कि उनके लाख प्रयत्न करने पर भी बच्चों को उनकी लिखी बाल वैज्ञानिक किताब की बात समझ में नहीं आती थी। उनका दावा था कि उन्होंने यह किताब बहुत ही सरल हिन्दी में लिखी है। कोई मुश्किल शब्द नहीं है और कोई भी लम्बा वाक्य नहीं है। फिर भी बच्चे प्रयोगों के निर्देश तक नहीं समझ पाते। उनका कहना था कि यह किताब एन.सी.ई.आर.टी. की किताबों व हो.वि.शि.का. की सबसे पहली लाल वैज्ञानिक किताब से कहीं सरल थी। हमने छठी, सातवीं और आठवीं तीनों कक्षाओं की किताबों का भाषा–विज्ञान पर आधारित मूल्यांकन पत्र बना कर एक प्रयोग किया (एकलव्य 1983)। कई विद्यार्थियों ने इसमें भाग लिया। एक महत्त्वपूर्ण बात जो उभर कर आयी वह यह थी कि वाक्यों को छोटा कर देने से कोई बात सरल नहीं हो जाती, बल्कि स्कूली शिक्षा में शायद शब्दातिरेक का होना आवश्यक है। जैसे–जैसे सीखने का स्तर बढ़ता जायेगा, शब्दातिरेक कम होती जायेगी और भाषा लगभग गणित की भाषा तरह हो जायेगी।

विधा के अनुसार भी भाषा बदलती है। कहानी की भाषा और, तो विज्ञान की भाषा और। लेकिन अकादमिक साक्षरता व संज्ञानात्मक कौशलों में कोई अन्तर नहीं है। किसी भी संवाद को समझने के लिए ज़रूरी है कि उसके सार को समझा जाये। हम टुकड़े–टुकड़े जोड़कर पूर्ण इकाई को नहीं समझते, अपितु पूर्ण इकाई का कुछ अन्दाज़ लगा कर संवाद को पढ़ते और समझते हैं। अकादमिक साक्षरता व संज्ञानात्मक कौशलों के चलते ही यह सम्भव है कि हम व्याकरणगत सम्बन्धों और वैचारिक स्तर पर बने नेटवर्क को समझ सकें।

हृदय और ईदगाह

विद्या भवन शिक्षा सन्दर्भ केन्द्र (ई.आर.सी.) की एक कार्यशाला में कुछ अध्यापकों के साथ हम लोग यह समझने की कोशिश कर रहे थे कि इन्सान का हृदय कैसे काम करता है। इसी सन्दर्भ में उन्हें जे.बी.एस. हाल्डेन का सुशील जोशी द्वारा अनूदित सन्दर्भ पत्रिका में प्रकाशित एक लेख 'हृदय कैसे काम करता है' दिया गया था। काफी चर्चा के बाद भी बात कुछ साफ़ नहीं हुई। मुझे तो बिल्कुल भी नहीं। मैंने कोशिश की कि अपने साथियों से इस बात को समझूँ, पर बात कुछ बनी नहीं। मुझे बताया गया कि हृदय में चार चैम्बर होते हैं। गन्दा खून शरीर से हृदय में पहुँचता है और वहाँ से साफ़ होकर शरीर में वापस जाता है। इस तरह तो हृदय में दो ही चैम्बर होने चाहिए, फिर चार क्यों? धमनियों और शिराओं का भी कुछ चक्कर है। मुझे यह भी लगा कि खून तो केवल नीचे को बहना चाहिए फिर वह ऊपर की तरफ़ कैसे आता है और उसी शरीर में साफ़ ख़ून भला गन्दा या कुछ अशुद्ध क्यों होगा? चार चैम्बर हैं तो आठ वाल्व होने चाहिए। एक बन्द करने वाला और एक खोलने वाला। लेकिन मुझे बताया गया कि केवल चार वाल्व होते हैं। जब ई.आर.सी. के कुछ और लोगों से बात की तो बात कुछ साफ़ होने लगी। पहली बात तो यह है कि आपको ओरिएंटेशन को समझना होगा। इस बात पर मुझे किताबों में कोई दिशा नहीं मिली। सामाजिक भाषा–वैज्ञानिक होने के नाते मुझे यह मालूम था कि अधिकतर समाज अपने शरीर के एक्सिज़ के माध्यम से दिशा समझते हैं। इसलिए जो मेरे दायें हैं, वह मेरे सामने वाले व्यक्ति के बायें हैं। यह बात व्यावहारिक दृष्टि से समझने में बच्चों को कई साल लग जाते हैं और कई लोगों को तो बड़े होकर भी इन बातों को समझने में कठिनाई होती है। ऐसे भी कई समाज हैं जहाँ शरीर के एक्सिज़ का कोई महत्त्व नहीं! जो आप के लिए पहाड़ के सामने है वह मेरे लिए भी पहाड़ के सामने है। मुझे लगा कि हृदय की संरचना एवं क्रिया कलापों को समझने के लिए यह आवश्यक है कि आप सही ओरिएंटेशन को समझें। जो समझाने वाले का दायाँ, वह समझने वाले का बायाँ। ओरिएंटेशन को इस तरह समझना केवल विज्ञान के लिए ही ज़रूरी नहीं, बल्कि आम ज़िन्दगी के लिए भी आवश्यक है। बच्चों को केवल दायाँ–बायाँ भर पढ़ा देने से काम नहीं चलेगा।

खै़र, यह समझ आया कि ऊपर दो एंट्रियम व नीचे की तरफ़ दो वेंट्रिकल। यह समझना भी ज़रूरी है कि एंट्रियम की दीवारें पतली होती हैं और वेंट्रिकल की मोटी। मुझे लगा कि यह सब बातें सवाल बन कर बच्चों के सामने स्वाभाविक रूप से आनी चाहिए। जैसे दीवारें पतली या मोटी होने से क्या फ़र्क़ पड़ता है? फेफड़ों का बीच में क्या काम? लेकिन विज्ञान की अधिकतर किताबों को पढ़ कर मुझे लगा कि उनमें केवल यह **बताया जाता** है कि ऐसा 'होता है'। जब सब कुछ होता है तो समझाने को कुछ ख़ास रह नहीं जाता। अक्सर न कोई करने वाला होता है और न ही कोई अन्य क्रिया होती है। बस सब कुछ 'होता है'; जब सभी कुछ 'होता है' तो बच्चों के पास जिज्ञासा का कोई स्थान नहीं बचता।

शरीर में ख़ून का निरन्तर बहना एक बहुत ही गतिशील प्रक्रिया है जिसे मैं अपने शरीर के कई अंगों में महसूस करता हूँ। लेकिन जब मैं 'ह्रदय कैसे काम करता है' जैसे लेख को पढ़ता हूँ तो सभी कुछ 'होता है, रहता है, बनता है, करता है, मिल जाता है...' आदि।

एक बात मुझे साफ़ थी कि लेख की भाषा कुछ अड़चन पैदा कर रही है। शायद जितने जटिल तथ्य व वैज्ञानिक प्रक्रियाएँ हैं, उतनी जगह लेख में और उसकी शैली में नहीं हैं। शायद यह भी कि भाषा में वह सादगी व सरल शैली नहीं है जो विज्ञान समझने के लिए आवश्यक हो। जिस प्रक्रिया के बारे में बच्चों के मन में निरन्तर सवाल उठने चाहिए वहाँ उन्हें केवल यह बताया जाता है कि ऐसा 'होता है'; याद कर लो। इस बात से कोई हैरानी नहीं होनी चाहिए कि बच्चे पास भी हो जाते हैं, उनके अच्छे नम्बर भी आ जाते हैं, लेकिन उन्हें बात सही तरह समझ में नहीं आती।

मैंने सोचा कि हम हिन्दी के दो पाठों के बारे में चर्चा करते हैं। एक तो जो हमें अपने अनुभव के आधार पर सरल लगता हो और दूसरा यह लेख। मैंने प्रेमचन्द की मशहूर कहानी 'ईदगाह' चुनी और दूसरा अंग्रेज़ी से अनूदित हाल्डेन का मनुष्य के ह्रदय के बारे में लिखा यह लेख। आप कह सकते हैं कि यह तो कोई उचित तुलना नहीं हुई और काफ़ी हद तक आपकी बात सही भी है। लेकिन विद्यार्थियों के दृष्टिकोण से देखें तो उन्हें दोनों बातें समझ में आनी चाहिए। हमने दोनों पाठों में से शुरू के लगभग 850 शब्द लिये और उनकी बहुत ही साधारण भाषागत तुलना की। प्रेमचन्द के 850 शब्दों में 81 वाक्य थे और हाल्डेन के केवल 53।

प्रेमचन्द के वाक्यों में औसतन 10 शब्द थे और हाल्डेन के औसतन 16। हाल्डेन के वाक्य अधिकतर लम्बे थे। प्रेमचन्द में लगभग 50% वाक्य 10 शब्दों से कम के थे; हाल्डेन में यह संख्या 15% भी न थी। एक तो विषय जटिल, दूसरा लम्बे शब्द व लम्बे वाक्य। प्रेमचन्द के मुक़ाबले हाल्डेन में कहीं अधिक अनेकाक्षर शब्द थे। इसका अर्थ यह नहीं कि विज्ञान में छोटे वाक्य ही लिखे जायें, लेकिन यह साफ़ है कि विज्ञान की भाषा को सुगम बनाना वैज्ञानिकों का कर्त्तव्य है। प्रेमचन्द व हाल्डेन दोनों में लगभग 15 शब्दों वाले 17–17 वाक्य हैं। हो.वि.शि.का. की किताबों में भी शायद काफ़ी प्रयास था वाक्यों को छोटा करने का।

आप ईदगाह को पढ़ कर देखें। यह बात सही है कि इसका हृदय या विज्ञान से कोई लेना–देना नहीं है। पर एक–दूसरे से सीखने में क्या हानि? प्रेमचन्द को यहाँ पर ईदगाह की चहल–पहल व गतिविधियाँ पकड़नी थीं। वह भी वर्णन के लिए 'होता है' का रास्ता पकड़ सकते थे। सबसे पहले तो उनके हर वाक्य में कोई 'करने वाला' है। चाहे वह 'महमूद' हो या 'मोहसिन'; 'अब्बाजान' हों या 'कायम अली' और कुछ नहीं तो 'किसी' या 'किसी ने' से काम चलेगा। जब आप वाक्य में कर्ता रखते हैं तो स्वाभाविक है कि आप क्रियाओं का प्रयोग करते हुए गतिविधि दिखाते हैं। न कि कई क्रिया पदों को अमूर्त से संज्ञा पदों में बदल देते हैं। पूरी कहानी में कहीं भी, कुछ भी 'होता है' का उपयोग नहीं हुआ है। 'हरियाली है', 'दौड़ा जा रहा है', 'सेवेयाँ खायेंगे', 'सभी तो आयेंगी'' आदि। हर क्रिया से आपको लगता है कि कुछ हो रहा है। आपकी आगे जानने की इच्छा होती है। आप कुछ सवाल पूछना चाहते हैं। यह भी देखें कि भाषा में काफ़ी शब्दातिरेक है। बार–बार अलग–अलग तरह से ईद की बात है। किसी संवाद में कितनी शब्दातिरेक होनी चाहिए, यह तो स्तर पर निर्भर करेगा। मुझे लगता है कि स्कूल की आरम्भिक कक्षाओं में इसका विशेष स्थान है। एक बार अकादमिक प्रवीणता आ जाये व सवाल पूछने और आलोचनात्मक मूल्यांकन के कौशल स्थापित हो जायें तो भाषा से शब्दातिरेक को कम किया जा सकता है।

क्या विज्ञान की पढ़ाई–लिखाई की यह मजबूरी है कि उसे कर्ता, काल व स्थान से मुक्त रखा जाये? उसमें अधिकतर क्रियाओं का संज्ञाकरण किया जाये? यह विकल्प तो प्रेमचन्द के पास भी था। शुरू की ही कुछ पंक्तियाँ देखें :

रमज़ान के तीस रोज़ों बाद ईद आयी है। कितना मनोहर, कितना सुहावना प्रभाव है...आज का सूर्य देखो, कितना प्यारा, कितना शीतल है यानी संसार को ईद की बधाई दे रहा है।

प्रेमचन्द कुछ ऐसे भी लिख सकते थे, स्कूलों की विज्ञान की किताबों की तर्ज़ पर :

रमज़ान के तीस रोज़ों बाद ईद ***आती है।*** *कितना मनोहर, कितना सुहावना प्रभाव* ***होता है****....आज का सूर्य, कितना प्यारा, कितना शीतल होता है यानी संसार को ईद की बधाई* ***देता हो।***

हृदय वाले टेक्स्ट में 53 वाक्य हैं। इनमें से 15 यानी 28% तो सिर्फ़ 'होता है' में ही समाप्त होते हैं और काफ़ी सारे वाक्य ऐसी ही अन्य क्रियाओं में जैसे 'करता है, कहते हैं, जाता है, आता है' आदि। प्रेमचन्द की पूरी कहानी में एक बार भी 'होता है' नहीं है।

क्या विज्ञान की किताबों में यह सम्भव है कि संवाद का माहौल बनाया जा सके? विद्यार्थी स्वाभाविक रूप से एक–दूसरे से सवाल पूछें और एक लम्बी चर्चा हो? कुछ सवालों के साथ बच्चों को समूहों में बाँट दिया जाये, जैसे ख़ून कैसे सिर व पैर तक पहुँचता होगा? बहुत देर भागने के बाद हम कैसा अनुभव करते हैं? हमारे शरीर का ख़ून गन्दा होता है या साफ़?

ताप की कहानी

हृदय कान्त ने मुझे एक और सुझाव दिया और 'ताप और ऊष्मा' के चक्र में डाल दिया। मुझे लगा कि टेम्परेचर के बारे में तो मुझे कुछ पता है। आख़िर घर में अक्सर थर्मामीटर जो देखता हूँ। ख़ैर, ऊष्मा यानी 'हीट' तक पहुँचते–पहुँचते तो मेरी 'बस' ही हो गयी। मेरे सामने दो किताबें थीं। एक तो राजस्थान बोर्ड की सातवीं कक्षा की तथा दूसरी लोक जुम्बिश की *खोजी पोथी 5*। पहली में अध्याय 15 का नाम था 'ताप एवं ऊष्मा'; दूसरी में अध्याय 19 'गर्मागर्म'। 'ऊष्मा' समझने का प्रयास तो मैं पहले ही त्याग चुका था, राजस्थान बोर्ड की किताब देख कर। राजस्थान बोर्ड की किताब में 'ताप' को लगभग 55 वाक्यों (कुल 1100 शब्द) में समझाया गया था। यानी औसतन हर वाक्य में 20 शब्द के क़रीब थे। *खोजी पोथी 5* में केवल 950 शब्दों का प्रयोग था और कुल वाक्य 74। लेकिन वाक्य औसतन 12 शब्दों का। ईदगाह की ही तरह ऐसा नहीं था कि *खोजी पोथी* में कोई लम्बा वाक्य नहीं था। लेकिन शैली बहुत अलग थी। बात केवल इतनी थी

कि केवल छूने–भर से तापमान का सही अन्दाज़ नहीं लग सकता। ताप मापने के लिए कई तरह के यन्त्र होते हैं जिनसे वस्तुओं या व्यक्तियों का तुलनात्मक ताप नापा जा सकता है। स्कूल में विद्यार्थियों को दो तरह के थर्मामीटर/तापमापी का पता होना चाहिए : एक प्रयोगशाला में प्रयोग होने वाला तथा दूसरा घर में प्रयोग होने वाला। हालाँकि मुझे इस बात का कोई सैद्धान्तिक कारण समझ नहीं आया कि एक ही यन्त्र से दोनों जगह काम क्यों नहीं चल सकता। बस शायद यन्त्र ज़्यादा लम्बा होना चाहिए।

राजस्थान बोर्ड की किताब पढ़ने में मुझे काफ़ी परेशानी हुई और बात भी कुछ समझ में नहीं आयी। आख़िर क्यों? वही बातें जो मैंने ऊपर कहीं। कर्ता का लोप, क्रियाओं का संज्ञानात्मक प्रस्तुतीकरण, काल एवं स्थान से आज़ादी। आप हैरान होंगे कि इस पाठ में भी बार–बार 'होता है' का प्रयोग हुआ है। 'होता है', आगे आप जानो। पाठ का एक अंश देखिए :

वस्तुओं के लिए गर्म या ठण्डी शब्दों का प्रयोग नहीं कर के हम कहते हैं कि वस्तु का ताप अधिक है या कम है। गर्म अथवा ठण्डा होना ताप की तुलनात्मक स्थिति को व्यक्त करता है, जैसे–बर्फ का ताप गुनगुने पानी की तुलना में कम किन्तु उबलते हुए पानी का ताप बर्फ एवं गुनगुने पानी की तुलना में अधिक है।

यह हिन्दी मेरी समझ से तो परे है। आपका सौभाग्य यदि आप सब समझते हैं। इसमें कम–से–कम निम्न बातें शामिल हैं :

- लोग वस्तुओं के लिए 'गर्म' या 'ठण्डा' शब्दों का प्रयोग करते हैं।
- लेकिन हमें वस्तुओं के लिए गर्म या ठण्डा शब्दों का प्रयोग नहीं करना चाहिए।
- हमें यह कहना चाहिए कि वस्तु का ताप अधिक है या कम।
- गर्म अथवा ठण्डा होना ताप की तुलनात्मक स्थिति को व्यक्त करता है।
- बर्फ़, गुनगुने पानी व उबलते पानी का उदाहरण लेते हैं।
- बर्फ़ का ताप गुनगुने पानी की तुलना में कम है।
- उबलते पानी का ताप गुनगुने पानी की तुलना में अधिक है।
- उबलते पानी का ताप बर्फ़ व गुनगुने पानी दोनों की तुलना में अधिक है।

इस अपठनीय हिन्दी का निर्माण किन प्रक्रियाओं से हुआ है? 'लोग, हम' आदि सब ग़ायब हैं। क्रिया उपयोग में आपको 'मानना होगा' कि ऐसा है : 'कहते हैं, अधिक है, करता है आदि। 'नहीं कर के' आदि का प्रयोग कर हम कैसी–कैसी संज्ञानात्मक उलझनों को खड़ा कर देते हैं, आप अन्दाज़ा भी नहीं लगा सकते। हिन्दी में 'काल' को सहायक क्रिया में दर्शाया जाता है। यथा :

- राम सेब खाता है। (वर्तमान)
- राम सेब खाता था। (भूत)
- राम सेब खायेगा। (भविष्य)

पहले तो 'कर के' (कर–कर) से आपने 'काल' छीन लिया यानी बात कब की है; 'कर के' से तो भूत का अर्थ निकलता है; पर 'कहते हैं' से अभी का या भविष्य का। फिर उस भाग में ही नकारात्मक शब्द 'नहीं' भी जोड़ दिया। जिस उदाहरण से बात साफ़ होनी चाहिए थी उसमें तो कमाल ही कर दिया गया। जब तक बर्फ़ व गुनगुने पानी की बात समझ आये तब तक उबलता पानी बीच में आ गया और फिर जब तक 'कम' पल्ले पड़े, 'अधिक' भी उसी वाक्यांश में आ गया। *'वस्तुओं के लिए गर्म या ठण्डी शब्दों का प्रयोग'* इस वाक्य में क्यों हो रहा है? यह पढ़ने व समझने में अटपटा क्यों है? हिन्दी में 'वस्तु' स्त्रीलिंग है। 'अच्छी / लम्बी / छोटी वस्तु' कहते हैं। 'गर्म व ठण्डा' विशेषण हैं। 'ठण्डा' के रूप तो लिंगानुसार बदलते हैं, पर 'गर्म' के नहीं। इसलिए 'गर्म या ठण्डी' 'शब्दों' को पढ़ने–सुनने में अजीब–सा लगता है।

'गर्मागर्म' और निष्कर्ष

राजस्थान बोर्ड की किताब के समक्ष *खोजी पोथी* का अध्याय 'गर्मागर्म' पढ़ना एक मज़ेदार अनुभव था। अच्छा भी लगा और बात भी शायद समझ में आयी। पहली बात तो यह कि इस पाठ की शैली बिल्कुल अलग थी। यहाँ पर कर्ता का लोप नहीं है। कर्ता है तो क्रिया भी स्वतः ज्ञात होगी। आप शायद यह देख कर हैरान होंगे कि इस टेक्स्ट में कहीं पर भी 'होता है' क्रिया का प्रयोग नहीं है। बहुत कुछ होता है, यथा–'पहनते हैं, ढकते हैं, बोला, करूँगा, बाँध दी' आदि। यह पाठ एक बातचीत की तरह शुरू होता है और विद्यार्थियों को कुछ महसूस करने व अवलोकन करने के लिए कहता है। सादी बातें कर (धूप में पड़ा पत्थर अधिक गर्म

होगा या छाया में) पाठ बच्चों को एक सवाल पर छोड़ देता है। 'चॉक, स्लेट, पेंसिल, कॉपी, बोतल, पत्थर' आदि सब एक–सी धूप में रखे हों तो कौन–सी ज़्यादा गर्म होगी? (शब्दातिरेक का असर देखिए)। लेकिन उत्तर की कोई जल्दी नहीं। छोटे–छोटे प्रयोग करके देखें। यथा :

- कौन–सी चीज़ सबसे अधिक गर्म लगी?
- यह किससे बनी है?
- कौन–सी सबसे कम गर्म?
- वह किस–से बनी है?

फिर से उत्तर की कोई जल्दी नहीं। विवरण, अवलोकन और सवालों के बाद बच्चों में आपस में बातचीत के द्वारा उत्तर खोजें। एक छोटे स्किट की तरह है पाठ। मोनू, सीमा व साथियों के बीच जादू का खेल चल रहा है। मोनू उस सिक्के को जो सीमा ने देर तक हाथ में पकड़ कर रखा आँखों पर पट्टी बाँध कर भी पहचान लेता है। इसके बाद ही घरेलू और प्रयोगशाला में इस्तेमाल होने वाले थर्मामीटरों का ज़िक्र है। पाँचवीं कक्षा की *खुशी–खुशी* के 'कुल्फी कैसे ग़ायब हुई' व 'हलवा गर्म' में भी पाठों की संरचना ऐसी ही है। हो.वि.शि.का. के बाल वैज्ञानिक में 'गर्मी और तापमान' पढ़ने में सरल लगता है। वाक्य छोटे हैं। यह, जैसा कि मैंने ऊपर कहा यह अपने आप में कोई विशेष उपलब्धि नहीं है। पूरे पाठ की संरचना विवरण, वक्तव्य, प्रयोग, आदेश, अवलोकनों व तालिकाओं पर निर्भर है। यह *खोजी–पोथी* की तरह नहीं। इन सब के सही विश्लेषण के लिए लम्बा समय चाहिए।

विज्ञान मेरी समझ से रोज़मर्रा की ज़िन्दगी का हिस्सा है। साँस लेना, खून का बहना, चीज़ों का गर्म या ठण्डा होना, बुखार चढ़ना आदि सब रोज़ होते हैं और इन सभी के बारे में लोगों के अपने पूर्वाग्रह होते हैं। यदि छोटी कक्षाओं में भी विज्ञान ऐसे लिखा–पढ़ाया जायेगा कि वह तटस्थ दिखे, कोई कर्ता न हो, क्रिया से छुटकारा पाने के लिए अधिक से अधिक संज्ञाकरण हो या एक ही वाक्य में कई वाक्य खण्ड हों या वाक्यों को कृत्रिम तरीक़े से जोड़ कर लम्बा कर दिया जाये और उसमें संवाद की कोई जगह न हो, तो कोई हैरानी नहीं होनी चाहिए कि बच्चों को बात समझ में ही न आये।

मैंने कम–से–कम दो जाने–माने वैज्ञानिकों स्टीफन हॉकिंग और रिचर्ड फाइनमेन का आम जनता के लिए लिखा विज्ञान लेखन बहुत आनन्द

ले कर पढ़ा है। रिचर्ड फाइनमेन के एक लेक्चर को भी सुना जिसका विज्ञान से नहीं लेकिन शिक्षा से लेना–देना है। इस लेक्चर का एक अंश नीचे प्रस्तुत है :

> I think, however, that there isn't any solution to this problem of education other than to realize that the best teaching can be done only when there is a direct individual relationship between a student and a good teacher—a situation in which the student discusses the ideas, thinks about the things, and talks about the things.

कोई ज़ोर नहीं है तटस्थता पर; कर्ता छिपाने पर। दूसरा अंश बायोकेमिस्ट्री के बारे में है जिसकी मुझे 'ए बी सी' भी नहीं आती, लेकिन पढ़ने में कोई परेशानी नहीं हुई। वह यह रहा :

> Here we see a whole series of molecules which change from one to another in a sequence or cycle of rather small steps. It is called the Krebs cycle, the respiratory cycle. Each of the chemicals and each of the steps is fairly simple, in terms of what change is made in the molecule, but—and this is a centrally important discovery in biochemistry—these changes are *relatively difficult to accomplish in a laboratory*.

सन्दर्भ सूची

1. कमिंज़, जे. (1979), *कॉग्नीटिव/ऐकडेमिक लैंग्वेज प्रफिशंसी, लिंग्युस्टिक इंटरडिपेंडेंस, दि ऑप्टिमम एज क्वेश्चन एंड सम अदर मैटर्स।* वर्किंग पेपर्स ऑन बाइलिंगुअलइज़्म 19, पृ. 121–129
2. कमिन्ज़, जे. (1984), *बाइलिंगुअलइज़्म एंड स्पेशल एजुकेशन : इश्यूज़ इन असेसमेंट एंड पेडागॉजी।* क्लेवडान : मल्टीलिंगुअल मैटर्स।
3. कमिंज़, जे. (2000), *लैंग्वेज, पॉवर एंड पेडागॉजी : बाइलिंगुअल चिल्ड्रन इन दि क्रॉसफायर,* क्लेवडान : मल्टीलिंगुअल मैटर्स।
4. कमिंज़, जे. एंड स्वेन, एम. (1986), *बाइलिंगुअलइज़्म इन एजुकेशन : एस्पेक्ट्स ऑफ़ थ्योरी, रिसर्च एंड प्रैक्टिस,* लन्दन : लॉन्गमैन।
5. एकलव्य (1983), *इवॉल्विंग हिन्दी–टीचिंग मटेरियल्स फॉर रुरल चिल्ड्रन इन अ सोशियो–साइकलॉजिकल फ्रेमवर्क,* भोपाल : एकलव्य।
6. एकलव्य (1984), एकलव्य : शैक्षिक शोध एवं नवाचार संस्थान। भोपाल : एकलव्य।

अध्याय–4

विज्ञान की सामग्री के अनुवाद की भाषागत समस्याएँ और समाधान

भोलेश्वर दुबे एवं किशोर पंवार

इस शोधपत्र में विज्ञान विषय की अंग्रेज़ी में उपलब्ध स्तरीय अध्ययन–सामग्री का हिन्दी में अनुवाद कार्य करने के दौरान आने वाली दिक़्क़तों तथा उनका समाधान ढूँढ़ने के लिए होलकर साइंस कॉलेज, इन्दौर समूह द्वारा किये गये प्रयासों को प्रस्तुत किया जा रहा है। विज्ञान एवं तकनीकी के विषयों में साहित्य की तरह भावानुवाद की सम्भावनाएँ धूमिल रहती हैं। विज्ञान विषय में अनुवाद के समय शब्दों के सहज ग्राह्य विकल्प का चयन करना भी बड़ी चुनौती है। कुछ शब्दों के हिन्दी विकल्प उपलब्ध ही नहीं होते, वहाँ नया शब्द गढ़ना होता है, जबकि कई बार एक ही अंग्रेज़ी शब्द के कई हिन्दी विकल्प उपलब्ध होते हैं। ऐसी स्थिति में सम्प्रेषणीय और सबसे क़रीबी अर्थ वाले शब्द का चयन करना अनुवादक की सूझबूझ की परीक्षा सिद्ध होती है। इस परचे में अनुवाद की ऐसी कुछ समस्याओं और उनके समाधान की विवेचना की गयी है।

विषयवस्तु-परिचय

मनुष्य की अभिव्यक्ति उसकी मातृभाषा में अधिक सहज और स्पष्ट होती है। मातृभाषा से हट कर अन्य भाषा में विचारों को ग्रहण और व्यक्त करने में कई व्यक्तियों को कठिनाई का सामना करना पड़ता है, क्योंकि अन्य

भाषा में उसे अपनी मातृभाषा से अनुवाद कर सम्प्रेषित करना पड़ता है। अतः उसे बौद्धिक स्तर पर भी अधिक परिश्रम करने की आवश्यकता होती है। विश्व में कई देश हैं जहाँ विज्ञान, तकनीकी, चिकित्सा जैसे विषयों का अध्यापन स्थानीय भाषा में होता है। इनमें जर्मनी, जापान, चीन, फ्रांस, रूस आदि देश प्रमुख हैं। इसके प्रमाण विकिपीडिया तथा स्प्रिंजर से प्रकाशित कई भाषा एवं तकनीकी साहित्य के सन्दर्भों में उपलब्ध हैं। 200 वर्षों के अंग्रेज़ी शासनकाल के परिणामस्वरूप भारत में तकनीकी, विज्ञान और चिकित्सा–शिक्षा का एकमात्र माध्यम अंग्रेज़ी को मान लिया गया।

स्वतन्त्रता के पश्चात भी दृढ़ राजनीतिक इच्छाशक्ति के अभाव में और प्रशासकों के अंग्रेज़ी की ओर झुकाव के कारण हिन्दी तथा प्रादेशिक भाषाओं में विज्ञान–शिक्षण की ईमानदार कोशिश नहीं की गयी। सतही तौर पर 60 के दशक में कुछ प्रयास प्रारम्भ हुए, जिसमें कुछ प्रदेशों में ग्रन्थ अकादमियों की स्थापना हुई। इनमें प्रमुख हैं–उत्तर प्रदेश, हरियाणा, मध्य प्रदेश, राजस्थान, बिहार हिन्दी ग्रन्थ अकादमी आदि। इन अकादमियों ने भी इतिहास, वाणिज्य, कला एवं गणित विषयों का साहित्य उपलब्ध कराया किन्तु भौतिकशास्त्र, रसायनशास्त्र, जीवविज्ञान जैसे विषय उपेक्षित ही रहे।

हालाँकि इसी दौर में मेरठ और आगरा के प्रकाशकों ने हिन्दी भाषी राज्यों में हिन्दी में अध्ययन करने वाले विद्यार्थियों की बड़ी संख्या का अन्दाज़ा लगा कर विज्ञान की पुस्तकें प्रकाशित कीं और उन्हें विद्यार्थियों द्वारा हाथों–हाथ लिया गया।

वैज्ञानिक एवं तकनीकी शब्दावली आयोग

सन 1973 में भारत शासन के उपक्रम 'वैज्ञानिक और तकनीकी शब्दावली आयोग' ने पारिभाषिक शब्द संग्रह को दो खण्डों में प्रकाशित किया। अनुवाद तथा हिन्दी पाठ्यपुस्तकों के लेखन में यह एक मील का पत्थर साबित हुआ। कालान्तर में इसके और परिवर्तित और परिमार्जित संस्करण प्रकाशित हुए, जिनसे वैज्ञानिक व तकनीकी शब्दों के मानकीकरण की प्रक्रिया का क्रियान्वयन हुआ (पारिभाषिक शब्द संग्रह 1994)। लेकिन संग्रह में अभी भी कई शब्द सामान्य बोल–चाल की भाषा से बहुत दूर हैं और जो शिक्षकों और विद्यार्थियों के स्तर पर बड़े क्लिष्ट लगते हैं। उदाहरण के लिए प्राक्केन्द्रकी, अन्तर्वेशन, बाह्यवेशन, एकस्रोतोत्भवी, बहुस्रोतोत्भवी,

युग्मकोद्भिद, बीजाणुद्भिद, जातिवृत्त, मृदुतक आदि। आयोग को ऐसे कठिन शब्दों के स्थान पर सरल शब्दों का चयन करना चाहिए जिससे उनकी सम्प्रेषणीयता और समझ आसान हो।

बाल वैज्ञानिक एक अभिनव शुरुआत

प्राथमिक एवं माध्यमिक स्तर तक यदि बच्चों को उनके परिवेश तथा स्थानीय शब्दावली में ही पढ़ाया जाये तो वे उसे सहज रूप से स्वीकार करते हैं और उनकी विषय में अच्छी समझ बनती है। इस बात को ध्यान में रखते हुए होशंगाबाद विज्ञान शिक्षण कार्यक्रम के अन्तर्गत बनायी गयी बाल वैज्ञानिक पुस्तकों में क्षेत्रीय जीव–जन्तुओं, वनस्पतियों के उदाहरण और पुष्प की रचना में प्रयुक्त बाह्य दल की जगह अंखुड़ी और दल की जगह पंखुड़ी जैसे शब्दों को अपनाया गया। यह प्रयास सफल भी रहा। जैसा कि जश्न–ए–तालीम और साइंस टुडे–1977 में भी इसका उल्लेख किया गया है। प्रारूपिक पुष्प को समझाने के लिए प्रायः सभी मान्य पाठ्यपुस्तकें गुड़हल के फूल का उदाहरण देती हैं। वनस्पतिशास्त्र के अनुसार यह एक सामान्य प्रकार का पुष्प नहीं है, क्योंकि इसमें पुंकेसर नाल, कई पुंकेसर, एक कोष्ठीय परागकोष जैसी कई विशेषताएँ हैं जिन्हें प्रारम्भिक स्तर पर तिद्यार्थियों को समझाने गें कठिनाई होती है। अत. होशंगाबाद विज्ञान शिक्षण कार्यक्रमों में आसानी से उपलब्ध बेशरम या रेल्वे क्रीपर के फूल का उपयोग किया गया, जिसमें पुष्प की सामान्य चारों भ्रमियाँ तथा उनके सदस्य स्पष्ट रूप से दिखाई देते हैं। हालाँकि कई जगह पर तकनीकी लगने वाले शब्दों का चुनाव आवश्यक भी हो जाता है। जैसे नाड़िका के लिए तन्त्रिका, शरीर की सेल के लिए कोशिका।

होशंगाबाद विज्ञान शिक्षण कार्यक्रम की शुरुआत होशंगाबाद ज़िले के एक छोटे–से गाँव बनखेड़ी से हुई। यहाँ शिक्षकों और विद्यार्थियों के लिए ऐसी पाठ्यसामग्री तैयार की गयी जो उनकी स्थानीय बोली में हो। जहाँ तक जीव–जगत का प्रश्न है स्थानीय पौधों, कीटों–पतंगों और जन्तुओं के स्थानीय नाम ही उपयोग किये गये। वहीं भौतिकशास्त्र और रसायनशास्त्र में ऐसी कोई सम्भावना न होने से मानक तकनीकी शब्दों का उपयोग किया गया। मूलतः बाल वैज्ञानिक वर्णनात्मक पाठ्यपुस्तक न होते हुए अध्ययन–निर्देशिका है, जिसके माध्यम से प्रयोग करने की विधि,

अवलोकन व निष्कर्ष पर चर्चा के लिए विद्यार्थियों को प्रेरित किया जाता है। पाठ्यसामग्री सरल बोल चाल की भाषा में तैयार की गयी। इससे बच्चों में विज्ञान विषय के अध्ययन की रुचि विकसित हुई और ये पुस्तकें शिक्षकों व विद्यार्थियों ने पसन्द की।

ऐसे ही प्रयास, राजस्थान में लोकजुम्बिश कार्यक्रम के तहत *खोज बीन* नामक पुस्तक व गुजरात में अध्येता केन्द्रीय विज्ञान–शिक्षण कार्यक्रम में *विज्ञान करीने सीखों* के अन्तर्गत पाठ्यसामग्री बना कर किये गये।

अज़ीम प्रेमजी फ़ाउंडेशन : एक नयी पहल

विज्ञान–शिक्षण में भारतीय भाषाओं या प्रादेशिक भाषाओं में अध्यापन की सुविधा माध्यमिक एवं उच्चतर माध्यमिक स्तर पर आसानी से उपलब्ध है। किन्तु उच्च शिक्षा के क्षेत्र में अभी भी हम अंग्रेज़ी में उपलब्ध स्तरीय साहित्य पर ही निर्भर हैं। विज्ञान विषयों की उच्च स्तरीय पाठ्यसामग्री विद्यार्थियों और शिक्षकों को उपलब्ध कराने की दृष्टि से अज़ीम प्रेमजी फ़ाउंडेशन, बेंगलूरु ने 2015 में बहुत गहन विचार–विमर्श करने के बाद एक महत्त्वाकांक्षी योजना को प्रारम्भ करने का निर्णय लिया। इसके तहत अंग्रेज़ी पाठ्य सामग्री का हिन्दी तथा अन्य प्रादेशिक भाषाओं में अनुवाद कराया जा रहा है। उम्मीद है कि इससे विषय की समझ बढ़ाने में सहायता मिलेगी।

इस अनुवाद कार्य के उद्देश्य, परिप्रेक्ष्य और प्रक्रियाएँ देश में पहले अंग्रेज़ी से अन्य भारतीय भाषाओं (यहाँ हिन्दी) में हुए अनुवाद के अनुभवों और हिन्दी भाषी विद्यार्थियों के सामने अंग्रेज़ी माध्यम से पढ़ाई के दौरान आने वाली समस्याओं को ध्यान में रख कर तय की गयी हैं। इसके पीछे समझ यह है कि उच्च शिक्षा में अध्ययन करने वाले हिन्दी भाषी विद्यार्थी 'अंग्रेज़ी माध्यम' और पठन सामग्री के अंग्रेज़ी में होने से अच्छी तरह से समझ नहीं पाते हैं। इस कारण वे विज्ञान की गहरी समझ नहीं बना पाते, विषयवस्तु से जुड़ाव महसूस नहीं कर पाते हैं और परिणामस्वरूप शिक्षण की प्रक्रिया में सक्रियता से भाग नहीं ले पाते हैं। ज़्यादा अध्ययनकर्ताओं तक पहुँचाने के इस मक़सद का निहितार्थ है कि अनुवाद इस तरह की हिन्दी में हो जिसमें अति मानकीकरण का बहुत आग्रह न हो। अनुवाद की भाषा, विज्ञान विषय के विद्यार्थियों के साथ ही आमजन को भी समझ में आने वाली हो जिससे कि वे भी अनूदित सामग्री पढ़ कर विज्ञान विषय में रुचि ले सकें।

भाषा सरल, बोधगम्य और प्रवाहपूर्ण हो। भाषा का स्वरूप एक तरह से हिन्दुस्तानी भाषा जैसा हो जिसमें स्थानीय बोल–चाल के शब्दों, देशज शब्दावलियों और हिन्दी में शामिल अन्य सभी भाषाओं के शब्दों का खुले मन से इस्तेमाल किया गया हो। अंग्रेज़ी के वैज्ञानिक और तकनीकी शब्दावलियों के अनुवाद में शब्दों के चयन में भी दुरूह शब्दों के स्थान पर यथासम्भव पहले से प्रचलित और समझ में आने वाले शब्दों का उपयोग करने का आग्रह रहा है।

भाषा की दुरूहता की वजह से विज्ञान की हिन्दी में लिखी या अनूदित सामग्री की पठनीयता सम्बन्धी समस्या तब और भी गम्भीर हो जाती है, जब विद्यार्थियों के पास ज्ञान प्राप्ति के लिए निर्धारित पठनसामग्री के अतिरिक्त कोई और संसाधन नहीं होता है। और यह परिस्थितियाँ विद्यार्थी समुदाय में अवसरों की असमानता को पैदा करती हैं।

इन सभी बातों को ध्यान में रख कर इन्दौर और बेंगलूरु में क्रमशः हिन्दी और कन्नड़ भाषा में जीवविज्ञान की पाठ्यसामग्री का अनुवाद महाविद्यालयीन शिक्षकों और शोध विद्यार्थियों के समूह द्वारा कराया जा रहा है। हिन्दी अनुवाद कार्य का दायित्व होलकर साइंस कॉलेज, इन्दौर, समूह को सौंपा गया है, जहाँ लगभग 15 प्राध्यापक व कुछ शोध विद्यार्थी इस कार्य को अजाम दे रहे हैं। अनुवादकों के समूह में अंग्रेज़ी के कई तकनीकी शब्दों के हिन्दी विकल्पों को लेकर असहमति रही जिनके लिए आपस में चर्चा कर आम सहमति से कुछ निर्णय लिये गये। यह तय किया गया कि जहाँ तक हो सके शब्दावली आयोग द्वारा निर्धारित शब्दों का उपयोग किया जाये। यदि ये कठिन हों तो इनके कुछ सरल एवं सटीक विकल्प ढूँढ़े जायें। वैकल्पिक शब्द आम बोल चाल की भाषा के भी हो सकते हैं। वे शब्द उपयोग किये जायें जो सामान्य प्रचलन में हैं। शब्द क्लिष्ट न हों। उदाहरण के लिए लोअर जॉ–Lower Jaw के लिए 'अधो हनु' के स्थान पर 'निचला जबड़ा' शब्द का उपयोग किया गया या बारिश में इकट्ठे 'गड्ढों में भरे पानी' के स्थान पर 'डबरों' शब्द इस्तेमाल किया गया। यह भी तय किया गया कि अन्य स्रोतों जैसे एन.सी.ई.आर.टी. और राज्य शासन की पाठ्यपुस्तकों में उपयोग में लाये गये प्रचलित शब्दों को भी चयन का आधार बनाया जाये। यह सुनिश्चित करना है कि उपयोग किये गये शब्द अंग्रेज़ी शब्द का अर्थ स्पष्ट करते हों। जहाँ हिन्दी में कोई

समुचित विकल्प न हो, वहाँ यदि कोई अंग्रेज़ी शब्द पहले से प्रचलन में है और अधिकांश पढ़ने वालों को उसका अर्थ पता है तो अनुवाद में उस अंग्रेज़ी शब्द का इस्तेमाल किया जाये। आवश्यकतानुसार अर्थपूर्ण नये पारिभाषिक शब्द गढ़े जायें एवं अनुवाद करते समय विशेष रूप से इस बात का ध्यान रखा जाये कि वह केवल शाब्दिक अनुवाद ही न हो बल्कि मूल लेखक द्वारा प्रस्तुत किये गये अर्थ, समझ और विचार को जस का तस पाठक तक सरल और सटीक रूप से पहुँचाने पर विशेष ध्यान दिया जाये।

ऐसे ही कुछ प्रयासों के उदाहरण तालिका 1 में दिये गये हैं :

तालिका-1 : विभिन्न अध्यायों में कुछ खास शब्दों के आम सहमति के आधार पर तय किये गये विकल्प।

क्रमांक	अंग्रेज़ी शब्द	सुझाये गये हिन्दी के शब्द	आम सहमति से तय शब्द
1	Seedling		नवांकुर, नवपौध
2	Ideal	अनुकूल, उपयुक्त	आदर्श
3	Model	नमूना, प्रतिरूप	प्रादर्श
4	Sample	नमूना, प्रतिरूप	प्रतिरूप
5	Lineage	कुल, खानदान	वंशावली, वंशक्रम
6	Microsporangium	सूक्ष्म बीजणुधानी	लघु बीजाणुधानी
7	Megasporangium	गुरु बीजणुधानी	महा बीजाणुधानी
8	Monophyletic	एक स्रोतोद्भवी	एकस्रोतउद्भवी
9	Polyphyletic	बहु स्रोतोद्भवी	बहुस्रोतउद्भवी
10	Cytoplasm		कोशिकाद्रव
11	Cytosol		कोशिका घोल
12	Cell sap		कोशिका रस
13	Segment	खण्ड, टुकड़ा, हिस्सा	हिस्सा / खण्ड
14	Fragment	हिस्सा, खण्ड	टुकड़ा / छोटा खण्ड
15	Micrograph	सूक्ष्म आलेख	सूक्ष्म छायाचित्र

16	Proof reading	प्रूफ संशोधन	जाँच पठन
17	Typical		प्रतीकात्मक
18	Sporophytic	बीजाणुद्भिद	
19	Gametophytic	युग्मकोद्भिद	युग्मक पादप
20	Integral protien		अन्तरंग प्रोटीन
21	Peripheral Protein		परिधीय प्रोटीन
22	Aquaporins		प्रवाहमार्ग प्रोटीन
23	Facilitated diffusion	गतिशील विसरण	मददशुदा विसरण
24	Trans membrane protien	झिल्ली के आरपार प्रोटीन	झिल्ली पारी प्रोटीन
25	Cilia		रोमाभ
26	Flagella		कशाभ

अन्य भाषा से मातृभाषा में अनुवाद करते समय मूल लेखक के भावनात्मक स्तर और उसके परिवेश से सम्बन्धित विवरण तक पहुँच पाना एक दुष्कर कार्य है। वर्तमान परियोजना में भी अंग्रेज़ी भाषा के जटिल वाक्यों और उनमें वर्णित अवधारणाओं को उनके मूल स्वरूप में प्रस्तुत करना चुनौतीपूर्ण कार्य रहा। इसे भली भाँति पूरा करने के लिए समय–समय पर आयोजित कार्यशालाओं ने बहुत मदद की। इससे अनुवादकों की अनुवाद प्रक्रिया में काफ़ी हद तक एकरूपता लाने में मदद मिली। सभी अनुवादकों को बार–बार उपयोग में लाये जाने वाले कुछ सामान्य शब्दों की सूची बना कर दे दी गयी है। (तालिका–2)

तालिका-2 : सभी अध्यायों में आने वाले कुछ सामान्य शीर्षक शब्दों के अनुवादित शब्द

क्रमांक	अंग्रेज़ी नाम	शब्द, जिन पर चर्चा हुई	आम सहमति से तय शब्द
1	Key concept	ख़ास अवधारणाएँ	प्रमुख अवधारणाएँ
2	Figure	आकृति/चित्र	चित्र
3	Evolution	क्रमिक विकास/विकास	जैव विकास
4	Table		तालिका
5	Concept check	अवधारणा जाँच	अवधारणा परीक्षण
6	What if	क्या होगा?	क्या होगा यदि?
7	Make connections	सम्बन्ध बनाएँ	कड़ियाँ जोड़िये
8	Interpret the data	समंकों की व्याख्या कीजिए	आँकड़ों की व्याख्या कीजिए
9	Exploration	खोज, छानबीन	अन्वेषण
10	Over view	सिंहावलोकन	संक्षिप्त विवरण
11	Chapter review	पाठ का पुनरावलोकन	अध्याय का पुनरावलोकन
12	summary of key concepts	ख़ास अवधारणाएँ	प्रमुख अवधारणाओं का सारांश
13	Test your understanding	अब तक क्या समझे?	अपनी समझ परखिए
14	Knowledge		ज्ञान
15	Comprehension		समझ
16	Application	उपयोग	अनुप्रयोग
17	Analysis	जाँच	विश्लेषण
18	Draw it		चित्र बनाइए
19	Synthesis		संश्लेषण

20	For suggested answers		सुझाये गये उत्तरों के लिए
21	Scientific inquiry	वैज्ञानिक जाँच	वैज्ञानिक जाँच–पड़ताल
22	Scientific skills exercise	वैज्ञानिक कौशल–परीक्षण	वैज्ञानिक कौशल–अभ्यास
23	Panoramic		विहंगम दृश्य

सटीक उपयुक्त शब्दों का चुनाव इस क़द्र उलझा हुआ मसला है कि इसके लिए व्यापक विमर्श की हर पल ज़रूरत पड़ती रहती है। किसी ख़ास शब्द के चुनाव के सन्दर्भ में सभी की राय जानने और सर्वसम्मति बनाने की प्रक्रिया की जाती है अथवा गहरी छानबीन के बाद स्वीकृत हुए शब्दों की जानकारी सब को दी जाती है। यही नहीं विमर्श में उपयुक्त शब्द के सम्बन्ध में सबकी राय की ज़रूरत भी होती है। यह सारा काम सरलता से और बार–बार करने की आवश्यकता के कारण अनुवादक नाम से 'व्हाट्स एप' ग्रुप बनाया गया है। शब्द–चयन से लेकर और कई अन्य मसलों पर विचार–विमर्श के लिए इस मंच पर सभी की गहरी अकादमिक भागीदारी देखी जाती है। इस 'व्हाट्स एप' ग्रुप से अनुवाद कार्य में बहुत मदद मिली है, ख़ासकर वैज्ञानिक शब्दावली के चयन में।

निष्कर्ष

इस अनुवाद के दौरान सबसे ज़्यादा परेशानी 'क्लेड–Clade' शब्द पर हुई। इसका हमें कहीं कोई अनुवाद नहीं मिला। 'क्लेड' को इस तरह परिभाषित किया गया है 'साझा पूर्वज वाले जीवों का एक ऐसा समूह जो जीवन–वृक्ष (Tree of Life) पर वंशावली को एक शाखा के रूप में दर्शाता है।' 'क्लेड' एक ग्रीक भाषा का शब्द है जिसका अर्थ है 'शाखा'। इसके लिए जिन शब्दों पर विचार हुआ वे हैं–साझा शाखा, साझा पूर्वज शाख, साझा विकासीय शाखा, साझा कुलाधार। परन्तु इसके बारे में विस्तार से पढ़ने पर पता चला कि यह वर्ग एवं कुल स्तर से नीचे की शाखा है। अतः अन्त में क्लेड के लिए 'साझा कुलाधार शाखा' तय किया गया। इसमें 'पूर्वज कुल' एवं 'आधार शाखा' सभी शामिल हैं।

फूलों का विस्तृत वर्णन करने में जायांग की रचना से जुड़ा एक और शब्द आता है, गायनोबेसिक स्टाइल अर्थात गायनोबेसिक वर्तिका। तुलसी कुल में इस प्रकार की वर्तिका पायी जाती है। इसमें वर्तिका अण्डाशय के आधार से निकलती प्रतीत होती है। आयोग की शब्दावली में इसे जायांग नाभिक कहा गया है। जिसका उपयोग *आरपी यूनिफाइड वनस्पति विज्ञान (2018)* में किया गया है। हिन्दी के एक अन्य *प्रकाशन, युगबोध वनस्पति विज्ञान (2018),* में इसे आधारलग्न वर्तिका कहा गया है। अंग्रेज़ी शब्द gynobasic style का उचित एवं अर्थपूर्ण अनुवाद हमें 'जायांग आधारी वर्तिका' लगता है। इसी का उपयोग हम अज़ीम प्रेमजी विश्वविद्यालय के अनुवाद में करेंगे।

जिन शब्दों पर विस्तार से चर्चा उपरान्त सामूहिक निर्णय लिये गये उनमें कुछ ख़ास शब्द हैं– मोनोफायलेक्टिक यानी एकस्रोतउद्भवी एवं पोली फायलेक्टिक यानी बहुस्रोतउद्भवी। एकस्रोतोद्भवी एवं बहुस्रोतोद्भवी की जगह यह ज़्यादा सरल शब्द है। कुछ अन्य शब्द हैं, जैसे Megasporongiumds के लिए हिन्दी शब्द 'गुरुबीजाणुधानी'। यहाँ हमने 'गुरु' के बजाय 'महा' शब्द को चुना क्योंकि 'लघु' और 'महा' शब्दों के विपरीत अर्थी होने से वे ज़्यादा सटीक व ज़्यादा अर्थपूर्ण एवं सरल हैं। कुल मिलाकर कहा जा सकता है कि अंग्रेज़ी से हिन्दी में अनुवाद एक कठिन परन्तु महत्त्वपूर्ण कार्य है, जिसकी बहुत आवश्यकता है। इस महत्त्वपूर्ण कार्य में सामूहिक प्रयासों से ही अपेक्षित सफलता पायी जा सकती है।

सन्दर्भ सूची

1. (1994), *वृहद पारिभाषिक शब्द संग्रह विज्ञान,* कम्प्यूटरीकृत डाटा *बेस वैज्ञानिक तथा तकनीकी शब्दावली आयोग,* नयी दिल्ली : मानव संसाधन विकास मन्त्रालय (शिक्षा विभाग) भारत सरकार।
2. डॉ. श्रोत्रिय, अर्चना, डॉ. श्रोत्रिय निरंजन एवं डॉ. भारद्वाज अजय (2018), *आर.पी. यूनिफाइड वनस्पति विज्ञान–द्वितीय वर्ष।*
3. सिंह, नरेन्द्र बहादुर एवं वर्मा, शैलेष कुमार (2016)। *युगबोध वनस्पति विज्ञान–द्वितीय वर्ष,* छत्तीसगढ़ युगबोध प्रकाशन।
4. जोशी, सुशील (2008), जश्न–ए–तालीम : *होशंगाबाद विज्ञान का शैक्षिक सफरनामा*। भोपाल : एकलव्य प्रकाशन, पृ. 54, 55
5. जोउ, मिंगलेंग, सुन होंगकई, *लैंग्वेज पॉलिसी इन दि पीपुल्स रिपब्लिक ऑफ चाइना, थ्योरी एंड प्रैक्टिस सिंस 1948,* स्प्रिंजर पृ. 119–121
6. *मीडियम ऑफ़ इंसट्रक्शन,* https://en.m.wikipedia.org.

अध्याय–5

विज्ञान, विज्ञान-शिक्षा और समानता : कुछ प्रश्न दार्शनिक बहसों के हवाले से

लल्लन सिंह बघेल

यह पर्चा ज्ञान मीमांसा की दृष्टि के तहत विज्ञान के कार्य करने के ढंग को व उसके इनसान व समाज के साथ रिश्ते को समझने का प्रयास करता है। इस पर्चे में विभिन्न दार्शनिक बहसों के सन्दर्भ में यह सवाल उठाया है कि क्या विज्ञान के विकास को पूँजीवाद से पूरी तरह से अलग किया जा सकता है? या क्या हम कह सकते हैं कि असल में विज्ञान की प्रकृति ही है जो तकनीकी के ज्ञान के माध्यम से पूँजीवाद का निर्माण करती है? लेखक विज्ञान और मुक्ति व तकनीकी और पूँजीवाद के बीच के द्वन्द्वात्मक रिश्ते को भी उकेरते हैं। वे कहते हैं कि विज्ञान मुक्तिवाहक भी है पर साथ ही यह पूँजीवादी तार्किकता को भी सम्बलित करता है।

भारत में अन्धविश्वास व रुढ़िवादिता के विरुद्ध संघर्ष में प्रायः विज्ञान से उम्मीद लगायी जाती है। वहीं कई बार विज्ञान के चारों तरफ़ एक ऐसा प्रभामण्डल स्थापित कर दिया जाता है कि विज्ञान की किसी भी भूमिका पर प्रश्न उठाना तक कठिन हो जाता है। विज्ञान को इतिहास व सामाजिक सन्दर्भों से मुक्त एक अन्तिम, निश्चित ज्ञान की तरह भी प्रस्तुत किया जाता है। अतः शिक्षा से सम्बन्धित लोगों के लिए यह जानना आवश्यक है कि विज्ञान और विज्ञान की शिक्षा का राजनीतिक और सामाजिक इतिहास

से क्या सम्बन्ध है। इस बारे में अकादमिक और ग़ैर–अकादमिक बहसों में कई आयाम खुलते रहे हैं।

यह लेख मुख्य रूप से तीन व्यापक प्रश्नों को उठाता है और उनके उत्तर ढूँढ़ने की दिशा में कुछ दूर तक आगे बढ़ता है।

- पहला प्रश्न है कि विज्ञान और समाज के बीच क्या रिश्ते हैं?
- दूसरा प्रश्न है कि क्या विज्ञान का ज्ञान सामाजिक परिवर्तन में कोई भूमिका निभाता है और कौन–सी?
- तीसरा प्रश्न है कि विज्ञान मुक्तिकामी है या फिर यह एक नयी तरह की दासता तैयार करता है?

ये तीन प्रश्न बहुत सारे दूसरे प्रश्नों को भी जन्म देते हैं और ये सभी प्रश्न एक–दूसरे से जुड़े हुए हैं। एक का उत्तर पाने की चेष्टा में अक्सर हम दूसरे प्रश्न तक पहुँच सकते हैं। इन प्रश्नों के उत्तर कई बार हमें इतिहास व दर्शन के सघन विचार–विमर्शों के बीच भी ले जायेंगे, मगर हमारे पास उत्तरों की खोज में विज्ञान और विज्ञान के दर्शन के इतिहास की भूलभुलैया में भटकने के अलावा कोई चारा भी नहीं है।

हम में से बहुत–से लोग यह चाहते हैं कि विज्ञान, शास्त्रीय बहसों और प्रयोगशालाओं तक सीमित न रहे, बल्कि हम विज्ञान एवं समाज में व्याप्त जटिलताओं का पुनर्पाठ कर सकें। हम विज्ञान की समाजशास्त्रीय व्याख्या करते हुए उसे संविधान एवं समाज से और मुक्ति एवं समानता के सवालों से जोड़ सकें। इसके लिए हमें आधुनिकता के विमर्शों की चर्चा भी करनी होगी।

लेख की शुरुआत में हम यह देखने की कोशिश कर रहे हैं कि विज्ञान कैसे शिक्षा के या शिक्षा से जुड़े हुए सवालों को व्यापक रूप से देखने की दृष्टि प्रदान करता है। यहाँ शुरुआत हम प्रसिद्ध शिक्षाशास्त्री जॉन ड्यूई (1938–1997) की पुस्तक *अनुभव और शिक्षा* में व्यक्त विचार से करते हैं, जहाँ वे कहते हैं कि "विज्ञान निश्चित रूप से समाज के राजनीतिक एवं सामाजिक ताने–बाने को लोकतान्त्रिक बनाता है।"

ड्यूई इस सवाल का सकारात्मक जवाब देते हैं कि क्या प्राकृतिक विज्ञान की व्यापक समझ किसी भी समाज को बेहतर बनाने या नयी नैतिक व्यवस्था बनाने में मदद करती है। क्या इसी सवाल को हम इस

तरह पूछ सकते हैं कि विज्ञान व प्राकृतिक विज्ञान की ज्ञानमीमांसा समाज को आगे ले जाने में सहायक बनती है या नहीं।

विज्ञान के लोकतान्त्रिक दावे की पड़ताल करने के लिए हम दर्शन और विज्ञान के इतिहास के तीन तहख़ानों में दाखिल होंगे। सबसे पहले हम अरस्तू व डेमोक्रिटस, फिर बेकन व देकार्त और साथ ही न्यूटन व कांट और अन्त में अडूर्नू व हेबरमास जैसे हाल के आधुनिक विचारकों की बात करेंगे।

विज्ञान के प्रति नज़रिया और ग्रीक चिन्तन

ग्रीक वैज्ञानिक एवं दार्शनिक डेमोक्रिटस संसार व प्रकृति के रहस्यों को पदार्थवाद के माध्यम से समझने का प्रयास करते हैं। इसका सन्दर्भ उनके लेखों से संग्रहित पुस्तक *डेमोक्रिटस : साइंस, दि आर्ट्स एंड दि केयर ऑफ़ दि सोल* में देखने को मिलता है। डेमोक्रिटस बताते हैं कि किसी भी ज्ञान को, वह चाहे प्रकृति का हो या समाज का, पदार्थवाद एवं अनुभव से ही समझा जा सकता है और समाज की संरचना एवं विकास वैज्ञानिक पदार्थवाद के माध्यम से ही होता है।

डेमोक्रिटस के इस वाक्य की सत्यता की जाँच करने के लिए अरस्तू इसको कार्य–कारण के सिद्धान्त के माध्यम से अपने दर्शन में स्पष्ट करते हैं। अरस्तू इस बात को आगे बढ़ाते हुए बताते हैं कि प्रकृति–विज्ञान का ज्ञान एक व्यापक एवं तार्किक विश्वदृष्टि प्रदान करता है, जिससे समाज को समझा जा सकता है। अरस्तू ने अपनी पुस्तक *मेटाफिजिक्स* में ऑर्गनान के माध्यम से यह बात की है। कुछ समसामयिक विद्वान अरस्तू की इस व्याख्या को एक तरह का पाण्डित्यवाद या स्कॉलेस्टिसिज़्म कहते हैं, क्योंकि यह ग़ैर–समावेशी ज्ञान का निष्पादन करता है।

अतः क्या हम अरस्तू और डेमोक्रिटस को बेहतर सामाजिक व्यवस्था सम्भव करने वाली मुक्ति का प्रणेता मानें या फिर पाण्डित्यवाद से ग्रस्त मानें? अरस्तू प्रकृति, विज्ञान और मानविकी के अन्तःसम्बन्धों को मूलतः ज्ञानात्मक उद्देश्यों के मार्फ़त समझने पर ज़ोर देते हैं। उनके अनुसार विज्ञान मूलतः मुक्ति का वाहक है। इस बात में किस हद तक सत्यांश है, इस पर दार्शनिकों और समाज वैज्ञानिकों में मतभेद है।

रेने देकार्त एवं फ्रांसिस बेकन की ज्ञानात्मक एवं सामाजिक चेतना : कुछ सवाल

अब हम आधुनिक क़ाल के फ्रांसिस बेकन एवं रेने देकार्त जैसे वैज्ञानिकों एवं दार्शनिकों की ज्ञानात्मक, सामाजिक तथा नैतिक प्रबोधन–दृष्टि को समझने की कोशिश करेंगे। दोनों दार्शनिकों की मूल दृष्टियों में अन्तर हैं, फिर भी दोनों ने समाज और विज्ञान के अन्तःसम्बन्धों की विश्लेषणात्मक व्याख्या करते हुए विज्ञान को समाज का परिवर्तनकारी अग्रदूत बताया है। साथ ही, दोनों दार्शनिक समाज एवं विज्ञान के आपसी रिश्तों को अधिक संश्लेषणात्मक बनाते हैं।

बेकन व देकार्त और इनके परवर्ती विचारकों की दृष्टि की चर्चा विज्ञान व विज्ञान–शिक्षा के सन्दर्भ में करना बेहद ज़रूरी है। कुछ समसामयिक शिक्षाविदों की तरह ही मैं भी यह मानता हूँ कि आज की विज्ञान–शिक्षा के पठन–पाठन की जटिलताओं की जड़ें आधुनिकता व उससे उपजे पश्चिमी वर्चस्ववादी महावृत्तान्त में अन्तर्निहित हैं। इसलिए सामाजिक ज्ञानमीमांसा की दृष्टि से इस महावृत्तान्त के पुनर्पाठ या नये तरीक़े से इसकी व्याख्या की ज़रूरत है।

दोनों ही विचारकों एवं उनकी दार्शनिक विश्वदृष्टियों को समाज एवं शिक्षा के सन्दर्भ में आधुनिकता एवं प्रबोधन के अग्रदूत के रूप में देखा गया है। देकार्त की ज्ञानमीमांसीय विवेचना में चेतना, समाज और ज्ञान के बीच में अन्तःसम्बन्ध है और यह सम्बन्ध वैचारिक प्रणाली से समझा जा सकता है। हम विशेष रूप से पुस्तक *डिस्कोर्स ऑन मेथड* में व्यक्त देकार्त के विचारों पर बात करेंगे। इस पुस्तक में देकार्त ने ज्ञान को द्वैतवाद के माध्यम से प्रस्तुत किया है। वहीं ज्ञान, समाज एवं प्रकृति के बारे में ज्ञान पर निश्चितता की बात भी की है, जो कि गणित एवं भौतिकी के द्वारा परिलक्षित होती है। इन विषयों के ज्ञान के माध्यम से समाज और समाज में व्यापक कोटियों की व्याख्या की जा सकती है।

मौजूदा परिचर्चा के सन्दर्भ में यह कहना ज़रूरी है कि ज्ञान, प्रकृति एवं समाज एक–दूसरे के पूरक हैं और विज्ञान और वैज्ञानिक ज्ञान को हमेशा तार्किक बुद्धिवाद से नहीं जोड़ा जाना चाहिए। कई समकालीन समाज वैज्ञानिकों एवं शिक्षाविदों ने इसकी आलोचनात्मक समीक्षा प्रस्तुत की है और प्रत्यक्षवाद या पॉजिटिविज़्म के अग्रदूत माने जाने वाले देकार्त की दार्शनिक विज्ञान–पद्धति को एक तरह के पाण्डित्यवाद के रूप में देखा है।

वहीं दूसरी तरफ़, फ्रांसिस बेकन एक अन्य तरह के आनुभविक वैज्ञानिक दर्शन को आगे बढ़ाते हुए नज़र आते हैं। बेकन अपनी पुस्तक *दि न्यू ऑर्गनान* में कहते हैं कि ज्ञान को दो दृष्टिकोणों में देखा जा सकता है, एक मधुमक्खी (Bee) की दृष्टि है और दूसरी मकड़ी (spider) की दृष्टि है। जहाँ मकड़ी की दृष्टि केवल एक तरह के विचारों का जाल बुनती है और विचारों के माध्यम से समाज की एवं सामाजिक संस्थाओं की (रचनाओं की) व्याख्या करती है, वहीं मधुमक्खी अनुभव के आधार पर ज्ञान का निर्माण करते हुए समाज की एवं समाज में शक्ति–संरचना की व्याख्या करती है।

हम कह सकते हैं कि बेकन विज्ञान, विज्ञान–शिक्षा एवं समाज की एक नयी ज्ञानमीमांसा प्रदान करते हैं। बहुत–से उत्तर–संरचनावादियों ने बेकन की इस ज्ञानमीमांसा को अपने शोध का विषय बनाया है। ज्ञान एवं शक्ति के बीच क्या अन्तःसम्बन्ध हैं, इसे स्पष्ट करने के लिए बहुत–से विचारक अनुभवजनित ज्ञान को सार्वभौमिक तो मानते हैं, मगर वे किसी प्रकार की वस्तुनिष्ठता या निरपेक्षवाद का दावा नहीं करते।

बेकन की विज्ञान की दार्शनिक व्याख्याओं में से कुछ बातें इस परिचर्चा के सन्दर्भ में महत्त्वपूर्ण है। वे मानते हैं कि विज्ञान व समाज के बारे में ज्ञान, शास्त्रीय होने के बजाय अनुभवजनित जटिलताओं को स्पष्ट करने वाला एवं प्रबोधन के विचारों को आगे बढ़ाने वाला होना चाहिए। यह संगोष्ठी के प्रारूप में भी सुझाया गया है कि वैज्ञानिक चेतना एवं व्यवहार को ऐसा होना चाहिए कि वह समाज को विकासोन्मुख बनाये। साथ ही वह जटिलताओं को स्पष्ट करने में सहायक हो, ताकि विज्ञान पढ़ने वाला विद्यार्थी या शिक्षक दोनों के बीच के अन्तःसम्बन्ध को समझते हुए इसको समाज से जोड़े।

सम्पादक मण्डल ने इस लेख के सम्बन्ध में एक सवाल उठाया है कि इतिहास का दर्शनशास्त्र एवं विज्ञान के दर्शनशास्त्र का इतिहास कैसे एक–दूसरे से जुड़े हुए हैं और इनका जुड़ाव अध्यापक एवं विद्यार्थी के बीच कैसे एक बेहतर संवाद बनाने में सहायक होता है। इस प्रश्न का अपरोक्ष जवाब ऐसे सोचा जा सकता है कि विज्ञान किस प्रकार एक नये तरीक़े का ज्ञान है जो कि केवल ज्ञानमीमांसा का सृजन ही नहीं करता, बल्कि प्रकृति के रहस्यों का अवलोकन करते हुए हमारे सामने एक व्यापक दृष्टिकोण भी रखता है।

जिसके माध्यम से हम न केवल प्रकृति के बीच के नियमों को समझते हैं, बल्कि यह भी समझ पाते हैं कि सामाजिक ताने–बाने में किस प्रकार की ग़ैर–तार्किक प्रवृत्तियाँ मौजूद हैं। उदाहरण के रूप में गणेशजी दूध नहीं पीते, बल्कि उसके कुछ अन्य वैज्ञानिक कारण हैं। यहीं इस सवाल की चर्चा भी की जा सकती है कि दर्शन के ज्ञानमीमांसा सम्बन्धी विचारों का विज्ञान की कक्षा के साथ क्या सम्बन्ध है और कोई शिक्षक अपनी कक्षा में पढ़ाते हुए इन विचारों को कैसे रोचक तरीक़े से जोड़ सकता है और विद्यार्थियों में सवाल खड़ा करने का ज़ज्बा पैदा कर सकता है?

इसी चर्चा के फ़लक को आगे बढ़ाते हुए न्यूटन एवं इमेनुयल कांट के विचारों की भी एक झलक ली जा सकती है। दोनों के विचारों में एक तरह की समानता है। एक तरफ़ न्यूटन प्रकृति के नियमों को व्याख्यायित करते हुए विज्ञान को सार्वभौमिक, तार्किक एवं ज्ञानात्मक बताते हैं, तो दूसरी तरफ़ कांट विचारों और नीति के सिद्धान्तों के माध्यम से समाज एवं सामाजिकता की सार्वभौमिकता की व्याख्या करते हैं। यहीं पर यह सवाल खड़ा हो जाता है कि क्या विज्ञान मुक्तिदायक ही है? यह भी कि क्या वैज्ञानिक तार्किकता और सामाजिक तार्किकता अलग–अलग हैं तथा दोनों के बीच में किस तरह का सम्बन्ध है? यदि दोनों एक–दूसरे के पूरक हैं, तो यूरो–केन्द्रिकता और ज्ञान के क्षेत्र में पश्चिम के वर्चस्ववाद के सिद्धान्त को कैसे समझें? इन प्रश्नों पर हम लेख के अगले भाग में चर्चा करने की कोशिश करेंगे।

वैज्ञानिक शिक्षा का सन्दर्भ : नव-मार्क्सवाद और मुक्ति के सवाल

आइए, अब हम विज्ञान के मुक्तिवाहक होने के दावे का आधुनिक विचारों के आलोक में एक परीक्षण करें। विज्ञान–शिक्षण एक ऐसी तार्किक शक्ति का निर्माण करता है जिसके माध्यम से न केवल प्रकृति के नियमों को समझा जाता है; बल्कि सामाजिक ताने–बाने में किस प्रकार तरह–तरह की ग़ैर–तार्किकताएँ मौजूद हैं, उनकी तरफ़ भी हमारा ध्यान खींचा जाता है। इस प्रकार हमारे सामने विज्ञान के मूलरूप से मुक्तिवाहक होने की तस्वीर उभरती है, मगर वहीं यह भी सच है कि जैसे ही विज्ञान तकनीकी के माध्यम से पूँजीवाद के संरक्षण में पलता–बढ़ता है; वह ग़ैर–बराबरी के समाज का निर्माण करता है, जिसे हम तकनीकी एवं उपकरणात्मक तार्किकता या इंस्ट्रूमेंटल रेशनलिटी के माध्यम से समझ सकते हैं।

इसलिए हम कह सकते हैं कि विज्ञान, तकनीकी विज्ञान एवं समाज विज्ञान के बीच में एक द्वन्द्वात्मक सम्बन्ध है। एक तरफ़ विज्ञान या वैज्ञानिक ज्ञान मुक्तिवाहक जान पड़ता है, वहीं यह पूँजीवादी तार्किकता से भी जुड़ जाता है। इसलिए कहा जा सकता है कि विज्ञान का आधुनिकता तथा प्रबोधन के मूल्यों के साथ द्वन्द्वात्मक रिश्ता है। इन रिश्तों के माध्यम से ही विज्ञान एवं विज्ञान–शिक्षा को समझा जाना चाहिए। इस बात का विस्तार से विवरण हमें क्रिटिकल थ्योरी या नव–मार्क्सवाद के प्रमुख चिन्तकों में से एक हर्बर्ट मार्क्यूज़ की पुस्तक *वन डाइमेंशनल मैन* में देखने को मिलता है। इन सवालों की जाँच के लिए क्रिटिकल थ्योरी के दूसरे विचारक अडूर्नू की पुस्तक *एस्थेटाइसेशन ऑफ़ पोलिटिकल* का पुनर्पाठ भी किया जा सकता है। यह पुस्तक भी सवाल खड़ा करती है कि क्या विज्ञान मूलतः प्रतिक्रियावादी है और इसीलिए यह उपकरणात्मक तार्किकता एवं तकनीकी के माध्यम से एक साम्राज्यवादी व्यवस्था का गठन करता है।

इन प्रश्नों की जाँच के लिए हम हेबरमास की पुस्तक *दि स्ट्रक्चरल ट्रांसफॉर्मेशन ऑफ़ दि पब्लिक स्फेयर* के हवाले से आधुनिकता एवं विज्ञान के रिश्तों को लोकतन्त्र और पूँजीवाद की अभिव्यंजना के माध्यम से भी देख सकते हैं। आधुनिकता, समावेशी होने का दावा करती है मगर पूँजीवाद और विज्ञान के गठजोड़ की विवशता के चलते अन्ततः ग़ैर–समावेशी साबित होती है। यह पुस्तक बताती है कि वंचित समुदाय के लोग हाशिये में रहते हैं और पूँजीवादी सार्वजनिक दायरा शक्ति–सम्बन्धों के अनुरूप सामाजिक, नैतिक एवं राजनीतिक विमर्शों को गढ़ता है। गे आधुनिक विमर्श विज्ञान को एक तरह से उपकरणात्मक तार्किकता या इंस्ट्रूमेंटल रेशनलिटी के रूप में बरतते हैं।

हेबरमास की उपरोक्त पुस्तक विज्ञान की तार्किकता को ऐतिहासिक सन्दर्भ में रखती है। यह बताती है कि कैसे विज्ञान एवं विज्ञान जनित तार्किकता तीन सौ साल के यूरोपीय इतिहास में एक तरफ़ लोकतन्त्र का गठन करते हुए प्रतीत होती है और दूसरी तरफ़ यही वैज्ञानिक तार्किकता पूँजीवाद एवं पूँजीवाद की संरचनात्मक सोच का वाहक बन जाती है। इस तार्किकता की द्वन्द्वात्मक व्याख्या की जाये तो पता चलता है कि कैसे पश्चिम के सार्वजनिक जीवन में समाज में रहने वाले वंचित समुदाय के लोग दरअसल आधुनिकतावादी लोकतन्त्र के दायरे से भी बाहर रह जाते हैं।

क्या यह सवाल भी उठाया जा सकता है कि वैज्ञानिक तार्किकता और उपकरणात्मक तार्किकता को अलग–अलग किया जा सकता है? क्या यह तार्किकता वंचितों के समाजशास्त्र को भी प्राप्त होती है? क्या हम कह सकते हैं कि वह विज्ञान की प्रकृति ही है, जो तकनीकी ज्ञान के माध्यम से पूँजीवाद का निर्माण करती है? क्या विज्ञान को पूँजीवाद से पूरी तरह अलगाया जा सकता है?

ऐसे ही कुछ प्रश्न उठाये जाते रहे हैं कि आज के समय में विज्ञान में हो रहे शोध किस हद तक पूँजीवादी विचारधारा के द्वारा तय किये जाते हैं और क्या इससे विज्ञान की मूल प्रकृति में परिवर्तन होता है या विज्ञान मूलतः एक तरह का ज्ञानात्मक प्रबोधन है। मगर यह मान्यता भी हमारे सामने है कि तकनीकी जनित विज्ञान निश्चित रूप से पूँजीवादी संरचनात्मक व्यवस्था से बाहर नहीं है। अतः दोनों को हमें अलग–अलग तरीक़े से समझना चाहिए।

लेख के इस भाग में हमने अपने अध्ययन के उपरान्त पाया कि विज्ञान और पश्चिम में जन्मा विज्ञान नितान्त रूप से एक तरह के वर्चस्ववाद की रचना करता है। अतः यह वर्चस्व मुक्तिवाहक होने की जगह, एक अलग तरह की उपकरणात्मक तार्किकता को जन्म देता है और वह साम्राज्यवाद और पूँजीवाद का वाहक है। इसके लिए यह लोकतन्त्र की व्यूह रचना के माध्यम से अपनी कार्यविधि को आगे बढ़ाता है। यहाँ पर यह प्रश्न भी किया जा सकता है कि विज्ञान के इतिहास की जाँच क्या पश्चिमी या पूर्वी सभ्यताओं के बरक्स की जा सकती है, विशेष रूप से जब हम ग्रीक दर्शन व ग्रीक वैज्ञानिकों द्वारा विकसित वैज्ञानिक अवधारणाओं की चर्चा करते हैं। औपनिवेशिक काल में विज्ञान की भूमिका को समझे जाने का प्रश्न भी खड़ा होता है। विज्ञान की औपनिवेशिक भूमिका के परिणामों के बारे में व्यापक चर्चा विज्ञान के उन दर्शनशास्त्रियों और इतिहासकारों ने की है, जो सामाजिक ज्ञानमीमांसा की बात करते हैं।

भारत में पिछले दो सौ सालों से औपनिवेशिक और उत्तर औपनिवेशिक समय में विज्ञान एक तरह का उत्पादन–क्षेत्र बन गया और विज्ञान, ज्ञानमीमांसा एवं उत्पादन प्रक्रिया कैसे एक–दूसरे के परिवाहक बन गये। इन सवालों पर इस परिचर्चा में ही ध्रुव रैना एवं अन्य विज्ञान के इतिहासकारों व दार्शनिकों ने बात की है। पर इन सवालों के बारे में शिक्षाशास्त्रियों में

मत–भिन्नता है। इस व्यापक प्रश्न को हम यहीं पर छोड़ रहे हैं, क्योंकि यह इस लेख का मूलभूत मक़सद फिलहाल नहीं है।

निष्कर्ष

डेमोक्रिटस, अरस्तू एवं देकार्त के चिन्तन की परम्परा को एक तरह के प्राथमिक विमर्श के रूप में देखा जा सकता है। यह विमर्श तार्किक प्रत्यक्षवाद या लॉजिकल पॉजिटिविज़्म के रूप में एक तरह की व्यवहारवादी, ग़ैर–लोकतान्त्रिक व वर्चस्ववादी व्यवस्था में तब्दील होता है। यहाँ पर विज्ञान अपनी मूल प्रवृत्ति से भटकते हुए एक तरह की साम्राज्यवादी और पूँजीवादी व्यवस्था में तब्दील होता है।

वहीं दूसरी तरफ़ यदि फ्रांसिस बेकन, लॉक एवं ह्यूम के विमर्श को आगे बढ़ायें तो हम पाते हैं कि एक तरह की वैज्ञानिक तार्किकता को आगे बढ़ाते हुए भी ये एक तरह के संशयवादी दृष्टिकोण को आगे बढ़ाते हैं। यही संशयात्मकता आगे चल कर भारत जैसे औपनिवेशिक सन्दर्भ में जन विज्ञान आन्दोलन को जन्म देती है। यह आन्दोलन प्रत्यक्षवाद की विरासत और पूँजीवादी लोकतन्त्र का विरोध करते हुए संस्कृति और विज्ञान के आपसी रिश्तों को परिभाषित करते हुए प्रतीत होते हैं।

जैसा कि हमने शुरू में कहा था, यह लेख इस परिचर्चा के सन्दर्भ में कुछ प्रश्नों को उठाता है। इन प्रश्नों के कई आयाम हैं, जिन्हें यहाँ पूरी तरह से व्याख्यायित नहीं किया जा सकता। फिर भी इस परिचर्चा से भविष्य के अध्ययन के लिए कुछ राहें निकलती हैं, जिसके ज़रिये हम विज्ञान एवं मुक्ति के द्वन्द्वात्मक सम्बन्धों को समझने की शुरुआत कर सकते हैं।

ऐसा ही एक सवाल यह रहा है कि क्या विज्ञान कभी भी मूल्य–निरपेक्ष रहा है या विज्ञान का मूल्य–निरपेक्ष होना एक तरह का भ्रम है? आधुनिक वैज्ञानिक शिक्षा का एक बड़ा दावा है कि उसके विचारों को कहीं भी निरपेक्ष व सार्वभौमिक तरीक़े से प्राप्त किया जा सकता है। अन्य शब्दों में, वैज्ञानिक तार्किकता के मूल्य–निरपेक्ष होने का दावा किया जाता है। इसी दावे की ओट से यह बात भी निकलती है कि यदि विज्ञान मूल्य–निरपेक्ष है तो आधुनिकता भी मूल्य–निरपेक्ष है। विज्ञान को मूल्य–निरपेक्ष मान लेने से आधुनिकता एवं वैज्ञानिक तार्किकता की समझ एक तरह के व्यवहारवाद को भी जन्म देती है, जबकि हमने देखा है कि विज्ञान के मूल्य–निरपेक्ष

होने का दावा पूँजीवाद की व्याख्या के बाद सन्देहास्पद हो जाता है। यह भी एक व्यापक विमर्श का सवाल है, जिसका यथोचित उत्तर देना इस लेख के सीमित दायरे से बाहर है।

हम लेख के पिछले हिस्से में विज्ञान, साम्राज्यवाद और मुक्ति के सवालों के सम्बन्ध में नव–मार्क्सवाद के प्रमुख चिन्तकों हर्बर्ट मार्क्यूज़ और अडूर्नू की बात कर चुके हैं। इन विचारकों ने बताया कि वर्चस्वकारी पूँजीवादी व साम्राज्यवादी व्यवस्था ने कैसे विज्ञान को उपकरणात्मक तार्किकता में बदल दिया है। यह तार्किकता पूँजीवाद की शक्ति–संरचनाओं और राजनीतिक व्यूह–रचना के माध्यम से विज्ञान की मुक्तिकामी सम्भावना को धूमिल करती हुई प्रतीत होती है।

साथ ही इन चिन्तकों ने शिक्षा और शिक्षाजनित मूल्यों के निर्माण को दो हिस्सों में विभाजित किया है। पहला हिस्सा, अरस्तू से प्रारम्भ होकर कांट और न्यूटन में अभिव्यक्त होते हुए एक तरह के विज्ञानवाद एवं लोकतान्त्रिक पूँजीवाद में तब्दील होता है और ऐसा करते हुए मूल्य–निरपेक्षता के वितंडा का निर्माण करता है। वहीं दूसरा हिस्सा, आत्म–प्रश्नेयता या रिफ़्लेक्सिविटी के ज़रिये खुद पर सवाल उठाते हुए समाज व व्यक्ति के द्वन्द्वात्मक सम्बन्धों को आगे बढ़ाते हुए उपकरणात्मक तार्किकता एवं मूल्य–निरपेक्षता की आलोचना प्रस्तुत करता है। यह विज्ञान को विज्ञानवाद एवं यान्त्रिक विज्ञानवाद से अलग करते हुए सन्देह का लाभ भी देता है।

अतः हम कह सकते हैं कि वैज्ञानिक शिक्षा और वैज्ञानिक शिक्षा की कार्यपद्धति जब विज्ञानवाद का शिकार हो जाती है, तो वह समाज से अलग–थलग होते हुए एक तरह से शास्त्रीय पाण्डित्यवाद का गठन करती है और इसी वजह से विज्ञान–शिक्षा समाज से अलग–थलग दिखाई पड़ती है। इसी बात का प्रतिफलन एक शिक्षक की कक्षा में होता है, जहाँ विद्यार्थी विज्ञान से या तो जुड़ नहीं पाते या फिर उपकरणात्मक रूप से जुड़ते हुए विज्ञान के मुक्तिकामी दर्शन से अनजान बने रहते हैं।

अन्त में यही कहा जा सकता है कि शिक्षा–दर्शन की एक भूमिका यह भी है कि वैज्ञानिक शिक्षा एवं मानविकी, समाज में व्याप्त जटिलताओं को कैसे समझें ताकि विज्ञान किसी एक प्रयोगशाला या प्रयोगशालाओं में सीमित जीवन या विज्ञानकर्मियों तक सीमित न रह जाये, बल्कि व्यापक रूप से समाज की ढाँचागत समस्याओं व विषमताओं को समझने के लिए उपलब्ध रहे।

इसीलिए इस लेख में हमने विज्ञान और आधुनिकता की ऐतिहासिक एवं सामाजिक बहसों की तरफ़ जाने का प्रयास किया है। यह प्रयास भारतीय सन्दर्भों में मुख्यतः ध्रुव रैना की पुस्तक *इमेजेस एंड कॉन्टेक्सट : दि हिस्ट्रोग्रॉफी ऑफ़ साइंस एंड मॉर्डनिटी इन इंडिया* को महत्त्वपूर्ण मानता है।

ध्रुव रैना के द्वारा प्रस्तावित सामाजिक ज्ञानमीमांसा यान्त्रिक विज्ञानवाद की आलोचना करती है, पर इसके साथ एक दिक़्क़त भी है। वह यह है कि पुस्तक विज्ञान एवं विज्ञानजनित मुक्ति के फ़लक को सापेक्षतावाद के सिद्धान्त की तरफ़ भी धकेलती है। यह एक तरह का उत्तर–संरचनावादी दृष्टिकोण है जिसमें सवाल तो हैं, पर जवाबों की तरफ़ महज़ इशारे हैं। इस पुस्तक की मान्यताओं व निष्कर्षों की आलोचना स्टीव फुलर और भारतीय विद्वान मीरा नन्दा के चिन्तन के माध्यम से प्राप्त की जा सकती है।

अन्त में विज्ञान एवं वैज्ञानिक शिक्षा तथा आधुनिकता के द्वन्द्वात्मक विमर्श को समझते हुए हमें यह पता करना होगा कि विज्ञान की शिक्षा कैसे समानता एवं न्याय पर आधारित लोकतन्त्र को विकसित कर सकती है। कक्षा का जीवन भी इस लोकतन्त्र का हिस्सा हो सकता है, ताकि विज्ञान की शिक्षा समाज के बड़े परिदृश्य से जुड़ सके और भारतीय संविधान की मूल संरचना का वाहक बन सके। इसलिए विज्ञानकर्मियों के सामाजिक सरोकारों को पुनःव्याख्यायित करने की ज़रूरत है, जो कि जान पड़ता है कि इस संगोष्ठी के कुछ प्रमुख उद्देश्यों में से एक है।

सन्दर्भ सूची

1. देकार्त, रेने (1998), *डिस्कोर्स ऑन मेथड,* हैकेट पब्लिशिंग कम्पनी, इंक।
2. अरस्तू (2012), *दि ऑर्गनान,* क्रिएट स्पेस इंडिपेंडेंट पब्लिशिंग प्लेटफॉर्म।
3. हेबरमास, जर्गन (1991), *दि स्ट्रक्चरल ट्रांसफॉर्मेशन ऑफ़ दि पब्लिक स्फेयर, एम.आई.टी. प्रेस।*
4. मार्क्यूज़ हर्बर्ट (1991), *वन डाइमेंशनल मैन,* बैकन प्रेस।
5. रैना, ध्रुव (2004), *इमेजेस एंड कॉन्टेक्सट : दि हिस्ट्रोग्रॉफी ऑफ़ साइंस एंड मॉर्डनिटी इन इंडिया,* नयी दिल्ली : ऑक्सफोर्ड यूनिवर्सिटी प्रेस।
6. रैना, राजेश्वरी (2015), *साइंस, टेक्नोलॉजी एंड डेवलपमेंट इन इंडिया : एनकाउंटरिंग वैल्यूज़।*

(आभार : संगोष्ठी में प्रतिभागियों ने जो सवाल एवं टिप्पणियाँ दी थीं, उनका जवाब ढूँढ़ने का प्रयास किया गया है, पर इस लेख में सारे सवालों को शामिल करना सम्भव नहीं था। सभी प्रतिभागियों एवं सम्पादक मण्डल का बहुत धन्यवाद। अन्त में आयोजक मण्डल का, विशेष रूप से हार्डी, अरविन्द एवं राजेश उत्साही जी को हार्दिक धन्यवाद। हमारे मित्र डॉ. ईश्वर सिंह 'दोस्त' का विशेष रूप से धन्यवाद, जिन्होंने इस लेख को पठनीय बनाने और विचारों को गढ़ने में नयी दिशा दी। व्यापक टिप्पणियों के लिए प्रोफ़ेसर साधना सक्सेना का भी धन्यवाद।)

अध्याय–6

सवाल उठाने की सिमटती ज़मीन और शिक्षा-प्रक्रिया

कुलदीप पुरी

शिक्षा–प्रक्रिया का मूल तत्त्व किसी व्यक्ति का आज़ाद चिन्तन वाले शख़्स के रूप में विकसित होना होता है, जो ज़िन्दगी में दरपेश चुनौतियों का सहजता से सामना करने का सामर्थ्य रखता हो। परम्परा के तौर पर स्थापित मान्यताओं पर बुनियादी सवाल उठाने की समझ और हौसला रखना और बिना किसी पक्षपात के सत्य की खोज में रुचि होना किसी के पढ़ा–लिखा होने की निशानी माना जा सकता है। जो है, उस पर सवाल करना और मुद्दों की बेहतर समझ बनाने की कोशिश करना शिक्षा का अमल है और स्कूल से इसके लिए वांछित ज़मीन तैयार करने की अपेक्षा की जाती है। इसके लिए क्या आवश्यक है और उसे करने में क्या चुनौतियाँ हैं, इस नज़रिये से इस पर्चे में चर्चा की गयी है।

स्कूल में बच्चों को विभिन्न मुद्दों पर उनके राजनीतिक, सामाजिक, आर्थिक और नैतिक पहलुओं के सन्दर्भ में आलोचनात्मक चिन्तन का अवसर प्रदान करना बुनियादी ज़रूरत है। बहुत सम्भव है कि विभिन्न सामाजिक मुद्दों पर विविध विचार उभर कर सामने आयें। लोकतान्त्रिक मूल्यों के अनुसार इन सभी विचारों को जगह देना और संवाद के लिए उपयुक्त माहौल बनाना आवश्यक है। इसी सन्दर्भ में नेशनल करिकुलम फ्रेमवर्क 2005[1] विवेचनात्मक शिक्षाशास्त्र (क्रिटिकल पेडागॉजी) की सिफ़ारिश करता है।

विवेचनात्मक चिन्तन का अभ्यास बच्चों को मुक्त रूप से सोचने के लिए तैयार करता है। सामाजिक और भौतिक प्रक्रियाओं को पढ़ते–समझते हुए कई ऐसे मुक़ाम आते हैं जो बच्चों के लिए अस्पष्ट और उलझन भरे होते हैं, वहीं से सवाल पैदा होते हैं। कक्षा में ऐसा माहौल बनाना होता है जिसमें बच्चे अपनी बात कह सकें और स्पष्ट समझ पैदा कर सकें। लगातार अभ्यास उन्हें अपनी उलझनों को स्पष्ट सवालों में तब्दील करने में मदद देता है। समय के साथ–साथ उनके सवाल भी ज़्यादा सटीक और महत्त्वपूर्ण होते जाते हैं।

आज के परिप्रेक्ष्य में समग्र शिक्षा–प्रक्रिया के विवेचनात्मक शिक्षाशास्त्र के अनुकूल होने पर गम्भीर प्रश्नचिह्न लगे हैं। इसे समझने के लिए अध्यापक–विद्यार्थी के बीच परस्पर रिश्तों की प्रकृति, पढ़ने–पढ़ाने के लिए अपनायी जा रही विधियाँ, अकादमिक आदान–प्रदान की सम्भावनाओं एवं मूल्यांकन के तरीक़ों का विश्लेषण करना महत्त्वपूर्ण है। इसके लिए हमें थोड़ा पीछे जाने की ज़रूरत है। पिछले चार दशकों के दौरान कक्षाओं में घटित घटनाओं से सृजित कुछ प्रतिनिधि विवरण शिक्षा के क्षेत्र में पैदा हुई परिस्थितियों के विश्लेषण में हमारी सहायता करेंगे।

एक मासूम बालक की दुविधा

समाज की नज़रों में एक नामवर निजी स्कूल की चौथी कक्षा की पाठ्यपुस्तक में पर्यावरण की स्थिति का चित्रण किया गया था। पाठ के अन्त में प्रश्न पूछा गया था कि "जिस दिन आपकी माता जी ने आपकी पसन्द का भोजन न बनाया हो, तो उस दिन आप क्या करते हैं?" कक्षा की अध्यापिका ने प्रश्न पढ़कर सुनाया और बच्चों के उत्तर की प्रतीक्षा किये बिना उन्हें सुझाव दे दिया कि इस प्रश्न का उत्तर आप ऐसे लिख दें कि "मैं उस दिन खाना नहीं खाता।" उसी कक्षा में नौ साल के एक बच्चे ने भी यही जवाब लिख दिया। बच्चे की माँ ने सारी स्थिति समझ कर बेटे से कहा कि "तुम तो ऐसा नहीं करते। घर में जो भी पका हो, खा लेते हो। तो फिर, तुमने ऐसा उत्तर क्यों लिखा?" बच्चे का परेशान–सा जवाब था, "तो फिर, मेरी टीचर गुस्सा भी तो हो सकती थीं कि मैंने वही उत्तर क्यों नहीं लिखा, जो सबको लिखने को कहा गया था!" कुछ दिनों के बाद जब माँ ने अध्यापिका से बात की, तो उनकी दलील थी कि उसने

बच्चों को अपनी मर्ज़ी से जवाब लिखने को मना नहीं किया था। उसका सुझाव तो उन बच्चों के लिए था, जो खुद सोच कर नहीं लिख सकते थे।

प्रतिभा की बेबसी

एक विज्ञान–अध्यापक अपने प्रधानाध्यापक के पास एक समस्या के समाधान के लिए गया। प्रधानाध्यापक की गणना बेहद ईमानदार, मेहनती, बच्चों के प्रति समर्पित और विद्वान अध्यापकों में की जाती थी। वार्षिक परीक्षा के घोषित परिणामों में विज्ञान–अध्यापक के विद्यार्थियों की कारगुज़ारी उत्साहजनक नहीं रही थी। ऐसा इसके बावजूद हुआ था कि उन्होंने पाठ्यक्रम में शामिल प्रत्येक विषय को विद्यार्थियों के साथ विस्तार से साझा किया था। हरेक वैज्ञानिक सिद्धान्त को समझाते हुए उसकी तह तक जाने की कोशिश की थी। विद्यार्थियों ने भी उतने ही शौक़ से हिस्सेदारी निभायी थी और प्रत्येक प्रक्रिया और सिद्धान्त का रोज़मर्रा की ज़िन्दगी के साथ तालमेल बैठा कर समझने का प्रयास किया था। विज्ञान के छोटे–बड़े प्रयोगों को अपने हाथों से करने का अनुभव प्राप्त किया था। लेकिन परीक्षा में अंकित प्रश्नों की प्रकृति परीक्षार्थियों से पाठ्यपुस्तक में दी गयी वैज्ञानिक सिद्धान्तों की परिभाषाओं व सीमित व्याख्याओं का ही वर्णन करने की अपेक्षा करती थी। एक ही पृष्ठ में समा गये प्रश्नपत्र में वैज्ञानिक सिद्धान्तों और जीवन में उनकी उपयोगिता के सम्बन्ध में विद्यार्थियो की गहरी समझ को परखने का कोई प्रयत्न नहीं दिखाई देता था।

यह समस्या विद्यार्थियों और अध्यापक, दोनों की ही दृष्टि से गम्भीर थी और दोनों ही पक्ष इसके प्रति संवेदनशील भी थे। 'अध्यापक ने पूरे साल किया ही क्या?' यह एक जायज़ सवाल था। वह वास्तव में पढ़ाने के योग्य भी था कि नहीं, यह पहले से भी अधिक तंग करने वाला 'किन्तु' था। दूसरी तरफ़, विद्यार्थियों द्वारा प्राप्त किये गये ज्ञान के मूल्यांकन की कसौटी उनके द्वारा जीवन को वैज्ञानिक दृष्टि से देखने–परखने के योग्य हो जाने से ज़्यादा वार्षिक परीक्षा में प्राप्त किये अंकों के प्रतिशत के ऊपर आधारित थी।

समस्या निस्सन्देह संगीन थी, परन्तु प्रधानाध्यापक की तरफ़ से समस्या से उभरने के लिए दिया गया मशवरा और भी ज़्यादा संगीन था। उन्होंने कहा था, "जहाँ तक सम्भव हो सके, आप बच्चों को विशेष प्रश्नों

के निर्धारित उत्तर याद करा दिया करें ताकि वे इम्तिहान में अच्छे अंक प्राप्त करने के लायक हो जायें। परिस्थितियों, प्रक्रियाओं व सिद्धान्तों का विश्लेषण और विस्तार से किये गये वर्णन आप को कहीं नहीं ले जायेंगे।"

सवाल का संकट

यह क़िस्सा एक सरकारी कॉलेज की प्री–मेडिकल/बी.एससी. प्रथम वर्ष की कक्षा में घटित एक प्रकार से अकादमिक त्रासदी से सम्बन्धित है। वनस्पति विज्ञान की कक्षा में प्रोफ़ेसर साहिब फफूँद (फंगस प्लांट्स) के विषय में चर्चा कर रहे थे। इसी दौरान उन्होंने ज़िक्र किया कि पेंसिलिन नाम की एंटीबायोटिक की खोज अलेग्जेंडर फ्लेमिंग द्वारा एक विशेष प्रकार के फंगस में से संयोग से हुई थी। इस दवाई ने उपचार के क्षेत्र में क्रान्ति ला दी थी। सारे वृत्तान्त को ध्यान से सुन रहा 17–18 साल का एक नौजवान विद्यार्थी पूछ बैठा, "सर, उल्ली लगी ब्रेड से इतनी उपयोगी दवाई पेंसिलिन बन गयी थी तो हम उल्ली लगी रोटी को फेंक क्यों देते हैं, खा क्यों नहीं लेते?" प्रोफ़ेसर साहब को यह सवाल बड़ा बचकाना और व्यर्थ–सा लगा। वे थोड़े गुस्से और थोड़े तिरस्कार की मिली–जुली भावना से उस विद्यार्थी पर कटाक्ष करते हुए कहने लगे, "है न वही दकियानूसी–सा सवाल!" प्रोफ़ेसर साहब ने सवाल का जवाब देना तो दूर, सवाल को स्वीकार करना भी मुनासिब नहीं समझा। किशोरावस्था का वह विद्यार्थी अपनी कक्षा में साथ बैठे अपने हमउम्र सहपाठियों के सामने अपमान के अहसास में डूब गया।

ऊपरी तौर पर मामूली–सी लगने वाली उपरोक्त घटनाएँ गहरे अर्थ रखती हैं। पहली घटना इस बात की ओर इशारा करती है कि कैसे वर्तमान स्कूली व्यवस्था, जाने या अनजाने, बाल सुलभ सहज उत्सुकता को दबा देने की सम्भावनाओं से भरी है। वास्तव में बच्चों की सहज उत्सुकता कई सवालों को जन्म देती है। सहज सरलता से पूछे गये सवाल बहुत बार वस्तुओं, उनके सामने घटी घटनाओं और आसपास के वातावरण के बारे में होते हैं। कई बार बच्चे घर में बड़ों के व्यवहार के बारे में भी सवालनुमा टिप्पणियाँ करते हैं। जैसे–जैसे बच्चे उम्र में बड़े होते जाते हैं, उनके सवाल तीखे होते जाते हैं और माँ–बाप किन्हीं वजहों से उन सवालों को कभी चतुराई से टाल–मटोल कर, तो कभी डाँट–डपट कर दबा देते हैं।

ज़्यादा सवाल करने वाले बच्चों को बहुत बार गुस्ताख मान लिया जाता है। उम्र में छोटों द्वारा बड़ों का सम्मान करने जैसी सांस्कृतिक परम्पराओं का सहारा लेकर ऐसे बच्चों को दोषी ठहरा दिया जाना बहुत ही आम बात है। बच्चों को यह अहसास दिलाया जाता है कि उनका बड़ों से सवाल पूछना, बड़ों का निरादर करने के समान है। इसमें कोई आश्चर्य नहीं होगा अगर हम यह पायें कि बच्चे सवाल पूछने को बड़ों की अवज्ञा मानते हुए, सभी की नज़र में अच्छा और सभ्य बनने की ताक में हर तरह के प्रश्नों को अपने अन्दर ही दबा दें। बच्चों की सहज उत्सुकता के पंख तो तभी से धीरे–धीरे कटने शुरू हो जाते हैं। सवालों को अन्दर–ही–अन्दर दबा देने का अभ्यास उन्हें घर से ही हो जाता है।

पहली घटना में अध्यापक का यह क़दम कुछ एक मासूम बच्चों की आज़ाद सोच पर पहरे की तरह खड़ा दिखाई देता है। बच्चे के मन में एक गाँठ बन सकती है कि उसका खुद का देखा–परखा अनुभव कोई अर्थ नहीं रखता है और उसे किसी भी स्थिति में सत्य तक पहुँचने के लिए अध्यापक या किसी और दूसरे पर निर्भर रहना ही होगा। ऐसे में उसका खुद पर भरोसा कम होता जायेगा। अध्यापक निर्धारित पाठ्यक्रम को एक निश्चित अवधि में जैसे–तैसे निपटाने के लिए अधिक चिन्तित है और अध्ययन–अध्यापन के बुनियादी नियमों को जानते–समझते हुए भी उन्हें दरकिनार कर सकता है और अगर अध्यापक बाल मनोविज्ञान और बच्चों को पढ़ाने की तकनीकी बारीक़ियों से अनजान है तो मामला और भी गम्भीर बन जाता है।

दूसरी घटना में प्रधानाध्यापक द्वारा दिये गये मशवरे के कुछ पहलू बेचैन कर देने वाले हैं। पहला, इस मशवरे में एक उद्यमी अध्यापक के उद्यम और उत्साह के ढीला पड़ जाने की सम्भावनाएँ दर्ज हैं। दूसरा, बच्चों की जिज्ञासा व सीखने के आनन्द के असीम दायरे के संकुचित हो कर अन्त में समाप्त हो जाने की वार्ता छिपी हुई है। तीसरा, शिक्षाविदों द्वारा परम्परागत मूल्यांकन–पद्धतियों पर निर्भर रहने की अनुपयुक्तता के ख़तरों को स्पष्ट कर देने के बावजूद भी उन्हीं मूल्यांकन–पद्धतियों को इतनी मान्यता देना तर्कसंगत नहीं है।

तीसरी घटना कुछ मूल प्रश्न खड़े करती है। एक, क्या विद्यार्थी की सरल जिज्ञासा में से उपजे सवालों को, चाहे उन सवालों की इबारत

बहुत साफ़ और सुगठित न भी हो, अटपटे और अर्थहीन कह कर रद्द कर देना उचित है? दूसरा, क्या अध्यापक के, जानबूझ कर या अनायास किये व्यवहार ने एक उत्सुक नौजवान विद्यार्थी के अन्दर बेझिझक हो कर जानने–समझने की उमंग को कमज़ोर नहीं कर दिया? तीसरा, इस बात की पूरी सम्भावना है कि वह नौजवान फिर कभी सहज नहीं हो पाया होगा और उसके बहुत–से सवाल अपमानित होने के डर से उसके अन्दर ही दफ़न होकर रह गये होंगे। अगर सवाल उठने ही बन्द हो जायेंगे तो ज्ञान का सृजन कैसे होगा?

अलग–अलग कक्षाओं के कक्षों में घटित ये घटनाएँ अध्यापक–विद्यार्थी संवाद की सम्भावनाओं पर अंकुश लगाती नज़र आती हैं। विज्ञान शिक्षण की बुनियादी क्रियाओं में सूचना एकत्र करना, वस्तुओं और प्रक्रियाओं का ध्यान से अवलोकन करना, प्रयोग करना, आँकड़ों से निष्कर्ष निकालना, भीतर के रुझानों और सिद्धान्तों की खोज करना और वास्तविक को प्रतिरूपों की सहायता से समझना आदि शामिल है। उपरोक्त घटनाओं के परिप्रेक्ष्य में ऐसी क्रियाओं के लिए बहुत ही कम स्थान बचता है। अस्सी के दशक में वैज्ञानिक मिज़ाज के विषय पर चली बहस भी कमोबेश इसी ओर इशारा करती थी। निरन्तर सवाल उठाना व शोध की ओर प्रवृत्त होना भी वैज्ञानिक मिज़ाज के ही अंश हैं (ए स्टेटमेंट ऑन साइंटिफिक टेम्पर–जुलाई 19, 1981)।[2] यह मिज़ाज केवल विज्ञान के विषय तक ही सीमित नहीं है, बल्कि इसका दायरा सम्पूर्ण शिक्षा–प्रक्रिया को समेटे हुए है। वैज्ञानिक मिज़ाज साहित्य व सामाजिक विज्ञान के विषयों में भी उतना ही ज़रूरी है, जितना कि विज्ञान के विषयों में। इन गतिविधियों की अनुपस्थिति ने विद्यार्थियों की सिद्धान्तों और प्राकृतिक प्रक्रियाओं की समझ को भी सीमित किया है। तथ्यों को यादकर लेने और परीक्षा में लिख सकने का सामर्थ्य पैदा कर लेने से यह भ्रम पाल लेना उचित नहीं होगा कि बच्चों को विभिन्न विषयों के मर्म भी ज्ञात हो गये होंगे। अनेक सन्दर्भों में चल रहे शैक्षणिक संस्थानों (स्कूल, कॉलेज और विश्वविद्यालय) में आज विद्यार्थियों की तरफ़ से कक्षा–कक्षों और इनसे बाहर प्रश्न उठाने की सम्भावनाएँ क्षीण पड़ती जा रही हैं और ज़्यादातर अध्यापकों की रुचि भी संवादहीन शिक्षा–प्रक्रिया की तरफ़ पलट गयी लगती है। वर्तमान दौर में तथाकथित बहुसंख्यक पसन्द की विचारधारा को सही मान लेने और मनवा लेने की ज़िद के कारण बहुआयामी चिन्तन का घेरा तंग होता जा रहा है।

सवाल ख़ामोश होते जा रहे हैं और कुछ परिस्थितियों में ख़ामोश कर दिये जाते हैं। चुप्पी की संस्कृति पनपती जा रही है जिसकी जड़ें दुनिया–भर के देशों द्वारा नव–उदारवादी आर्थिक व्यवस्था को सैद्धान्तिक और व्यावहारिक धरातलों पर मान्यता देने के साथ से जुड़ती हैं।

सम्मति की संस्कृति और शिक्षा

विगत दो दशकों के दौरान देश में आर्थिक विमर्श तेज़ी–से बदला है जिसने लोगों के सामाजिक, सांस्कृतिक और राजनीतिक जीवन पर गहरा असर छोड़ा है। आर्थिक नीतियाँ नव–उदारवादी तर्ज़ पर ढली हैं जिससे शिक्षा और स्वास्थ्य जैसे लोक कल्याण के आधारभूत क्षेत्रों में राज्य की भूमिका सीमित हो गयी है और बाज़ार ने केन्द्रीय स्थान ले लिया है। एक धारणा का निर्माण हुआ है कि नव–उदारवादी व्यवस्था का कोई विकल्प है ही नहीं। नव–उदारवादी व्यवस्था में देशों का मुख्य उद्देश्य आर्थिक विकास को अधिकतम स्तर तक उठा ले जाने का होता है। इस व्यवस्था में अगर हमारा उद्देश्य केवल नापने योग्य (मात्रात्मक) प्रकृति के बिकने वाले उत्पाद पैदा करना है, तो फिर बहुत–से लोगों को सोचने–समझने और तर्क की क्षमता अर्जित करना व्यर्थ–सा लगता है। सुकरात की परम्परा दबाव में आ गयी है (मार्था नूसबम, 2010; पृ. 48)।[3]

नव–उदारवादी व्यवस्था तेज़ी–से सन्देश संचार करने वाली टेक्नोलॉजी और तकनीकी उपकरणों को सर्वोच्च समझती है और उसे इस समझ पर सन्देह की कोई गुंजाइश नहीं लगती। शिक्षा–तन्त्र भी इससे अभिभूत है और शिक्षण में टेक्नोलॉजी के विस्तृत प्रयोग का पक्षधर है। कक्षा में विद्यार्थियों की आवश्यकता और परिस्थितियों के सन्दर्भ में तकनीक के प्रयोग को अध्यापक के विवेक पर छोड़ने से इनकार है। तकनीक–परस्ती की आँधी से अध्यापकों की प्रतिदिन की कार्य–शैली पर गहरा प्रभाव पड़ा है। अब उनका काफ़ी समय बच्चों के साथ काम में संलग्न होने से अधिक निर्धारित विधियों के अन्तर्गत कार्ययोजना बनाने, उसकी उपयुक्तता की व्याख्या करने, योजना पर आधारित कार्यों का मूल्यांकन करने और इन सभी क्रियाओं को विश्वसनीय दस्तावेज़ों के रूप में सँभाल कर रखने में बीत जाता है। किसी भी कक्षा में 'अध्यापन (टीचिंग)' के 'अधिगम (लर्निंग)' में परिवर्तित होने के जादुई क्षण वहाँ निर्मित हुए मानवीय परिवेश और

मिसाली अध्यापक की उत्तमता पर निर्भर करते हैं–ऐसे कारकों पर निर्भर करते हैं जो विकास के व्यापक वातावरण से सम्बन्धित हों, न कि बाहर से आयोजित पैमानों पर। "शिक्षा, विकास की ऐसी समग्र प्रक्रिया है जिसको बाहर से पूर्व–निर्धारित कठोर क़दमों में कतई नहीं बाँटा जा सकता (उर्सुला फ्रेंक्लिन, 1999; पृ. 21)।"[4] कक्षा में किसी विषय पर चल रही चर्चा के दौरान विद्यार्थियों के प्रश्नों से प्रेरित होकर मूल विषय से परे जाकर भी कई और मसलों पर गहराई से विचार करना शिक्षण की विशिष्टता मानी जाती थी; लेकिन आज पावर पॉइंट पेशकारी के नये प्रचलन ने पूर्वनिर्दिष्ट पाठ योजना से हट कर होने वाले परस्पर विचार–विमर्श को लगभग वर्जित श्रेणी में ला खड़ा किया है। "नव–उदारवाद तार्किक विमर्श को समय बर्बाद करना मानता है और सिर्फ़ कार्य पर केन्द्रित होने की अनिवार्यता पर बल देता है (कृष्ण कुमार, 2011)।"[5] यह तो सवाल उठाने की सम्भावनाओं को लगभग समाप्त करने के पक्ष में वातावरण निर्मित करने की योजना लगती है। इसके चलते शिक्षा में समसामयिक यथार्थ के साथ जुड़े मसलों के बारे में चिन्तन करने और सटीक राय बनाने का तार्किक अमल गौण हो गया है।

बाज़ार की व्यवस्था के अधीन बने नियमों के आधिपत्य ने परीक्षाओं में बेहतर अंक प्राप्त करने को ही शिक्षा का अन्तिम लक्ष्य मान लेने की पुराने समय से चली आ रही ललक को एक जुनून की हद तक पहुँचा दिया है। शिक्षा के व्यापक अर्थ संकीर्ण हो गये हैं। शिक्षा के अन्तर्निहित महत्त्व को ग्रहण करने की जगह उसे अब एक साधन के तौर पर देखा जा रहा है। सफलता के मूल्यांकन की गुणात्मक विधियों को नज़रन्दाज़ कर केवल परिणामपरक पहुँच अपनायी जा रही है। शिक्षा की स्वाभाविक प्रक्रिया को बाधित कर पूर्व–निर्धारित परिणामों की प्राप्ति पर ज़ोर दिया जा रहा है। अन्तर्राष्ट्रीय स्तर पर मूल्यांकन–पद्धतियों को एक समान, एक रूप में लागू करने के उद्देश्य से की जा रही कोशिशों ने कक्षाओं में पढ़ने–पढ़ाने के माहौल को ही बदल कर रख दिया है। ज़ाहिर है कि अध्यापकों की प्राथमिकताएँ हिल गयी हैं और विद्यार्थियों की मानसिकता में भी परिवर्तन आया है। सहज भाव और संयम से जानने, खोजने और सीखने की परम्परा का ह्रास होता जा रहा है। ऐसा लगता है कि अब वही पढ़ा या पढ़ाया जायेगा जिससे वैश्विक बाज़ार की ज़रूरतों के अनुरूप श्रमिक शक्ति तैयार की जा सके। मण्डी में बिकने की आतुरता ने न्यूनतम तकनीकी प्रशिक्षण प्राप्त कर लेने की सामूहिक इच्छा को तीव्र किया है

और गहरे अध्ययन और व्यापक बोध ग्रहण करने के कार्य को समय की हानि मान लिया गया है। अध्यापक–विद्यार्थी संवाद की जगह सिकुड़ती जा रही है। इस तरह की निदेशात्मक टेक्नोलॉजी सामाजिक क्षेत्र में एक बड़े हस्तक्षेप के रूप में आयी है और राजनीतिक दृष्टि से यह 'सम्मति और आदेशों के अनुपालन की योजना (Designs for Compliance)' है (उर्सुला फ्रेंक्लिन, 1999; पृ. 17)।

शिक्षा में संवादहीनता का चलन पाउलो फ़्रेरे (1972)[6] द्वारा प्रस्तावित लोक चेतना के प्रसार के संकल्प के बिल्कुल विपरीत है। इस तर्ज़ की शिक्षा को फ़्रेरे ने 'बैंकिंग एजुकेशन' की उपमा दी थी जिसमें अध्यापक की फ़िक्र सिर्फ़ विद्यार्थी के आगे विषयवस्तु के साथ सम्बन्धित सामग्री परोस देने तक होती है। अध्यापक केवल अपने ही गड़े हुए सवालों का जवाब देता है। विद्यार्थी से उम्मीद की जाती है कि पूछे जाने पर वह अपने मस्तिष्क में भरी सामग्री ज्यों–की–त्यों उगल दे। फ़्रेरे का मानना था कि "संवाद के बिना विचारों का संचार सम्भव नहीं होता और विचारों के संचार के बिना असली शिक्षा नहीं हो सकती।" गहन चिन्तन संवाद की अनिवार्य शर्त है।

शिक्षा–क्षेत्र में निजी पूँजी का निवेश करने के लिए राज्य द्वारा आमन्त्रित और मुनाफ़ा कमाने के सिद्धान्त से प्रेरित व्यापार व उद्योग से जुड़े छोटे–बड़े घराने शिक्षा–जगत में अपनी अच्छी–ख़ासी गैठ जमा चुके हैं। शिक्षा–प्रणाली को कॉर्पोरेट विचारधारा के अनुसार चलाने की नीति लोकतान्त्रिक व्यवस्था में लोगों तक शिक्षा पहुँचाने के महत्त्वपूर्ण कार्य के विरुद्ध काम करेगी। जन साधारण का बहुत बड़ा भाग इस तर्ज़ पर चलायी जा रही शिक्षा के दायरे से बाहर ही हो जायेगा (गिरोक्स, 2000)।[7] अकादमिक निर्णय भी इंडस्ट्री–यूनिवर्सिटी के तालमेल के नाम तले औद्योगिक संस्थाओं के हाथ में स्थानान्तरित होते जा रहे हैं और इनकी गति आने वाले दिनों में और तेज़ होने की सम्भावना है। गहन चिन्तन और अनुसन्धान के लिए अनिवार्य आज़ाद फिज़ा समाप्त होती जा रही है। ऐसा प्रतीत हो रहा है कि शिक्षा के बेरोक–टोक व्यापारीकरण ने बृहद् समाजिक हितों के हक़ में सवाल उठाने और बेख़ौफ़ होकर अध्ययन–अध्यापन करने पर तीखी चोट पहुँचाई है। अनुसन्धान और ज्ञान–सृजन में मानवीय हितों से ज़्यादा उद्योग–व्यापार की भलाई की फ़िक्र प्राथमिकता पा गयी लगती है। वैज्ञानिक मिज़ाज पालने, स्वतन्त्र चिन्तन रखने व अपनी बात कह सकने की लोकतान्त्रिक आज़ादी के संकट में होने का भय यथार्थ में बदलता जा रहा है।

निष्कर्ष

ज़्यादा जानने–समझने के लिए बच्चों में सवाल कर सकने की योग्यता पैदा करने और समाज में असहमति के प्रति सम्मान की भावना विकसित करने में समीक्षात्मक शिक्षा–प्रक्रिया की भूमिका अहम है। नव–उदारवादी आर्थिक मान्यताओं के प्रभुत्व के सामाजिक और सांस्कृतिक क्षेत्रों पर पड़े विस्तृत प्रभाव के चलते शिक्षा–प्रक्रिया भी बदली है, जिसमें विवेचनात्मक चिन्तन की सम्भावनाएँ कम हुई हैं। हालाँकि सवाल उठाने का संकट पुरातन समय से ही रहा है, लेकिन वर्तमान दौर में यह संकट गहरा गया है।

घर और स्कूल में बाल मन की नैसर्गिक जिज्ञासा के पालन–पोषण, गहन चिन्तन के ऊपर आधारित अध्यापक–विद्यार्थी संवाद, शिक्षा के अन्धाधुन्ध बाज़ारीकरण की नीतियों में परिवर्तन और कक्षा में होने वाली प्रक्रियाओं के सामाजिक सरोकारों से जुड़ाव से ही शिक्षा–प्रक्रिया लोगों के लिए प्रासंगिक हो सकेगी। अगर शिक्षण–संस्थाओं में तहज़ीब से सवाल उठाने की परम्परा पुनर्जीवित की जाये तो हम सभ्यता के बहुत बड़े संकट में घिरने से बच सकेंगे।

सन्दर्भ सूची

1. एन.सी.ई.आर.टी. (2006), *नेशनल करिकुलम फ्रेमवर्क* 2005, नयी दिल्ली : नेशनल काउंसिल ऑफ़ एजुकेशनल रिसर्च एंड ट्रेनिंग।
2. (जुलाई, 1981), *अ स्टेटमेंट ऑन साइंटिफिक टेम्पर*।
3. नूसबम, मार्था सी. (2010), *नॉट फॉर प्रॉफिट : व्हाय डेमोक्रेसी नीड्स दि ह्यूमैनिटिज़?* प्रिंसटन यूनिवर्सिटी प्रेस : दि पब्लिक स्क्वेयर बुक सीरिज़।
4. उर्सुला, फ्रेंक्लिन एम. (1999), *दि रियल वर्ल्ड ऑफ़ दि टेक्नोलोजी।* सी.बी.सी. मैसी लैक्चर्स, टोरंटो : हाउस ऑफ़ अनैंसी प्रेस इंक।
5. कुमार, कृष्ण (2011)। टीचिंग एंड नियो–लिबरल स्टेट। *ईकनॉमिक एंड पोलिटिकल वीकली,* XLVI (21)।
6. फ्रेरे, पी. (1972), *पेडागॉजी ऑफ़ दि ऑप्रेस्ड।* हार्मंड्सवर्थ, मिडिलसेक्स, इंग्लैंड : पेंग्विन एजुकेशन, पेंग्विन बुक्स लिमिटेड।
7. गिरोक्स, एच. ए. (2000), *स्टीलिंग दि इनोसेंस : कॉर्पोरेट कल्चरस वार ऑन चिल्ड्रन,* न्यूयॉर्क : पलग्रेव, एज़ साइटेड इन पॉलिसी डिस्कोर्स ऑन हायर एजुकेशन इन इंडिया 2015, चंडीगढ़ : यूनी स्टार पब्लिकेशंस।

अध्याय–7

समता और न्याय केन्द्रित विज्ञान-शिक्षा : प्रासंगिकता, यथार्थ और सम्भावनाएँ

हिमांशु श्रीवास्तव

लेखक अपने पर्चे में समता और न्याय केन्द्रित शिक्षा के यथार्थ और सम्भावनाओं की तलाश करते हैं। इसके सन्दर्भ में वे पूँजीवादी व्यवस्था में विकसित हुए विज्ञान के शोषणकारी और अमानवीय परिणामों, जिसमें विकास के नाम पर हो रहे पर्यावरण संकट शामिल है, का ज़िक्र करते हैं। विज्ञान शिक्षा कैसी हो इसके लिए केरल शास्त्र साहित्य परिषद (KSSP) और होशंगाबाद विज्ञान शिक्षण कार्यक्रम (HSTP) की चर्चा करते हैं और एन.सी.ई.आर.टी. के विज्ञान शिक्षण पर लिखे आधार–पत्र का विश्लेषण प्रस्तुत करते हैं। उनके अनुसार HSTP और KSSP की तरह यह आधार–पत्र विज्ञान को एक मुक्तिकारी समाज बनाने की भूमिका में देखता है। वे विज्ञान पर कॉरपोरेट पूँजी की पकड़ और इस कारण उसके जनविरोधी होने की आलोचना करते हैं, परन्तु यह उम्मीद रखते हैं कि इस तरह पैदा हुए विज्ञान के प्रति आलोचनात्मक रुख़ रखते हुए और समाज के दबे वर्गों के साथ उनके मुद्दों पर काम करने से विज्ञान मुक्तिकारी हो सकेगा।

बातचीत का सन्दर्भ

हम विषमता के ऐसे दौर में जी रहे हैं जिसमें अमीर और ग़रीब के बीच की खाई दिनोंदिन बढ़ती जा रही है। बीसवीं सदी की शुरुआत में

कार्ल मार्क्स ने राजनीतिक अर्थव्यवस्था के अपने पैने विश्लेषण से यह दिखाया कि मुनाफा–केन्द्रित पूँजीवादी अर्थव्यवस्था को चलाये रखने के लिए मज़दूर वर्ग का शोषण एक अनिवार्य शर्त है। मार्क्स ने यह भी बताया कि किस तरह यह अर्थव्यवस्था पूँजीपति और सर्वहारा दोनों ही वर्गों का अमानवीकरण (Dehumanization) करती है। पूँजी और उत्पादन के संसाधनों पर हक़ में ग़ैर–बराबरी के अलावा पितृसत्ता, नस्लभेद, जातिवाद, कट्टरवाद, अन्धराष्ट्रवाद जैसी कई और ढाँचागत समस्याएँ आज की सामाजिक–राजनीतिक आबोहवा का रुख़ बयान करती हैं। विकास के नाम पर ग़रीब शोषित वर्ग लगातार एक जगह से दूसरी जगह पलायन करने को मजबूर हैं, जंगल उजाड़े जा रहे हैं, नदियों के रास्ते मोड़े जा रहे हैं, शहरों में लोग पीने के लिए साफ़ पानी और साँस लेने के लिए साफ़ हवा के लिए भी लाचार हैं। कुदरत का अन्धाधुन्ध दोहन हो रहा है और ज़्यादातर पर्यावरणविद् यह दलील रख रहे हैं कि पूरी दुनिया पर मँडराते इस पर्यावरणीय संकट के बारे में जल्द–से–जल्द कुछ किया जाना चाहिए (फॉस्टर, क्लार्क और यॉर्क, 2011; एंगेल, 2014)। भूमण्डलीकरण, नवउदारवाद और धर्म या देश के नाम पर हो रही कट्टरवादिता के इस दौर में एक ऐसे समाज की कल्पना करना जहाँ इन्सान धर्म, जाति, नस्ल, लिंग और वर्ग के दायरों से ऊपर उठ कर कन्धे से कन्धा मिलाकर खड़े हों और इन्सान और कुदरत के बीच एक सामंजस्य की स्थिति हो और भी मुश्किल हो चला है। इन चुनौतियों का सामना करने के लिए न केवल विश्वव्यापी सामाजिक–राजनीतिक–सांस्कृतिक आन्दोलनों को सशक्त करने की ज़रूरत है, बल्कि हमें यह भी गम्भीरता से सोचना होगा कि आगे आने वाली पीढ़ी में सामाजिक और पर्यावरणीय न्याय के मूल्य कैसे विकसित होंगे, युवा पीढ़ी में ये बीज कैसे रोपे जायें और उन्हें समतामूलक समाज की कल्पना में कैसे शरीक़ किया जाये।

शिक्षा : एक राजनीतिक हथियार

देश–विदेश के कई विचारकों जैसे–अमेरिका में जॉन ड्यूई, भारत में भीमराव आम्बेडकर और ज्योतिबा फुले, ब्राजील में पॉओलो फ्रेअरे का मानना है कि शिक्षा का एक राजनीतिक चरित्र होता है और उसे ज़रूरी सामाजिक एवं राजनीतिक बदलाव के लिए एक सशक्त हथियार के रूप में देखा जाना चाहिए। भारतीय सन्दर्भ में इन बदलावों को समाज के जातिगत बँटवारे, लैंगिक असमानता, धार्मिक कट्टरवाद और अन्धराष्ट्रवाद

से भी जोड़ कर देखने की ज़रूरत है। हमें ऐसी शिक्षा–पद्धति विकसित करने की ज़रूरत है जो जातिगत और लैंगिक असमानता को चुनौती दे सके, जो नवउदारवादी अर्थव्यवस्था के ताने बाने पर कड़ी चोट कर सके, जिससे ऐसे नागरिक तैयार हों जो आँख मूँद कर सामाजिक–राजनीतिक व्यवस्था में आगे बढ़ने की होड़ में न लगे रहें, जो न केवल व्यवस्था पर सवाल खड़े करें, बल्कि जिनकी समझ के स्तर पर एक तैयारी हो और जो बदलाव की दिशा में कुछ ठोस क़दम भी उठा सकें। आगे लेख में मैं यह तर्क रखूँगा कि विज्ञान–शिक्षा भी इस प्रक्रिया में एक अहम् भूमिका निभा सकती है।

नवउदारवाद के दौर में विज्ञान-शिक्षा का मसला

विज्ञान और तकनीक का किसी भी इन्सान की ज़िन्दगी में आज क़ाफी दख़ल है और यह दख़ल समय के साथ–साथ बढ़ ही रहा है। वैज्ञानिक खोजों और तरीक़ों से विमुक्त समाज की कल्पना करना भी आज लगभग असम्भव–सा है। क़रीब चार सौ साल पहले आधुनिक विज्ञान के जन्म के साथ तत्कालीन चर्च के कई कट्टरवादी विचारों को चुनौती मिली। विज्ञान ने आसपास की दुनिया के बारे में समझ बनाने और उसकी पुष्टि करने के लिए न केवल अनूठे तरीक़े सुझाये, बल्कि जानने समझने का एक बिल्कुल नया प्रतिमान दुनिया के सामने आया। वैज्ञानिक सिद्धान्तों पर आधारित तमाम तकनीकी खोजों की बदौलत काफ़ी सारी बीमारियों पर हम क़ाबू पा पाये। संचार और परिवहन के क्षेत्र में क्रान्ति आयी और कई लोग तो मानते हैं कि ज़िन्दगी की व्यापक गुणवत्ता में भी सुधार आया। पर जैसे–जैसे आधुनिक विज्ञान अपने पंख पसार रहा था, वैसे–वैसे पूँजीवाद भी दुनिया पर अपना शिकंजा कस रहा था। जहाँ वैज्ञानिक खोजों और आविष्कारों से पूँजीवादी ताक़तों को बाज़ार पर क़ब्ज़ा जमाने में मदद मिली, वहीं विज्ञान को भी पूँजीवाद से काफ़ी फ़ायदा मिला। तमाम सरकारों ने (जिसमें आज़ादी के तुरन्त बाद की भारत सरकार भी शामिल है) विज्ञान को विकास की दौड़ में औरों से आगे निकाल सकने वाले तारणहार के रूप में समझा और उसमें भरपूर निवेश किया (नन्दी, 1988; अर्नाल्ड, 2013)। निजी स्वार्थ के चलते कॉरपोरेट घराने भी निवेश के लिए आगे आये। समय के साथ–साथ विज्ञान, सरकार और कॉरपोरेट घरानों के ये सम्बन्ध और भी मज़बूत हुए हैं (कार्टर, 2008)।

इस साँठगाँठ का विज्ञान–शिक्षा पर भी ख़ूब असर पड़ा है। अग्रणी विज्ञान शिक्षाविद एंजेला कैलाब्रीस बार्टन मानती हैं कि पूँजीवाद, विज्ञान और शिक्षा के गठजोड़ के चलते समाज में एक ऐसी विज्ञान–शिक्षा की नींव पड़ी है जो सामाजिक न्याय और इन्सानी गरिमा के बजाय मुनाफ़ा कमाने और नियन्त्रण रखने पर ज़्यादा बल देती है। कुछ शिक्षाविद यह भी तर्क रखते हैं कि मौजूदा विज्ञान–शिक्षा या तो ज्ञान–निर्माताओं के एक ऐसे वर्ग के निर्माण में जुटी मालूम पड़ती है जो सिर्फ़ पूँजीपति वर्ग के हितों की रक्षा में लगा रहे या फिर बाज़ार में तैयार वस्तुओं का उपभोग करने में। ये शिक्षाविद एक ऐसी विज्ञान–शिक्षा की पैरवी करते हैं जो सामाजिक और पर्यावरणीय न्याय के सवालों पर ज़ोर दे, न कि पूँजीवाद को सशक्त करने में (बार्टन, 2001; हॉडसन, 2003; बेंज़ और कार्टर, 2011)।

मार्क्सवादी विचारक पीटर मैकलैरेन इस विमर्श को आगे बढ़ाते हैं और समता एवं न्याय–केन्द्रित विज्ञान–शिक्षा के बारे में कुछ कसौटियाँ भी प्रस्तावित करते हैं। मसलन, क्या विज्ञान–शिक्षा मज़दूरों को ऐसी गतिविधियों में जुड़ने का हौसला देती है जिनसे वे पूँजीवाद के उस चरम स्वरूप को चुनौती दे सकें जिसके चलते शिक्षा साम्राज्यवादी ताक़तों के अधीन हो चुकी है? क्या विज्ञान–शिक्षा जाति, धर्म, लिंग और वर्ग से जुड़े भेदभाव और नाइन्साफ़ी झेल रहे लोगों को एक राजनीतिक मक़सद से जुड़ने और संगठित होने को बढ़ावा देती है? क्या वह लैंगिक समानता को बढ़ावा देती है और पितृसत्ता पर सवाल खड़े करती है? क्या वह नस्लवाद को नकारती है और समाज में गोरे लोगों की हुकूमत को ध्वस्त करने की बात करती है? क्या वह ग़रीब, पिछड़े, शोषित मज़दूरों के जीवन की गुणवत्ता बढ़ाने के लिए प्रतिबद्ध है? क्या वह पूँजीवादी व्यवस्था में हो रही नाइन्साफ़ियों से लड़ने के लिए कुशल नेतृत्व प्रदान करती है? क्या वह पूँजीपति और सर्वहारा मज़दूर वर्ग के बीच के सम्बन्ध, उत्पादन की प्रक्रिया में उनके सापेक्षिक योगदान और उनकी शक्तियों के बीच के अन्तर्विरोध का विश्लेषण करने के मौक़े उपलब्ध कराती है? पीटर मैकलैरेन के अनुसार अगर विज्ञान–शिक्षा इन कसौटियों पर खरी उतरती है तो वह एक समतामूलक समाज की ओर ले जायेगी, अन्यथा नहीं। इस सम्बन्ध में मैकलैरेन क्रिटिकल पेडागॉजी की अहम् भूमिका मानते हैं जो बच्चों में अपने परिवेश के बारे में विमर्श करने, सामाजिक और राजनीतिक चेतना

(Critical Consciousness) विकसित करने और सामाजिक बदलाव के लिए ज़रूरी क़दम उठाने पर ज़ोर देती है (बार्टन, 2001)।

समालोचनात्मक विज्ञान, तकनीकी एवं पर्यावरण साक्षरता

सामाजिक और पर्यावरणीय न्यायकेन्द्रित विज्ञान–शिक्षा की पैरवी करने वालों में कनाडा के डेरेक हॉडसन अग्रणी हैं। हॉडसन विज्ञान–शिक्षा के राजनीतीकरण (Politicisation) की बात पर ज़ोर देते हुए यह तर्क करते हैं कि विज्ञान–शिक्षा का उद्देश्य बच्चों को तेज़ी–से बदलते समाज की माँगों के अनुरूप ढल जाने में मदद करना नहीं, बल्कि बच्चों को इस तरह तैयार करना होना चाहिए जिससे वे वर्तमान व्यवस्था के ढाँचे का समालोचनात्मक विश्लेषण कर सकें। वह मानते हैं कि विज्ञान–शिक्षा का मक़सद बच्चों में समालोचनात्मक विज्ञान, तकनीकी एवं पर्यावरण साक्षरता (Critical Scientific, Technological and Environmental Literacy) विकसित करना होना चाहिए, ऐसी साक्षरता जिसके मूल में सामाजिक एवं राजनीतिक बदलाव की विचारधारा निहित है (हॉडसन, 2003)।

व्यावहारिक स्तर पर हॉडसन का सुझाव है कि पाठ्यक्रम को दैनिक जीवन से जुड़े ऐसे स्थानीय और व्यापक मुद्दों के इर्द–गिर्द बुना जाना चाहिए जिन्हें गहराई में समझने के लिए सिर्फ़ वैज्ञानिक अवधारणाओं की समझ पर्याप्त नहीं होती, बल्कि उनका सामाजिक, सांस्कृतिक, आर्थिक, नैतिक और पारिस्थितिक पहलू समझना भी उतना ही ज़रूरी होता है जितना उनका वैज्ञानिक पक्ष। मिसाल के तौर पर इन्सानी सेहत का मामला ले लें या फिर खेती पर मँडराते संकट का मामला, प्राकृतिक संसाधनों की उपलब्धता की बात हो या ऊर्जा की बढ़ती माँग। इन मुद्दों पर गहनता से बातचीत होने से विज्ञान, तकनीकी और समाज के दो तरफ़ा रिश्ते के बारे में एक समझ बनती है। न केवल यह स्पष्ट होता है कि विज्ञान और तकनीकी समाज पर कितना और कैसे असर डालते हैं, बल्कि यह भी पता चलता है कि समाज, संस्कृति और आर्थिक ताक़तें वैज्ञानिक शोधों एवं अन्य गतिविधियों पर क्या–क्या असर डालती हैं। इस बात को समझने में भी मदद मिलती है कि वैज्ञानिक उद्यम (Scientific Enterprise) में लिये जाने वाले निर्णय कुछ चुनिन्दा लोगों के हित में ही लिये जाते हैं, भले ही आम जनता को उसका ख़ासा खामियाज़ा भुगतना पड़े।

इस तरह के मुद्दों पर विमर्श से सोच को साफ़ करने, मन में गहराई से बैठी बातों को वापस टटोलने के भी मौके मिलते हैं।

एक और महत्त्वपूर्ण बात जो हॉडसन के लेख से उभर कर आती है, वह है बच्चों को सामाजिक–राजनीतिक क्रियाकलापों (Sociopolitical Actions) में जोड़ना। उनका मानना है कि आरामकुर्सी पर बैठ कर बड़ी–बड़ी बात करने से कोई बदलाव नहीं आयेगा, बच्चों को छोटे–बड़े क्रियाकलापों में भी जोड़ा जाना चाहिए ताकि उनकी सामाजिक बदलाव के प्रति एक प्रतिबद्धता बने और उस दिशा में बढ़ने के लिए उनकी तैयारी भी हो।

पर्यावरण–शिक्षा में चल रहे शोध में भी अब कुछ इसी तरह के तर्क दिये जा रहे हैं। एक रिव्यू पेपर में लूसी सॉवे बताती हैं कि पर्यावरण–शिक्षा में भी एक समालोचनात्मक धारा है जो पर्यावरणीय समस्याओं के पीछे के सामाजिक समीकरणों की समीक्षा और किसी भी मसले पर सम्भावित तरफ़दारों के अभिप्राय, उनके पदों, उनके तर्कों, उनके मूल्यों, उनके निर्णयों और उनके क्रियाकलापों का समालोचनात्मक विश्लेषण (Critical Analysis) करने पर बल देती है (सॉवे, 2005)। इस धारा के दिशानिर्देशक समुदाय के साथ स्थानीय पर्यावरणीय समस्याओं के निराकरण के तरीक़े ढूँढ़ने और समुदाय में प्रचलित अलग–अलग तरह के ज्ञान और विमर्शों के बीच एक संवाद स्थापित करने की दलील रखते हैं। माना जाता है कि स्थानीय मुद्दों से जुड़ने और उन पर शिद्दत से काम करने से बच्चों का प्रकृति और स्थानीय संस्कृति से हो रहा अलगाव दूर होगा और वे सामाजिक एवं राजनीतिक समस्याओं के बारे में कुछ भी कर पाने में कहीं अधिक सक्षम महसूस करेंगे। चूँकि स्थानीय मुद्दे भौगोलिक और सांस्कृतिक तौर पर काफ़ी विविध होते हैं, ज़ाहिर है मानकीकृत शैक्षिक विमर्श से काम नहीं चलेगा और बच्चे भेड़चाल चलने के बजाय कुछ नया कर रहे होंगे। डेविड ग्रेनवॉल्ड (2003) इस बात की ओर ध्यान दिलाते हैं कि स्थान–आधारित शिक्षण (Place-Based Education) में स्थानीय समस्याओं से जूझते समय लोग अक्सर छोटी–छोटी बातों में उलझ जाते हैं और उन समस्याओं के पैदा होने में व्यापक सामाजिक और राजनीतिक ढाँचों (जैसे–शहरीकरण की प्रक्रिया, उपभोक्तावाद या पूँजीवाद) की भूमिका से उनका ध्यान हट जाता है। ग्रेनवॉल्ड एक ऐसी शिक्षण–पद्धति की पैरवी करते हैं जो स्थानीय मुद्दों के इर्द–गिर्द तो बुनी जाये, पर जिसमें स्थूल स्तर (Macro Level) पर भी समझ बनाने की कोशिश हो।

विज्ञान-शिक्षण का यथार्थ

जहाँ एक ओर विज्ञान–शिक्षा के राजनीतीकरण की आवाज़ें धीरे–धीरे ज़ोर पकड़ रही हैं और शिक्षाविद कहीं अधिक संवेदनशीलता से विज्ञान और पर्यावरण शिक्षा के उद्देश्यों और उसमें चल रहे विमर्श के वैचारिक रुझान (Ideological Trend) को समझने की कोशिश कर रहे हैं, वहीं मुख्यधारा की विज्ञान–शिक्षा का यथार्थ कुछ और ही बयाँ करता है। तमाम समाजशास्त्री अब इस बात पर सहमत नज़र आते हैं कि मुख्यधारा की शिक्षा समाज में प्रभुत्वशाली वर्ग की विचारधारा को ही आगे बढ़ाने का काम करती है (जिरू, 1984; ऐपिल, 2004)। विज्ञान–शिक्षा के सन्दर्भ में भी यह बात उतनी ही सही है। जेस्सी बाज्जुल अपने पीएच.डी. शोध में कनाडा के ओंटेरिओ राज्य में इस्तेमाल होने वाली जीवविज्ञान की चार पाठ्यपुस्तकों की समीक्षा करते हुए दिखाते हैं कि कैसे पाठ्यपुस्तकों के ज़रिये नवउदारवादी विचारधारा आगे बढ़ती है। भारतीय सन्दर्भ में अश्वति रवीन्द्रन के पीएच.डी. शोध में भी ऐसा ही देखने को मिलता है, जिसमें वह राष्ट्रीय पाठ्यचर्या और कक्षा बारहवीं की जीवविज्ञान की पाठ्यपुस्तक के कुछ अध्यायों की समीक्षा करते हुए दिखाती हैं कि किस तरह नीतिगत दस्तावेज़ों और जीवविज्ञान की किताब में प्रत्यक्ष और परोक्ष दोनो तरह से ही नवउदारवादी विचारों ने पैठ बनायी हुई है। अपने पीएच.डी. अध्ययन के तहत मैंने खुद मध्य प्रदेश राज्य की कक्षा नौवीं और दसवीं की विज्ञान की पाठ्यपुरतकों गें पर्यावरण रो जुड़े अध्यायों और कक्षा गें उन मुद्दों पर होने वाले विमर्श की समीक्षा की और यह समझने की कोशिश की कि पर्यावरणीय समस्याओं को लेकर पाठ्यपुस्तक और विज्ञान–शिक्षकों का क्या नज़रिया है। इस अध्ययन में हमने पाया कि पाठ्यपुस्तक और कक्षा में इन मुद्दों पर होने वाला विमर्श मोटे तौर पर उसी विचारधारा से प्रभावित मालूम पड़ता है, जो बढ़ती आबादी, लोगों का कुदरत के प्रति बिगड़ा रवैया और प्राकृतिक संसाधनों के कुप्रबन्धन को इन समस्याओं की जड़ के रूप में देखती है और पूँजीवाद जैसी ढाँचागत व्यवस्था की असफलता पर चुप्पी साध लेती है, मानो आर्थिक–राजनीतिक व्यवस्था का पर्यावरणीय समस्याओं से कोई लेना–देना ही न हो (हेडॉक और श्रीवास्तव, 2017)।

1. अन्य सन्दर्भों में हो रही पहल

भारतीय सन्दर्भ में समता और न्याय केन्द्रित विज्ञान–शिक्षा का इतिहास, उसका यथार्थ और भविष्य में इसकी सम्भावनाओं को टटोलने से पहले एक नज़र उन प्रयोगों पर भी डाल लेनी चाहिए जिनमें लीक से हट कर कुछ करने की कोशिश है और जो सामाजिक और पर्यावरणीय न्याय की बात पर काफ़ी प्रतिबद्ध दिखाई देते हैं। कनाडा में लैरी बेंज़ ने 2006 में STEPWISE* नाम का एक प्रोग्राम शुरू किया जिसमें बच्चों को विज्ञान और तकनीकी से जुड़े ऐसे किसी मुद्दे को चुनना होता है जो उनकी ज़िन्दगी से गहराई से जुड़ा हो। बच्चे इन मुद्दों के विविध पहलुओं के बारे में खुद शोध करते हैं या सम्बन्धित विषय पर पहले हो चुके शोधों से जानकारी इकट्ठा करते हैं, जैसे उसके पीछे का विज्ञान क्या है, उसके आर्थिक, राजनीतिक, सामाजिक, सांस्कृतिक या नैतिक सरोकार क्या हैं आदि। उस शोध के नतीजे के आधार पर क्या एक्शन लिया जाये, यह भी बच्चे ही निर्धारित करते हैं मसलन न्यायालय में याचिका पेश करना, मुद्दे के बारे में लोगों में जानकारी फैलाने हेतु बैनर या पोस्टर लगाना, सोशल मीडिया पर पोस्ट करना, कॉरपोरेटर के नाम चिट्ठी लिखना या फिर अपनी बात को किसी मंच पर प्रस्तुत करना। शिक्षक बच्चों को उनके शोध और बाद में उनके चुने हुए एक्शन में पूरा सहयोग देते हैं और सभी ज़रूरी संसाधन उपलब्ध कराते हैं। यूरोप में 2014 में शुरू हुए PARRISE** प्रोजेक्ट में भी लगभग यही सोच दिखाई देती है। समालोचनात्मक पर्यावरण–शिक्षा के क्षेत्र में कार्यरत एरमीनिआ पेड्रेटी एक शिक्षिका द्वारा अपनी कक्षा के बच्चों के साथ उनके स्कूल के एक मसले पर किये गये शोध का हवाला देते हुए बताती हैं कि उनके स्कूल के सेप्टिक टैंक के ओवरफ्लो होने पर कैसे तीसरी और चौथी कक्षा के बच्चों ने मुद्दे की जाँच–पड़ताल की, प्रस्तावित पाँच विकल्पों की समीक्षा की और अपनी जाँच को अभिभावकों और शिक्षकों की मीटिंग में साझा करने का छोटा–सा असफल प्रयास भी किया (पेड्रेटी, 1997)। माइकल वूल्फ रॉथ और स्टुअर्ट ली समालोचनात्मक विज्ञान–शिक्षा में स्कूल की चहारदीवारी से बाहर निकलने और समुदाय की भागीदारी को काफ़ी महत्त्वपूर्ण मानते हैं (रॉथ और ली, 2004)।

एक ख़ास तटीय इलाक़े में पानी की बढ़ती समस्या का उदाहरण लेकर वे दिखाते हैं कि किसी स्थानीय मुद्दे पर काम करते समय समुदाय (बच्चों के अभिभावक, बड़ी कक्षाओं और कॉलेज में पढ़ने वाले बच्चे, वैज्ञानिक, किसान, पर्यावरणविद्) की भागीदारी कैसे सुनिश्चित की जा सकती है और बच्चे उस प्रक्रिया में जुड़ने से कितनी अलग–अलग तरह की चीज़ें सीखते हैं।

2. भारतीय सन्दर्भ

एक लम्बे औपनिवेशिक इतिहास के बाद, जब भारत ने ब्रिटिश हुक्मरानों से आज़ादी पायी तो देश के सामने कई समस्याएँ जैसे–राष्ट्रीय सुरक्षा, खाद्य–सुरक्षा, जनस्वास्थ्य समस्याएँ आदि मुँह बाये खड़ी थीं। उस समय देश के अगुआओं ने इन मुद्दों को सुलझाने और दुनिया के साथ क़दम–से–क़दम मिला कर चलने के लिए विज्ञान और तकनीकी के रास्ते पर भरोसा दिखाया और तत्कालीन सरकारों ने इस क्षेत्र में काफ़ी निवेश भी किया। ऐसी उम्मीद की गयी थी कि विज्ञान आज़ाद भारत को उन्नति के रास्ते पर ले जायेगा। 'जय जवान, जय किसान, जय विज्ञान' का नारा दिया गया। कुछ सालों तक तो सब कुछ ठीक ही लग रहा था। पर 1970 का दशक आते–आते लोगों को समझ में आने लगा कि विज्ञान के बड़े–बड़े वरदान जैसे–हरित क्रान्ति, बड़े–बड़े बाँध या नाभिकीय ऊर्जा संयन्त्र, आम जनता और कुदरत के हितैषी नहीं बल्कि कॉरपोरेट घरानों के गले के लिए बने हैं। यूरेनियम खदानों में काम करने वाले मज़दूरों और खदानों के आसपास के गाँवों में रहने वाले लोगों, जानवरों और वहाँ पैदा होने वाली फ़सलों पर मँडराते ख़तरे को पूरी तरह नज़रअन्दाज़ कर के वैज्ञानिक और नौकरशाह नाभिकीय ऊर्जा के पीछे भागते रहे। राष्ट्रीय सुरक्षा के नाम पर परमाणु ऊर्जा विभाग के काम को किसी भी तरह के ऑडिट से हमेशा परे रखा गया। हरित क्रान्ति के तहत बहुत बड़े स्तर पर मोनोकल्चर प्लांटेशन किया गया जिससे फ़सलों में पायी जाने वाली जैवविविधता पर बुरा असर हुआ। कीटनाशकों और खरपतवारनाशकों के अन्धाधुन्ध इस्तेमाल से न केवल प्रजातियों के अस्तित्व पर ख़तरा बढ़ा, बल्कि यह ज़हर आज हमारी रगों में भी दौड़ने लगा है। स्थानीय ज़रूरतों को पूरा करने वाले छोटे–छोटे बाँध बनाने के बजाय विशाल बाँध बनाये

गये जिनके दुष्परिणाम (मिट्टी का कटाव, जलभराव, नदी में रहने वाली प्रजातियों का विलुप्त होना, रेत जमना आदि) जल्द ही सामने आने लगे। बड़े बाँध पर्यावरण की दृष्टि से तो नुकसानदेह थे ही, इनसे आसपास के कई गाँव डूब के क्षेत्र में आते थे। ऐसे में सरकारें पूरा मुआवज़ा दिये बिना औने–पौने दामों में लोगों को चलता करने लगीं। इन लोगों के संघर्ष आज भी जारी हैं।

आज़ादी के बाद की एक और महत्त्वपूर्ण पहल शिक्षा के क्षेत्र में हुई थी। सदियों की गुलामी के चलते देश का एक बड़ा हिस्सा निरक्षर रहा था। जातिगत भेदभाव और लिंगभेद के चलते समाज में कई तबक़ों को पढ़ने–लिखने का कोई मौक़ा नहीं मिला था। मुसलमानों में भी शिक्षा का स्तर क़ाफी नीचे था। जहाँ एक ओर देशव्यापी साक्षरता अभियान शुरू हुआ, वहीं रूढ़ियों और अन्धविश्वासों से लोगों को निजात दिलाने के लिए लोगों में वैज्ञानिक दृष्टिकोण विकसित करने को भी काफ़ी महत्त्व दिया गया। सन 1976 में संविधान में संशोधन कर के धारा 51 A के तहत हर नागरिक के कर्तव्य के रूप में इसे शामिल किया गया। सन् 1981 में वैज्ञानिकों और समाजशास्त्रियों के एक समूह ने मिल कर एक ऐतिहासिक दस्तावेज़ (Statement of Scientific Temper) जारी किया, जिसमें उन्होंने वैज्ञानिक दृष्टिकोण और सामाजिक बदलाव में उसकी भूमिका पर अपनी समझ को साझा किया। विज्ञान और उसके तरीक़ों में अपनी निष्ठा जताते हुए उन्होंने तर्क रखा कि रूढ़िवादिता और दक़ियानूसी मानसिकता से बाहर निकलने में वैज्ञानिक दृष्टिकोण ही मदद कर सकता है।

वैज्ञानिक चेतना आने से निश्चित ही रूढ़िवादिता की मार झेल रहे लोगों की ज़िन्दगी बच जायेगी, पर सवाल उठता है कि क्या इस चेतना से सामाजिक और पर्यावरणीय न्याय भी हासिल हो पायेगा? क्या यह चेतना हमें एक अधिक बराबरी वाले समाज की ओर बढ़ने में मदद करेगी? अगर हाँ तो कैसे? इसका जवाब मेरे पास नहीं है। मुझे लगता है लोगों में वैज्ञानिक चेतना या मनोभाव होना तो ज़रूरी है, पर यह मनोभाव वैज्ञानिक उद्यम में हो रही गतिविधियों के सन्दर्भ में भी इस्तेमाल किया जाना चाहिए। वैज्ञानिक उद्यम के प्रति अन्धभक्ति भी उतनी ही ख़तरनाक है, जितनी किसी और व्यक्ति या संस्था के प्रति। हमें वैज्ञानिक उद्यम और पूँजीवाद की साँठगाँठ को समझना पड़ेगा और विज्ञान को परम सत्य मानने के बजाय उसमें घट रही गतिविधियों के प्रति भी समालोचनात्मक रवैया अपनाना होगा।

भारत में विज्ञान शिक्षा की बात जनविज्ञान आन्दोलन, केरल शास्त्र साहित्य परिषद (के.एस.एस.पी.) के ज़मीनी काम और होशंगाबाद विज्ञान शिक्षण कार्यक्रम (हो.वि.शि.का.) के तहत मुख्यधारा की विज्ञान शिक्षा में हुए प्रयासों के ज़िक्र के बिना अधूरी है। के.एस.एस.पी. से जुड़े रहे डॉ. बी. इकबाल और डॉ. टी.एम. थॉमस आइसेक लिखते हैं कि विज्ञान के लोकव्यापीकरण का काम वैसे तो आज़ादी के पहले से ही चला आ रहा था। प्रसिद्ध भौतिकशास्त्री सत्येन्द्रनाथ बोस के नेतृत्व में बंगाल में बंगिया विज्ञान परिषद, असम में आसाम साइंस सोसाइटी और ओडिशा में विज्ञान प्रचार समिति का गठन इसी सिलसिले में हुई एक पहल थी (परमेश्वरन, 2013)। 1950 और 60 के दशक में जैसे–जैसे विज्ञान और तकनीकी की सामाजिक–आर्थिक विकास में भूमिका स्पष्ट होने लगी। कई और समूह भी उभरे और तमाम वैज्ञानिकों ने इन मसलों से जुड़े स्थानीय जनसंघर्षों में हिस्सा भी लिया। पर ऐसे ज़्यादातर प्रयास स्थानीय स्तर तक सीमित थे और कुछ ही ने एक जन आन्दोलन का रूप लिया। ऐसा ही एक व्यापक प्रयास था–केरल शास्त्र साहित्य परिषद। 1962 में गठित इस परिषद ने अपने शुरुआती समय में वैज्ञानिक साहित्य को केरल राज्य की स्थानीय भाषा (मलयालम) में वहाँ के लोगों तक पहुँचाने को प्राथमिकता पर रखा। पर समय के साथ आन्दोलन में ऐसी समझ बनी कि तमाम सामाजिक समस्याओं की जड़ है–लोगों में वैज्ञानिक दृष्टिकोण की कमी। 'साइंस फॉर सोशल रेवॉल्यूशन' नाम के एक दस्तावेज़ में परिषद से जुड़े बुद्धिजीवी अपनी मंशा स्पष्ट करते हुए कहते हैं कि समाज का धनाढ्य वर्ग विज्ञान और तकनीकी को अपने फ़ायदे के लिए इस्तेमाल करता है और आम जनता का आर्थिक एवं बौद्धिक शोषण करता है, पर विज्ञान और तकनीकी का मूल स्वभाव ऐसा नहीं है। यह क्षेत्र हर व्यक्ति लिए खुला है और वैज्ञानिक पद्धतियों एवं वैज्ञानिक दृष्टिकोण का इस्तेमाल लोग अपनी रोज़मर्रा की समस्याओं के निराकरण के लिए कर सकते हैं। परिषद का यह भी मानना है कि विज्ञान ही एकमात्र ऐसी विधा है जो सामाजिक बुराइयों से निजात दिला सकती है।

दूसरा प्रमुख कार्यक्रम था–होशंगाबाद विज्ञान शिक्षण कार्यक्रम। सन् 1972 में शुरू हुए इस कार्यक्रम का प्रमुख उद्देश्य था–समाज में पिछड़े तबक़े के बच्चों तक गुणवत्तापूर्ण विज्ञान–शिक्षा उपलब्ध कराना।

गुणवत्तापूर्ण विज्ञान–शिक्षा किसे कहेंगे–यह बहस भी छिड़ी। माना गया कि बच्चे जब खुद से प्रयोग करते हैं, तभी विज्ञान सीखते हैं। यह भी कि शिक्षा स्थानीय परिवेश से जुड़ी हुई होनी चाहिए। वैज्ञानिक अवधारणाओं की समझ के साथ–साथ वैज्ञानिक कौशल जैसे–मापन, परिकल्पना बनाना, बारीक़ी से अवलोकन करना, आँकड़े इकट्ठे करना, आँकड़ों को व्यवस्थित रूप से प्रस्तुत करना, आँकड़ों का विश्लेषण कर किसी निष्कर्ष तक पहुँचना, ग्राफ़ बनाना, समूहीकरण करना, प्रयोग करने के लिए सामग्री न होने पर जुगाड़ करना आदि पर भी पकड़ ज़रूरी है। बच्चों को इसके पूरे मौक़े उपलब्ध कराये जाने चाहिए और इस कार्यक्रम के तहत ऐसे भरपूर मौक़े उपलब्ध भी कराये गये। बच्चों को चुपचाप बैठ कर शिक्षक का भाषण नहीं सुनना होता था, बल्कि खुद से चीज़ें करनी होती थीं और आगे बढ़ने के लिए किताब में दिये सवालों के जवाब देने होते थे जो प्रयोग किये बिना नहीं दिये जा सकते थे। सवाल पूछने पर भी काफ़ी ज़ोर था। एक और विशेषता थी कि बच्चे यह सारा काम छोटे समूहों में करते थे और आपस में चर्चा कर के ही उन्हें किसी नतीजे तक पहुँचना होता था। इस पूरे कार्यक्रम में शिक्षक की काफ़ी अहम् भूमिका थी। उन्हें एक फेसिलिटेटर के रूप में देखा गया था और लगातार अकादमिक और प्रशासनिक सहयोग उपलब्ध कराया गया। 2002 में यह कार्यक्रम सरकार ने बन्द कर दिया। सरकार के इस निर्णय के पीछे क्या वजह थी, उस पर विस्तृत चर्चा इस लेख के दायरे के बाहर की बात है। इस सम्बन्ध में एक अटकल यह भी लगायी गयी कि चूँकि हो.वि.शि.का. में सवाल पूछने पर काफ़ी ज़ोर था और सवाल पूछना किसी भी सामाजिक–राजनीतिक व्यवस्था को बरक़रार रखने के लिए शुभ संकेत नहीं माना जाता, इसलिए तत्कालीन सरकार ने कार्यक्रम को बन्द करने में ही अपनी भलाई समझी।

इसके बाद 2005 में आयी राष्ट्रीय पाठ्यचर्या की रूपरेखा (National Curriculum Framework), जिसे एक क्रान्तिकारी क़दम माना जाता है। इसकी ख़ास बात यह है कि शिक्षा से जुड़े विभिन्न विषयों पर एन.सी.ई.आर.टी. ने पहली बार अन्य सरकारी और ग़ैर–सरकारी संस्थाओं के साथ आधारपत्र तैयार किये और कई महत्त्वपूर्ण मुद्दों पर अपनी मंशा स्पष्ट रखी। समता के सवाल पर विज्ञान–शिक्षा पर बना आधारपत्र 'अवसर की समानता' की बात करता है और इस लक्ष्य को पूरा करने का सरोकार जताता है।

आधारपत्र विज्ञान–शिक्षा से यह भी अपेक्षा रखता है कि वह बच्चों को अपने सामाजिक, आर्थिक एवं राजनीतिक परिवेश पर सवाल खड़े करने के लिए तैयार करे।

> *विज्ञान–शिक्षा का उपयोग सामाजिक–आर्थिक विषमता को दूर करने के लिए एक साधन के रूप में होना चाहिए। तमाम पूर्वाग्रहों के साथ–साथ जेंडर, जाति, धर्म एवं क्षेत्र के आधार पर विद्यमान पूर्वाग्रहों को समाप्त करने में इसे सहायक होना चाहिए। यह विद्यार्थियों में प्रश्न पूछने की क्षमता को जगा सकती है। ऐसे प्रश्न उन विश्वासों, धारणाओं और व्यवहारों पर हों जो सामाजिक असमानता को पारिपोषित करते हैं। (पेज 29, एन.सी.ई.आर.टी., 2006)*

यह आधारपत्र विज्ञान को एक मुक्तिकारी भूमिका में देखता है। और उस भूमिका पर खरा उतरने के लिए आधारपत्र सुझाता है कि विज्ञान–शिक्षा में ऐसे मुद्दों पर चर्चा करने की ज़रूरत है जिनकी वज़ह से आज पूरी मानवता ही खतरे में है। पर वे कौन–से मुद्दे हैं जिन पर बात किये जाने की ज़रूरत है, इसका कोई उदाहरण पेश नहीं किया जाता। बात इस तरफ मुड जाती है कि ऐसा करने के लिए लोगों तक जानकारी पहुँचना, पारदर्शिता होना और दूसरे विचारों को भी सम्मान देना बहुत ज़रूरी है।

> *विज्ञान में हितकारक या हानिकारक, मुक्तिकारी या दमनकारी होने की क्षमता है। बीसवीं सदी का इतिहास विज्ञान की इस दोहरी भूमिका के उदाहरणों से भरा पड़ा है। तो यह कैसे निश्चित किया जाये कि विज्ञान हमारे लिए मुक्तिकारी भूमिका ही निभाये?... इसके लिए हमें उन मुद्दों की ओर देखना होगा जिन्होंने पूरी मानवता को ही विनाश के कगार पर लाकर खड़ा कर दिया है। और ऐसा तभी सम्भव है जब सूचनाएँ सर्वसुलभ हों, साफगोई हो और तमाम तरह के मतों के प्रति भी सहिष्णुता हो। (पेज 2, एन.सी.ई.आर.टी., 2006)*

आधारपत्र यह भी दावा करता है कि विज्ञान–शिक्षा समाज को ग़रीबी, अज्ञानता और अन्धविश्वास के मकड़जाल से निकाल सकती है। पर ग़रीब और अमीर के बीच की खाई दिनोंदिन क्यों बढ़ती जा रही है और यह

कैसे पाटी जा सकती है, इसमें विज्ञान–शिक्षा की क्या भूमिका हो सकती है, इस पर कोई ठोस सुझाव नहीं दिखता। यहाँ ध्यान रखने की बात यह भी है कि यह आधारपत्र कहीं भी वैज्ञानिक उद्यम के प्रति समालोचनात्मक रवैया अपनाता हुआ प्रतीत नहीं होता।

> *गति के रास्ते पर चल रहे किसी भी समाज में लोगों को ग़रीबी, अज्ञानता और अन्धविश्वास के मकड़जाल से मुक्त कर विकास की दिशा में उन्मुख होने में विज्ञान सकारात्मक भूमिका निभा सकता है। जनतान्त्रिक व्यवस्था में विज्ञान के सम्भावित दुरुपयोग को जनता रोक सकती है। बशर्ते वह जागरूक हो। विवेक के साथ वैज्ञानिक मनोभाव मानव–कल्याण के लिए सबसे महत्त्वपूर्ण रास्ता है। इसी विश्वास की बुनियाद पर हम विज्ञान–शिक्षा की वकालत करते हैं। (पेज 2, एन.सी.ई.आर.टी., 2006)*

हम पाते हैं कि विज्ञान और समाज के रिश्ते और विज्ञान–शिक्षा की भूमिका को केरल शास्त्र साहित्य परिषद, हो.वि.शि.का. और एन.सी.ई.आर.टी. के विज्ञान–शिक्षा के आधारपत्र में जैसे समझा गया है, वह एक–दूसरे से बहुत भिन्न नहीं है, क्योंकि तीनों ही में विज्ञान को एक मुक्तिकारी भूमिका में देखा गया। पर हमें यह भी देखना होगा कि पाठ्यपुस्तकों और कक्षाओं में यह विमर्श कितना पहुँच पाता है और शिक्षकों की उसके लिए कितनी तैयारी है। चूँकि एन.सी.ई.आर.टी. द्वारा तैयार किया गया आधारपत्र और उसके दिशा–निर्देशन में बने पाठ्यक्रम और पाठ्यपुस्तकें अन्य राज्यों के लिए एक मिसाल का काम करते हैं, आधारपत्र से ऐसी अपेक्षा करना ग़लत नहीं होगा कि उसमें अमूर्त में चर्चा करने की बजाय ठोस उदाहरणों के मदद से बात रखी जाये।

अन्त में

समता और न्याय केन्द्रित विज्ञान–शिक्षा की बात को निश्चित ही विज्ञान सीखने में अवसरों की समानता के रूप में समझा जा सकता है यानी हर एक बच्चे को चाहे वह समाज के किसी भी तबक़े से आता/ती हो, अपने हाथों से विज्ञान करने और सीखने का पूरा मौक़ा मिले। अपने आप में यह भी एक काफ़ी बड़ा लक्ष्य है। जो बच्चे अपने परिवार में स्कूल जाने

वाली पहली पीढ़ी हैं, जिनके पास संसाधनों की कमी है, जिनके बारे में सामाजिक मान्यताएँ हैं कि वे तो सीख ही नहीं सकते, जो बच्चे दूरदराज़ के गाँवों में रहते हैं और आधुनिकता से आज भी कटे हुए हैं, उन बच्चों को विज्ञान सीखने के मौक़े उपलब्ध कराना आसान नहीं है। संसाधनों की कमी के चलते हो.वि.शि.का. कार्यक्रम के तहत विकसित किये गये कम लागत वाले, दैनिक जीवन से जुड़े विज्ञान के प्रयोग इस उद्देश्य को पाने में मददगार हो सकते हैं।

पर मेरा उद्देश्य इस लेख में इस विमर्श को थोड़ा आगे ले जाने का है। मैं यह तर्क करना चाहता हूँ कि वैज्ञानिक उद्यम ने पिछले कुछ समय में कॉरपोरेट और राज्य के साथ मिलकर आम जनता और पर्यावरण को जो नुक़सान पहुँचाया है, उस पर भी हमारी पैनी नज़र होना बेहद ज़रूरी है। विज्ञान को सिर्फ़ वैज्ञानिक अवधारणाओं या वैज्ञानिक प्रक्रिया के रूप में देखने से इस बात पर नज़र नहीं जाती और हम विज्ञान के प्रति ग़ैर–आलोचनात्मक रवैया (Uncritical Attitude) अपनाते हुए ही आगे बढ़ने के प्रयास करते रहते हैं। विज्ञान में सवाल पूछने, तर्क करने और किसी भी बात को बिना प्रमाण न स्वीकारने को काफ़ी महत्त्व दिया जाता है। ये सवाल हमें उन मसलों पर भी पूछने होंगे जिनके लिए विज्ञान का सहारा लेकर दमनकारी नीतियाँ अमल में लायी जा रही हैं। तमाम वैज्ञानिक निहित स्वार्थ के चलते ऐसी नीतियों का समर्थन करते हैं और अवाम विज्ञान और वैज्ञानिकों पर आँख मूँद कर भरोसा करती है। अगर हम वास्तव में एक बराबरी वाले समाज और पर्यावरण सुरक्षा के प्रति प्रतिबद्ध हैं तो हमें वैज्ञानिकों और उनके द्वारा पैदा किये जा रहे विज्ञान के प्रति भी आलोचनात्मक रुख़ अपनाना होगा और लगातार दबाये जा रहे सामाजिक वर्ग के साथ उन मुद्दों पर काम करना होगा जो उन्हें सबसे ज़्यादा प्रभावित करते हैं और उनकी वर्तमान दशा के लिए प्रमुख रूप से ज़िम्मेदार हैं।

*Science & Technology Education Promoting Wellbeing for Individuals, Societies & Environments

**Promoting Attainment of Responsible Research and Innovation in Science Education

सन्दर्भ सूची

1. एपिल, एम.डब्ल्यू. (2004), *आइडियोलॉजी एंड करिकुलम,* रूटलेज।
2. अर्नाल्ड, डी. (2013), नेहरूवियन साइंस एंड पोस्टकोलोनियल इंडिया, *आईसिस* 104 (2), पृ. 360–370
3. बार्टन, ए.सी. (2001), *केपिटलिज्म, क्रिटिकल पेडागॉजी, एंड अर्बन साइंस एजुकेशन : एन इंटरव्यु विद पीटर मैकलैरेन जर्नल ऑफ़ रिसर्च इन साइंस टीचिंग* 38(8), पृ. 847–859
4. बाज्जुल, जे (2013), हाउ डिस्कोर्सेस ऑफ बायोलॉजी टेक्सटबुक्स वर्क टू कॉन्स्टिट्यूट सब्जेक्टिविटी : फ्रॉम दि इथिकल टू दि कोलोनियल (डॉक्टरल डिसर्टेशन)।
5. बेंज़, एल. एंड कार्टर, एल. (2011), *ग्लोबलाइज़िंग स्टूडेंट्स एक्टिंग फॉर दि कॉमन गुड, जर्नल ऑफ़ रिसर्च इन साइंस टीचिंग* 48(6), पृ. 648–669
6. कार्टर, एल. (2008), *ग्लोबलाइज़ेशन एंड साइंस एजुकेशन : दि इम्पिलिकेशन्स ऑफ़ साइंस इन दि इकोनोमी, जर्नल ऑफ़ रिसर्च इन साइंस टीचिंग* 45(5), पृ. : 617–633
7. एंगेल, एस. (2014), *कटैस्ट्रफी एलर्ट,* काठमाण्डू : युगज्योति प्रकाशन।
8. फॉस्टर, जे.बी., क्लार्क, बी. एंड यॉर्क, आर. (2011), *दि इकोलॉजिकल रिफ्ट :* केपिटलिज़्म्स वार ऑन दि अर्थ, न्यूयार्क : यूनीवर्सिटी प्रेस।
9. जिरू, एच.ए. (1984), *आइडियोलॉजी, कल्चर, एंड दि प्रोसेस ऑफ़ स्कूलिंग,* टेम्पल : यूनिवर्सिटी प्रेस।
10. ग्रेनवॉल्ड, डी.ए. (2003), *दि बेस्ट ऑफ़ बोथ वर्ल्ड्स : अ क्रिटिकल पेडागॉजी ऑफ़ प्लेस, एजुकेश्नल रिसर्चर* 32(4), पृ. 3–12
11. हेडॉक, के एंड श्रीवास्तव, एच. (2017), *एनवायरन्मेंटल फिलोसॉफिज़ अंडरलाइंग दि टीचिंग एनवायरमेंटल एजुकेशन : ए केस स्टडी इन इंडिया, एनवायरन्मेंटल एजुकेशन रिसर्च,* पृ. 1–28
12. हॉडसन, डी. (2003), टाइम फॉर एक्शन : साइंस एजुकेशन फॉर एन एल्टरनेटिव फ्यूचर, *इंटरनेशनल जर्नल ऑफ़ साइंस एजुकेशन* 25(6), पृ. 645–670
13. नन्दी, ए. (1998), *साइंस, हेजमनी एंड वायलेंस : अ रेक्किएम फॉर मार्डनिटी।*
14. एन.सी.ई.आर.टी. (2006) : *पोजीशन पेपर, नेशनल फोकस ग्रुप ऑन टीचिंग ऑफ़ साइंस,* नयी दिल्ली : नेशनल काउंसिल ऑफ़ एजुकेशनल रिसर्च एंड ट्रेनिंग।
15. पेड्रेटी, ई. (1997), सेप्टिक टैंक क्राइसिस : अ केस स्टडी ऑफ़ साइंस, टेक्नालॉजी एंड सोसाइटी एजुकेशन इन एन एलमेंटरी स्कूल, *इंटरनेशनल जर्नल ऑफ़ साइंस एजुकेशन* 19(10), पृ. 1211–1230

16. रवीन्द्रन, ए. एंड एस. चूनावाला (2015), रिप्रडूसिंग वैल्यूज़ : अ फेमिनिस्ट क्रिटिक ऑफ़ हाई सैकेण्डरी बॉयोलॉजी टेक्सटबुक चैप्टर ऑन रिप्रोडक्टिव हेल्थ, *इंडियन जर्नल ऑफ़ जेंडर स्टडीज़* 22(2), पृ. 194–218

17. रॉथ, डब्ल्यू.एम. एंड ली, एस. (2004), *साइंस एजुकेशन एज़/फॉर पार्टिसिपेशन इन दि कम्युनिटी, साइंस एजुकेशन* 88(2), पृ. 263–291

18. परमेश्वरन, एम.पी. (2013), साइंस फॉर रिवॉल्यूशन, ए रीडर, केरल शास्त्र परिषद, त्रिचूर।

19. सॉवे, एल. (2005), *करंट्स इन एनवायरमेंटल एजुकेशन : मैपिंग अ कॉम्प्लेक्स एंड इवॉल्विंग पेडागॉजिकल फील्ड, कैनेडियन जर्नल ऑफ़ एनवायरमेंटल एजुकेशन* 10(1), पृ. 11–37

अध्याय–8

विज्ञान का समाजशास्त्रीय अध्ययन : विज्ञान-शिक्षा को समावेशी एवं प्रामाणिक बनाने के लिए कुछ विचार

मोहम्मद जावेद हुसैन

यह पर्चा विज्ञान शिक्षा की विषयवस्तु व उसकी पैडागॉजी को उसके समाजशास्त्रीय अध्ययन के आलोक में गढ़ने का आग्रह करता है। लेखक का कहना है कि इससे ही विज्ञान की शिक्षा अधिक प्रामाणिक और समावेशी बन पायेगी। लेखक कहते हैं कि एन.सी.एफ. (NCF) 2005 व विज्ञान के स्थिति पत्र 2006 भी आग्रह करते हैं कि विज्ञान, प्रौद्योगिकी एवं समाज के बीच के जटिल सम्बन्धों की समझ विकसित की जानी चाहिए। परिवेश व अनुभव क्षेत्र में विविधता के मद्देनज़र, सभी पृष्ठभूमि के शिक्षार्थी अपनी-अपनी परिस्थिति के सन्दर्भ में वैज्ञानिक ज्ञान प्राप्त करने के तरीक़ों व उन तक पहुँचने की प्रक्रिया को सीख पायें। सभी के लिए (न सिर्फ़ विज्ञानोमुख माने जाने वालों के लिए) सीखना तभी सम्भव हो सकता जब विज्ञान की शिक्षा में ऐतिहासिक और दार्शनिक परिप्रेक्ष्यों के साथ ही समाजशास्त्रीय परिप्रेक्ष्य को भी शामिल करें। लेखक विज्ञान के ज्ञान, उसके रचे जाने की प्रक्रिया व उसमें शामिल हो पाने वालों की पृष्ठभूमि आदि के बारे में विस्तृत चर्चा करते हैं और विज्ञान के समावेशी शाश्वत, सार्वभौमिक व सर्वहितकारी न होने के बहुत–से उदाहरण व तर्क देते हैं। वे कहते हैं विज्ञान का वर्तमान वर्चस्व व उसके ज्ञान के

इर्द–गिर्द श्रेष्ठता का जो आडम्बर है वह मिथ्या है। विज्ञान अन्य विषयों की तरह मानव रचित ज्ञान है, उससे अधिक कुछ नहीं। लेखक विज्ञान शिक्षा को बदलने की राह में कुछ सरल सुझाव भी देते हैं और चेताते हैं कि हमें इस तरह की सोच पैदा करने से बचना है जो माने कि विज्ञान मात्र एक भेड़चाल है और उसमें हर तरह की बात सही हो सकती है। किन्तु विज्ञान शिक्षा में ऐतिहासिक, दार्शनिक परिप्रेक्ष्यों और उसके साथ–साथ समाजशास्त्रीय पहलुओं को मिलाने से विज्ञान शिक्षण के निहितार्थ गहरे किये जा सकते हैं।

सार

विज्ञान के समाजशास्त्रीय विमर्श ने अपने अनुभवसिद्ध अध्ययनों के आधार पर विज्ञान की व्यावहारिक प्रक्रियाओं से सम्बन्धित कई ऐसे परिप्रेक्ष्य दिये हैं, जो विज्ञान में व्याप्त मूल्यों, विश्वासों एवं मानवीय रिश्तों की व्याख्या कर के विज्ञान सम्बन्धी रूढ़िवादी विचारों को चुनौती देते हैं। यह दृष्टि विज्ञान के बेबुनियाद सामाजिक रुतबे एवं स्थायित्व को धीरे–धीरे ख़त्म करने पर और विज्ञान के मानवीय एवं सामाजिक घटकों और सन्दर्भों पर जोर देती है। विज्ञान के समाजशास्त्रीय अध्ययन से प्रकाश में आने वाले ऐसे परिप्रेक्ष्यों एवं जानकारियों को यदि स्कूली विज्ञान–कक्षाओं के चित्त में बिठा दिया जाये और इन्हें खुले तौर पर पढ़ाया जाये, तो एक लोकतान्त्रिक एवं मुक्तिकारी विज्ञान को बढ़ावा दिया जा सकता है। मेरा मानना है कि विज्ञान के समाजशास्त्र में मौजूद अन्तःदृष्टि विज्ञान–कक्षाओं की विषयवस्तु एवं शिक्षणशास्त्र, दोनों को प्रेरित करने की काफ़ी अच्छी संसाधन हो सकती है। कुछ गिनती के अपवादों को छोड़ कर विज्ञान का समाजशास्त्र एवं विज्ञान–शिक्षा एक–दूसरे से अलग–थलग पड़े रहे हैं। लम्बे समय से, इन दोनों अध्ययन–क्षेत्रों के बीच सम्पर्क एवं संवाद की कमी रही है। इस आलेख में विज्ञान–शिक्षकों एवं शिक्षक–प्रशिक्षकों का ध्यान विज्ञान के समाजशास्त्र सम्बन्धी शोध एवं आलेखों की ओर आकृष्ट कराने की कोशिश की गयी है।

लेख के आरम्भ में हालिया वर्षों में विज्ञान–शिक्षा की पाठ्यचर्या में सुधार सम्बन्धी विमर्श का जायज़ा लेते हुए, सब के लिए विज्ञान के सन्दर्भ

में विज्ञान–शिक्षा को समावेशी एवं प्रामाणिक बनाने की बात की गयी है। लेख के दूसरे हिस्से में विज्ञान के समाजशास्त्र में विद्यमान विद्वता का एक विहंगावलोकन पेश करते हुए, सर्वप्रथम विज्ञान के समाजशास्त्री रोबर्ट के. मर्टन (1942) के कार्य की एक आलोचनात्मक व्याख्या की गयी है, उसके बाद विज्ञान के समाजशास्त्र के दो अन्य महत्त्वपूर्ण कार्यों– वैज्ञानिक ज्ञान के समाजशास्त्र/स्ट्रांग प्रोग्राम एवं प्रयोगशाला–अध्ययन का संक्षिप्त विवरण पेश किया गया है। लेख के अन्तिम हिस्से में विज्ञान की शिक्षा को समावेशी एवं और अधिक प्रामाणिक बनाने के लिए विज्ञान के समाजशास्त्रीय अध्ययन के निहितार्थों पर चर्चा करते हुए इस कार्य में निहित सम्भावनाओं, समस्याओं एवं चुनौतियों पर चर्चा की गयी है।

1.1 पाठ्यचर्या सम्बन्धी सुधार एवं विज्ञान-शिक्षा

राष्ट्रीय पाठ्यचर्या की रूपरेखा–2005 के विज्ञान–शिक्षण सम्बन्धी फोकस समूह के प्रपत्र में इस बात पर चिन्ता जतायी गयी है कि स्कूली स्तर पर विद्यार्थियों के कई समूह (लड़कियाँ, ग्रामीण इलाक़ों के बच्चे, आदिवासी बच्चे, गाँव एवं शहर के सामाजिक–आर्थिक तौर पर सुविधा–वंचित बच्चे और सीखने की कठिनाइयों और शारीरिक चुनौतियों का सामना कर रहे बच्चे) अपनी स्कूली शिक्षा पूरी करने के बावजूद 'वैज्ञानिक स्तर पर निरक्षर' (Scientifically Illiterate) ही रह जाते हैं (राष्ट्रीय पाठ्यचर्या की रूपरेखा, 2006)। आगे इस बात पर ध्यान आकृष्ट कराया गया है कि "संविधान में वर्णित समता के लक्ष्य को प्राप्त करने से विज्ञान–शिक्षा वहाँ भी अभी बहुत दूर है। जहाँ कहीं यह अपने सर्वश्रेष्ठ रूप में भी मौजूद है, वहाँ भी यह पात्रता तो विकसित करती है, मगर खोजी प्रवृत्ति एवं रचनात्मकता को बढ़ावा नहीं दे पाती।" (पूर्वोक्त, 2006, पृ. IV-V)। विज्ञान की शिक्षा पर लिखे गये फोकस समूह के प्रपत्र में विज्ञान की शिक्षा को शिक्षार्थी के भौतिक, जैविक एवं सामाजिक जीवन के सन्दर्भों से जोड़ने की आवश्यकता पर ज़ोर दिया गया है। इस दस्तावेज़ में अच्छी विज्ञान–शिक्षा को परिभाषित करते हुए छह क़िस्म के मापदण्डों का ज़िक्र किया गया है–*संज्ञानात्मक वैधता, विषयवस्तु की वैधता, प्रक्रिया की वैधता, ऐतिहासिक वैधता, परिवेशीय वैधता और नैतिक वैधता।* इन मापदण्डों को ध्यान से पढ़ने पर यह बात साफ़ होती है कि इस दस्तावेज़ में प्रचलित

विज्ञान–शिक्षा की पाठ्यचर्या एवं शिक्षण–विधियों में कई बुनियादी परिवर्तन लाने की आवश्यकता पर ज़ोर दिया गया है और साथ ही विज्ञान की शिक्षा को प्रामाणिक (Authentic) एवं समावेशी (Inclusive) बनाने की बात की गयी है। शिक्षार्थियों को जहाँ उनकी आयु एवं संज्ञान–स्तर के मुताबिक़ *विज्ञान की विषयवस्तु* को (उसकी विषयक दृढ़ता में कमी किये बिना) समझाना है, वहीं उन्हें *वैज्ञानिक ज्ञान प्राप्त करने के तरीक़ों और उन तक पहुँचने की प्रक्रिया को भी सिखाना है।* इसके अलावा, शिक्षार्थियों में वैज्ञानिक ज्ञान पर होने वाले सामाजिक कारकों के प्रभाव की समझ पैदा करने के लिए वैज्ञानिक धारणाओं के विकास के ऐतिहासिक परिप्रेक्ष्य को उभारे जाने और विद्यार्थियों के स्थानीय एवं वैश्विक परिवेश को ध्यान में रखते हुए *विज्ञान, प्रौद्योगिकी एवं समाज के बीच के जटिल सम्बन्धों की समझ* विकसित करने की भी आवश्यकता है (राष्ट्रीय पाठ्यचर्या की रूपरेखा, 2006; पृ. 2–3)। फलतः इसमें विज्ञान–शिक्षा के उद्देश्यों, शिक्षण एवं मूल्यांकन विधियों और सेवापूर्व अध्यापक–शिक्षा कार्यक्रमों में परिवर्तन लाने के लिए नये सुझाव दिये गये हैं। कई वर्ष पहले, संयुक्त राज्य अमेरिका में राष्ट्रीय स्तर पर विज्ञान–शिक्षा एवं वैज्ञानिक साक्षरता के मापदण्डों को इंगित करने वाले दो महत्त्वपूर्ण दस्तावेज़ों ने भी इस बात पर ज़ोर दिया है कि स्कूली विज्ञान की पाठ्यचर्या एवं उसका शिक्षण न सिर्फ़ समावेशी हो, बल्कि प्रामाणिक भी हो (अमेरिकन एसोसिएशन फ़ॉर एडवांसमेंट ऑफ़ साइंस, 1993; नेशनल रिसर्च काउंसिल, 1996)।

1.2 'सब के लिए विज्ञान'

देश में गुणवत्तापूर्ण शिक्षा की बढ़ती हुई माँग और अब तक अपवर्जित विद्यार्थी समूहों के लिए विद्यालयी शिक्षा को और अधिक समावेशी और न्यायोचित बनाने की नीतिगत अनिवार्यता की वजह से यह ज़रूरी हो गया है कि हर तरह की पृष्ठभूमि और हर तरह की क्षमताओं वाले विद्यार्थियों को गुणवत्तापूर्ण विज्ञान–शिक्षा मुहैया करायी जाये। राष्ट्रीय पाठ्यचर्या की रूपरेखा–2005 में सुझाये गये सुधारों में भी यह बात अन्तर्निहित है कि विज्ञान–शिक्षा का उद्देश्य केवल 'भावी वैज्ञानिकों' को तैयार करना नहीं है, बल्कि वैज्ञानिक ज्ञान एवं सोचने के तरीक़ों को 'सभी प्रकार के विद्यार्थियों' तक पहुँचाना है। *सब के लिए विज्ञान* ('Science for All')

का यह उपागम (Approach) इस बात पर ज़ोर देता है कि विज्ञान से भयभीत होने या इसके रोब में आने के बजाय, सभी तरह की पृष्ठभूमि के शिक्षार्थी और नागरिक विज्ञान एवं वैज्ञानिक कार्यविधि की ख़ूबियों के साथ ही उसकी सीमाओं को भी समझें। इस उपागम को अपनाने का अर्थ है कि विज्ञान–शिक्षा में इस बात को स्वीकार किया जाये कि सभी प्रकार के शिक्षार्थी अपने आप में अपूर्व हैं और विज्ञान सीखने के लायक़ हैं; विज्ञान–शिक्षा को विज्ञान के शिक्षार्थियों के बीच पायी जाने वाली प्रचुर विविधता पर सहनशील एवं सम्मानजनक बनना होगा; इसे सिर्फ़ 'विज्ञान–उन्मुख' शिक्षार्थियों की पहुँच तक ही सीमित नहीं रखना होगा, बल्कि सभी प्रकार की पृष्ठभूमि के विद्यार्थियों की पहुँच योग्य बनाना होगा, विशेष रूप से उन विद्यार्थी–समूहों के लिए, जो पारम्परिक रूप से विज्ञान की शिक्षा एवं विज्ञान सम्बन्धी पेशों से अभिवंचित रहे हैं। विज्ञान–शिक्षकों को हर तरह की पृष्ठभूमि के शिक्षार्थियों के लिए (चाहे वह किसी भी लिंग, जाति, धर्म, सामाजिक–आर्थिक स्थिति एवं पारिवारिक पृष्ठभूमि के हों) विज्ञान को एक दिलचस्प लगने वाला विषय और आजीविका का एक आशापूर्ण दिखने वाला विकल्प बनाना होगा।

भारतीय परिदृश्य में ऐसा करना और भी महत्त्वपूर्ण हो जाता है, क्योंकि भारत में ज़्यादातर स्कूल जाने वालों के लिए सैकेंडरी स्तर की विज्ञान–शिक्षा ही उनकी पहली और अन्तिम विज्ञान–शिक्षा बन कर रह जाती है। स्कूल में विज्ञान का अध्ययन करने वाले सभी बच्चों का केवल एक छोटा–सा अल्पसंख्यक समूह ही विज्ञान आधारित पेशों में जायेगा या फिर फ़ुर्सत के क्षणों में विज्ञान–सम्बन्धी रुचि को अपनायेगा, बाक़ी के लिए स्कूली विज्ञान उनकी सामान्य शिक्षा का एक हिस्सा मात्र है। उस पर से यह कि भारत में विज्ञान को एक 'मर्दाना विषय' के रूप में देखा जाता है एवं सामाजिक विज्ञान को एक 'स्त्रियोचित' हैसियत दे कर निर्वासित कर दिया जाता है (कुमार, 2012; थॉमस, 1990)। भारतीय शिक्षा–प्रणाली में शिक्षार्थियों को विश्वविद्यालय पूर्वशिक्षा (उच्च–माध्यमिक / सीनियर सैकेंडरी स्तर) के स्तर पर अध्ययन किये जाने वाले विषयों का चुनाव माध्यमिक शिक्षा के बाद ही करना पड़ता है, जो कि उनकी भावी आजीविका की सम्भावनाओं को प्रभावित करता है। आमतौर पर यह देखा गया है कि शिक्षार्थी उच्च–माध्यमिक स्तर पर अध्ययन के लिए किये गये विषय का

चुनाव माता–पिता की धारणाओं एवं शिक्षकों की (विद्यार्थियों से जुड़ी) अपेक्षाओं के आधार पर करते हैं। ज़्यादातर मामलों में पिता ही अपने बच्चों के विषय–सम्बन्धी चुनावों को तय करते हैं। भारतीय माता–पिता विज्ञान को ऐसा विषय मानते हैं जो 'कड़ी मेहनत', 'संकल्पनात्मक/अवधारणात्मक समझ' एवं 'कोचिंग–क्लास' के रूप में अतिरिक्त शैक्षणिक सहायताओं की माँग करता है; इसलिए इसे 'लड़कों के लिए ही उचित' समझा जाता है। इसके उलट, वह सामाजिक विज्ञान एवं कला विषयों को 'लड़कियों के लिए यथोचित' समझते हैं क्योंकि वह ऐसे विषयों को 'आसान', 'लापरवाही बर्दाश्त कर लेने वाला' एवं बहुत ज़्यादा रटने की माँग करने वाला (जिसमें लड़कियाँ अच्छी समझी जाती हैं) और 'कोचिंग के बिना भी सँभल जाने वाला' मानते हैं (गौतम, 2015)। माता–पिता की विभिन्न विषयों से सम्बन्धित ऐसी सोच की झलक शिक्षकों की विद्यार्थी सम्बन्धी सोच एवं अपेक्षाओं में भी मिलती है। बहुत सारे अभिभावकों की ही तरह, शिक्षक भी कुछ विद्यार्थियों को 'पढ़ाकू', 'मेहनती' एवं 'विज्ञान के अध्ययन में बहुत अच्छा करने की क्षमता से परिपूर्ण' मानते हैं और दूसरे विद्यार्थियों को 'लापरवाह', 'कामचोर' और विज्ञान के अध्ययन के लिए 'अनुपयुक्त' और 'नालायक़' समझते हैं। अभिभावकों एवं शिक्षकों की शिक्षार्थियों की क़ाबिलियत से जुड़ी हुई ऐसी समस्यात्मक अपेक्षाएँ विद्यार्थियों के 'स्वयं की क्षमता' (self-efficacy) सम्बन्धी विश्वासों पर प्रतिकूल मनोवैज्ञानिक प्रभाव डालती हैं। नतीजे के तौर पर, लड़कों एवं विशेष सुविधा सम्पन्न विद्यार्थियों की अपेक्षा लड़कियाँ और दूसरे अभिवंचित समुदायों के विद्यार्थियों की विज्ञान (एवं गणित) जैसे विषयों को आजीविका के विकल्प के रूप में चुन पाने की सम्भावना काफ़ी कम हो जाती है। इसलिए विज्ञान के शिक्षकों को अपने शिक्षण एवं अन्य गतिविधियों के द्वारा यह समावेशी सन्देश देने की आवश्यकता है कि विज्ञान केवल सुविधा सम्पन्न, कुलीन एवं कुशाग्र बुद्धि वाले लोगों का काम नहीं है, बल्कि किसी भी लिंग, जाति, धर्म, रंग, नस्ल एवं पारिवारिक पृष्ठभूमि के लोग विज्ञान सम्बन्धी कार्य कर सकते हैं और वैज्ञानिक बन सकते हैं (हुसैन, 2017)।

ऐसा करने के लिए विज्ञान एवं विज्ञान सम्बन्धी कार्यों की एक सच्ची तस्वीर पेश करना भी बहुत ज़रूरी है, जो विज्ञान की रुढ़िवादी शिक्षण–विधियों के सहारे सम्भव नहीं है। विज्ञान की सही एवं प्रजातान्त्रिक तस्वीर

पेश करने वाली कक्षाओं के निर्माण के लिए स्कूली विज्ञान की विषयवस्तु एवं शिक्षण–विधियों की पुनःसंकल्पना ही काफ़ी नहीं है, बल्कि विज्ञान–शिक्षण में वैज्ञानिक ज्ञान एवं वैज्ञानिक सिद्धान्तों की रचना एवं प्रकृति पर खुले तौर पर विमर्श करने की भी आवश्यकता है। दुर्भाग्यवश, विज्ञान–शिक्षण में वैज्ञानिक सिद्धान्तों पर स्पष्ट रूप से ध्यान देना एक ऐसा लक्ष्य है जिसे अक्सर स्थगित कर दिया जाता है और काफ़ी लम्बे समय के बाद यह एक व्यक्ति के अकादमिक कॅरियर में आता तो है, लेकिन तब तक कई विद्यार्थी निराशा में विज्ञान का अध्ययन छोड़ चुके होते हैं। अब कई शिक्षक इसके महत्त्व को पहचानने लगे हैं (दुश्ल, 1990)। उदाहरण के तौर पर, माइकल मैथ्यूज़ (2015) इस बात को क़लमबन्द करते हैं कि अन्तर्राष्ट्रीय स्तर पर विज्ञान का रूढ़िवादी, तकनीकी और ग़ैर–प्रासंगिक (De-contextualised) शिक्षण विद्यार्थियों के बीच विज्ञान के ज्ञान और प्रशंसा को बढ़ावा देने में बड़े पैमाने पर असफल रहा है। अमेरिका और ब्रिटेन में विद्यार्थियों और शिक्षकों द्वारा विज्ञान को छोड़े जाने के लिखित प्रमाणों पर टिप्पणी करते हुए, माइकल मैथ्यूज़ लिखते हैं, "विज्ञान को इस तरह त्यागने के पीछे कई जटिल आर्थिक, सामाजिक, सांस्कृतिक एवं व्यवस्थागत कारण हैं जिन्हें दुरुस्त करना शिक्षकों के कार्यक्षेत्र से बाहर है। लेकिन विज्ञान के त्याग के पीछे कुछ शैक्षणिक कारण (पाठ्यचर्या और शिक्षण–विज्ञान सम्बन्धी) भी हैं जिन्हें शिक्षक और शिक्षा–सम्बन्धी अधिकारी संशोधित कर सकते हैं।" (पृ. 7)।

स्कूली विज्ञान की पड़ताल करने एवं नवीन उपागमों को प्रस्तावित करने के लिए विज्ञान–शिक्षा के शोधार्थी कई अलग–अलग अध्ययन–क्षेत्रों से मदद लेते हैं। इनमें से कुछ तो शिक्षा के प्रगतिशील/सुधारवादी (Progressive), समालोचनात्मक (critical) एवं उत्तर–संरचनावादी (Post-Structural) आन्दोलनों की ओर रुख़ करते हैं, तो कुछ विज्ञान के समाजशास्त्रीय अध्ययनों/विज्ञान–सम्बन्धी अध्ययन (science studies) से सहायता लेते हैं। लम्बे समय से विज्ञान–शिक्षा के शोधार्थी विज्ञान की बेहतर समझ बनाने एवं विज्ञान–शिक्षा के लिए विकल्पों को तलाशने के लिए विज्ञान के समाजशास्त्रीय अध्ययन (जिसमें विज्ञान के इतिहास, दर्शन एवं समाजशास्त्र शामिल हैं) का सहारा ले रहे हैं। उदाहरण के लिए, माइकल मैथ्यूज़ ने स्कूली विज्ञान–शिक्षण एवं शिक्षक–प्रशिक्षण

कार्यक्रमों में 'विज्ञान का इतिहास एवं दर्शन' (Histroy and Philosophy of Science) को शामिल करने की आवश्यकता पर ज़ोर दिया है। उनके अनुसार, "विज्ञान का इतिहास एवं दर्शन विज्ञानों को मानवीय बना सकता है और उन्हें निजी, नैतिक, सांस्कृतिक एवं राजनीतिक सरोकारों से जोड़ सकता है...विज्ञान का इतिहास एवं दर्शन विज्ञान की कक्षाओं को और अधिक चुनौतीपूर्ण बना सकता है और तर्कशक्ति एवं समालोचनात्मक सोच जैसी दक्षताओं को बढ़ावा दे सकता है... यह शिक्षकों को भी विज्ञान की एक अधिक समृद्ध एवं प्रामाणिक समझ विकसित करने में मदद करता है।" (पृ. 14)। हालाँकि माइकल मैथ्यूज़ समेत, विज्ञान–शिक्षा में सुधार के कई प्रवर्तक स्कूली विज्ञान एवं विज्ञान शिक्षक–प्रशिक्षण की पाठ्यचर्या में विज्ञान के ऐतिहासिक एवं दार्शनिक परिप्रेक्ष्यों को शामिल करने की वकालत तो करते हैं, लेकिन वह विज्ञान के समाजशास्त्रीय एवं अन्य (नृविज्ञान, मनोविज्ञान) परिप्रेक्ष्यों की आमतौर पर अनदेखी करते हैं।[1] शायद इसीलिए कुछ गिनती के अपवादों को छोड़ कर विज्ञान का समाजशास्त्र एवं विज्ञान–शिक्षा एक–दूसरे से अलग–थलग पड़े रहे हैं। लम्बे समय से, इन दोनों अध्ययन–क्षेत्रों के बीच सम्पर्क एवं संवाद की कमी समाजशास्त्र एवं विज्ञान–शिक्षा, दोनों की कमज़ोरी रही है (डेलामोंट, 1987)।

इस लेख में विज्ञान के समाजशास्त्र के कुछ अहम् योगदानों, जिन्होंने पिछले तक़रीबन पचास सालों में इसे एक अलग पहचान दी है और विज्ञान–शिक्षा के लिए इसके निहितार्थों का विवरण देने की विनम्र कोशिश की गयी है। मेरा यह मानना है कि विज्ञान–शिक्षा में सुधार के लिए विज्ञान के इतिहास एव दर्शन पर ध्यान देना ही काफ़ी नहीं है; बल्कि विज्ञान के समाजशास्त्रीय अध्ययन से प्रकाश में आने वाले परिप्रेक्ष्यों एवं जानकारियों को स्कूली–विज्ञान कक्षाओं के चित्त में बिठाने और उन्हें खुले तौर पर पढ़ाये जाने की आवश्यकता है। तभी एक लोकतान्त्रिक एवं मुक्तिकारी विज्ञान को बढ़ावा दिया जा सकता है।

2.1 विज्ञान का समाजशास्त्रीय अध्ययन : एक विहंगावलोकन

'विज्ञान क्या है', 'यह कैसे काम करता है' और *'वह क्या बात है जो विज्ञान को दुनिया की पड़ताल करने के दूसरे तरीक़ों से अलग करती है'*, सरीखे सवालों पर पहले विज्ञान के दार्शनिकों और बाद में विज्ञान के इतिहासकारों,

समाजशास्त्रियों एवं मनोवैज्ञानिकों ने पुरज़ोर बहस की है। दरअसल, विज्ञान की प्रकृति पर तर्क–वितर्क का इतिहास तक़रीबन एक सौ साल पुराना है। विज्ञान के दर्शन सम्बन्धी विमर्श में कई वर्षों तक विज्ञान के दार्शनिकों के लिए 'विज्ञान की प्रकृति' (Nature of Science) एक केन्द्रीय प्रश्न बना रहा। शुरुआती दौर में किये गये कार्यों में एक नुस्ख़ानुमा 'वैज्ञानिक कार्यविधि' (Scientific Method) का वर्णन मिलता है। इन दार्शनिकों में से कईयों ने 'विज्ञान की प्रकृति' को इसकी 'अमूर्त कार्यप्रणाली' (Abstract Method) के रूप में पहचाना। एक विशिष्ट 'वैज्ञानिक कार्यविधि' का यह ख़याल दार्शनिकों को तब तक ग़ैर–समस्यात्मक लगता रहा, जब तक इस पर गहन विचार न किया गया। बीसवीं सदी में लिखे गये अधिकांश शास्त्र समूह में विज्ञान की तार्किक संरचना (Logical Structure) पर बहस की गयी। तार्किक निश्चयवादियों (Logical Positivists) का यह मानना था कि विज्ञान की तार्किक संरचना का अध्ययन होना चाहिए, मगर इसका ऐतिहासिक या मनोवैज्ञानिक अध्ययन ज़रूरी नहीं है। वैज्ञानिक उपकर्म की प्रकृति को मुकम्मल तौर से तार्किक बताने के लिए दार्शनिकों ने गणितीय–तर्क का सहारा लिया और (शायद जानबूझ कर) असल वैज्ञानिक–कार्य, विज्ञान के इतिहास एवं उसके सामाजिक ढाँचों को अपने चिन्तन के दायरे से अलग रखा। विज्ञान की प्रकृति सम्बन्धी ऐसे विमर्शों में यह समस्या थी कि इनमें विज्ञान के सामाजिक अन्तःसम्बन्धों (वैज्ञानिकों, वैज्ञानिक उपकरणों, प्रयोगशालाओं, संस्थानों, निधीकरण प्रणाली (Funding System), प्रशासन, आदि) का कोई ज़िक्र नहीं था। विज्ञान एवं समाज के अन्तःसम्बन्धों को यह कह कर दरकिनार किया गया कि यह विज्ञान के वास्तविक तत्त्व नहीं हैं, बल्कि यह विज्ञान के 'सामाजिक–ढाँचे' एवं उसके 'सामाजिक सम्बन्धों' से जुड़ी बातें हैं। वैज्ञानिक उपकर्म की उपरोक्त समझ ने विज्ञान एवं समाज अन्तराफलक (Science-Society Interface) पर कोई प्रकाश नहीं डाला।

थॉमस कुह्न (1962) ने पहली बार 'विज्ञान की प्रकृति' सम्बन्धी दार्शनिक बहसों में विज्ञान के इतिहास को शामिल किया और तब से विज्ञान के इतिहास, समाजशास्त्र, नारीवादी–विमर्श (Feminism), नृविज्ञान (Anthropology), मनोविज्ञान एवं अन्य पूरक क्षेत्रों में ऐसे कई अध्ययन हुए हैं जिन्होंने वैज्ञानिक ज्ञान एवं वैज्ञानिक उपकर्म के 'ग़ैर–पक्षपाती', 'ग़ैर–ऐतिहासिक', 'शाश्वत' एवं 'सार्वभौमिक' दावों को समस्यात्मक बताया है।

इन अन्तर्विषयक अध्ययनों ने वैज्ञानिक उपकर्म को एक सामाजिक रूप से संगठित उद्यम बताया है, जो कई स्तरों पर मानवीय–मूल्यों, विश्वासों एवं प्रतिबद्धताओं से आकार पाता है। आख़िरकार, यह बात साफ़ हुई कि ज्ञानमीमांसकों (Epistemologists) द्वारा वहन की जाने वाली विज्ञान सम्बन्धी दृष्टि महज़ एक असम्भव ख़्वाब है, जो कि बातों को जितना स्पष्ट करती है उतना ही अस्पष्ट बनाती है। चूँकि पारम्परिक तौर पर विज्ञान को अन्य मानवीय क्रियाओं से अलग एवं ख़ास किस्म का उपकर्म माना जाता था, इसलिए यह काफ़ी लम्बे समय तक समाजशास्त्रीय अध्ययन एवं विश्लेषण का विषय नहीं बन पाया। बीसवीं सदी के मध्य में विज्ञान की प्रकृति को समझने के लिए दार्शनिक परिप्रेक्ष्यों के अलावा समाजशास्त्रीय एवं ऐतिहासिक परिप्रेक्ष्य भी वजूद में आने लगे और जल्द ही 'विज्ञान का समाजशास्त्र' (Sociology of Science), 'विज्ञान के दर्शन' से बहुत तीव्रता से अन्तःक्रिया करने लगा।

विज्ञान का समाजशास्त्र यह व्याख्या करता है कि समाज में विज्ञान–सम्बन्धी कार्य किस तरह किया जाता है और समाज विज्ञान की रचना कैसे करता है। इसके विद्वान प्रयोगशाला / लेबोरेटरी–सम्बन्धी कार्यों को क़लमबन्द करते हैं। वह विज्ञान एवं सामाजिक ताक़तों के बीच की पारस्परिक क्रियाओं एवं प्रभावों (राजनीतिक, आर्थिक, सांस्कृतिक एवं धार्मिक) का प्रलेखीकरण (Documentation) भी करते हैं। विज्ञान के बारे में लिखे गये समाजशास्त्रीय कार्यों को दो श्रेणियों में रखा जा सकता है : सूक्ष्म–समाजशास्त्रीय आलेख (Microsociological) एवं वृहद्–समाजशास्त्रीय आलेख (Macrosociological) कन्निंघम एवं हेल्म्स, 1995, । वृहद्–समाजशास्त्रीय उपागम विज्ञान के वृहद् सन्दर्भों से सरोकार रखता है और यह विज्ञान पर बाहरी सामाजिक, राजनीतिक, सांस्कृतिक, धार्मिक एवं आर्थिक कारकों के प्रभाव का अध्ययन करता है। मसलन, विज्ञान के बारे में लिखे गये वृहद्–समाजशास्त्रीय लेखों में पश्चिमी समाज में विज्ञान एवं वैज्ञानिक सम्बन्धी सीमाओं, उनकी एक अलग सामाजिक हैसियत की उत्पत्ति एवं इन सीमाओं और हैसियत के बने रहने के कारणों पर चर्चा होती है। राजनीति, अर्थशास्त्र, सत्ता, स्वायत्तता एवं विज्ञान के सामाजिक रुतबे के बीच के सूक्ष्म सम्बन्धों को समझना विज्ञान के वृहद्–समाजशास्त्रीय अध्ययनों का केन्द्र–बिन्दु रहा है। इसलिए, ऐसे आलेख आधुनिक विज्ञान पर हमारे समाज की राजनीतिक एवं आर्थिक निर्भरता की व्याख्या करते हैं

और विज्ञान के राजनीतिक एजेंडा को समर्थन देने की घटनाओं का विश्लेषण भी करते हैं। अन्य विद्वानों ने विज्ञान एवं समाज की अन्तःक्रिया सरीखे वृहद्–समाजशास्त्रीय मुद्दों पर लिखा है। रोबर्ट मर्टन का बहुचर्चित 'पुराना समाजशास्त्र' इसी श्रेणी में आता है।

विज्ञान के सूक्ष्म–समाजशास्त्रीय अध्ययनों के अन्तर्गत वैज्ञानिक कार्य से जुड़ी रोज़मर्रा की प्रक्रियाओं का अध्ययन किया जाता है। ऐसे अध्ययनों में विज्ञान की प्रयोगशाला में होने वाले कार्य एवं वैज्ञानिक समुदाय के बीच होने वाली अन्तःक्रियाओं की विशेषताओं का ब्यौरा मिलता है। इन सूक्ष्म–समाजशास्त्रीय विवरणों में वैज्ञानिक ज्ञान की रचना कैसे होती है, किस तरह सामाजिक एवं वैयक्तिक सरोकार और विश्वास कार्यस्थल पर लिये जाने वाले वैज्ञानिक फ़ैसलों तक पहुँच बना लेते हैं आदि मुद्दों का विश्लेषण किया जाता है। इस क्षेत्र के विद्वान वैज्ञानिक निष्कर्षों की वैधता का परीक्षण करने के लिए *प्रयोगों की पुनरावृत्ति* (Replication) करने की कोशिशों, किस तरह के प्रमाण को प्रमाण माना जाता है, *साथी–समीक्षा* (Peer-Review) *एवं वैज्ञानिक समुदाय के बीच के मुआमलात / सौदेबाज़ी* (Negotiations) के बारे में लिखते हैं। इस श्रेणी में विज्ञान के 'नये समाजशास्त्र' के तहत की गयी केस–स्टडीज़ एवं लेबोरेटरी अध्ययन आदि आते हैं।

लेकिन विज्ञान के समाजशास्त्री विज्ञान की अच्छाई या बुराई से जुड़े फ़ैसले नहीं करते हैं, न ही वह वैज्ञानिक–कार्यों को करने के तरीक़ों को बदलने या उन्हें सुधारने हेतु सुझाव देते हैं। वह सिर्फ़ वैज्ञानिक उपकर्म का विवरण एवं विश्लेषण करते हैं। अधिकांश मामलों में यह देखा गया है कि इस क्षेत्र में किये जाने वाले शोध आत्मसन्तुष्ट / आत्मलीन हैं।

2.2 रोबर्ट मर्टन एवं विज्ञान का 'पुराना' समाजशास्त्र

रोबर्ट के. मर्टन (1910–2003) काफ़ी लम्बे समय तक विज्ञान के समाजशास्त्र में एक मुख्य हस्ती की तरह रहे। इसलिए ज़्यादातर समाजशास्त्री उन्हें विज्ञान के समाजशास्त्र का प्रवर्तक मानते हैं। मर्टन अमेरिकी विद्वानों के उस समूह का अगुआ थे, जिन्होंने 1950 के दशक में विज्ञान पर, विशेषकर विज्ञान को संचालित करने वाली संस्थागत प्रक्रियाओं पर, कई एक अध्ययन किये। इस तरह के कामों को 'विज्ञान का संस्थागत समाजशास्त्र'

(Institutional Sociology of Science) कहा जाता है (हेस, 1997)। मर्टन का सबसे महत्त्वपूर्ण एवं मशहूर काम, 1942 में उनके द्वारा 'विज्ञान के मानदण्ड सम्बन्धी संरचना' (Normative Structure of Science) की व्याख्या है। इस व्याख्या के अन्तर्गत मर्टन ने चार 'संस्थागत अनिवार्यताओं' (Institutional Imperatives) या मूल्य एवं क़ायदों (Norms) की निशानदेही की, जो उनके विचार में, विज्ञान की कार्यशीलता को सुनिश्चित करते हैं :

I. *सार्वभौमिकता* (Universalism) : इसके अनुसार किसी व्यक्ति के द्वारा प्रतिपादित किये गये वैज्ञानिक दावों एवं नतीजों को उस व्यक्ति की निजी विशेषताओं (जैसे सामाजिक तबक़ा, नस्ल, धर्म या राष्ट्रीयता) को ध्यान में रखे बिना, केवल बौद्धिक मानदण्डों के आधार पर परखा जाता है। वैज्ञानिकों को मिलने वाला प्रतिफल/पारितोषिक (Reward), केवल उनके कार्य (वैज्ञानिक नतीजों) के आधार पर मिलता है, न कि उनकी सामाजिक अवस्थिति के कारण।

II. *साम्यवाद* (Communism) : वैज्ञानिक नतीजे एवं खोजें, उनसे सम्बन्धित शोधकर्ताओं की निजी मिल्कियत नहीं होते, बल्कि वह पूरे वैज्ञानिक समुदाय एवं वृहद् समाज की सम्पत्ति होते हैं। कोई भी व्यक्ति अपने कार्य में किसी भी वैज्ञानिक विचार का इस्तेमाल बेरोक–टोक कर सकता है। यह अनिवार्यता इस पूर्वधारणा पर आधारित है कि ज्ञान, वैज्ञानिक समुदाय के सामूहिक एवं संचयी प्रयासों का नतीजा होता है। वैज्ञानिकों को तब तक अपने कार्यों के लिए पहचान नहीं मिल सकती, जब तक वह अपने कार्यों को प्रकाशित कर दूसरे लोगों तक न पहुँचाएँ।

III. *अनासक्ति/निष्पक्षता* (Disinterestedness) : इसके अनुसार वैज्ञानिक एक सार्वजनिक वैज्ञानिक उपकर्म के विकास के लिए काम करते हैं, न कि अपने निजी फ़ायदे के लिए। प्रत्येक शोधकर्ता ज्ञान को विकसित करने के मूल उद्देश्य के लिए काम करता है, यह अलग बात है कि परोक्ष रूप से उसे वैयक्तिक पहचान भी हासिल हो सकती/जाती है।

IV. *सुनियोजित संशयवाद* (Organized Skepticism) : यह पूरे वैज्ञानिको समुदाय के विचारों को चुनौती देने एवं उन्हें जाँचने की प्रवृत्ति की ओर इशारा करता है। वैज्ञानिकों के पास वैज्ञानिक प्रणाली एवं वैज्ञानिक संस्था, दोनों से सम्बन्धित यह अधिकार होता है कि वह विज्ञान से जुड़े फ़ैसले लेने में केवल अनुभवजन्य/प्रयोगसिद्ध तथ्यों पर ही विचार करें।

प्रत्येक शोधकर्ता को खुद अपनी एवं दूसरों की परिकल्पनाओं का आलोचनात्मक मूल्यांकन करने के लिए इच्छुक रहना चाहिए, लेकिन तब तक अपने फ़ैसलों को स्थगित रखना चाहिए जब तक कि आवश्यक प्रतिपुष्टि न हो जाये और 'तथ्य सामने न आ जायें।'

उपरोक्त मूल्यों एवं कायदों का प्रतिपादन करते समय मर्टन ने इस बात पर बार–बार ज़ोर दिया कि यह कायदे वैज्ञानिकों की वैयक्तिक अभिप्रेरणाओं के लिए उचित नहीं भी हों, मगर विज्ञान की संस्था विशेष के लिए वैध समझे जाने चाहिए यानी मर्टन यह बखूबी समझते थे कि वैज्ञानिक, सिर्फ़ वैज्ञानिक होने के कारण, अन्य पेशेवरों से बेहतर नैतिकता नहीं रखते। फिर भी, उनका यह मानना था कि वैज्ञानिक उपतन्त्र के लिए इन कायदों की व्यावहारिकता इस बात से साबित होती है कि विज्ञान के इन संस्थागत क़ायदों से विचलित हो जाने वालों लोगों के ख़िलाफ़ वैज्ञानिक समुदाय काफी आलोचनात्मक प्रतिक्रिया देता है और उन पर कुछ प्रतिबन्ध भी लगाता है।

मर्टन की 'विज्ञान के मानदण्ड सम्बन्धी संरचना' की ऐसी व्याख्या की आलोचना यह कह कर की गयी है कि यह विज्ञान का निश्चयवादी (Positivist) विवरण है; एक ऐसा आदर्शीकरण (Idealization), जो अपने उद्देश्य में विवरणात्मक (Descriptive) होने के बजाय ज्यादा निर्देशात्मक (Prescriptive) है। मर्टन पर यह इलज़ाम लगे कि उन्होंने विज्ञान के कुछ दार्शनिकों (जैसे कार्ल पॉपर की 'सीमांकन समस्या') की तरह वैज्ञानिक उपकर्म की क्रियाओं का वास्तविक चित्रण करने के बजाय, विज्ञान को ऐसे प्रस्तुत किया है, जैसा कि इसे होना चाहिए (न कि जैसा वह वाक़ई में है)। कई समाजशास्त्रियों ने व्यक्तिवृत्तिक अध्ययनों (Case Studies) के माध्यम से लगातार यह दिखाने की कोशिश की है कि मर्टन के सिद्धान्त एवं वैज्ञानिकों के असली व्यवहार में विसंगतियाँ हैं (बार्नेस एवं डॉल्बी, 1970)।

इअन आई. मित्रोफ़्फ़ (1974) ने अपोलो चन्द्र मिशन के दौरान चन्द्रमा की चट्टानों का अध्ययन करने वाले सबसे प्रतिष्ठित बयालीस वैज्ञानिकों के साथ साढ़े तीन साल तक किये गये अपने अध्ययन के आधार पर मर्टन के मानदण्डों/क़ायदों के ख़िलाफ़ चार जवाबी–मानदण्ड/क़ायदे (Counter-Norms) प्रस्तुत किये :

I. *विशिष्टतावाद* (Particularism) : किसी वैज्ञानिक की सामाजिक विशेषताएँ वह कारक हैं जो इस बात को ख़ासतौर से प्रभावित करते हैं कि उस कार्य को किस तरह परखा जायेगा।

II. *व्यक्तिवाद* (Individualism) : वैज्ञानिक नतीजों / खोजों पर अपना आधिपत्य जमाये रखने के लिए वैज्ञानिक प्रॉपर्टी राइट्स का इस्तेमाल करते हैं।

III. *आसक्ति / हितबद्धता* (Interestedness) : वैज्ञानिक या शोधकर्ता अपने हितों के लिए काम करते हैं और उस सीमित वैज्ञानिक समूह के हितों के लिए काम करते हैं, जिस समूह का सदस्य वह खुद भी होते हैं।

IV. *सुनियोजित स्वमताभिमान* (Organised Dogmatism) : वैज्ञानिक स्वयं के शोध–सम्बन्धी नतीजों में अटूट विश्वास रखते हैं, जबकि दूसरों के शोध–परिणामों को शंका की दृष्टि से देखते हैं।

मित्रोफ्फ़ ने यह तर्क दिया कि यदि सार्वभौमिकता का आदर्श विज्ञान के अवैयक्तिक (Impersonal/Objective) चरित्र में निहित है, तो जवाबी–मानदण्ड / क़ायदे विज्ञान के व्यक्तिगत (Personal/Subjective) चरित्र में निहित हैं। मित्रोफ्फ़ ने यह तर्क भी दिया कि समाजशास्त्रीय महत्त्वाकांक्षा (Sociological Ambition) न केवल विज्ञान की एक विशेषता है, बल्कि यह विज्ञान के अस्तित्व और अन्तिम तर्कसंगतता के लिए आवश्यक भी प्रतीत होती है। अन्ततः विज्ञान के समाजशास्त्रियों ने यह निष्कर्ष निकाला कि मर्टन द्वारा प्रतिपादित 'क़ायदे / मानदण्ड' और मित्रोफ्फ़ द्वारा आईने की तरह दिखाये गये 'जवाबी–क़ायदे / मानदण्ड', दोनों ही प्रत्येक वैज्ञानिक के यथार्थपूर्ण व्यवहार को सही से दर्शा नहीं पाये। इसीलिए, मुल्के (1979) ने क़ायदे / मानदण्डों' एवं 'जवाबी–क़ायदे / मानदण्डों' के इस संग्रह को 'वैचारिक–आडम्बरपूर्ण मानदण्डों की एक लचीली फ़ेहरिस्त' बताया, जिसमें से वैज्ञानिक वक़्त और ज़रूरत के हिसाब से अपने कृत्यों को न्यायोचित ठहराने के लिए कुछ–न–कुछ लेते रहते हैं।

2.3 विज्ञान का 'नया' समाजशास्त्र : ''वैज्ञानिक ज्ञान का समाजशास्त्र'' (SSK) या ''स्ट्रांग प्रोग्राम''

मर्टनवादी 'मानदण्डों' के अवशेष से कई 'नये' समाजशास्त्रीय कार्यक्रमों का जन्म हुआ; इनमें सबसे मशहूर था 'वैज्ञानिक ज्ञान के समाजशास्त्र का

स्ट्रांग प्रोग्राम'[3]। 'स्ट्रांग प्रोग्राम' विज्ञान के मर्टनवादी समाजशास्त्र ('वीक' सोशियोलॉजी) के ख़िलाफ़ एक खुली प्रतिक्रिया थी। विज्ञान के 'नये' समाजशास्त्रियों ने मर्टनवादी 'पुराने' संस्थागत समाजशास्त्र का खुले तौर पर विरोध किया क्योंकि उनका मानना था कि वैज्ञानिक उपकर्म की केवल बाहरी विशेषताओं के अध्ययन तक सीमित रहने की वजह से यह उपागम विज्ञान रूपी 'काले–बक्से' को खोल पाने में असमर्थ है। इसीलिए इन समाजशास्त्रियों ने काफ़ी सोच–समझकर अपने अध्ययन की विषयवस्तु को 'विज्ञान का समाजशास्त्र' कहने के बजाय 'वैज्ञानिक ज्ञान का समाजशास्त्र' (Sociology of Scientific Knowledge) कहा।

स्ट्रांग प्रोग्राम से जुड़े हुए समाजशास्त्री 'सिमिट्री के सिद्धान्त' (Principle of Symmetry) के प्रति वचनबद्ध थे[4]। इस सिद्धान्त के अनुसार, हर प्रकार के विश्वास एवं व्यवहार (चाहे वह विज्ञान–सम्बन्धी विश्वास हों या अन्य प्रकार के विश्वास; चाहे उसे हम 'सच' मानें या 'झूठ') को समझने के लिए समान क़िस्म की व्याख्या दी जानी चाहिए। इन समाजशास्त्रियों ने वैज्ञानिक ज्ञान के विकास की व्याख्या करने में सभी प्रकार के विज्ञान–सम्बन्धी विश्वासों (सत्य या असत्य) का अध्ययन समान तरीक़े से करने का प्रस्ताव रखा। इन समाजशास्त्रियों ने विज्ञान के 'आन्तरिक' एवं 'बाहरी' कारकों के बीच के फ़र्क़ को ख़त्म करते हुए समाजशास्त्रीय विश्लेषण का फोकस विज्ञान के बाहर कार्यान्वित सामाजिक–सांस्कृतिक कारकों के अध्ययन से हटा कर वैज्ञानिक ज्ञान के स्वयं के विश्लेषण की तरफ़ मोड़ दिया। इस प्रोग्राम में कुछ ख़ास वैज्ञानिक सिद्धान्तों को उनकी सामाजिक परिस्थितियों से जोड़ कर विश्लेषण करने की कोशिश भी की गयी। जो काफ़ी विवादास्पद बना और जिसने विज्ञान के कई पारम्परिक दार्शनिकों एवं इतिहासकारों को नाराज़ कर दिया, जिनमें स्वयं थॉमस कुह्न भी शामिल थे।

---

3. सन् 1966 ईस्वीं में एडिनबर्ग यूनिवर्सिटी के साइंस स्टडीज़ यूनिट में खगोलशास्त्री डेविड एज ने 'स्ट्रांग प्रोग्राम' की बुनियाद डाली, जल्द ही यह प्रोग्राम, विज्ञान के समाजशास्त्रीय अध्ययन के क्षेत्र में अग्रणी बन गया। तब से बैरी बार्नेस, डेविड ब्लूर, डॉनल्ड म्ककेंज़ी, स्टीवन शापिन एवं एंड्रयू पिकरिंग जैसे विद्वान इस यूनिट से जुड़े रहे हैं।

4. विज्ञान के समाजशास्त्र का मर्टनवादी उपागम या 'वीक' प्रोग्राम, केवल 'असफल' या 'असत्य' समझे जाने वाले वैज्ञानिक सिद्धान्तों (जैसे फ्रेनोलोजी) के विश्लेषण के मामले में वैज्ञानिकों की सामाजिक विशेषताओं को बहुत कम प्रासंगिक मानता था। 'स्ट्रांग प्रोग्राम' ने यह प्रस्ताव रखा कि 'सत्य' या 'असत्य' दोनों क़िस्म के वैज्ञानिक सिद्धान्तों से एक ही तरह का व्यवहार होना चाहिए (चूँकि दोनों ही अपने निर्माण के दौरान वैज्ञानिकों के स्वार्थ एवं सांस्कृतिक सन्दर्भों जैसे सामाजिक कारकों एवं हालातों से प्रभावित होते हैं)।

इस तरह के विश्लेषण का उद्देश्य कुछ विज्ञान सम्बन्धी विश्वासों को, वैज्ञानिकों के राजनीतिक 'स्वार्थों' एवं उनकी सामाजिक अवस्थिति के अनुसार विवेचित करना था (गोडफ्रे–स्मिथ, 2003, पृ. 126–127)। केस–स्टडीज़ पर आधारित 'वैज्ञानिक ज्ञान का समाजशास्त्रीय अध्ययन' के 'नये' उपागम ने विज्ञान के समाजशास्त्र एवं इतिहास, दोनों में किये जाने वाले ढेरों कार्यों को प्रेरित किया है। विज्ञान के 'नये' समाजशास्त्रीय विमर्श ने अपने अनुभवसिद्ध अध्ययनों के आधार पर विज्ञान की व्यवहारिक प्रक्रियाओं (कॉलिंस, 1981; लातूर एवं वूल्गार, 1986; पिंच, 1986) एवं वैज्ञानिक इबारतों (लातूर एवं वूल्गार, 1986) से सम्बन्धित कई पैनी दृष्टि वाले परिप्रेक्ष्य दिये हैं, जो विज्ञान के दार्शनिक एवं ऐतिहासिक विवरणों का महत्त्वपूर्ण हिस्सा बन सकते हैं। विज्ञान–शिक्षा की दृष्टि से 'वैज्ञानिक ज्ञान का समाजशास्त्रीय अध्ययन' (SSK) का सबसे महत्त्वपूर्ण पहलू यह है कि इन अध्ययनों ने सफलतापूर्वक दर्शाया कि वैज्ञानिक ज्ञान सामाजिक परिस्थितियों पर निर्भर (socially contingent) होता है।

स्ट्रांग प्रोग्राम से जुड़े हुए कुछ महत्त्वपूर्ण समाजशास्त्रियों–साइमन शाफ्फेर (1989), हैरी एम. कॉलिंस (1975), एस. वूल्गार (1976) एवं ट्रेवोर पिंच (1986)– के किये गये अध्ययनों का संक्षिप्त विवरण आगे पेश किया जा रहा है।

(i) *साइमन शाफ्फेर, न्यूटन का प्रिज़्म एक्सपेरिमेंट और तथ्यों का सामाजिक मूर्तिकरण* (Reification)

आम नज़रिये के विपरीत, इतिहासकारों ने यह स्थापित किया है कि प्रकाश की संरचना पर आइजैक न्यूटन द्वारा किये गये प्रयोग, *Experimentum Crucis,* को कोई तात्कालिक सफलता नहीं मिली थी। दरअसल, *Experimentum Crucis* पर तक़रीबन पचास वर्षों तक विवाद रहा, जो मुख्यतः इसके मात्रात्मक परिणामों को दोहराने की कठिनाई के कारण रहा (मगर इस विवाद के और भी कई कारण थे)। विज्ञान के समाजशास्त्री साइमन शाफ्फेर (1989) ने इस प्रसंग को विज्ञान सम्बन्धी निर्णय लेने में समाजशास्त्रीय कारकों के निर्णायक प्रभाव के लिए एक और तर्क के तौर पर इस्तेमाल किया है। Experimentum Crucis पर होने वाले विवादों का एक सरसरी तौर पर अध्ययन करने से पता चलता है कि न्यूटन का तर्क यह था : प्रकाश की 'सरल' किरणें, उसके कथनों के अनुसार व्यवहार

कर रही थीं, लेकिन इसको केवल 'अच्छे' प्रिज़्मों का उपयोग करके पता लगाया जा सकता है और 'अच्छे' प्रिज़्म वह हैं जो 'सरल' किरणों को उत्पन्न करें। शाफ्फेर ने यह प्रदर्शित किया कि आइजैक न्यूटन ने रॉयल सोसाइटी के अध्यक्ष होने की अपनी राजनीतिक स्थिति का फ़ायदा उठाते हुए, अपने द्वारा प्रतिपादित ऑप्टिक्स के सिद्धान्तों से सम्बन्धित बहस को ख़त्म करा दिया। इस ऐतिहासिक घटना के विश्लेषण से शाफ्फेर ने यह निष्कर्ष निकाला कि अपने निर्माण के दौरान समस्यात्मक वैज्ञानिक तथ्य, एक ऐसी सामाजिक प्रक्रिया से मूर्त रूप धारण कर सकते हैं, जो असली दावों की विवादपूर्णता पर पर्दा डाल देती है। यह मामला, कॉलिंस (1975) के शब्दों में, 'प्रयोगकर्ता के प्रतिगमन' (Experimenter's Regress) का एक स्पष्ट उदाहरण प्रस्तुत करता है।

(ii) *हैरी एम. कॉलिंस, गुरुत्व तरंगें और प्रयोगों की प्रतिकृति* (Replication) *की समस्याएँ* :

'प्रयोगकर्ता का प्रतिगमन' प्रयोगात्मक परिणामों की ज्ञानमीमांसीय विश्वसनीयता (Epistemic Reliability) के लिए ख़तरा है, जो प्रयोगों की प्रतिकृति (Replication of Experiments) और वैज्ञानिक उपकरणों के व्यासमापन/अंशांकन (Calibration) में मौजूद गम्भीर समस्याओं से उपजता है। यहाँ मुख्य समस्या यह है कि सही परिणाम केवल उस उपकरण का उपयोग करके प्राप्त किये जाते हैं जो ठीक से कार्य करता है, जबकि उपकरण सही तरीक़े से कार्य कर रहा तब समझा जाता है यदि वह सही परिणाम प्रदान कर रहा होता है। इसलिए किसी वैज्ञानिक विवाद के परिणाम इस बात पर निर्भर नहीं करते हैं कि 'प्रकृति' का क्या 'कहना' है; न ही यह ज्ञानात्मक गुणों वाली किसी कार्यविधि विशेष के उपयोग पर निर्भर हैं। बल्कि यह इस बात पर निर्भर करते हैं कि प्रयोगकर्ता कौन है और वह सामाजिक प्रभुत्व की स्थिति में है या नहीं; यही बात उसे यह निर्धारित करने में सक्षम करती है कि क्या सही है और क्या ठीक से कार्य करता है। वैज्ञानिक प्रयोगों की प्रतिकृति (Replication) की समस्या को उभारते हुए हैरी एम. कॉलिंस (1975) ने प्रदर्शित किया कि 1970 के दशक की शुरुआत में गुरुत्व तरंगों (Gravity Waves) के अस्तित्व से सम्बन्धित अन्तिम निर्णय को उस अनुसन्धान में शामिल वैज्ञानिकों के समुदाय के बीच की सामाजिक मुआमलात/मोल–भाव

(Social Negotiation) की प्रक्रिया द्वारा स्थापित किया गया था। कॉलिंस ने यह दिखाया कि गुरुत्व तरंगों या किसी अन्य घटना से सम्बन्धित प्रयोगों की प्रतिकृति कभी भी सटीक प्रतिकृति नहीं हो सकती है; इसलिए प्रयोगों को दुहरा मात्र लेना काफ़ी नहीं है। गुरुत्व तरंगों का 'अस्तित्व' सामाजिक कारकों और मुआमलात/मोल–भाव के अधीन था; जिन्होंने यह निर्धारित किया कि कौन–से प्रतिस्पर्धी प्रयोग विश्वसनीय थे और कौन–से नहीं। गुरुत्व तरंग की घटना में विश्वास और अविश्वास रखने वाले, दोनों पक्षों को 'प्रयोगकर्ता के प्रतिगमन' का सामना करना पड़ा; क्योंकि प्रयोगों की प्रतिकृति को केवल तभी विश्वसनीय माना जा सकता है जब उपकरण और तरीक़ों में 'ठीक से' हेरफेर (Manipulate) किया जाता है।

(iii) *एस. वूल्गर, पल्सर एवं वैज्ञानिक 'खोजों' के वृत्तान्तों की समस्या*

विज्ञान के समाजशास्त्रियों ने एकाकी वैज्ञानिक खोजों की अवधारणा को समस्यात्मक बताया है। एस. वूल्गर (1976) ने पल्सरों की खोज का बौद्धिक इतिहास क़लमबन्द करते हुए पल्सरों की खोज में शामिल वैज्ञानिकों के पश्चाद्दर्शी विवरणों (Retrospective Accounts) की तुलना की और अलग–अलग विवरणों में काफ़ी फ़र्क़ पाया। कुछ वैज्ञानिकों के ब्योरे बहुत आधे–अधूरे थे; जिनमें गलत शुरुआतों, ग़लत रास्तों और आरोपणों का लोपन कर दिया गया था। कुछ विवरणों ने शुरू में घटनाओं की एक सीधी प्रगति प्रदान की, लेकिन जब वूल्गर ने बाद में उन पर सवाल किये तो यह विवरण स्थानान्तरित हुए और मिट गये। उन्होंने यह पाया कि पल्सरों की खोज सम्बन्धी इन विवरणों में जो गड़बड़ी थी, वह केवल याददाश्त की कमी की वजह से नहीं थी। वूल्गर के साक्षात्कार ने पल्सर के अध्ययन के दौरान अनिश्चितता की अवधि का दस्तावेज़ीकरण किया और सुझाव दिया कि अन्य, समवर्ती प्रयोगों ने प्रतिभागियों के अनुसन्धान के निर्णयों को प्रभावित किया। एक 'खोज' की व्याख्या केवल पूर्वव्यापी रूप से की जा सकती है : यह पिछली गतिविधि का एक पुनर्निर्माण है, जो कि एक प्रक्रिया है, समय का कोई विशेष हिस्सा नहीं। इसकी वैज्ञानिक स्थिति सामाजिक रूप से निर्धारित होती है।

(iv) *ट्रेवोर पिंच, सोलर–न्यूट्रिनो का इतिहास एवं वैज्ञानिक मापदण्ड के रूप में मिथ्याकरण की अपर्याप्तता :*

बहुत से समाजशास्त्रीय एवं दार्शनिक अध्ययनों (जैसे, इमरे लकातोस, 1970) में विज्ञान के दार्शनिक, कार्ल पॉपर (1963) द्वारा प्रतिपादित मिथ्याकरण (Falsifiability) के मापदण्ड के निराकरण/खण्डन के बावजूद, आज भी विज्ञान एवं ग़ैर–विज्ञान या छद्म–विज्ञान के बीच फ़र्क़ करने के लिए इसे उत्साहपूर्वक सुझाया जाता है। हालाँकि, ट्रेवोर पिंच (1986) ने सोलर–न्यूट्रिनो के इतिहास पर किये गये अपने अध्ययन में पॉपरवादी मिथ्याकरण के तर्क को स्पष्ट रूप से निष्क्रिय पाया। वैज्ञानिक सिद्धान्त–परीक्षण में तार्किक निर्णय की भूमिका का अध्ययन करने के लिए पिंच ने भौतिकी के तत्कालीन इतिहास से एक प्रकरण को अपने अध्ययन का विषय बनाया; यह सन 1967 में सूर्य से न्यूट्रिनो प्रवाह को मापने के लिए और इस तरह सूर्य में परमाणु संलयन के सिद्धान्तों का परीक्षण करने के लिए शुरू किया गया प्रायोगिक प्रयास था। पिंच ने पाया कि वैज्ञानिक समुदाय किसी सिद्धान्त का निर्णायक परीक्षण करने के बजाय उसके प्रतिपादक को ही इस परीक्षा से गुज़ारता है। वैज्ञानिक पूर्वकथन (Prediction) और प्रयोगात्मक परिणाम या सिद्धान्त और मूलकथन (Basic Statement) के बीच के तार्किक सम्बन्ध के बारे में विभिन्न निर्णय लेते हैं।

2.4 लेबोरेटरी (प्रयोगशाला) अध्ययन

सत्तर के मध्य में विज्ञान के समाजशास्त्र में कई ऐसे अध्ययन होने लगे जो स्ट्रांग प्रोग्राम की कार्यविधि (जिसमें किसी वैज्ञानिक सिद्धान्त को उसके ऐतिहासिक एवं सामाजिक सन्दर्भ में रखते हुए, विश्लेषण किया जाता था) से हट कर, नृवंशविज्ञानी–कार्यप्रणाली (Ethno-Methodology) द्वारा उस प्रक्रिया का ही गहन अध्ययन करते थे, जिससे गुज़र कर कोई वैज्ञानिक सिद्धान्त वजूद में आता है। इसलिए ऐसे सूक्ष्म–समाजशास्त्रीय एवं एथ्नोग्राफ़िक अध्ययनों का कार्यस्थल वैज्ञानिक प्रयोगशाला ही बना। इस प्रकार के अध्ययनों को कई बार 'विज्ञान का रचनावादी समाजशास्त्र' (Constructivist Sociology of Science) का नाम भी दिया जाता है। यह ऊपर वर्णित SSK से कई मायनों में अलग हैं : यह वैज्ञानिकों की सामाजिक अन्तःक्रियाओं की छानबीन एक सहभागी–केन्द्रित परिप्रेक्ष्य (Participant-Centered Perspective) से करते हैं; यह वैज्ञानिक–समुदाय या क्षेत्र का वृहद् सर्वे न कर के, किसी प्रयोगशाला विशेष अथवा वैज्ञानिक कार्यस्थल पर चल रहे वैज्ञानिक कार्यों का गहरा वर्णन एवं विश्लेषण प्रस्तुत करते हैं;

एवं अपने विश्लेषणों में यह बौद्धिक एवं सामाजिक कारकों के बीच फ़र्क़ करने से बचते हैं (हेगेंदिज्क, 1990); जहाँ स्ट्रांग प्रोग्राम विज्ञान सम्बन्धी ऐतिहासिक मामलों का विश्लेषण करता था, वहीं लेबोरेटरी अध्ययन समकालीन विज्ञान के विश्लेषण पर केन्द्रित हैं।

इस सन्दर्भ में दो कार्य–ब्रूनो लातूर एवं स्टीफेन वूल्गार की *'लेबोरेटरी लाइफ : दि सोशल कंस्ट्रक्शन ऑफ़ साइंटिफिक फैक्ट्स (1986)' तथा स्टीवन शापिन एवं साइमन शाफ्फेर की 'लेविआथन एंड दि एयर पम्प : होब्बस, बॉयल एंड दि एक्सपेरिमेंटल लाइफ़ (1985)'* काफ़ी चर्चित एवं प्रभावशाली रहे हैं। लेबोरेटरी लाइफ़ नामी अपनी किताब में लातूर ने सान डिएगो में अवस्थित साल्क इंस्टीट्यूट की मॉलिक्यूलर बायोलॉजी (moLecular Biology) लेबोरेटरी में दो सालों तक किये गये अपने नृवैज्ञानिक विवेचन (Anthropological Investigation) के वृत्तान्त को क़लमबन्द किया है। यह वह समय था जब साल्क इंस्टीट्यूट के वैज्ञानिकों के एक समूह ने मानव–वृद्धि के नियन्त्रण में शामिल एक हॉर्मोन (TRF) की रासायनिक संरचना की खोज की।[5] इसी प्रायोगिक–कार्य का विवरण, लातूर ने वूल्गार के साथ लेबोरेटरी लाइफ़ में लिपिबद्ध किया। उन्होंने यह तर्क दिया कि तथ्यों के निर्माण (Construction of Facts) के लिए, वैज्ञानिक उन अनिश्चितताओं को, जो हर एक वैज्ञानिक कार्य के प्रारम्भ में मौजूद होती हैं, बाहर निकाल देते हैं और ज्ञान के एक सन्दर्भ–विहीन (De-Contex tualized) प्रतीत होने वाले हिस्से को ही उपयोग में लाते हैं। लातूर एवं वूल्गार के शब्दों में, 'किसी वैज्ञानिक तथ्य के निर्माण का नतीजा यह होता है कि यह ऐसा प्रतीत होता है, जैसे इसे किसी ने भी निर्मित नहीं किया हो; आडम्बरपूर्ण सामाजिक अनुनय का नतीजा यह होता है कि प्रतिभागी इस बात को मान लेते हैं कि उन्हें मनवाया नहीं गया है; मूर्तीकरण (reification) का नतीजा यह होता है कि लोग क़समें खाकर कह सकते हैं कि अनात्मीय/वस्तुगत सोच–विचार, 'सोच–प्रक्रिया' के मामूली घटक मात्र हैं; साख़/विश्वसनीयता में निवेश करने का नतीजा यह होता है कि प्रतिभागी यह दावा कर सकते हैं कि विज्ञान के ठोसपन से आर्थिक सोच या विश्वास किसी भी तरह सम्बन्धित नहीं हैं; रही बात परिस्थितियों की (जिनसे गुज़र कर वैज्ञानिक तथ्यों का निर्माण होता है),

---

5. जिसके लिए रॉजर गिल्लेमिन (Roger Guillemin) को एंड्रयू शाल्ली एवं रोसालिन यालो (Andrew Schally - Rosalyn Yalow) के साथ 1977 ईस्वी का फिजियोलॉजी/मेडिसिन का नोबेल पुरस्कार भी मिला।

तो वह वैज्ञानिक ब्यौरों से साफ़ ग़ायब हो जाती हैं, क्योंकि यह समझा जाता है कि ऐसे मामलों को राजनीतिक विश्लेषण के लिए छोड़ देना चाहिए और हमें तथ्यों की सख़्त एवं ठोस दुनिया की सराहना करना चाहिए।' (लातूर एवं वूल्गर, 1979; पृ. 240; अनुवाद एवं सरलीकरण मेरा)।

लेबोरेटरी–अध्ययन यह दर्शाते हैं कि आम चित्रण एवं विश्वासों से उलट, विज्ञान सम्बन्धी अनुसन्धान न तो किसी दृढ़ वैज्ञानिक कार्यपद्धति (जो निर्विवाद तथ्यों को उत्पन्न करता हो) के अनुसार किया जाता है, न ही उससे नियन्त्रित होता है। बल्कि किसी भी अन्य विषय की तरह, वैज्ञानिक अनुसन्धान में भी, विवाद उत्पन्न होते हैं, निजी एवं सामाजिक मूल्य महत्त्वपूर्ण भूमिका निभाते हैं और मंजूरशुदा कार्यविधियाँ एवं ज्ञान बदलते रहते हैं। लेखन, अनुसन्धान एवं ज्ञान का उत्पादन अन्तःसम्बन्धित हैं; वैज्ञानिक तथ्यों का निर्माण एक लम्बी एवं आनुक्रमिक प्रक्रिया है जिसमें व्याप्त अव्यवस्था में से व्यवस्था/तरतीब का निर्माण होता है, अस्त–व्यस्त आँकड़ों को पृष्ठभूमि के कोलाहल से छाँट कर अलग किया जाता है। विज्ञान रूपी रंगपटल के पीछे की ऐसी व्याख्याएँ यह प्रकट करती हैं कि विज्ञान क़तई अद्भुत नहीं है। उदाहरण के लिए, एक प्रयोगशाला में होने वाली ज्ञान की खोज और एक क़ानूनी अदालत में होने वाले काम में कोई महत्त्वपूर्ण अन्तर नहीं है। वैज्ञानिक अनुसन्धान में भी, सैद्धान्तिक रूप से, सब कुछ मोल–भाव के लायक़ (negotiable) है : "एक माइक्रोग्लिया सेल क्या है और एक शिल्पकृति (artefact) क्या है, अच्छा वैज्ञानिक कौन है और उचित विधि क्या है, कोई एक माप पर्याप्त है या फिर कई प्रतिकृतियों (replications) की ज़रूरत है।" (नॉर–सेतिना, 1995, पृ. 152)।

3. विज्ञान का समाजशास्त्रीय अध्ययन : विज्ञान-शिक्षा सम्बन्धी सम्भावनाएँ एवं समस्याएँ

विज्ञान के अन्दर और बाहर, दोनों तरफ़ से सामाजिक–सांस्कृतिक कारकों पर इसकी निर्भरता को तेज़ी–से समझा जा रहा है। विज्ञान के दार्शनिक एवं समाजशास्त्रीय अध्ययनों में बढ़ती हुई विद्वता ने विज्ञान के अन्दर से और विज्ञान की राजनीतिक अर्थव्यवस्था ने बाहर से इस समझ को लगातार उजागर किया है। विज्ञान के समाजशास्त्र की पैनी दृष्टि विज्ञान में व्याप्त मूल्यों, विश्वासों एवं मानवीय रिश्तों की व्याख्या कर के

विज्ञान–सम्बन्धी रूढ़िवादी विचारों को चुनौती देती है। यह दृष्टि विज्ञान के बेबुनियाद सामाजिक रुतबे एवं स्थायित्व को धीरे–धीरे ख़त्म करने और विज्ञान के मानवीय एवं सामाजिक घटकों और सन्दर्भों पर ज़ोर देती है। इन अन्तर्विषयक अध्ययनों ने वैज्ञानिक उपकर्म को एक सामाजिक रूप से संगठित उद्यम बताया है, जो कई स्तरों पर मानवीय–मूल्यों, विश्वासों एवं प्रतिबद्धताओं से आकार पाता है। विज्ञान की प्रकृति से सम्बन्धित इस अन्तर्विषयक विद्वता ने विज्ञान की एक बृहद् एवं बेहतर समझ बनाने के लिए रास्ते साझा किये हैं।

अक्सर देखा गया है कि वैज्ञानिक उपकर्म की समाजशास्त्रजनित व्याख्याएँ विज्ञान की पाठ्यपुस्तकों एवं कक्षाओं और आम लोगों के बीच व्याप्त धारणाओं से उलट होती हैं। विज्ञान की सामाजिक–सांस्कृतिक निर्भरताओं की समझ, सिर्फ़ वैज्ञानिक उपकर्म का एक बेहतर विवरण ही पेश नहीं करती, बल्कि इसमें एक बेहतर क़िस्म के विज्ञान को बढ़ावा देने; वैज्ञानिक उपकर्म को रहस्य–मुक्त (Demystify) करने एवं विज्ञान को सामाजिक आवश्यकताओं के प्रति और सचेत करने की सम्भावनाएँ भी मौजूद हैं। विज्ञान–शिक्षकों को विज्ञान के समाजशास्त्र सम्बन्धी शोध एवं आलेखों पर ध्यान देने की ज़रूरत है; यह विज्ञान–कक्षाओं की विषयवस्तु एवं शिक्षणशास्त्र, दोनों को प्रेरित करने के काफ़ी अच्छे संसाधन हो सकते हैं। वर्तमान में कई विज्ञान–शिक्षक स्कूलों में विज्ञान के एक उत्तर–अनुभववादी (Post-Empiricist) दर्शन को शामिल करने के लिए काम कर रहे हैं। विज्ञान–शिक्षक विज्ञान–शिक्षण के लिए ऐसे मॉडल की तलाश करते हैं जो दार्शनिक रूप से प्रामाणिक हों (गुरेंडर एवं टोबिन, 1991; मैथ्यूज, 1990; निएल्सेन एवं थॉम्सेन, 1990) लेकिन जो विज्ञान को सभी विद्यार्थियों के लिए सुलभ और प्रासंगिक बनाने के लक्ष्य को भी पूरा करता हो।

हालाँकि, वर्तमान में हमारे विद्यालयों में उपयोग में लायी जाने वाली पाठ्यपुस्तकों एवं शिक्षण में ऐसी आवाज़ों की मौजूदगी के बहुत कम संकेत मिलते हैं। वैज्ञानिक ज्ञान को आमतौर पर एक ग़ैर–समस्यात्मक, स्पष्ट, दुहराये जा सकने वाले तथ्यों (जो अवलोकनों पर आधारित, प्रयोगों द्वारा सम्पुष्ट होने वाली एक नियमबद्ध वैज्ञानिक कार्यविधि के अनुसरण से निकलते हैं) के तौर पर समझा और पढ़ाया जाता है। दुर्भाग्यवश, विज्ञान की सामाजिक विशेषताओं के बारे में विज्ञान के शिक्षार्थियों एवं प्रशिक्षु

विज्ञान–शिक्षकों को नहीं बताया जाता। मेरा मानना है कि विज्ञान की वह कक्षाएँ, जहाँ विज्ञान की समाजशास्त्रीय समझ की अनदेखी की जाती है, न केवल विज्ञान की एक ग़लत तस्वीर पेश करती हैं, बल्कि शिक्षार्थियों के एक समूह विशेष को आगे विज्ञान की पढ़ाई करने से हतोत्साहित भी करती हैं। इसके विपरीत, यदि विज्ञान की कक्षाओं में विज्ञान के बारे में अधिक वास्तविक एवं सटीक दृष्टिकोण प्रस्तुत किये जायें, तो शिक्षार्थी विज्ञान की बेहतर ढंग से सराहना कर पायेंगे और वैज्ञानिक दावों और मुद्दों का आकलन करने के लिए बेहतर रूप से लैस हो सकेंगे। इसके अलावा, ऐसा करने से विज्ञान के अध्ययन को अधिक लोकतान्त्रिक बनाया जा सकता है। यदि हम प्रामाणिकता (authenticity) के लिए प्रयास करें, तो साथ–ही–साथ समावेशिता (inclusivity) को बढ़ावा दे सकते हैं। वर्तमान में अधिकांश विज्ञान–कक्षाओं से वास्तविक विज्ञान की विशेषताओं का शिक्षण नदारद है; यदि वास्तविक विज्ञान की विशेषताओं को विज्ञान–शिक्षकों द्वारा स्वीकार कर लिया जाये एवं विज्ञान की कक्षाओं में शामिल कर लिया जाये, तो हाशियाकृत एवं अभिवंचित समुदाय के शिक्षार्थियों के लिए विज्ञान को और अधिक आकर्षक बनाया जा सकता है। क्योंकि ऐसा करने से विज्ञान के मुख पर चढ़ा नीरस मुखौटा उतर जायेगा और विज्ञान का मानवीय चेहरा उजागर होगा।

कई शोधकर्ताओं ने (स्कूली) विज्ञान की कुछ ऐसी विशेषताओं की निशानदेही की है जो विज्ञान एवं विज्ञान आधारित पेशों में कम पहुँच रखने वाले सामाजिक समूहों विशेषकर, महिलाओं एवं अल्पसंख्यकों को विज्ञान से दूर कर देती हैं (कार्टर, 1990; लेमके, 1990; मार्टिन, 1999) :

1. विज्ञान को अक्सर एक निहायत तकनीकी विषय के रूप में प्रस्तुत किया जाता है, जिसे महाविद्वान लोग कर सकते हैं और जो तमाम मानवीय तत्त्वों से मुक्त होता है।
2. स्कूलों की विज्ञान–प्रयोगशालाओं में होने वाला काम अक्सर व्यक्ति केन्द्रित एवं प्रतियोगी प्रकृति का होता है, विद्यार्थी पूर्व–परिभाषित प्रक्रियाओं का अनुसरण करते हैं और ऐसे प्रयोग करते हैं जो पूर्वज्ञात तथ्यों को सिद्ध करते हैं।
3. स्कूली प्रोजेक्ट अक्सर विद्यार्थियों के जीवन के लिए अप्रासंगिक होते हैं; फिर भी विद्यार्थी बहुत कम मामलों में यह सवाल उठाते हैं

कि वह किसी क्रियाकलाप को क्यों कर रहे हैं या इन क्रियाओं का मानव जाति के लिए क्या उपयोग है।

4. स्कूलों की विज्ञान–कक्षाओं एवं प्रयोगशालाओं में अपनायी जाने वाली प्रक्रियाएँ अक्सर ग़ैर–लचीली होती हैं, जिस कारण उलझाऊ आँकड़ों, रचनात्मकता एवं व्यक्तिगत ख़ूबियों की अभिव्यक्ति के लिए कोई जगह नहीं बचती।

विज्ञान–शिक्षण के लिए, विज्ञान के समाजशास्त्रीय अध्ययनों के शैक्षणिक निहितार्थों पर बहुत गहन अध्ययन नहीं हुआ हैं। समाजशास्त्रीय परिप्रेक्ष्यों से अभिप्रेरित विज्ञान–शिक्षण से सम्बन्धित शैक्षणिक सामग्रियों एवं निर्देशों की बहुत ज़्यादा कमी है। विज्ञान के समाजशास्त्रीय अध्ययनों के विज्ञान–शिक्षण के लिए कुछ सम्भावित निहितार्थ इस प्रकार हो सकते हैं :

1. वैज्ञानिक ज्ञान को उन सामाजिक परिस्थितियों पर निर्भर समझना चाहिए, जो इसके निर्माण को संचालित करती हैं। वैज्ञानिक ज्ञान का शिक्षण भी ऐसे ही होना चाहिए।
2. विज्ञान सम्बन्धी सामाजिक विमर्श की ओर ध्यान देने के साथ–साथ विज्ञान की प्रयोगसिद्ध प्रामाणिकता पर ज़ोर देना भी बहुत ज़रूरी है। विज्ञान–शिक्षकों को प्रयोगशाला–सम्बन्धी कृत्यों पर परिचर्चा करते समय विज्ञान के प्रयोगसिद्ध/अनुभवजन्य (Empirical) एवं सामाजिक (Social) दोनों पहलुओं के बीच सन्तुलन बनाना आवश्यक है।
3. सामाजिक–सांस्कृतिक मूल्य वैज्ञानिक ज्ञान की प्रक्रिया, विषयवस्तु एवं अनुप्रयोग को प्रभावित करते हैं। विज्ञान–शिक्षकों को वैज्ञानिक ज्ञान के उद्भव से जुड़े हुए सामाजिक एवं ऐतिहासिक सन्दर्भों को दर्शाने के लिए काफ़ी मेहनत करने की आवश्यकता है।
4. विज्ञान–शिक्षकों को (प्राकृतिक) विज्ञान एवं सामाजिक विज्ञान के बीच के ज्ञानमीमांसात्मक अलगावों (Epistemological Differences) को ख़त्म करने की लगातार कोशिश करनी चाहिए। अपने शिक्षण में यह कभी भी नहीं दर्शाना चाहिए कि सामाजिक मसलों के निवारण में वैज्ञानिक ज्ञान की एक ख़ास हैसियत है।
5. विज्ञान–शिक्षकों को इस विचार का त्याग कर देना चाहिए कि स्कूलों या कॉलेजों में विज्ञान पढ़ लेने मात्र से लोग स्वतः ही बेहतर सार्वजनिक फ़ैसले लेने के लायक़ हो जायेंगे;

विज्ञान की एक मुकम्मल एवं समृद्ध लोक–समझ के लिए यह ज़रूरी है कि विज्ञान की प्रक्रियाओं का अध्ययन किया जाये, न कि सिर्फ़ इसकी विषयवस्तु का।

विज्ञान के समाजशास्त्र का ज्ञान मात्र होना इसे स्कूली विज्ञान–शिक्षण में चरितार्थ करने के लिए काफ़ी नहीं है। सर्वप्रथम, शिक्षकों एवं शिक्षक–प्रशिक्षकों का इस बात पर विश्वास होना चाहिए कि विज्ञान के समाजशास्त्रीय पहलू स्कूल की विज्ञान–कक्षाओं या शिक्षक–प्रशिक्षण की कक्षाओं में शामिल किये जाने लायक़ ज्ञान हैं। तत्पश्चात, शिक्षकों को विज्ञान–शिक्षण के अपने उद्देश्यों को तय करना चाहिए। क्या वे विज्ञान इसलिए पढ़ाते हैं कि शिक्षार्थियों की इसकी संकल्पनाएँ अच्छी तरह समझ आ जायें और वह तथ्यों की जानकारी में प्रवीण (content-mastery) हो जायें? या फिर वह विज्ञान के एक ज़्यादा प्रामाणिक एवं समावेशी शिक्षण के प्रति वचनबद्ध हैं; जिसका मक़सद सभी पृष्ठभूमि के विद्यार्थियों के अन्दर विज्ञान सम्बन्धी आत्मविश्वास पैदा करना एवं शिक्षार्थियों को उनकी रचनात्मक एवं आलोचनात्मक सोच के हुनर को ज़्यादा पैना करने के अवसर देना है, ताकि वह विज्ञान एवं प्रौद्योगिकी पर तेज़ी–से निर्भर होते जा रहे समाज में ज़िम्मेदारी, प्रबुद्धता एवं सुविज्ञता के साथ फ़ैसले ले सकें? विज्ञान की समाजशास्त्रीय अन्तःदृष्टि को विज्ञान की कक्षाओं में समाविष्ट करना एक बहु–चरणीय प्रक्रिया है। विज्ञान के समाजशास्त्रीय विचारों से प्रभावित शिक्षण करने के लिए शिक्षकों को कक्षा–कक्ष की संरचना, कक्षा में स्वयं की भूमिका, पाठ्यपुस्तक–प्रभावी शिक्षण एवं विज्ञान–कक्षाओं में की जाने वाली विज्ञान सम्बन्धी गतिविधियों और प्रयोगशाला–कार्यों में बदलाव लाने की आवश्यकता है। क्रिस्टीन कन्निंघम एवं जेनिफर हेल्म्स (1998) ने विज्ञान के समाजशास्त्रीय अध्ययनों से प्रभावित शिक्षण–विधियों पर विस्तृत चर्चा की है। निम्नलिखित पैराग्राफ में उनके द्वारा सुझाये गये कुछ मुख्य शिक्षणशास्त्रीय बिन्दुओं को चिह्नांकित किया जा रहा है :

1. **कक्षा–कक्ष की संरचना, कक्षा में शिक्षक की भूमिका** : बहुत से विज्ञान–शिक्षक आज भी उसी तरह विज्ञान को पढ़ाते हैं, जैसा शिक्षण उन्होंने अपने शिक्षकों को करते देखा–शिक्षक–निर्देशित एवं पाठ्यपुस्तक–प्रभावी। यदि शिक्षार्थियों की वैज्ञानिक प्रक्रिया / अमल के बारे में अधिक सटीक समझ को बढ़ावा देना और

सभी विद्यार्थियों में विज्ञान के विश्वास को प्रोत्साहित करना है तो विज्ञान–शिक्षकों को स्वयं (एवं विज्ञान की पाठ्यपुस्तकों) को विज्ञान सम्बन्धी प्राधिकार के रूप में पेश करने की आदत को त्यागना होगा। उन्हें अपने शिक्षार्थियों को यह स्पष्ट सन्देश देना होगा कि जब वह अपने स्वयं के प्रश्नों और समस्याओं को कक्षा में विकसित करते हैं, उनका परीक्षण करते हैं एवं उन पर समीक्षा और चर्चा करते हैं, तब उन्हें सिर्फ़ शिक्षक पर ही नहीं बल्कि खुद पर और एक–दूसरे पर (अपने साथियों पर) भी भरोसा करना चाहिए। शिक्षक को विद्यार्थियों द्वारा पूछे गये प्रश्नों के निश्चित उत्तर देने की लालसा से परहेज़ करने की ज़रूरत है। विद्यार्थियों को स्वयं पर और एक–दूसरे पर भरोसा करने के लिए प्रोत्साहित करने के लिए वास्तविक विज्ञान की अस्त–व्यस्तता एवं अनिश्चितता का सामना करने और अपने निर्णय लेने के लिए आत्मविश्वास जगाने के लिए शिक्षकों को ज्ञान के स्रोत (जिसकी प्रतिक्रिया विद्यार्थियों को प्रयोगों के सही परिणाम को पाने एवं उनके नतीजों को सही मानने के लिए दिशा–निर्देश देती है) के रूप में खुद को व्यक्त करने से बचने की आवश्यकता है (कन्निंघम एवं हेल्म्स, 1998; पृ. 489–490)।

2. **पाठ्यपुस्तक–प्रभावी शिक्षण** : साथ ही, ज्ञान के विविध स्वीकार्य स्रोतों से शिक्षार्थियों को परिचित कराने के लिए उन्हें विज्ञान के जर्नल, पत्रिका, पूर्ववर्ती विद्यार्थियों द्वारा किये गये प्रोजेक्ट–कार्य की रिपोर्ट, एवं अन्य लिखित स्त्रोतों और इन्टरनेट से जानकारी इकट्ठा करने के लिए प्रोत्साहित कर सकते हैं। विज्ञान में साथी–समीक्षा/पियर–रिव्यू की अवधारणा को आत्मसात कराने के लिए शिक्षक अपने विद्यार्थियों को विज्ञान सम्बन्धी मुद्दों पर मौजूद परस्पर विरोधी आलेखों या उनके सारांश को पढ़ने और उन पर समालोचनात्मक परिचर्चा करने के लिए भी तैयार कर सकते हैं। विद्यार्थियों को समाचार–पत्र, पत्रिका, रेडियो, टेलीविज़न, इंटरनेट आदि लोकप्रिय मीडिया से चुने गये किसी आलेख या मुद्दे का विश्लेषण करने के लिए कह सकते हैं; ऐसा करते हुए शिक्षक विद्यार्थियों को सवालों की एक फ़ेहरिस्त दे सकते हैं जो उन्हें प्रमाणों की जाँच करने,

अन्य सम्भावित व्याख्याएँ सुझाने में, सूचना के स्रोत की जाँच करने में और भेदभाव/पक्षपात के सम्भावित स्रोतों की पहचान करने में मदद करें (पूर्वोक्त; पृ. 490)।

3. **विज्ञान सम्बन्धी प्रयोगशाला–कार्य एवं गतिविधियाँ** : प्रयोग–कार्य के सम्बन्ध में भी शिक्षकों को फ़ौरन जवाब मुहैया करने के बजाय, शिक्षार्थियों को कई सम्भावित रास्ते सुझाने चाहिए। विद्यार्थियों को कक्षा के अन्य सदस्यों से इनपुट माँगने के लिए कहें या विद्यार्थियों से पूछें कि क्या वह इस बात से आश्वस्त हैं कि उनका डेटा उनके निष्कर्षों का समर्थन करता है। विज्ञान–शिक्षक को शिक्षार्थियों को प्रयोगों से सम्बन्धित निर्णयों– कोई प्रयोग कब समाप्त होना चाहिए; प्रयोग ठीक से किया गया है या नहीं; प्रयोग के निष्कर्ष क्या हैं और उनके आधार पर किये गये दावे व्यवहार्य हैं या नहीं–को लेने के अधिकतर मौक़े भी मुहैया करने चाहिए। विज्ञान की कक्षाओं में वैज्ञानिक समुदाय की परस्पर निर्भरता एवं विज्ञान की सूक्ष्म–समाजशास्त्रीय प्रक्रियाओं को उभारने के लिए शिक्षार्थियों को ऐसे प्रयोगशाला–कार्यों और गतिविधियों में व्यस्त रखने की ज़रूरत है, जो वास्तविक विज्ञान से काफ़ी मिलती–जुलती हों। शिक्षार्थियों को एक–दूसरे के साथ चर्चा करने के मौक़े देने होंगे और उन्हें छोटे–छोटे समूहों में कार्य करने के लिए प्रोत्साहित करना होगा। छोटे–छोटे समूहों में कार्यरत विद्यार्थी सूचना, डाटा एवं सलाह के लिए अपने समूह के दूसरे साथियों और अन्य समूहों पर भरोसा करेंगे। कभी ऐसा किया जा सकता है कि अलग–अलग विद्यार्थी–समूहों को एक ही टॉपिक पर एक ही जैसी कार्यविधि को अपना कर काम करने के लिए कहा जाये; कभी अलग–अलग समूहों को एक ही टॉपिक पर विभिन्न कार्यविधि अपनाने को कहा जाये; और अन्त में प्रत्येक समूह को अपने नतीजों को दूसरे समूहों के साथ साझा करने को कहा जाये। कभी ऐसा भी किया जा सकता है कि पूरी कक्षा को, उप–समूहों में बाँट कर, एक ही समस्या/टॉपिक पर काम करने को कहा जाये मगर प्रत्येक उप–समूह उक्त समस्या के किसी एक हिस्से पर काम करे; समस्या को 'हल' करने के लिए शिक्षार्थियों को आपस में

सहयोग करना होगा और उक्त समस्या की एक सम्पूर्ण तस्वीर को समझने के लिए अपने साथियों द्वारा किये गये कार्यों को समझना, उनका विवेचन करना एवं उन्हें समन्वयित करना पड़ेगा। ऐसा करने से अलग–अलग विद्यार्थियों में अलग–अलग तरह की दक्षता का विकास होगा। इससे विद्यार्थियों के बीच नेटवर्किंग की समझ बनेगी; ऐसी नेटवर्किंग एक ही कक्षा में एवं दो या अधिक कक्षाओं के बीच हो सकती है। समूह–कार्यों में इस बात को भी चिह्नांकित करने की आवश्यकता है कि वैज्ञानिक–कार्य में केवल दोस्ताना सहयोग एवं सूचनाओं को साझा करना ही शामिल नहीं है, बल्कि इसमें एक सहयोगात्मक–प्रतिस्पर्धा भी अन्तर्निहित है। इसलिए समूह–कार्यों में प्रतिस्पर्धा का भाव पैदा करने के लिए, कई बार अलग–अलग समूहों को एक ही समस्या पर कार्य करने के लिए कहा जा सकता है, मगर पारितोषिक उस समूह को दिया जाये, जो समस्या का बेहतरीन समाधान दे पाये (पूर्वोक्त; पृ. 489–490)।

अन्त में यह स्पष्ट करना आवश्यक है कि जहाँ मैं विज्ञान के बारे में समाजशास्त्रीय दृष्टि की महत्ता को स्वीकार रहा हूँ, वहीं मैं इस बात पर भी सचेत हूँ कि शिक्षार्थी विज्ञान के अध्ययन के पश्चात ऐसी सोच न विकसित कर लें कि विज्ञान एक भेड़चाल मात्र है। इसलिए विज्ञान की सामाजिक रूप से प्रामाणिक व्याख्या विज्ञान की शुरुआती शिक्षा में शायद उचित न भी हो। लेकिन इसे शिक्षक–प्रशिक्षण कार्यक्रमों में, विज्ञान के ऐतिहासिक एवं दार्शनिक परिप्रेक्ष्यों के साथ मिलाने से निश्चित रूप से लाभप्रद होगा। विज्ञान की समाजशास्त्रीय दृष्टि के शैक्षणिक निहितार्थों को और अधिक गहराई से समझने और उन पर काम करने की ज़रूरत है। विज्ञान का समाजशास्त्रीय विश्लेषण कोई ऐसा दृढ़ नज़रिया नहीं देता जिससे विज्ञान की वस्तुनिष्ठ जाँच की जाये (बल्कि ऐसी किसी भी सम्भावना को ख़ारिज करना ही इस क्षेत्र का मुख्य योगदान है)। हमें एक तरह के बाहरी प्राधिकार के एवज़ में दूसरे क़िस्म के बाहरी प्राधिकार को जगह नहीं देनी चाहिए। यदि हम विज्ञान की आलोचना करना सीखने में विज्ञान में आस्था की जगह समाजशास्त्रीय विश्लेषणों में अटूट आस्था विकसित कर लें, तो यह एक दुखद विडम्बना होगी।

सन्दर्भ-सूची

1. *अमेरिकन एसोसिएशन फ़ॉर एडवांसमेंट ऑफ़ साइंस* (1993), *बेंचमार्क फ़ॉर साइंटिफिक लिट्रेसी।* वाशिंगटन डी.सी.।
2. एन.सी.ई.आर.टी. (2006), *राष्ट्रीय पाठ्यचर्या की रूपरेखा–2005; समूह–पत्र 1.1. विज्ञान–शिक्षण,* नयी दिल्ली : नेशनल काउंसिल ऑफ एजुकेशनल रिसर्च एंड ट्रेनिंग।
3. एस. वूल्गार (1976), "राइटिंग एन इंटेलेक्चुअल हिस्ट्री ऑफ़ साइंटिफिक डेवलपमेंट : दि यूज़ ऑफ़ डिस्कवरी एकाउंट्स, *सोशल स्टडीज़ ऑफ़ साइंस,* पृ. 395–422
4. कन्निंघम, सी.एम. एवं जे.वी. हेल्म्स (1998), *सोशियोलॉजी ऑफ़ साइंस अज़ अ मींस टू अ मोर ऑथेंटिक, इंक्लूसिव साइंस एजुकेशन, जर्नल ऑफ़ रिसर्च इन साइंस टीचिंग* 35 (5), पृ. 483–499
5. कार्टर, सी. (1990), *जेंडर एंड इक्विटी इश्यूज़ इन साइंस क्लासरूम्स : वैल्यूज़ एंड करिकुलर डिस्कोर्स, पेपर प्रजेंटेड एट दि एनुअल मीटिंग ऑफ़ दि मोर हिस्ट्री एंड फिलासफी ऑफ़ साइंस इन साइंस टीचिंग,* प्रोसिडिंग्स ऑफ़ दि फर्स्ट इंटरनेशनल कॉनफ़रेंस, फ्लोरिडा स्टेट यूनिवर्सिटी।
6. कुमार, एन. (2012), "इंट्रोडक्शन : रिफ्लेक्शन एंड रियलिटीज़ अक्रॉस कल्चर, *जेंडर एंड साइंस : स्टडीज़ अक्रॉस कल्चर्स,* एन. कुमार (एड)। नयी दिल्ली : फाउंडेशन बुक्स, पृ. xv–xxx
7. कुह्न, टी.एस. (1962), *दि स्ट्रक्चर ऑफ़ साइंटिफिक रिवोलुशन,* शिकागो : यूनिवर्सिटी ऑफ़ शिकागो प्रेस।
8. कॉलिंस, एच.एम. (1975), *दि सेवेन सक्सेज़ : अ स्टडी इन दि सोशियोलॉजी ऑफ़ अ फिनोमेनन ऑर दि रेप्लीकेशन ऑफ़ एक्सपेरिमेंट्स इन फिजिक्स, सोशियोलॉजी* 9, पृ. 205–224
9. कॉलिंस, एच.एम. (1981), *स्टेजेज़ इन दि एम्पिरिकल प्रोग्राम ऑफ़ रिलेटिविज़्म, सोशल स्टडीज़ ऑफ़ साइस,* 11 पृ. 3–10
10. गुरेंडर, डी.सी. एवं के.जी. टोबिन (1991), *प्रॉमिस एंड प्रोस्पेक्ट (विशेषांक), साइंस एजुकेशन* 75, पृ. 1–8
11. गोडफ्रे–स्मिथ, पी. (2003), *एन इंट्रोडक्शन टू दि फिलासफी ऑफ़ साइंस : थ्योरी एंड रियलिटी,* शिकागो : दि यूनिवर्सिटी ऑफ़ शिकागो प्रेस।
12. गौतम, एम. (2015), *जेंडर, सब्जेक्ट चॉइस एंड हायर एजुकेशन इन इंडिया : एक्सप्लोरिंग 'चॉइसेज़' एंड 'कंस्ट्रेंट्स' ऑफ़ वीमेन स्टूडेंट्स, कंटेम्परारी एजुकेशन डायलॉग* 12 (1), पृ. 31–58
13. डेलामोंट, एस. (1979), *थ्री ब्लाइंड स्पॉट्स? अ कमेंट ऑन दि सोशियोलॉजी ऑफ़ साइंस बाय अ पजल्ड आउटसाइडर, सोशल स्टडीज़ ऑफ़ साइंस* 17, पृ. 163–170

14. दुश्ल, आर.ए. (1990), रीस्ट्रक्चरिंग साइंस एजुकेशन : *दि इम्पोर्टेंस ऑफ़ थ्योरीज़ एंड देयर डेवलपमेंट,* न्यूयॉर्क : टीचर्स कॉलेज प्रेस।
15. निएल्सेन, एच. एवं पी.वी. थॉम्सेन (1990), *हिस्ट्री एंड फिलासफी ऑफ़ साइंस इन फिजिक्स एजुकेशन, इंटरनेशनल जर्नल ऑफ़ साइंस एजुकेशन* 12, पृ. 308–316
16. नेशनल रिसर्च काउंसिल (1996), *नेशनल साइंस एजुकेशन स्टैंडर्ड्स,* वाशिंगटन, डी.सी., नेशनल अकेडमी प्रेस।
17. नॉर्र–सेतिना, के. (1995) *लेबोरेटरी स्टडीज़ : दि कल्चरल एप्रोच टू दि स्टडी ऑफ़ साइंस,* एस. जसनोफ्फ़ एवं सहयोगी (एड), *हैंडबुक ऑफ़ साइंस एंड टेक्नोलॉजी स्टडीज़,* थाउजेंड ओक्स : सेज, पृ. 140–166
18. पिंच, टी. (1986), *कॉन्फ्रनटिंग नेचर,* डोर्ड्रेच्त : आर. रिएडेल।
19. पॉपर, के. (1963), *कंजेक्चर्स एंड रेफुटेशंस : दि ग्रोथ ऑफ़ साइंटिफिक नॉलेज,* लंदन : रूटलेज एंड केगन पॉल।
20. बार्नेस, बी. एवं आर.जी.ए. डॉल्बी (1970), दि साइंटिफिक एथोस : अ डेविएंट व्यूपॉइंट, *आर्काइव्ज ऑफ़ यूरोपियन सोशियोलॉजी* 11, पृ. 3–25
21. मर्टन, आर.के. (1942), *दि नोर्मेटिव स्ट्रक्चर ऑफ़ साइंस, दि सोशियोलॉजी ऑफ़ साइंस* 1973 में पुनः प्रकशित।
22. मार्टिन, जे.आर. (1991)। *व्हाट शुड साइंस एजुकेटर्स डू अबाउट दि जेंडर बायस इन साइंस? हिस्ट्री, फिलासफी एंड साइंस टीचिंग।* एम. मैथ्यूज़ (एड.), टोरंटो : OISE प्रेस, पृ. 151–165
23. मित्रोफफ़, आई. (1974), *नॉर्म्स एंड काउंटर--नॉर्म्स इन अ सेलेक्ट ग्रुप ऑफ़ दि अपोलो मून साइंटिस्ट्स : अ केस स्टडी ऑफ़ दि अम्बिवालेंस ऑफ़ साइंटिस्ट्स, अमेरिकन सोशियोलॉजिकल रिव्यू* 39, पृ. 579–595
24. मुल्के, एम. (1975), *नॉर्म्स एंड आइडियोलॉजी इन साइंस, सोशल साइंस इंफार्मेशन* 15, पृ. 637–656
25. मुल्के, एम. (1991), *सोशियोलॉजी ऑफ़ साइंस,* ब्लूमिंगटन : इंडिआना यूनिवर्सिटी प्रेस, में पुनः प्रकाशित।
26. मैथ्यूज़, एम.आर. (1990), हिस्ट्री, फिलासफी एंड साइंस टीचिंग : द प्रजेंट, *स्टडीज़ इन साइंस एजुकेशन* 18, पृ. 25–51
27. मैथ्यूज़, एम.आर. (2015), साइंस टीचिंग : *दि कॉन्ट्रिब्यूशन ऑफ़ हिस्ट्री एंड फिलासफ़ी ऑफ़ साइंस,* न्यूयॉर्क : रूटलेज।
28. लकातोस, आई. (1970), *फाल्सिफिकेशन एंड दि मैथडोलोजी ऑफ़ साइंटिफिक प्रोग्राम्स, क्रिटिसिज्म एंड दि ग्रोथ ऑफ़ नॉलेज,* आई. लकातोस एवं ए. मुसग्रवे (एड), कैम्ब्रिज : कैम्ब्रिज यूनिवर्सिटी प्रेस, पृ. 91–96
29. लातूर, बी. एवं एस. वूल्गार (1986), *लेबोरेटरी लाइफ़ : दि कंस्ट्रक्शन ऑफ़ साइंटिफिक फैक्ट्स,* द्वितीय संस्करण, प्रिंसटन : प्रिंसटन यूनिवर्सिटी प्रेस।
30. लेमके, जे.एल. (1990), *टॉकिंग साइंस,* नोर्वुड : अब्लेक्स।

31. शापिन, एस. एवं एस. शाफ्फेर (1985), *लेविआथन एंड दि एयर पम्प : होब्बस, बॉयल एंड दि एक्सपेरिमेंटल लाइफ,* प्रिंसटन, न्यू जर्सी : प्रिंसटन यूनिवर्सिटी प्रेस।

32. शाफ्फेर, एस. (1989), *ग्लास वर्क्स : न्यूटन'स प्रिज्म्स एंड दि यूजेज़ ऑफ़ एक्सपरिमेंट, दि यूजेज़ ऑफ़ एक्सपरिमेंट : स्टडीज़ इन दि नेचुरल साइंसेज,* डी. गूडिंग, टी. पिंच एवं एस. शाफ्फेर (एड), न्यूयॉर्क : कैम्ब्रिज यूनिवर्सिटी प्रेस, पृ. 67–104

33. हेगेंदिज्क, आर. (1990), स्ट्रक्चरेशन थ्योरी, कंस्ट्रक्टिविज्म एंड साइंस चेंज, *थ्योरीज़ ऑफ़ साइंस इन सोसाइटी,* ब्लूमिंग्टन : इंडिआना यूनिवर्सिटी प्रेस।

34. हुसैन, एम. जे. (2017), *स्टीरियोटिपिकल इमेजेज़ ऑफ़ साइंटिस्ट्स हेल्ड बाई प्री–सर्विस टीचर्स : इम्प्लीकेशंस फॉर टीचर प्रिपरेशन,* पेपर प्रेसेंटेड एट दि नेशनल सेमीनार ऑन साइंस एजुकेशन, रीजनल इंस्टिट्यूट ऑफ़ एजुकेशन, अजमेर।

35. हेस, डी.जे. (1997), *साइंस स्टडीज़ : एन एडवांस्ड इंट्रोडक्शन,* न्यूयॉर्क : न्यूयॉर्क यूनिवर्सिटी प्रेस।

अध्याय–9

विज्ञान संकाय में अध्ययन का मक़सद आख़िर है क्या?

भारती पण्डित

आज समाज में एक अजीब–सी भ्रान्ति व्याप्त है। विज्ञान संकाय में शिक्षण लेना और वह भी इंजीनियरिंग या चिकित्सा के क्षेत्र में न केवल स्टेटस का सूचक बनने लगा है, वरन ऐसा माना जाने लगा है कि बच्चों को येन–केन–प्रकारेण इंजीनियरिंग या डॉक्टरी की डिग्री भर मिल जाये, तो यक़ीनन उनका जीवन बदल जायेगा। आई.आई.टी. और एम्स के दाख़िले तो ख़ैर सबसे उच्च प्राथमिकता पर हैं ही, अन्य संस्थानों की होड़ भी कम नहीं है। इसी अपेक्षा के चलते स्कूल का सत्र समाप्त होना और आठवीं, दसवीं व बारहवीं के नतीजे घोषित होना सही मायनों में बच्चों के लिए किसी संकट के आगमन से कम नहीं होता। नौवीं कक्षा में आते ही बच्चों को कोचिंग में भेजने का सिलसिला शुरू हो जाता है। सुबह से लेकर रात तक बच्चे पुस्तकों की इस निरर्थक काली–सफ़ेद दुनिया में खोये हुए रहते हैं। यह पर्चा इस परिस्थिति से उत्पन्न ऐसे ही कुछ सवालों की पड़ताल करता है।

बच्चों के भविष्य के लिए सपने देखना कोई अपराध नहीं है, पर उन सपनों को रचने में बच्चों का हिस्सा न होना, उनकी कोई सहमति न होना, क्या यह उचित है? और उससे भी बड़ी समस्या है बच्चों को विज्ञान शिक्षा के लक्ष्यों से दूर ले जाकर केवल रट्टू तोता बना डालना। क्योंकि यदि आज

के स्कूल और कोचिंग वास्तव में विज्ञान की शिक्षा देते तो भी बात और होती, मगर ये संस्थान बच्चों को विज्ञान की शिक्षा नहीं देते वरन विज्ञान आधारित प्रतियोगी परीक्षाएँ उत्तीर्ण करना सिखाते हैं। यानी मात्र इस तरह की परीक्षा में अच्छे अंक लाने की तकनीक का प्रशिक्षण देते हैं। इसी के चलते आई.आई.टी. के प्राध्यापकों को यह कहने पर मजबूर होना पड़ता है कि हमारे संस्थानों में दाख़िल होने वाले विद्यार्थियों में से अधिकतर विद्यार्थी कौशलहीन[1] या कमतर होते हैं। एस्पायरिंग माइंड[2] के किये गये एक सर्वे के मुताबिक़ देश में 3,345 इंजीनियरिंग संस्थान हैं जिनमें से हर साल 14,73,871 विद्यार्थी इंजीनियरिंग की डिग्री लेकर निकलते हैं, मगर इनमें से केवल 7% विद्यार्थी वास्तव में अपने क्षेत्र में कुशलता हासिल किये हुए होते हैं।

इसका सीधा–सा अर्थ यह है कि विज्ञान विषय की पढ़ाई को अपनी समझ और वैज्ञानिक मानसिकता को उन्नत करने और अपने कौशलों को निखारने का ज़रिया न मानते हुए, केवल सामाजिक और आर्थिक स्तर उन्नत करने का साधन मात्र माना जाता रहा है और इसी से हर साल हज़ारों विद्यार्थी निराशा की गर्त में जाने को मजबूर हो जाते हैं चूँकि विज्ञान के विद्यार्थी होने से उनसे जो अपेक्षाएँ हैं, वे उन पर खरे नहीं उतर पाते।

इसका एक और पहलू यह भी है कि सम्भवतः कुछ विद्यार्थी अपेक्षित कौशल हासिल कर भी लेते हैं, मगर उन्हें यह नहीं मालूम होता कि उनके द्वारा हासिल किये गये कौशलों का वास्तविक जीवन में किस तरह से उपयोग किया जायेगा।

अब इतने साल विज्ञान पढ़ने के बाद भी यदि विद्यार्थी कुशल नहीं हैं, तो इसमें दोष किसका माना जाये? निश्चित ही, हमारी शिक्षा–प्रणाली का जो विज्ञान को कौशल विकसित करने का ज़रिया न मान कर केवल जानकारी देने का माध्यम मात्र मान लेती है। कैरन के. लिंड अपनी पुस्तक *एक्सप्लोरिंग साइंस इन अर्ली चाइल्डहुड–अ डेवलपमेंटल अप्रोच* में लिखती हैं कि "हम आज एक ऐसे युग में रह रहे हैं जहाँ हर दिन ज्ञान का विस्फोट हो रहा है। इस तथ्य पर ध्यान दें कि 1900 से 1950 के बीच जितनी वैज्ञानिक जानकारी रची गयी, उसकी मात्रा लिखित इतिहास शुरू होने से लेकर 1900 के बीच रची गयी सकल जानकारी के बराबर है। कुछ वैज्ञानिकों का यह मानना है कि आजकल हर पाँच साल

में जानकारियों की दर दोगुनी हो जाती है। इसका सीधा–सा अर्थ है कि यदि विज्ञान को केवल जानकारियों का पुलिन्दा भर माना जाता रहा और इन्हें रटाया जाता रहा तो प्री–स्कूल से कॉलेज तक भी बच्चे इस जानकारी के बहुत छोटे–से अंश को ग्रहण कर सकेंगे। साथ ही उनकी रटी गयी बातों का उनके जीवनकाल में कितना उपयोग हो सकेगा यह भी कहना मुश्किल है।"[3]

विज्ञान को जानकारियों का पुलिन्दा भर मानना, तय फॉर्मेट में कुछ प्रयोग करा देना और उन्हें रटवा देना ही सामान्यतः विज्ञान–शिक्षा का प्रारूप बना हुआ है। विज्ञान का अर्थ अवलोकन करना, प्रयोग करना, नतीजों का विश्लेषण कर उनके आधार पर अपने निष्कर्षों तक पहुँचना है, यह बात कक्षाओं में कहीं नज़र ही नहीं आती। आप सभी को उच्चतर माध्यमिक और स्नातक की कक्षाओं में किये गये विज्ञान के टाइट्रेशन या पाउडर–परीक्षण के प्रयोग भली–भाँति याद होंगे, जिन्हें करने के दौरान न तो हमें यह पता होता था कि ये प्रयोग हम क्यों कर रहे हैं और न ही उनमें हमारी कोई रुचि हुआ करती थी और तो और उन प्रयोगों के नतीजे भी पहले से ही तय होते थे और हमारे प्रयोग में वैसे नतीजे न आने पर या तो हम ज़बरन उन्हें लाने की कोशिश करते थे या फिर रीडिंग में हेर–फेर की रणनीति अपनाते थे। कभी यह नहीं बताया गया कि यदि रंग गहरा हुआ तो इसके पीछे का कारण क्या है। कुछ विशेष परिस्थितियों में प्रयोगों के नतीजे भिन्न भी हो सकते हैं; उन पर विचार करना और उनके लिए कारण खोजना होगा, यह शिक्षकों को ही पता नहीं होता था तो वे बच्चों को क्या सिखाते। स्थितियाँ आज भी कमोबेश वैसी ही हैं। सवाल यह है कि क्या विज्ञान–शिक्षण वास्तव में ऐसा होना चाहिए?

विज्ञान–शिक्षा का दूसरा मुद्दा विज्ञान और समाज के बीच अन्तःसम्बन्ध का न होना है। एक ओर तो विज्ञान के सिद्धान्त, परिकल्पनाएँ, उनके निष्कर्ष दुनिया के बारे में कुछ और ही बताते हैं, मगर दूसरी ओर समाज इसको अलग तरीक़े से व्याख्यायित करता है, जिनमें कालान्तर में कई सारे अन्धविश्वास भी शामिल हुए हैं। विडम्बना यह है कि विज्ञान पढ़े हुए कुछ व्यक्ति भी अन्धविश्वासों में यक़ीन रखते नज़र आ जाते हैं।

विज्ञान के मूल में ही यह निहित है कि वह हर घटना को तर्क की कसौटी पर कसना सिखाता है, वैज्ञानिक दृष्टिकोण विकसित करता है।

हमारे आसपास कितने ही व्यक्ति विज्ञान में उपाधि लिये हुए नज़र आ जायेंगे पर क्या अवलोकन, तर्क और परीक्षण, वर्गीकरण, विश्लेषण के कौशल उनमें मौजूद दिखाई देते हैं? स्नातक की कक्षाओं में हमारे भौतिकी के एक प्राध्यापक राहूकाल की गणना किये बिना घर से कदम न निकालते थे जिसके चलते वे व्याख्यान के लिए अक्सर देर से पहुँचते थे और उन्हें देर क्यों हुई, यह सगर्व बताया करते थे। एक प्राध्यापक दावा किया करते थे कि उनकी पत्नी सूर्यग्रहण के दौरान घर से बाहर निकलीं जिसके चलते उनकी सन्तान विकलांग पैदा हुई।

इसी तरह इन्दौर में हुई विज्ञान–शिक्षकों (महिला–पुरुष) की एक कार्यशाला में माहवारी और उससे जुड़ी भ्रान्तियाँ बेहद उग्र चर्चा का विषय बनीं। उस समूह में भौतिकी, जीवविज्ञान, रसायन और गणित में स्नातक, स्नातकोत्तर और कुछ तो पीएच.डी. की उपाधि प्राप्त शिक्षक भी शामिल थे। वे सभी माहवारी के दौरान किये गये कामों के बारे में प्रचलित भ्रान्तियों जैसे अपवित्रता, अचार का ख़राब हो जाना, पूजा में शामिल न होना, तुलसी का सूखना आदि से सहमत दिखाई दिये। उनसे प्रश्न किया गया कि कितने लोगों ने इन्हें स्वयं आज़माकर देखा है तो कमरे में सन्नाटा छा गया था। जब उनसे कहा गया कि हमने यह परीक्षण कर के देखा है और न तो तुलसी सूखी, न ही अचार ख़राब हुआ और न ही भगवान नाराज़ हुए तो बजाय इस बारे में सोचने और तर्क करने के, बेवजह विवाद और आरोप–प्रत्यारोप होने से माहौल बेहद गर्म हो उठा। इसी तरह एक अख़बार द्वारा आयोजित परिचर्चा में जब धर्म और विज्ञान की बात निकली तो शहर के प्रतिष्ठित लोगों (जिनमें महिलाएँ भी शामिल थीं) द्वारा मूर्तियों पर जल/दूध चढ़ाने, दरगाह पर चादर चढ़ाने, वार विशेष को कुछ विशिष्ट काम न करने, कुछ ख़ास स्थानों पर महिलाओं के प्रवेश निषेध आदि को वैज्ञानिकता का हवाला देते हुए, सही ठहराने का पुरज़ोर प्रयास किया गया। उनका तर्क था कि यदि पुराने लोग ये सब मानते थे तो अवश्य कुछ सोच कर ही मानते होंगे। इसी तरह एक परिचर्चा में एक महाशय इस बात पर अड़े रहे कि मोर की आँख से गिरे आँसुओं से ही मोरनी गर्भ धारण करती है। उनसे प्रजनन की अवधारणा पर लम्बी चर्चा की गयी फिर भी वे अपनी बात से न हिले। ये सभी वे लोग थे, जिन्होंने कम–से–कम दसवीं कक्षा तक तो विज्ञान विषय अनिवार्य रूप से पढ़ा था।

क्या इससे सीधा संकेत नहीं मिलता कि पाठ्यचर्या का कोई जुड़ाव वास्तविक जीवन से नहीं है? विज्ञान की पढ़ाई एक ओर चलती है और समाजीकरण की प्रक्रियाएँ, जिसमें तमाम तरह के अन्धविश्वास, कुरीतियाँ, भेदभाव आदि निहित हैं, एक ओर?

अब सवाल यह आता है कि यदि सुशिक्षित जनता ऐसी सोच रखती है तो इसमें दोष किसका है? निश्चित ही हमारी विज्ञान–शिक्षा के तरीक़ों का जो स्कूल और कॉलेज में केवल तय पाठ्यक्रम पढ़ा कर इति करते रहे, विज्ञान के आधारभूत कौशल विकसित करने की ओर कभी ध्यान ही न दिया। जानकारियों से अटी हुई पाठ्यपुस्तकें ही अन्तिम सत्य हैं और शिक्षक या बड़े–बुजुर्ग सबसे बड़े ज्ञानी और उनके द्वारा जो कुछ कहा जाये उसे बिना जाँचे स्वीकार किया जाना चाहिए, यही शिक्षा का लक्ष्य रहा है। विज्ञान–शिक्षा का प्रमुख कार्य वैज्ञानिक सोच विकसित करना अर्थात सवाल पूछना, अवलोकन करना, विश्लेषण करना, हर बात को तर्क की कसौटी पर कस कर देखना आदि होना चाहिए। यह सोच ही समूची शिक्षा–प्रणाली में सिरे से ग़ायब दिखाई देती है। इसकी पुष्टि इस उदाहरण से होती नज़र आती है कि इंडिगो और स्पाइस जेट जैसे विमानों में कुर्सियों के 13 नम्बर की पंक्ति ही नहीं है, कई प्रतिष्ठित होटलों में 13 नम्बर का कमरा नहीं है और कुछ बड़े, बेहतरीन माने जाने वाले विद्यालयों में 13 नम्बर की बस नहीं है। लिंग भेद तो ख़ैर जानी–पहचानी बात है। आज के इस तकनीकी युग में भी किसी स्त्री को (पुरुष को नहीं) डायन या चुड़ैल घोषित करने का क्रूर खेल खेला जाता है और नयी तकनीक का उपयोग करता समुदाय कोई सवाल नहीं उठाता, वरन इस तरह के भ्रामक सन्देशों को खुलेआम सोशल मीडिया के माध्यम से आगे बढ़ाने में ज़रा भी हिचक महसूस नहीं करता। इससे बढ़कर विज्ञान शिक्षण की असफलता क्या हो सकती है? साथ ही इस बात की भी पुष्टि होती है कि समाजीकरण व्यक्ति के व्यक्तित्व को गढ़ने में कितनी महत्त्वपूर्ण भूमिका निभाता आया है।

उपरोक्त विवरण से यह स्पष्ट है कि यदि समाज में वास्तव में विज्ञान सिखा कर बदलाव लाना है तो विज्ञान–शिक्षा में सुधार किया जाना अत्यन्त आवश्यक है।

क्या परिवर्तन करें

यदि स्कूलों में विज्ञान–शिक्षण को प्रभावी बनाया जाना है और विज्ञान के कौशलों को वास्तव में हासिल किया जाना है तो दो स्तरों पर सुधार किया जाना आवश्यक लगता है।

1. व्यवहार में पाठ्यचर्या के स्तर पर

एन.सी.एफ.–2005 के अनुसार पाठ्यचर्या की विषयवस्तु, प्रक्रिया, भाषा और शिक्षाशास्त्रीय अभ्यास बच्चों के स्तर के अनुकूल हों। पाठ्यचर्या स्थानीय ज्ञान से जुड़ाव बनाये रखे और अन्तर्वस्तु को सरल कर के बच्चों तक ले जाया जाये। पाठ्यचर्या बच्चों को वैज्ञानिक प्रक्रिया अपनाने और बच्चों की स्वाभाविक जिज्ञासाओं के पोषण और सृजन में मदद करें। पाठ्यचर्या में ऐतिहासिक वैधता भी हो अर्थात विज्ञान के क्रमिक विकास की जानकारी बच्चों को मिल सके। साथ ही वे यह जान सकें कि विज्ञान एक सामाजिक उद्यम है जिस पर सामाजिक घटकों का प्रभाव पड़ता है। विज्ञान की पाठ्यचर्या को स्थानीय और वैश्विक दोनों के ब्रहद सन्दर्भ में रखा जाये ताकि बच्चे उससे विज्ञान, तकनीक और समाज के परस्पर संवाद और जुड़ाव को समझें। साथ ही विज्ञान की पाठ्यचर्या से यह अपेक्षित है कि वह बच्चों में पर्यावरण और जीवन के संरक्षण की चेतना विकसित करें और संवैधानिक मूल्यों जैसे संवेदनशीलता, पूर्वाग्रह से आज़ादी, वस्तुपरकता, सहयोग की भावना आदि के विकास को बढ़ावा दे।[4]

2. कक्षा-प्रक्रियाओं के स्तर पर

वास्तव में विज्ञान–शिक्षण तो प्रक्रियाओं से जुड़ा हुआ है और यहाँ प्रक्रियाओं का तात्पर्य है कि कक्षा में सवाल उठाने, अवलोकन, पहचान, वर्गीकरण, जुड़ाव, मापन, प्रयोग आदि करने, कार्य–कारण सम्बन्ध बनाने, परिणामों की व्याख्या करने, परिकल्पना बनाने, जाँचने, निष्कर्ष पर पहुँचने आदि के अवसर बहुतायत में मौजूद हों। बच्चे परिवेश से ढेर सारा ज्ञान लेकर आते हैं। वे चीज़ों का अवलोकन करना, सम्बन्ध जोड़ना, अनुमान लगाना और जानकारियाँ साझा करना जानते हैं। कक्षा में इन चर्चाओं को और इनके माध्यम से विज्ञान की भाषा विकसित करने की प्रक्रिया को स्थान मिलना चाहिए अर्थात् विज्ञान की कक्षा एक सक्रिय कक्षा होनी चाहिए।

आसपास घटने वाली कुदरती या सामाजिक घटनाओं पर समालोचनात्मक ढंग से सोचने का नज़रिया (सवाल उठाना और उसकी पुष्टि करना) विकसित करने के अवसर देना भी विज्ञान की कक्षा का अनिवार्य घटक होना चाहिए। साथ ही स्थानीय संसाधनों के उपयोग से किस तरह वैज्ञानिक उपकरण बनाये जा सकते हैं, इस तरह के प्रयोग लीक से हट कर सोचने के लिए उद्यत करेंगे। इनके अलावा स्थानीय समुदाय के ज्ञान को साझा करने के अवसर भी कक्षा–प्रक्रिया में सृजित किये जाने चाहिए और सबसे महत्त्वपूर्ण यह कि इन सबके लिए शिक्षकों को व्यवस्थित रूप से प्रशिक्षित किया जाना, उनका लगातार क्षमतावर्धन किया जाना सबसे आवश्यक है।[5]

सन्दर्भ सूची

1. यहाँ कौशल का तात्पर्य अवधारणाओं की समझ और उसके व्यावहारिक उपयोग यानी हाथ के हुनर से है।
2. https://www.aspiringminds.com/sites/default/files/National%20Employability%20Report%20-%20Engineers%20Annual%20Report%202016.pdf
3. 'प्राथमिक शिक्षा के मुद्दे' (जनवरी–मई, 2002) में प्रकाशित कैरन के लिंड के लेख *विज्ञान की बुनियाद*, पृ. 8 पर उनकी पुस्तक *'एक्सप्लोरिंग साइंस इन अर्ली चाइल्ड हुड–अ डेवपलमेंटल अप्रोच* की बातों को उद्धृत किया गया है।
4. राष्ट्रीय पाठ्यचर्या की रूपरेखा 2005, विज्ञान शिक्षण, पृ. 47–48
5. राष्ट्रीय पाठ्यचर्या की रूपरेखा 2005, विज्ञान शिक्षण का आधार पत्र, पृ. 13–16

अध्याय–10

वैज्ञानिक शिक्षा एवं सामाजिक सरोकार : कुछ दार्शनिक प्रश्न

मनीष शर्मा

यह पर्चा विज्ञान की मूल्य निरपेक्षता, उसके मुक्ति वाहक होने और इसके भारतीय सन्दर्भ, परिस्थिति व निहितार्थ पर चर्चा करता है। लेखक कहते हैं, विज्ञान मूल्य निरपेक्ष नहीं है और उस समय की राजनीतिक व अन्य व्यवस्थाओं पर निर्भर है। वे कहते हैं कि इस प्रश्न के सन्दर्भ में हम विज्ञान व पूँजीवाद के बीच के सम्बन्ध को नज़रअन्दाज़ नहीं कर सकते। लेखक का मानना है कि एक ओर विज्ञान वैज्ञानिक मानसिकता से मनुष्य को तार्किकता व औचित्य के आधार पर निर्णय लेने की छूट व प्रेरणा देता है और दूसरी ओर यह इस सबको मशीन के हवाले कर मेहनतरहित जीवन को लक्षित करता है। कुल मिलाकर मनीष अपने पर्चे से यह इंगित करते हैं कि विज्ञान उस तरह की भूमिका नहीं अदा कर पा रहा जिसे मुक्तिवाहक कहा जा सके व इसे स्वयं के द्वारा निर्मित तकनीक के विनाशकारी परिणामों से मुक्त नहीं किया जा सकता।

सरसरी निगाह से देखने पर विज्ञान एक अमूर्त विषय प्रतीत होता है, जो ब्रह्माण्ड की क्रियाविधि को समझने में लगा है। हाल में यह गुरुत्वाकर्षण तरंगों व न्यूट्रिनो की प्रकृति को समझने जैसे कार्यों में संलग्न है। लेकिन इस प्रकार के ज्ञान का समाज से क्या सरोकार? हमारे समाज में से कितने

व्यक्ति इस खोज से अपने को सम्बन्धित पाते हैं? ये खोज हमारे जीवन को किस प्रकार प्रभावित करती हैं? इस प्रकार के प्रश्न हमारे मस्तिष्क में उठ सकते हैं। इस विषय में जल्द ही निष्कर्ष पर पहुँचने से पहले अगर हम विज्ञान, प्रौद्योगिकी व समाज की अन्तर्क्रिया को समझने का प्रयास करें तो यह स्पष्ट हो जायेगा कि वैज्ञानिक चिन्तन के परिणामस्वरूप, प्रौद्योगिकी के रूप में विज्ञान खुद को साकार रूप से समाज में अन्तर्निहित करता है और धीमे–धीमे सभी व्यक्तियों के जीवन का अभिन्न अंग बन जाता है। यद्यपि यह एक विचारणीय प्रश्न है कि विज्ञान एक चिन्तन–पद्धति के रूप में, जिसमें तार्किकता, औचित्यता, छिद्रान्वेषिता और समालोचनात्मकता प्रमुखतः रहते हैं, समाज का कितना हिस्सा बन पाया है?

इस विषय पर मैं कुछ बिन्दुओं को उठाना चाहता हूँ जो सामान्यतः विज्ञान और विशेषतः भारत में विज्ञान–शिक्षा के सन्दर्भ में हैं। पहला बिन्दु, विज्ञान की मूल्य–निरपेक्षता (Value Neutrality) पर है जिसके तहत पूँजी के साथ विज्ञान के सम्बन्ध को समझने का प्रयास किया गया है। दूसरे बिन्दु में विज्ञान–शिक्षा और सामाजिक सरोकार के सम्बन्ध को वैज्ञानिक तार्किकता (Scientific Rationality) और यान्त्रिक तार्किकता (Instrumental Rationality) के सन्दर्भ में समझने का प्रयास किया गया है।[1] तीसरे बिन्दु में समाज में विज्ञान के आधिपत्य पर सवाल उठाया गया है जिसके कारण विज्ञान की अन्य प्रकार की ज्ञान–प्रणालियों से सम्बन्ध–विच्छेद करने की प्रवृत्ति को बढ़ावा मिलता है। चौथे एवं अन्तिम बिन्दु में मैंने विज्ञान और तकनीक व विज्ञान के समाज के प्रति नैतिक उत्तरदायित्व के अन्तःसम्बन्ध को समझने का प्रयास किया है। इन सभी बिन्दुओं को एक सूत्र में पिरो कर मैंने विज्ञान के विकास को आधुनिकता की पृष्ठभूमि में मानव–मुक्ति के लक्ष्य की दशा व दिशा के सन्दर्भ में आलोचनात्मक विश्लेषण पद्धति से समझने का प्रयास किया है। आज पूँजीवाद के प्रभाव में वैज्ञानिक प्रयासों से ही उत्पन्न तकनीक पर मनुष्य की अतिनिर्भरता, इसका भारी मात्रा में राय–निर्माण के फीडर के तौर पर प्रयोग और मनुष्य की लालसाओं (desire) को प्रचार–तन्त्र (जो खुद वैज्ञानिक तरक़्क़ी की देन है) द्वारा उसकी ज़रूरतों (need) के रूप में पेश कर अन्धाधुन्ध उत्पादन की होड़ ने मानव–मुक्ति के प्रश्न को एक बार पुनः प्रासंगिक बना दिया है।[2]

क्या विज्ञान मूल्य-निरपेक्ष है?

विज्ञान की मूल्य–निरपेक्षता का सामान्यतः यह अर्थ समझा जाता है कि विज्ञान सत्य की खोज में निरपेक्ष है। वैज्ञानिक ज्ञान को निरपेक्ष स्वीकारने का प्रमुख कारण यह मानना है कि ये व्याख्याओं व व्यक्तिगत पसन्द–नापसन्द और किसी विशिष्ट समाज व समय इत्यादि पर निर्भर नहीं करता है। इसी आधार पर वैज्ञानिक ज्ञान को सार्वभौमिक भी माना जाता रहा है। इस सन्दर्भ में तार्किक भाववादी विचारकों (Positivist Thinkers) का मत था कि वैज्ञानिक ज्ञान केवल तथ्यात्मक ज्ञान है, न कि मूल्यात्मक। एयर लिखते हैं कि विज्ञान कभी मूल्यपरक विषयों में सम्मिलित नहीं होता है बल्कि तथ्यात्मक विषय ही इसके प्रमुख विषय क्षेत्र हैं (एयर ए.जे., लैंग्वेज, ट्रूथ एंड लॉजिक, पृ. 208)।[3]

इसके अलावा, वैज्ञानिक लेखन में एकवचन व्यक्तिवाचक शब्दों या वाक्यांशों जैसे 'मैं', 'मेरी राय में' इत्यादि के प्रयोग न कर विज्ञान को अपौरुषेय मानकर इतिहास और संस्कृति से परे स्वीकार कर लिया जाता रहा है। क्योंकि इनका (इतिहास व संस्कृति) विषय तो कोई व्यक्ति ही हो सकता है, न कि विज्ञान जो अपौरुषेय एवं सार्वभौमिक है। हालाँकि यह विचार इस तथ्य को नकारता है कि प्राकृतिक नियम मनुष्य के निहितार्थों से अप्रभावित हो सकते हैं परन्तु विज्ञान स्वयं नहीं। चूँकि विज्ञान अन्य मानवीय गतिविधियों के समान ही एक मानवीय गतिविधि है और इसलिए यह मानवीय मूल्यों से प्रभावित होती है। उदाहरण के लिए गुरुत्वाकर्षण का नियम मानवीय मूल्य, संस्कृति व इतिहास से परे अपने में काम कर सकता है परन्तु जैसे ही यह मनुष्य के ज्ञान का हिस्सा बनता है, इसका प्रयोग उस समय व समाज के आर्थिक, सांस्कृतिक व ऐतिहासिक उद्देश्यों और अभिरुचियों से प्रभावित होना तय है। वहीं दूसरी ओर एक वैज्ञानिक जो उस समाज व संस्कृति का विषय होने के कारण अवचेतन रूप से इनसे प्रभावित एवं चालित होता है। परिणामस्वरूप, इसका व्यक्तिनिष्ठ असर वैज्ञानिक निष्कर्षों पर भी पड़ता है। तीसरा महत्त्वपूर्ण हिस्सा जो विज्ञान के लक्ष्यों को प्रभावित व निर्धारित करता है वह किसी वैज्ञानिक शोध को फंड करने वाली संस्था के मूल्य व लक्ष्य होते हैं। अतः यह स्पष्ट रूप से कहा सकता है कि वैज्ञानिक सत्य की मूल्यनिरपेक्षता और सार्वभौमिकता को विभिन्न चिन्तकों द्वारा विभिन्न कारणों से चुनौती दी गयी है।

इस सन्दर्भ में सत्य व विज्ञान की प्रगति के बारे में टेलीयोलॉजिकल दृष्टिकोण को अस्वीकार करते हुए थॉमस कुह्न वैज्ञानिक प्रगति के विकासवादी दृष्टिकोण के पक्ष में हैं। विकासवादी दृष्टिकोण में एक जीव के विकास को उसके पर्यावरण द्वारा निर्धारित चुनौती के प्रति प्रतिक्रिया के रूप में देखा जाता है, न कि किसी निश्चित लक्ष्य की प्राप्ति की ओर क्रमिक विकास के रूप में। अतः सामान्य विज्ञान[4] की दिशा, प्रचलित वैज्ञानिक सिद्धान्त–जिसे कुह्न ने 'पेराडाइम' कहा है–एवं सामाजिक–तात्कालिक राजनीतिक आवश्यकताओं पर निर्भर करती है।[5] कुछ सामान्य विज्ञान को 'पहेली–सुलझाने' के रूप में वर्णित करते हैं।

"यह क्रॉसवर्ड की कोई पहेली या शतरंज की समस्या या जिग्सा–पहेली सुलझाने के समान है। इसमें पहेली सुलझाने वाला पूरी तरह से नये क्षेत्र में प्रवेश नहीं करता है क्योंकि इसकी पहेलियाँ और उनके समाधान परिचित और अपेक्षाकृत सरल हैं। यह प्रक्रिया वैचारिक, सैद्धान्तिक, उपकरणों और कार्यप्रणाली की प्रतिबद्धताओं के एक मज़बूत नेटवर्क से बँधी हुई है जो सामान्य विज्ञान द्वारा पहेली सुलझाने का आधार है और इसमें सिद्धान्त द्वारा अपेक्षित परिणाम को प्राप्त करना होता है।"

इस प्रश्न की गहन विवेचना के लिए हमें सर्वप्रथम आधुनिक विज्ञान, जिसे सामान्यतः विज्ञान का पर्याय माना जाता है, की ऐतिहासिक पृष्ठभूमि, प्रकृति और लक्ष्य को समझना आवश्यक है। आधुनिक विज्ञान की शुरुआत यूरोप में पुनर्जागरण व प्रबोधन के काल से जुड़ी हुई है। इसमें मनुष्य द्वारा धर्म से इतर, तार्किक आधार पर प्रकृति के नियमों को समझने का एक व्यवस्थित प्रयास किया गया था। यहाँ विज्ञान का प्रमुख लक्ष्य मनुष्य की स्वतन्त्रता को स्थापित करना रहा था। इस प्रक्रिया में मानव–जीवन को पारलौकिक धार्मिक व्याख्या से हटा कर इहलौकिक तार्किक व्याख्या से संचालित करने का यह प्रयास मानव–इतिहास के एक महत्त्वपूर्ण चरण के रूप में देखा जा सकता है। क्योंकि इस समस्त क़वायद का लक्ष्य मनुष्य मात्र की धर्म व परलोकवादी निर्भरता को समाप्त कर स्वयं की तार्किकता के आधार पर अपने जीवन की दिशा निर्धारित करना तय किया गया था। मैक्स होर्खाइमर और थियोडोर एडोर्नो ने अपनी प्रसिद्ध पुस्तक *डायलेक्टिक ऑफ़ एनलाइटेनमेंट* में प्रबोधन की मुक्ति की अपनी परियोजना और उत्पीड़न और वर्चस्व के अपने नये तन्त्रों के बीच काल के आन्तरिक तनाव को दर्शाने का प्रयास किया है।

इस समय विज्ञान के साथ–साथ कुछ अन्य विचारधाराओं का भी जन्म हुआ जिनमें मानववाद, पूँजीवाद और उपनिवेशवाद प्रमुख हैं। उल्लेखनीय है कि इस युग में विज्ञान एवं इन विचारधाराओं के विकास में पारस्परिक सहयोग रहा है और एक–दूसरे को इन्होंने प्रभावित भी किया है। अतः इनके आपसी ऐतिहासिक सम्बन्ध को आज के सन्दर्भ में समझना महत्त्वपूर्ण हो जाता है, क्योंकि इसके व्यापक प्रभावों को समझे बिना विज्ञान के सामाजिक प्रभाव को समझना दुरूह कार्य होगा। उल्लेखनीय है कि इन विचारधाराओं ने विज्ञान की तथाकथित सार्वभौमिकता व निष्पक्षता को भी बहुत हद तक प्रभावित किया है (सुन्दर सरोकाई, व्हाट इज़ साइंस)। इसके अलावा आज तक इन विचारधाराओं का विश्व पर प्रभाव भी लगभग उतना ही है, जितना कि विज्ञान का। यहाँ सर्वाधिक महत्त्वपूर्ण सम्बन्ध विज्ञान और पूँजीवाद के मध्य है, क्योंकि ये दोनों एक–दूसरे के परस्पर विकास और प्रचार–प्रसार के लिए लगातार निर्भर रहे हैं। ऐसी स्थिति में विज्ञान की सार्वभौमिकता व निष्पक्षता पर सैद्धान्तिक व व्यावहारिक दोनों प्रकार के प्रश्न विचारकों द्वारा उठाये गये हैं। शब्द–सीमा को ध्यान में रखते हुए मैं इस डिबेट में गहरे न जाते हुए इस तथ्य की ओर ध्यान आकर्षित करना चाहूँगा कि आधुनिक विज्ञान के प्रमुख लक्ष्यों में मानव–मुक्ति (Human Emancipation) व मानव–सशक्तिकरण (Human Empowerment) अपनी शुरुआत से ही जुड़े हैं। अतः यह विज्ञान के विकास को मापने का एक प्रमुख आधार है जिससे विज्ञान को विमुख नहीं होना चाहिए।

क्या आज विज्ञान मानव-मुक्ति का वाहक है?

विज्ञान दो रूपों में समाज से जुड़ता है। पहला, चिन्तन–पद्धति के रूप में और दूसरा, तकनीक के रूप में। विज्ञान की चिन्तन–पद्धति के रूप से मेरा आशय वही है, जिसे नेहरू ने अपनी पुस्तक *डिस्कवरी ऑफ़ इंडिया* में 'साइंटिफिक टेम्पर' कहा है।[6]

"विज्ञान सकारात्मक ज्ञान के क्षेत्र से सम्बन्धित है, लेकिन इससे जो टेम्पर उत्पन्न होना चाहिए, वह इस डोमेन से आगे निकल जाता है। मनुष्य का अन्तिम उद्देश्य ज्ञान प्राप्त करना, सत्य को अनुभूत करना, अच्छाई और सुन्दरता की सराहना करना है। वस्तुनिष्ठ जाँच का वैज्ञानिक तरीक़ा इन सभी विषयों पर लागू नहीं होता है और जो जीवन के लिए बहुत

महत्त्वपूर्ण है, वह इसके दायरे से परे लगता है–जैसे कला और कविता के प्रति संवेदनशीलता, सौन्दर्य से उत्पन्न भावना, अच्छाई की आन्तरिक पहचान आदि। वनस्पतिशास्त्री या प्राणीविज्ञानी प्रकृति के आकर्षण और सौन्दर्य का अनुभव कभी नहीं कर सकते हैं; समाजशास्त्री में मानवता के प्रति पूर्ण प्रेम का अभाव हो सकता है। लेकिन यहाँ तक कि जब हम वैज्ञानिक पद्धति की पहुँच से परे के क्षेत्रों में जाते हैं–जहाँ दर्शन बसता है और उच्च भावनाएँ हमें भर देती हैं या हम परे अनन्त की ओर टकटकी लगाते हैं–तब भी यह दृष्टिकोण या साइंटिफिक टेम्पर आवश्यक होता है।"

एक तरफ़ *साइंटिफिक टेम्पर* मनुष्य के विचारों में गुणात्मक अन्तर ला कर जीवन–शैली में बदलाव लाता है, तो वहीं दूसरी तरफ़ प्रौद्योगिकी के रूप में विज्ञान हमारे रहने, खाने, यात्रा करने एवं अन्तर्वैयक्तिक–सम्बन्धों, पारिवारिक सम्बन्धों व व्यापारिक सम्बन्धों में परिवर्तन लाने के साथ–साथ अपने व्यापक प्रभावों की छाप जातीय व लैंगिक असमानता जैसे सामाजिक सम्बन्धों पर भी डालता है। सामान्यतः विज्ञान के इन दोनों पहलुओं को समान वरीयता दी जाती है, परन्तु अगर हम इसे मानव–मुक्ति के सन्दर्भ में देखें तो दोनों के मध्य बड़ा अन्तर पायेंगे। पहले में, मनुष्य एक इंडिविजुअल के रूप में तार्किकता, औचित्यता इत्यादि के आधार पर स्वतन्त्र निर्णय लेता है, तो दूसरे में (विज्ञान तकनीक के रूप में) बाज़ार के प्रभाव में वह अपनी तर्क–शक्ति को मशीन के हवाले कर के अधिकतम शारीरिक सुख को लक्षित कर रहा है।

अतः यह समय आत्म–चिन्तन कर देखने का है कि विज्ञान की कौन–सी दिशा मानव–मुक्तिदायी हो सकती है, विशेषकर भारतीय जनमानस के सन्दर्भ में? इस विषय में गाँधी द्वारा पश्चिमी आधुनिक सभ्यता व शिक्षा पर हिन्द स्वराज व नयी तालीम में की गयी विवेचना एक महत्त्वपूर्ण मार्गदर्शक हो सकती है।

गाँधी की शैक्षिक योजना मैनुअल कार्य, व्यावहारिक प्रशिक्षण और शिक्षा के माध्यम के रूप में स्थानीय भाषाओं पर ज़ोर देने पर आधारित थी। गाँधी ने विज्ञान को व्यक्तिगत वैज्ञानिक से स्वतन्त्र एक स्वायत्त खोज के रूप में नहीं देखा था। गाँधी की योजना में वैज्ञानिक की भूमिका महत्त्वपूर्ण थी। उनके अनुसार एक वैज्ञानिक को सचेत और आत्म–चिन्तनशील होना चाहिए। उसे इस प्रश्न से बचना नहीं चाहिए कि एक 'वैज्ञानिक को वास्तव

में क्या काम करना चाहिए?' उनका स्पष्ट कहना था कि वैज्ञानिक का सही स्थान न तो शोषणकारी बाज़ार के साथ है और न ही राज्य को मज़बूत करने के लिए, बल्कि लोगों के साथ है। विज्ञान में गाँधी द्वारा शुरू किये गये सभी प्रयोगों ने इस डोमेन को तराशने और स्पष्ट करने का प्रयास किया। उन्होंने अपने तरीक़े से तथ्य और मूल्य, विज्ञान और धर्म के बीच के सम्बन्धों को फिर से जोड़ने की कोशिश की। उनका कहना था कि एक वैज्ञानिक की भूमिका केवल तथ्य के दायरे तक सीमित नहीं है, बल्कि अर्थ (मूल्य) बनाना भी है।

गाँधी नयी तालीम में लिखते हैं : "हर हस्तकला को केवल यान्त्रिक रूप से नहीं पढ़ाया जाना चाहिए, जैसा कि आज किया जाता है, बल्कि वैज्ञानिक रूप से पढ़ाना चाहिए...।" (मोहनदास करमचन्द गाँधी, हरिजन, 31 जुलाई, 1937)

विज्ञान का व्यक्ति, समाज एवं सरकारी नीतियों पर पड़ने वाला व्यापक प्रभाव ही वैज्ञानिक शिक्षा के महत्त्व व जिम्मेदारी को दर्शाता है। विज्ञान, विकास, तकनीक और समाज के मध्य अन्तःक्रिया को समझना, उसके मानव–जीवन पर पड़ने वाले प्रभावों का मूल्यांकन करना एवं आगे की दिशा–निर्धारण करना वैज्ञानिक शिक्षा की एक बड़ी ज़िम्मेदारी है। क्या हम समाज में केवल नवीनतम, तकनीकी रूप से उन्नत मशीनों को बेच कर 'साइंटिफिक टेम्पर' इनकलकेट कर सकते हैं या ऐसे वातावरण को बनाने के लिए विज्ञान–शिक्षा में कुछ मौलिक सुधार करने की ज़रूरत है?

समाज में विज्ञान के प्रभुत्व से उत्पन्न समस्या एवं नैतिक दिशा

हमारे देश में दसवीं कक्षा पास कर किस ने विज्ञान विषयों का चुनाव किया और किस ने कला और वाणिज्य विषयों का इस आधार पर उनकी योग्यता पर मुहर लग जाती है। इस योग्यता के पैमाने पर विज्ञान सर्वोच्च स्थान पर है और कला सबसे निचले पायदान पर है, क्योंकि यह सदी विज्ञान की सदी है। इसमें किसी बात को उच्चतर व बाज़ारोन्मुख सिद्ध करने के लिए उसे विज्ञान से जोड़ना आवश्यक हो गया है। "यहाँ तक कि सामाजिक विज्ञान के विषय जैसे समाज विज्ञान, राजनीति विज्ञान और यहाँ तक कि गृह विज्ञान आदि में विज्ञान शब्द का प्रयोग इसी मनोदशा की ओर इंगित करता है।"[7] आज़ादी के बाद से स्वतन्त्र भारत सरकार ने भी विज्ञान और तकनीक को समाज के बदलाव के औज़ार के रूप में देखा।

विज्ञान के सार्वभौमिकता और निष्पक्षता आदि के दावों के सैद्धान्तिक पक्ष पर हुर्सेल, हर्बर्ट मार्क्यूज़, गाँधी एवं सुन्दर सरोकाई जैसे विचारकों ने कई गम्भीर प्रश्न उठाये हैं। इन विचारकों ने अपने गहन विश्लेषण द्वारा विज्ञान के वस्तुकरण, सारवाद (Essentialism) और वैज्ञानिक प्रभुत्वता (Scientificism) से उत्पन्न समस्याओं की ओर ध्यान आकृष्ट किया है और इसके मनुष्य–जीवन पर होने वाले दुष्परिणामों की ओर स्पष्ट इशारा भी किया है। उदाहरण के तौर पर, हुर्सेल ने अपनी पुस्तक *क्राइसिस ऑफ़ यूरोपियन साइंस* में विज्ञान द्वारा प्रत्येक विषय के वस्तुकरण के सम्बन्ध मानव–चेतना पर इसके दुष्प्रभाव को दर्शाया है।

दूसरी ओर, उन्होंने विज्ञान की ऐतिहासिकता को दर्शा कर इसकी सार्वभौमिकता पर भी प्रश्नचिह्न लगाया है। इन समस्याओं के अलावा सबसे महत्त्वपूर्ण समस्या जिस ओर हुर्सेल ने ध्यान आकर्षित किया है, वह 'विज्ञानवाद' है जिसका नतीजा एक–पक्षीय मानव के निर्माण के रूप में सामने आया है।

वह कहते हैं, "आधुनिक विज्ञान का मानव–अस्तित्व से कोई लेना–देना नहीं है। क्योंकि इस विज्ञान की विधियाँ मात्रात्मक डाटा पर विचार करती हैं और गुणात्मक डाटा की उपेक्षा करती हैं। नतीजतन, मानव–चेतना को मानव–व्यवहार तक सीमित कर दिया जाता है। हमारे अस्तित्व को अर्थ देने में विज्ञान की यह विफलता इस तथ्य से उपजी है कि विज्ञान समग्रता के दृष्टिकोण को ग्रहण करने में असमर्थ रहा। इसे तकनीक में सीमित कर दिया गया है, जो एक जोड़–तोड़ की कला है। जिसमें सार्थक और वास्तव में मानवीय कार्यों को नकार दिया जाता है। क्योंकि यह मानव–यथार्थ को इसकी समग्रता में नहीं, बल्कि केवल 'वस्तुकरण' के नियमों से संचालित 'विशेष' तथ्यों के कुल योग के रूप में स्वीकार करता है। केवल तथ्यपरक–दिमाग़ वाले विज्ञान केवल तथ्यपरक–दिमाग वाले इनसान को बनाते हैं...हमारे जीवन सम्बन्धी महत्त्वपूर्ण आवश्यकताओं पर हमें कहने के लिए इस विज्ञान के पास कुछ भी नहीं है। यह सिद्धान्त रूप में उन सवालों को सटीक रूप से शामिल नहीं करता है जो मनुष्य के दुखी होने पर एवं सबसे अधिक उथल–पुथल वाले समय में उठते हैं और जो सर्वाधिक ज्वलन्त सवाल हैं : वे इस समस्त मानव–अस्तित्व के अर्थ या अर्थहीनता से जुड़े प्रश्न हैं।"[8]

इन समस्याओं के कारण सबसे महत्त्वपूर्ण समस्या जिस ओर हुर्सेल ने ध्यान आकर्षित किया है वह वैज्ञानिक प्रभुत्वता है जिसका नतीजा एक–पक्षीय मानव के निर्माण के रूप में सामने आया है।[9] इसके अन्तर्गत जीवन के सभी आयामों को नकार कर सत्य को केवल तार्किक, बाह्य वस्तुनिष्ठ सम्बन्धों व मात्रात्मक डाटा तक सीमित कर देना एक अतिवाद का रूप ले लेता है और आंशिक को पूर्ण समझने जैसा है। हुर्सेल, तार्किकता की असफलता के रूप में दिखने वाली समस्या को असल में वैज्ञानिक प्रभुत्वता की 'प्राकृतिकता' व 'वस्तुकरण' की प्रवृत्ति में देखते हैं। वह कहते हैं कि इस एक–पक्षीय मानव को हर्बर्ट मार्क्यूज़ ने अपनी पुस्तक *वन डायमेंशनल मैन* में बखूबी दर्शाया है।[10] इस एक–पक्षीय मानव के निर्माण में मनुष्य के भावनात्मक व रचनात्मक पक्ष को उसके तार्किक पक्ष से कमतर आँकने की प्रवृत्ति मुख्य भूमिका निभाती है।

वैज्ञानिक प्रभुत्ववाद से उत्पन्न एक–पक्षीय मानव के निर्माण के कारण ही मनुष्य आज इक्कीसवीं शताब्दी में उच्चतम तकनीक, आधुनिकतम उपकरणों के बावजूद असीम असुरक्षा, अविश्वास और ग्लानि का जीवन जी रहा है। इन दशाओं में यह प्रश्न पुनः–पुनः उठता है कि विज्ञान की अभूतपूर्व तरक़्क़ी, उपभोग से अधिक उत्पादन होने और भूमण्डलीकरण के बावजूद विज्ञान मानव–जीवन की गुणवत्ता में किस हद तक योगदान दे पा रहा है? और अगर वह ऐसा करने में असमर्थ है तो वे कौन–से तत्त्व हैं जो उसे ऐसा करने से रोक रहे हैं? क्या इन प्रश्नों को वैज्ञानिक शिक्षा का हिस्सा नहीं बनाना चाहिए? एरिक फ्रॉम जैसे विचारकों का मत है कि हम उत्पादन की समस्या को सैद्धान्तिक तौर पर लगभग सुलझा चुके हैं, परन्तु इसके बावजूद मनुष्य के जीवन की असुरक्षा, निराशा और अविश्वास को समाप्त करने में सफलता नहीं मिली है।[11] तब क्या, विज्ञान से उत्पन्न इस अकूत सम्पदा का मनुष्य अपने जीवन की गुणवत्ता को बढ़ाने के लिए समुचित प्रयोग कर पाया है? यह प्रश्न विज्ञान–शिक्षा और वैज्ञानिक समुदाय के लिए भी एक प्रमुख प्रश्न होना चाहिए।

इस सन्दर्भ में हमें वैज्ञानिक प्रभुत्वता से इतर मनुष्य के अन्य आयामों को समझने का प्रयास करना चाहिए और विज्ञान व वैज्ञानिक शिक्षा को मनुष्य के सर्वांगीण विकास में सहायक के रूप में देखना चाहिए। इस विषय में, विज्ञान के समाज से व अन्य सामाजिक विज्ञानों से गहरे सम्बन्ध

स्थापित करने के गम्भीर प्रयास करने की आवश्यकता है। ऐसा करने के लिए, हमें सर्वप्रथम विज्ञान की मूलभूत मान्यताओं के पुनर्मूल्यांकन के लिए भी तैयार रहना चाहिए, जिसमें प्रमुख मान्यता मनुष्य व प्रकृति के आपसी सम्बन्ध को लेकर है। जिसमें अभी तक यूरोप केन्द्रित विज्ञान का लक्ष्य प्रकृति पर विजय पाने की भावना रही है जिसके दुष्परिणाम सामने आने लगे हैं। सुन्दर सरोकाई ने अपनी किताब *व्हॉट इज़ साइंस* में मानव व प्रकृति के सम्बन्ध को ले कर विज्ञान की समस्या को दर्शाया है और इसके पुनर्मूल्यांकन की आवश्यकता ओर ध्यान दिलाया है।

इसके अलावा हमें यह समझने की क्षमता भी विज्ञान के विद्यार्थियों में उत्पन्न करनी चाहिए कि विज्ञान, प्रकृति को समझने की अनेक प्रणालियों में से एक प्रणाली है। यद्यपि यह एक उत्तम प्रणाली है; परन्तु इससे अलग भी कुछ प्रणालियाँ हैं जो प्रकृति को समझने का प्रयास कर रही हैं और वे प्रणालियाँ पूर्णतः अप्रासंगिक नहीं हैं। उदाहरण के तौर पर हम विभिन्न दार्शनिक पद्धतियों को ले सकते हैं जो प्रकृति को समझने के प्रयास में लगी हैं। इन पद्धतियों में एनालिटिकल फिलासफ़ी, अस्तित्ववाद एवं साहित्यिक प्रणालियों को प्रमुख रूप से लिया जा सकता है। साहित्यिक प्रणाली जो वैज्ञानिक प्रणाली से भिन्न है परन्तु मनुष्य एवं प्रकृति में सम्बन्ध स्थापित करने की सशक्त प्रणाली है। गह मनुष्य के भावनात्मक पक्ष व गुणात्मक पहलुओं पर ज़ोर देने के कारण जीवन को वैज्ञानिक प्रभुत्वता की ओर ले जाने से रोकती है। ये प्रणालियाँ विज्ञान द्वारा निष्कासित निष्कर्षों के परिपूरक के रूप में उसी सत्य के अन्य आयामों को उद्घाटित करती हैं। विज्ञान से इतर ज्ञान की ये प्रणालियाँ मनुष्य के बहुआयामी पक्ष का प्रतिनिधित्व भी करती हैं। वैज्ञानिक शिक्षा को इन विभिन्न मानवीय आयामों के प्रति जागरूक और खुलापन पैदा करने का उपकरण बनाने के प्रयास की अत्यधिक आवश्यकता है।

इस सन्दर्भ में विज्ञान से उत्पन्न विभिन्न तकनीक और विज्ञान के मध्य सम्बन्ध को भी समाज के प्रति ज़िम्मेदारी के सन्दर्भ में समझने की ओर वैज्ञानिक शिक्षा को क़दम बढ़ाने चाहिए। विज्ञान का तकनीक के सम्बन्ध में दो–तरफ़ा व्यवहार देखने में आता है। एक ओर, जब विज्ञान को समाज में प्रमोट करने की ज़रूरत होती है, उस समय तकनीक से उत्पन्न उत्पादों की सामाजिक उपयोगिता को समाज में विज्ञान के योगदान

के रूप में दर्शाया जाता है। परन्तु जब तकनीक से उत्पन्न समस्याओं की ओर वैज्ञानिकों का ध्यान आकृष्ट करने का प्रयास किया जाता है तब वे तकनीक को विज्ञान से अलग मानते हैं। जो भी हो, हमें यह स्वीकार करना होगा कि तकनीक का विकास विज्ञान द्वारा ही किया जाता है और तकनीक ही विज्ञान को समाज से जोड़ती है। तकनीक से उत्पन्न उत्पादों से विज्ञान का ऐसा सम्बन्ध है जिससे वह खुद को अलग नहीं कर सकता है। अतः इस विषय में विज्ञान को इससे उत्पन्न समस्याओं के प्रति नैतिक ज़िम्मेदारी को स्वीकार करना चाहिए और उसके अनुसार वैज्ञानिक शिक्षा को तैयार करना चाहिए।

सन्दर्भ सूची

1. मार्क्यूज़, हर्बर्ट (1964), *वन डाइमेंशनल मैन,* बीकन प्रेस, पृ. 161
2. मार्क्युज़, हर्बर्ट (1964), *वन डाइमेंशनल मैन,* बीकन प्रेस, पृ. 14
3. ए.जे., एयर (1936) *लैंग्वेज, ट्रूथ एंड लॉजिक,* रेयरसन प्रेस, पृ. 208
4. कुहन, थॉमस (1962), *दी स्ट्रक्चर ऑफ साइंटिफिक रिवॉल्यूशन,* पृ. 35
5. नेहरू, जवाहरलाल (2008), *दि डिस्कवरी ऑफ़ इंडिया,* पेंग्विन इंडिया, पृ. 512–3
6. सरोकाई, सुन्दर (2012), *व्हाट इज़ साइंस,* नयी दिल्ली : नेशनल बुक ट्रस्ट, पृ. 4
7. हुर्सेल, एडमंड (1954), *दि क्राइसिस ऑफ़ यूरोपियन साइंस एंड ट्रांसेंडैंटल फेनोमेनोलोजी,* नॉर्थ वेस्टर्न प्रेस, पृ. 6, 7
8. हुर्सेल, एडमंड (1954), *दि क्राइसिस ऑफ़ यूरोपियन साइंस एंड ट्रांसेंडैंटल फेनोमेनोलोजी,* नॉर्थ वेस्टर्न प्रेस, पृ. 229
9. मार्क्यूज़, हर्बर्ट (1964), *वन डाइमेंशनल मैन,* बीकन प्रेस, पृ. 5
10. एरिक फ्रॉम (1947), *मैन फॉर हिमसेल्फ,* ओपन रोड इंटीग्रेटेड मीडिया, पृ. 26

अध्याय–11

विज्ञान, वैज्ञानिक चेतना और समाज : एक अन्तःसम्बन्ध

(अतीत का वर्तमान और वर्तमान का अतीत)

फरहत बानू

आस्थाओं को ज्ञान द्वारा अधिकाधिक
स्थानापन्न किये जाने का सही समय आ चुका है।

अल्बर्ट आइंस्टीन[1]

एक बिना जाँच–पड़ताल किया हुआ या
परखा हुआ जीवन जीने योग्य नहीं।

सुकरात[2]

स्वयं के जीवन व परिवेशीय दुनिया को नियन्त्रित करने वाले बुनियादी नियमों को जानना, व्यक्ति की अस्तित्वगत आवश्यकता है। एक भौतिक–शारीरिक सत्ता के रूप में उसे जिन प्रतिकूलताओं का सामना करना पड़ता है, उनसे मुक्ति के लिए उनके बुनियादी कारणों की पड़ताल करना उसके ज़िन्दा रहने की अनिवार्य शर्त है। मानव के ये संज्ञानात्मक प्रयास स्वरूपतः द्विआयामी रहे हैं–आन्तरिक एवं बाह्य। 'आन्तरिक' का रास्ता 'चेतना' प्रधान भाववाद से होकर जाता है जिसे विश्व वैचारिकी के इतिहास में आध्यात्मवाद/प्रत्ययवाद/ब्रह्मवाद/चैतन्यवाद आदि के नाम से जाना जाता है। इसके विपरीत 'बाह्य' का रास्ता 'विज्ञान' से होकर जाता है जिसे पदार्थवाद/भौतिकवाद/भूतवाद आदि से सम्बोधित करते हैं

और जिसका आधिकारिक मत यह है कि बाह्य वस्तुगत सत्ता का अस्तित्व मानव–समाज से स्वतन्त्र है। शिक्षा के ये दोनों आयाम ऐतिहासिक रूप से हमारे औपचारिक–अनौपचारिक शैक्षिक जगत एवं उसके पाठ्यक्रम के अभिन्न हिस्से रहे हैं। ऐतिहासिक रूप से विज्ञान हमारे शैक्षिक जीवन का अन्तरंग हिस्सा रहा है। किन्तु आधुनिक सदी की पहचान 'विज्ञान–युग' के रूप में है। ज्ञान का सबसे प्रमुख व प्रखर स्वर विज्ञान है, जिसने हमारी शक्ति और सामर्थ्य में कई गुना वृद्धि की है। किन्तु जब हम 'वैज्ञानिक विमर्श' पर बात करते हैं तो हमारा सामना ऐसे प्रश्नों की श्रृंखला से होता है जिनके बारे में हम सुनते तो बहुत अधिक हैं, किन्तु जानते बहुत कम हैं। मसलन, विज्ञान क्या है? घटनाओं–परिघटनाओं के वैज्ञानिक और ग़ैर–वैज्ञानिक होने की कसौटी क्या है? क्या विज्ञान, ज्ञान प्राप्त करने का व्यवस्था–निरपेक्ष अनुशासन है अर्थात विज्ञान का धर्म, संस्कृति, नैतिकता, सत्ता व समाज से क्या रिश्ता है? आस्था एवं तर्क के बीच विद्यमान वर्तमान के तनाव को समझने की सही दृष्टि क्या हो सकती है? क्या विज्ञान मानव–जीवन के पहेलीनुमा व रहस्यात्मक लगने वाले प्रश्नों व उलझनों के उत्तर खोजने की क्षमता रखता है? विज्ञान की सीमाएँ क्या हैं? विस्तृत होता वैज्ञानिक ज्ञान और सिकुड़ती हुई वैज्ञानिक सोच के अन्तर्विरोध को समझने का तार्किक आधार क्या हो सकता है? क्या विज्ञान की मानव के अन्तर्तम की भावात्मक दुनिया को समझने–जानने में कोई भूमिका है? क्या विज्ञान मानविकी व सामाजिक विषयों में शोध का पद्धतिमूलक–उपकरण बनने की क्षमता रखता है? इन्हीं प्रश्नों पर यह आलेख केन्द्रित है। इस हेतु आलेख को दो भागों में विभाजित किया गया है। प्रथम भाग, विज्ञान की बुनियादी दृष्टि अर्थात 'विज्ञान क्या और क्यों' के प्रश्न से सम्बन्धित है। दूसरे भाग में वैज्ञानिक विकास के साथ बढ़ती ग़ैर–वैज्ञानिक सोच के कारणों की पड़ताल की गयी है। इसके माध्यम से हम देख पायेंगे कि किस प्रकार विज्ञान–शिक्षा की वर्तमान समस्याओं के बुनियादी वैचारिक

कारण भारतीय समाज के अतीत के सत्ता–तन्त्र से नालबद्ध हैं और विज्ञान का राजनीतिक–अर्थशास्त्र क्या है अर्थात समाज और विज्ञान के पारस्परिक सम्बन्ध क्या रहते हैं।

1. विज्ञान क्या है? विज्ञान : क्या और क्यों?

जब हम 'विज्ञान' शब्द का इस्तेमाल करते हैं तब हमारे दिमाग़ में जीवशास्त्र, भौतिकशास्त्र, रसायनशास्त्र जैसे प्राकृतिक विषय आते हैं या एक ऐसा विषय जो पदार्थिक चीज़ों का अध्ययन करता है और इस अध्ययन का आधार प्रयोग, तथ्य व प्रमाण होते हैं। किन्तु यह दृष्टि विज्ञान से सम्बद्ध होते हुए भी इसके अर्थ को पूरी तरह से ध्वनित नहीं करती है। किन विषयों या ज्ञान–पद्धति को किस आधार पर वैज्ञानिक माना जाये, इस पर लगातार विवाद देखे जा सकते हैं। विज्ञान की परिभाषा दार्शनिकों, वैज्ञानिकों और चिन्तकों ने भिन्न–भिन्न दृष्टियों व धरातलों से भिन्न–भिन्न दी है। उदाहरण इस सन्दर्भ में, विज्ञान अध्ययन का एक ऐसा क्रमबद्ध तरीक़ा है जिसको प्रयोगों द्वारा जाँच लिया जाये। यह वस्तुनिष्ठ होता है, इसकी गतिविधियाँ या पद्धतियाँ सार्वजनिक हैं, इसके निष्कर्षों की वैज्ञानिक कसौटियों पर परीक्षा, की गयी है, ऐसी बातें कही जाती हैं। पर ये हमें कोई पद्धति नहीं बताती, पद्धतियों के गुण बताती हैं जो कि वैज्ञानिक विषयों के अलावा कई अन्य प्रकार के ज्ञान पर भी लागू होती हैं।

किन्तु बहस की प्रकृति व दृष्टि दिखाती है कि चिन्तकों के बीच यह सहमति देखी जाती है कि विज्ञान वस्तुओं व स्थितियों के अनुसन्धान व अध्ययन की एक ऐसी पद्धति है, विचार का एक ऐसा तरीक़ा है, एक ऐसी जीवन–दृष्टि है, सोच का एक ऐसा नज़रिया है जिसका आधार वस्तुओं के द्वन्द्वात्मक सम्बन्ध व वस्तुनिष्ठ सिद्धान्त होते हैं। विज्ञान वह है जो मानवीय चाहत–आकांक्षा–सद्इच्छा–प्रयोजन से प्रभावित नहीं होता है अर्थात यह जिस पद्धतिशास्त्र, विश्लेषण–दृष्टि, सोच को जन्म देता है उसमें व्यक्ति अपने परिवेशीय जीवन में घटित होने वाली घटनाओं, परिघटनाओं और प्रक्रियाओं के कारण स्वयं उनके अन्दर ही खोजता है। जिनकी व्याख्या के लिए ईश्वर, ब्रह्म जैसी किसी अतीन्द्रिय सत्ता के हस्तक्षेप की आवश्यकता नहीं होती है। किसी वस्तु की व्याख्या स्वयं उसकी प्रकृति में निहित है और सृष्टि में घटित होने वाली घटनाओं की व्याख्या किसी बाह्य सत्ता या

शक्तियों पर आश्रित नहीं है। रसायनशास्त्री को अपने तथ्य–निरूपण में किसी दैत्य, भूत, प्रेत आदि की आवश्यकता नहीं है। भौतिकवादी या अन्य वैज्ञानिक अपने तत्त्व प्रतिपादन में इस प्रकार की वस्तुओं पर निर्भर नहीं हैं। विज्ञान वस्तुधर्मी है। यहाँ 'कार्य' में ही 'कारण' की समस्त सम्भावनाएँ विद्यमान रहती हैं। परिवर्तन के कारणों की खोज के लिए सृष्टि के बाहर जाने की ज़रूरत नहीं रह जाती है।

अपने स्वभावबोध में विज्ञान जीवन, दुनिया, सत्य और विचार के बुनियादी नियमों को समझने व जानने की एक ऐसी अन्तर्दृष्टि है जिसका आधार वस्तुनिष्ठता, तर्कशीलता, प्रामाणिकता, तथ्यपरकता, निरीक्षण, प्रयोग एवं सार्वभौमिकता जैसे संज्ञानात्मक उपकरण होते हैं। जिसने किसी न किसी रूप में समाज, प्रकृति, ब्रह्माण्ड तथा मानवेत्तर प्राणियों के रहस्यों, प्रक्रियाओं और सम्बन्धों को एक विवेकसम्मत सापेक्ष आधार दे दिया है अर्थात विज्ञान, निरीक्षण और प्रयोग द्वारा प्राप्त व्यवस्थित ज्ञान है। इस सम्बन्ध में कुछ वैज्ञानिकों की परिभाषाओं को देखना प्रासंगिक होगा :

विज्ञान बार–बार अवलोकन (प्रत्यक्ष), इनके आधार पर
किये गये अनुमान, भिन्न अनुमानों पर आधारित प्रयोगों,
प्रयोगों में पायी जानकारी के आधार पर बनाये गये नियमों
और आख़िर में सिद्धान्त तक पहुँचने की एक ज्ञान–शृंखला है।

–हरजिन्दर सिंह[3]

विज्ञान की खूबी यह है कि वह कारण और परिणाम के
सम्बन्ध को सुस्पष्ट परिभाषित करता है और इसके
निष्कर्षों को कसौटी पर कसा जा सकता है। विज्ञान
यथार्थ के वस्तुगत नियमों को परावर्तित करता है।

–हावर्ड सेल्सम[4]

विज्ञान मूलतः तथ्यों व सिद्धान्तों की वस्तुनिष्ठता
एवं सार्वभौमिकता का हिमायती होता है।

–मॉरिस कॉनफोर्थ[5]

विज्ञान का सम्बन्ध विवेक और प्रज्ञा से होता है जिसने
विचार और चिन्तन के क्षेत्र में नयी सम्भावनाओं और
नयी वैचारिकता को जन्म दिया है।

–जवाहरलाल नेहरू[6]

किसी क्षेत्र विशेष में विज्ञान शब्द का अर्थ यह है
कि उस क्षेत्र का अध्ययन कुछ निश्चित सिद्धान्तों के
अनुसार अर्थात वैज्ञानिक पद्धति के अनुसार किया गया है।

–डॉ. नरेन्द्र दाभोलकर[7]

विज्ञान चिन्तन–तन्त्र है जिसका आधार अवलोकन,
तथ्य, वर्गीकरण, कार्य–कारण सम्बन्ध, प्रकृति–समरूपता
सिद्धान्त, सिद्धान्त–निर्माण और परीक्षण है।

–जे. डी. बरनाल[8]

विज्ञान केवल सत्य ही नहीं जानता है अपितु यह भी
बताता है कि यह सत्य क्यों है। यह केवल तथ्यों के
प्रयोग द्वारा प्रमाणीकरण ही नहीं करता है अपितु उन
सत्यों को इस तरह से दूसरे सत्यों के साथ संगत करता है
जिसमें ग़लतियाँ बहुत कम हों।

–लेनिन[9]

किसी भी घटना की पृष्ठभूमि में उपस्थित कार्य–कारण
को जान लेना अथवा दो भिन्न घटनाओं के बीच के
पूरक सम्बन्धों को जान लेना ही वैज्ञानिक दृष्टिकोण है।

–डॉ. नरेन्द्र दाभोलकर[10]

विज्ञान मानव–ज्ञान की समस्याओं के समाधान का
एक प्रयास है जो सिद्धान्तों, आनुभाविक परीक्षण
एवं तार्किक विश्लेषण को अपना आधार बनाता है।

–गार्डन चाइल्ड[11]

कोई सिद्धान्त उसी सीमा तक वैज्ञानिक है,
जिस सीमा तक उसके ग़लत होने की सम्भावना है।

–कार्ल पॉपर[12]

विज्ञान ज़रूरत का संज्ञान है।

–दामोदर धर्मानन्द कोसम्बी[13]

विज्ञान से हम क्या समझते हैं, इसे लेकर सहमत
होना मुश्किल नहीं होगा। योजनाबद्ध सोच से इस

संसार की गोचर घटनाओं को अधिकाधिक सटीक
पिरोने का सदियों पुराना प्रयास ही विज्ञान है।

–अल्बर्ट आइंस्टीन[14]

विज्ञान से मेरा आशय उस ज्ञान–विन्यास से है
जिसको हम तथ्यों के ठोस आधार, आलोचनात्मक प्रयोग,
निरीक्षण और तर्कणा से प्राप्त करते हैं। विज्ञान हमारी
सम्भावनाओं का ठोस आधार है और मानव–व्यक्तित्व
तथा नियति के सभी दरवाज़े यहाँ खुलते हैं।

–मीरा नन्दा[15]

वैज्ञानिकों की विज्ञान सम्बन्धी ये दृष्टियाँ दिखाती हैं कि विज्ञान जिस ज्ञान–तन्त्र का निर्माण करता है और अपने आसपास के संसार को समझने की जो एक प्रणाली व वैश्विक दृष्टिकोण देता है उसमें व्यक्ति, प्रकृति, समाज व विचार के पारस्परिक सम्बन्धों को उनकी सम्पूर्ण द्वन्द्वात्मकता व ऐतिहासिकता में देखने की जीवन–दृष्टि है। यह एक ऐसा संज्ञानात्मक उपकरण है जो व्यक्ति को समस्त प्रकार के मनोवाद से मुक्त होने की तार्किक दृष्टि देता है। एक अर्थ में विज्ञान मनुष्य के लिए अपने आन्तरिक विश्व को पुनर्निर्मित करने की क्षमता और विश्व का मानवीकरण करने की प्रक्रिया भी है।

2. वैज्ञानिकता में अवैज्ञानिकता : अन्तर्विरोध की कारण-मीमांसा

अठारहवीं सदी में शुरू हुआ प्रबोधनकाल मानव की वैचारिक दुनिया में एक क्रान्तिकारी दौर था, जिसका आधारिक स्वर विज्ञान था। तत्पश्चात विज्ञान को जीवन के विभिन्न क्षेत्रों में मिली उत्तरोत्तर अभूतपूर्व सफलताओं ने मानव को अपने ज्ञान व क्षमता पर भरोसा दिलाया। चिन्तकों ने घोषणा की कि विज्ञान सैद्धान्तिक ज्ञान का उच्चतम रूप है और बुद्धि उच्चतम प्रमाण। इसलिए स्वाभाविक रूप से विज्ञान को एक विषय के रूप में पढ़ना–पढ़ाना और वैज्ञानिक अनुसन्धान करना समाज की औपचारिक और अनौपचारिक शिक्षण–प्रक्रिया का अभिन्न हिस्सा बन गया है।

इससे झाँकती वैश्विक दृष्टि अपने स्वभावबोध में धर्म और उसकी तत्त्वमीमांसीय प्रस्थापनाओं पर निर्मम चोट करने वाली थी। मानवता ने यह उम्मीद लगायी कि वैज्ञानिक समझ के माध्यम से वह न केवल धर्म

के कुहासे से बाहर निकल कर बेहतर ढंग से दुनिया को जानने और बनाने की क्षमता हासिल करेगी, अपितु जीवन के तमाम क्षेत्रों में पसरे पाण्डित्यवाद, आस्थावाद और रहस्यवाद को भेदने में भी सक्षम होगी। और इससे ब्रह्माण्ड और उसमें मनुष्य की नियति से लेकर संस्कृति और इतिहास जैसे मानविकी क्षेत्रों पर भी विज्ञान सम्मत व्याख्या का मार्ग प्रशस्त होगा। विज्ञान के माध्यम से समाज की गति को समझने पर सभ्यता का जो रास्ता खुलता है उसमें जनतान्त्रिक समाज के निर्माण की अपार सम्भावनाएँ रहती हैं। विज्ञान जिस समाज–दर्शन के निर्माण की बुनियाद डालता है उसमें जाति, धर्म, लिंग आधारित भेदभावपूर्ण सामाजिक व्यवहार के लिए कोई जगह नहीं रह जाती है। इसलिए मानव–क्षमता पर भरोसा करने वाली इस वैज्ञानिक वैश्विक दृष्टि को सामाजिक मुक्ति के वैचारिक अस्त्र के रूप में देखा गया था। पूँजीवाद ने धर्म–प्रतिष्ठानों से संगठित लड़ाई लड़ने के साथ–साथ वैज्ञानिक मुद्दों पर बहस भी चलायी। सत्ता के इस विज्ञान पक्षीय व्यवहार से उत्साहित वैज्ञानिकों ने विज्ञान में मनुष्यता की सेवा करने की अपार सम्भावनाएँ देखीं। वैज्ञानिक इस आत्मविश्वास से लैस थे कि प्रकृति, समाज, विचार, जीवन–व्यवहार सम्बन्धी कोई ऐसी समस्या नहीं है जिसका समाधान विज्ञान नहीं कर सकता। विज्ञान पक्षीय इस वातावरण से धर्म और ईश्वर प्रदत्त रहस्यवाद और अलौकिकता से सम्बन्धित विचारों पर न केवल तार्किक हमले हुए, बल्कि विज्ञान को एक प्रतिष्ठित ज्ञानात्मक अनुशासन के रूप में मान्यता मिली।

पर आज स्थिति उलट दिखाई देती है। धर्म का प्रभाव हमारे व्यक्तिगत और सार्वजनिक जीवन में कम नहीं हुआ है, अपितु कुल मिला कर इन सब हमलों के बावजूद आज जीवन के स्थूल और सूक्ष्म आयामों में धार्मिक पाखण्ड की जकड़न व उसकी आक्रामकता और सघन हुई है। विज्ञान की उपलब्धियों का भरपूर उपयोग करने वाला समाज विज्ञान को अपने भीतर झाँकने की स्वीकृति नहीं दे पाया है। गणेशजी को दूध पिलाने, महिलाओं को डायन बनाने जैसे अन्धविश्वासों के मकड़जाल जिस प्रकार हमारे रोज़मर्रा के सामाजिक आचरण व जीवन–दृष्टि में रचे–बसे हैं, वे दिखाते हैं कि समाज के वैचारिक वृत में तन्त्र–मन्त्र, झाड़–फूँक, जादू–टोने की दुनिया का साम्राज्य किस क़दर पसरा पड़ा है। प्रौद्योगिकी उपलब्धियाँ हमारे जीवन में भौतिक सुख–सुविधाओं के उपयोग तक ही सीमाबद्ध हो

कर रह गयी हैं। वैज्ञानिक समझ की सम्भावनाएँ क्षीण से क्षीणतर होती जा रही हैं। हमारे जीवन, सोच और व्यवहार के इस विरोधाभास के वस्तुनिष्ठ आधार और कारण क्या हैं? शरीर से जेट की यात्रा करने वाला व्यक्ति अपने मन की गाड़ी को संस्कृति के नाम पर मध्ययुगीन बैलगाड़ी से खींचने में ही अपनी सुरक्षा क्यों देखता है? विज्ञान को एक दृष्टिकोण या नज़रिये के रूप में, नये दर्शन के रूप में देखने और इसके आधार पर जीवन के सभी पहलुओं को परख सकें इसके लिए हम तैयार क्यों नहीं हैं? देश का अशिक्षित जनमानस ही नहीं, बल्कि पढ़ा–लिखा तबक़ा भी विज्ञान विरोधी अन्धविश्वास में क़ैद है। जीवन के हर पड़ाव पर कर्मकाण्डों के जाल में उलझी तथा मूलतः भाग्यवादी मानसिकता पनपने के कारणों को जानने और समझने की सही दृष्टि क्या हो सकती है?

इसको समझने के लिए विज्ञान के विकास को आगे बढ़ाने वाली शक्तियों के सामाजिक मन्तव्यों को देखने की दरकार है। वैज्ञानिक विकास का इतिहास दिखाता है कि विज्ञान व अनुसन्धान खोज और पद्धतिशास्त्र में भले ही वस्तुनिष्ठ हों, पर अपनी सामाजिक प्रकृति में सत्ता सापेक्ष होते हैं। विज्ञान का विस्तार और उस विस्तार की सीमाएँ समय–समय पर सत्ता के हितों से नियन्त्रित होती हैं। इसलिए विज्ञान की पक्षधरता और धर्म से मुक्ति की घोषणा को 'व्यवस्था' निरपेक्ष स्वायत्ता परिघटना न मान कर उसकी वाहक शक्तियों के सत्ता चरित्र को समझने की ज़रूरत है। इतिहासबोध बताता है कि वैज्ञानिक युग में यदि धर्म के बने रहने के आधार समझने हैं, तो उसे स्वयं धर्म में तलाश करने के बजाय, उस सामाजिक ढाँचे में खोजने की दृष्टि होनी चाहिए, जिसमें विज्ञान द्वारा धर्म को उसके समस्त ज्ञानमीमांसीय दायित्व से मुक्त कर देने पर भी जीवन में उसका प्रभाव बढ़ता जा रहा है। इसलिए विज्ञान की उपलब्धियों का भरपूर उपयोग करने वाले समाज की चेतना के ग़ैर–वैज्ञानिक होने के लिए व्यवस्था की वाहक शक्तियों के दमनात्मक चरित्र के उस पहलू की थाह लेने की ज़रूरत है, जो जनगण की वैज्ञानिक चेतना को विकसित न होने देने के लिए लगातार सचेतन संघर्ष कर रहा है।

प्रबोधन की घोषणा उभरती पूँजीवादी व्यवस्था की ज्ञानमीमांसीय ज़रूरत का हिस्सा थी। मानव ने ज्ञानोदय की इस संकल्पना को सभ्यता के एक नये उषाकाल के रूप में देखा। वस्तुतः पूँजीवाद को बढ़ने व फलने–फूलने

के लिए जिस ज्ञानतन्त्र की आवश्यकता रहती है उसका आधार विज्ञान ही हो सकता है। उद्योग, तकनीकी, प्रबन्धन, शक्ति और प्रभुत्व पूँजी के विस्तार के मूलमन्त्र हैं। इसके लिए वैज्ञानिक अनुसन्धानों को आगे बढ़ाना पूँजीवाद की अस्तित्वगत आवश्यकता है और विज्ञान केन्द्रित अनुसन्धान को आगे बढ़ाना उसकी ऐतिहासिक बाध्यता और सामाजिक मजबूरी दोनों है।

आर्थिक स्तर पर, कृषि से उद्योग और छोटे पैमाने के उत्पादन को विशाल पैमाने तक बढ़ाने के लिए जिन साधनों की आवश्यकता है उनमें विज्ञान और उस पर आधारित ज्ञान–पद्धति ही सहायक हो सकती है। औद्योगिक विकास बढ़ाने के लिए प्राकृतिक प्रक्रियाओं के रहस्यों को भेदने की भी दरकार रहती है। इसलिए पूँजीवाद बिजली, ऊर्जा–मशीनों के निर्माण और उपयोग से लेकर संचार–उद्योग के सम्बन्ध में परीकथाएँ नहीं सुनना चाहता। वह उसके वास्तविक नियमों और व्यावहारिक प्रक्रियाओं का ज्ञान प्राप्त करने पर बल देता है और इसके लिए विज्ञान को विकसित करना पहली शर्त रहती है। सामाजिक स्तर पर भी व्यापक प्रबन्धन और नियन्त्रण के लिए वैज्ञानिक तकनीकी ही कारगर माध्यम बनती है। पूँजीवाद एक गतिशील अर्थव्यवस्था है जिसमें सामन्ती व्यवस्था का स्थायित्व रुकावट पैदा करता है, इसीलिए उसके लिए धर्मप्रधान सामन्ती, सांस्कृतिक ढाँचे को तोड़ना अपरिहार्य बन गया था और यह विज्ञान के विकास के बिना सम्भव नहीं था। अपनी इस आर्थिक–सामाजिक आवश्यकता के कारण वैज्ञानिक संस्कृति और वैश्विक दृष्टिकोण से उत्पन्न तमाम तरह के ख़तरों रो अवगत होते हुए भी पूँजीवाद ने अपने विकास की एक ख़ास अवस्था तक उसे विकसित किया। यही कारण है कि सोलहवीं शताब्दी में अपनी वैज्ञानिक खोजों के कारण ब्रूनो जैसे वैज्ञानिकों को जिस सामन्ती व्यवस्था के हाथों जलना पड़ा, उसी व्यवस्था से डार्विन के विकास सिद्धान्त को तमाम तरह के सामन्ती अवशेषों के विरोध करने पर भी न केवल राजनीतिक समर्थन मिला, बल्कि समाज और सरकार द्वारा हर प्रकार का संरक्षण और सम्मान भी मिला। पूँजीवाद विज्ञान के क्रियाकलाप निर्धारित करता है। पर, पूँजीवाद का यह विज्ञानपक्षीय व्यवहार सामन्तवाद का ख़ात्मा कर खुद को एक 'व्यवस्था' के रूप में स्थापित करने का माध्यम भर था। 'व्यक्ति से पहले मुनाफ़ा', 'समाज से पहले बाज़ार', 'आवश्यकता से पहले लाभ' के अर्थदर्शन की बुनियाद पर खड़ी पूँजीवादी व्यवस्था के लिए विज्ञान

और तर्क आधारित सोच व संस्कृति मुनाफ़ा कमाने के उपकरण मात्र हैं। युद्ध, हिंसा, अभाव, शोषण, दमन, असुरक्षा, व्यक्तिवाद, अधिनायकत्व और साम्राज्यवाद पूँजीवाद की सामाजिक कुरूपताएँ हैं। इसलिए पूँजीवाद शुरू से ही यह समझ गया था कि वैज्ञानिक भौतिकवाद समाज को जिस वैज्ञानिक चेतना से लैस करता है, वह विचार–दृष्टि के स्तर पर उनके अस्तित्व के लिए चुनौतीपूर्ण स्थितियाँ पैदा करती है। इसलिए पूरी कोशिश रही है कि विज्ञान और वैज्ञानिक वैश्विक दृष्टिकोण पीड़ित, शोषित और दमित जनता की बौद्धिक शक्ति न बनें।

सामन्ती अवशेषों का स्थायित्व न केवल सस्ता श्रम और कच्चा माल सुलभ कराने की गारंटी देता है, बल्कि ग़ैर–बराबरी और असमान सामाजिक स्थितियों को चिरस्थायी सिद्ध करने के लिए मध्ययुगीन दक़ियानूसी जातीय उन्माद, साम्प्रदायिक पागलपन और बर्बरता के मनोविज्ञान का आधार भी प्रदान करता है। वह जिस वर्ग की सेवा करता है, वह बदलाव के उस तरह के नतीजों से डरता है जो कि दुनिया के बहुत बड़े हिस्से में पहले ही आ चुका है।

आर्थिक और राजनीतिक व्यवस्था के रूप में अपने आपको स्थापित करने के बाद एक तरफ़ विज्ञान का इस्तेमाल मुनाफ़ा बढ़ाने वाले उपकरणों के रूप में हुआ, तो दूसरी तरफ़ प्राकृतिक विज्ञानों पर किये जाने वाले अनुसन्धानों पर अनेक सीमाएँ थोप दी गयीं और प्राकृतिक व सामाजिक विज्ञानों व उनकी अध्ययन–पद्धति में पाये जाने वाले द्वन्द्वात्मक सम्बन्ध को नेपथ्य में धकेल दिया गया।

वस्तुतः वर्ग, लिंग, जाति, नस्ल की भिन्नताओं पर विभाजित एवं खण्डित सामाजिक यथार्थ में 'सत्तावर्ग' को वैचारिक एवं सांस्कृतिक स्तर पर एक ऐसी विचारधारा व चेतना की आवश्यकता रहती है, जो उसकी सामाजिक श्रेष्ठता, सर्वोच्चता, प्रभुता व विशेषाधिकारों को ब्रह्माण्ड में स्थायी स्थान दे सके और सीढ़ीनुमा श्रेणीबद्ध समाज–व्यवस्था को मनुष्य की शाश्वत स्थिति बना दे। सत्तावर्ग 'विचार' की इस ताक़त को जानता है कि एक स्तर पर जाकर वैचारिक शक्ति भौतिक शक्ति बन जाती है और जब तक सांस्कृतिक नियन्त्रण न किया जाये, आर्थिक और राजनीतिक नियन्त्रण अधूरा रहता है। सत्तावर्ग की इस विचारधारात्मक आवश्यकता की पूर्ति 'चेतना' प्रधान धर्माधारित जीवन–दृष्टि ही कर सकती है।

धर्म जिस परलोकवादी फेंटेसी को रचता है वह सत्तावर्ग के लिए संजीवनी का काम करती है। ऐसी आत्मवादी दृष्टि के चलते जिसमें अनगिनत श्रमजीवियों को पराधीनता का जीवन अपनाये रहने को विवश किया जाता है, जिसमें राष्ट्र की सम्पत्ति का उत्पादन करते हुए लोगों को केवल अस्तित्व के लिए आवश्यक वस्तुओं पर गुज़ारा करने को विवश किया जाता है। इसीलिए आज के सामाजिक आर्थिक ढाँचे को क़ायम रखने के लिए व्यवस्थागत हिंसात्मक उपायों के अलावा मानसिक गुलामी हेतु बड़े पैमाने पर भाववादी ज्ञानमीमांसा का पक्षपोषण करना अपरिहार्य बन जाता है और यह तभी सम्भव है, जब भौतिकवादी ज्ञानमीमांसा, जो स्वभाव से ही वैज्ञानिक दर्शन का संवर्धन करती है, को ख़ारिज किया जाये और उसके प्रति जनमानस में हिक़ारत, हेय और असत्य ज्ञान का भाव पैदा किया जाये। भौतिकवादी दर्शन के प्रति सत्ता का नकारात्मक नज़रिया दिखाता है कि सत्ता के सामने सबसे बड़ी चुनौती बहुसंख्यक श्रमजन को अपने परिवेशीय जीवन की यथार्थताओं की सही समझ विकसित करने वाले वैज्ञानिक दर्शन से ही है।

इसके विपरीत, ब्रह्मवादी संकल्पनाएँ सत्तावर्ग के लिए वैचारिक सुरक्षा कवच के रूप में कार्य करती हैं। यह दृष्टि विज्ञान को सामाजिक शक्तियों तथा संस्थानों का सेवक बनाती हैं। मानसिक तौर पर जनता को पंगु करने वाली धार्मिक दृष्टि सत्ता, सुरक्षा व सुख का स्रोत है और सत्ता–संघर्ष के दौर में यह प्रगतिशील सामाजिक शक्तियों के ख़िलाफ़ खड़ी भी होती है। पुनर्जन्म, आत्मा की अमरता, कर्मवाद, मोक्ष जैसी मान्यताओं के माध्यम से यह दर्शन ही व्यक्ति को सिखाता है कि दुखों, कष्टों, पीड़ाओं से छुटकारा ईश्वरीय सेवा, श्रद्धा व आस्था से ही मिल सकता है। यह वैश्विक दृष्टिकोण बहुसंख्यक को जीवन में तो संघर्ष करने की शिक्षा देता है, किन्तु व्यवस्थाजनित वंचनाओं, वर्जनाओं, शोषण, अत्याचार व अन्याय से होने वाले दुखों–पीड़ाओं से मुक्ति हेतु किसी 'पराशक्ति' की अनुकम्पा के लिए धार्मिक अनुष्ठान करने को अपरिहार्य बनाता है। किन्तु मनुष्य के संघर्ष को अन्तर्मुखी बना देने वाले इस मनोविज्ञान से आत्मवंचना और दीनभावना ही हाथ लगती है, जिसका मुख्य स्वर 'मैं मूर्ख खल कामी' है। मनुष्य के संघर्ष को अन्तर्मुखी बना देने वाले इस दर्शन से व्यक्ति समर्पण तो कर सकता है, किन्तु बेहतर समाज व जीवन के लिए जिस वैचारिक

स्पष्टता व वास्तविक सामाजिक चेतना की दरकार है, उसको विकसित नहीं कर पाता है।

'सिद्धान्त' का 'व्यवहार' से सम्बन्ध–विच्छेद एवं मूर्त को धूमिल करते हुए अमूर्त को उभारना भाववाद की चारित्रिक विशेषता है। इसकी राह में विज्ञान सम्मत कार्यप्रणाली तथा मनुष्य और प्रकृति के बीच अन्तःस्थित द्वन्द्व के प्रति सकारात्मक दृष्टि एक मुख्य सैद्धान्तिक बाधा है। यह अनायास ही नहीं है कि ब्राह्मणवादी दर्शन में सत्ता के आत्मवादी दर्शन को 'जनता के दर्शन' का पर्याय बताया जाता है, गीता को 'भारत की आत्मा' और हिन्दू शास्त्रों को उत्कृष्ट ग्रन्थ दिखाया जाता है तथा उसकी दार्शनिक प्रस्थापनाओं को 'अध्यात्म के शिखर' के विकास के रूप में व्याख्यायित करने की कोशिशें होती रही हैं। वेदान्त सवर्ण वर्ग के आर्थिक, सामाजिक और राजनीतिक वर्चस्व का वैचारिक हथियार रहा है। वर्ण–व्यवस्था के ये वैचारिक अस्त्र जिस सत्य को स्थापित करते रहे हैं, वह जनता के सत्य से परहेज़ रखता है। यह अकारण नहीं है कि लोकायत दार्शनिकों के प्रति हिक़ारत का भाव सभी दार्शनिक सम्प्रदायों में समान रूप से पाया जाता है। इस सम्बन्ध में जवाहरलाल नेहरू (1946) कहते हैं :

"यह दर्शन पुरोहित वर्ग के लिए कितना ख़तरनाक था, इसका अनुमान इससे लगाया जा सकता है कि पदार्थवाद का पूरा साहित्य नष्ट कर दिया गया। इस साहित्य के हवाले जो मिलते हैं वे केवल उन पुस्तकों में हैं जिनमें कि उन पर टीका–टिप्पणी की गयी है और जिनमें लोकायती सिद्धान्तों के खण्डन के लम्बे प्रयत्न हैं। इसके खण्डन में जो उत्साह और जोश इन आलोचकों ने दिखाया है उसी से पता चलता है कि उन लोगों की दृष्टि में इस दर्शन का जनता तक पहुँचना कितना चुनौतीपूर्ण था।"[16]

अपने परिवेशीय जीवन एवं जगत को जानने–समझने के लिए भाववाद जिस वैश्विक दृष्टिकोण को पोषित करता है उसमें मानव की वास्तविक मुक्ति के प्रश्न न केवल अलक्षित रहते हैं अपितु तिरस्कृत भी होते हैं। यह जिस आत्मनिष्ठ एवं मनोगत नज़रिये का विकास करता है उसके माध्यम से न तो मनुष्य की चेतना में रूपान्तरण सम्भव है, न ही समाज की संरचना में और न ही सत्ता की प्रकृति में। भाववाद का उदात्त से उदात्त मानववादी रूप, श्रमण–संस्कृति एवं भक्ति–आन्दोलन इसके प्रमाण हैं। भाववाद जिस मानसिक यूटोपिया में सैर कराता है उसमें व्यक्ति अपनी

असली एवं बुनियादी मुक्ति के सवाल व्यवस्था से करने की दृष्टि खो देता है। उसे एक ऐसी छद्म या आभासी दुनिया में जीने के लिए राज़ी या विवश कर दिया जाता है जिसके आवरण के मौजूद रहते उसे पता ही न चले कि उसके साथ क्या–क्या, कौन–सी और कैसी व्यवस्थागत जकड़न, बन्धन व विवशताएँ हैं। प्रकृति, समाज, इतिहास, संस्कृति एवं विकास को किसी "चैतन्य की ही स्थूल अभिव्यक्ति मानने वाली भाववादी जीवन–दृष्टि वस्तुओं, घटनाओं एवं प्रक्रियाओं को परस्पर अन्तःसम्बन्धित न मान कर उन्हें अलग–थलग और एकांगी दृष्टि से देखने का नज़रिया विकसित करती हैं। ऐसा खण्डितमनोगत नज़रिया प्राकृतिक, सामाजिक एवं वैचारिक स्थितियों में बदलाव के कारण को उनके द्वन्द्वात्मक चरित्र में तलाश करने की दृष्टि को तिरोहित कर किसी आत्मिक शक्ति को बाह्य प्रकटीकरण के रूप में पेश करता है।"[17]

आदर्शवादी तत्त्वमीमांसा ने प्रायः ही सांस्कृतिक एवं वैज्ञानिक विकास को कुन्द किया जिसका भरपूर उपयोग प्रतिक्रियावादी वर्गों ने शोषण की अपनी व्यवस्था को सुदृढ़ बनाने के लिए किया है। जीवन को पारमार्थिक एवं व्यावहारिक सत्ताओं के रूप में विभाजित करने का यह तत्त्वमीमांसीय वैश्विक दृष्टिकोण सत्ता वर्ग के लिए संजीवनी का कार्य करता है। ऐसी आत्मवादी अन्तर्दृष्टि के चलते जनगण अपने सामाजिक, आर्थिक और राजनीतिक उत्पीड़न, अन्याय, शोषण एवं ग़ैर–बराबरी के सवाल 'व्यवस्था' से करने की दृष्टि विकसित नहीं कर पाता। भाववादी वैश्विक दृष्टिकोण में विषमतापूर्ण सामाजिक व्यवस्था के बुनियादी कारणों को वस्तुनिष्ठ आधारों पर खोज करने की क्षमता नहीं होती है। वह या तो ऐसे प्रश्नों को उठाता ही नहीं और यदि उठाता है तो उनके उत्तर मनुष्य के वैचारिक जगत के भीतर तलाश करता है। 'खुद सुधरो, जग सुधरे।' ब्रह्मवादी दर्शन में ज्ञान और कर्म एक–दूसरे के पूरक न होकर परस्पर विरोधी होते हैं, जिसमें वेदाध्ययन एवं कृषि परस्पर विपरीत कार्य बन जाते हैं। ऋषि और विचारक बैठे–बैठे आत्मा और ब्रह्म की गुत्थियाँ सुलझाते रहते हैं और जीवन की दुर्दशा के लिए सामाजिक माया–मोह को ज़िम्मेदार ठहराते रहते हैं। यह असामाजिकता का दर्शन अपने मूल स्वरूप में शारीरिक श्रम करने वालों को शूद्र, अस्पृश्य और दलित कह कर अलग फेंक देने का ज्ञानशास्त्र गढ़ता है। जिसके चलते पढ़ने–लिखने वालों की दुनिया से उन्हें इतना

दूर कर दिया गया कि वेदों का ज्ञान उनके लिए मृत्यु का अपराध बन गया। अपनी सामाजिक प्रस्थिति में यह वर्ग 'सत्ता एवं सम्पत्ति' में भागीदारी एवं हिस्सेदारी से वंचित एवं हाशिये पर है। इनके द्वारा उत्पन्न उत्पादन पर ही समाज का विशेषाधिकार प्राप्त शासक, पुरोहित एवं व्यापारी वर्ग सुविधा–सम्पन्न जीवनयापन कर पाने की स्थिति में रहा है। शूद्रों के लिए एकमात्र कर्तव्य दूसरों की सेवा करना बना दिया। 'यदतो' न्यद्धि कुरुते तद्भवत्यस्य निष्फलम्।' इस तरह की सेवा करने के लिए ही उसका ज़िन्दा रहना आवश्यक है।

व्यक्ति अपने दमन एवं अभिशप्त स्थिति के सवाल 'व्यवस्था' से उठाने की दृष्टि विकसित न कर सके, इसलिए ऐसे दर्शन को बचाये और बनाये रखना सामन्तवाद एवं पूँजीवाद दोनों की ऐतिहासिक एवं अस्तित्वगत आवश्यकता रही है। उसमें मानव की 'जैविकीय भिन्नता' को 'सामाजिक विषमता' का पर्याय बना देने की ज़रूरत रहती है। इस स्थिति को बनाये रखने के लिए अध्यात्म का प्रभामण्डल वैचारिक उर्वरा भूमि का काम करता है। विज्ञान जिस 'पदार्थाधारित' वैश्विक दृष्टिकोण का पक्ष–पोषण करता है, उसका दार्शनिक रूप भौतिकवाद ही हो सकता है। भौतिकवाद प्रकृति, समाज एवं विचार के सामान्य नियमों के अध्ययन–विशेषण के लिए जिस सत्ता–मीमांसा को आधार बनाता है वह सभी प्रकार के निरपेक्षतावाद, शाश्वतवाद व मनोवाद का बुद्धिसंगत निषेध करता है, जो आदर्शवादी दर्शन का मूल आधार हैं। इस समझ पर आधारित द्वन्द्वात्मक वैश्विक दृष्टिकोण अपने सामाजिक चरित्र में जनता की वैचारिक ताक़त बनता है। यही समझ दर्शन के प्रयोजन को सामाजिक प्रयोजन से जोड़ती है। यह जिस वैज्ञानिक वैश्विक दृष्टिकोण को निर्मित करती है, उसकी सामाजिक भूमिका को दर्शाते हुए वैज्ञानिक जे. डी. बरनाल अपनी पुस्तक *विज्ञान की सामाजिक भूमिका* में कहते हैं :

"यह एक बेहतर मानव व दुनिया के निर्माण का बौद्धिक उपकरण है। यह इस दुनिया व मानव–जीवन को वास्तविक एवं ज्ञेय बनाने वाला और मानव की क्षमताओं पर भरोसा करने वाला मानवतावादी दर्शन है।"

यह दर्शन परिवर्तन का विज्ञान है जो घटनाओं, प्रक्रियाओं और प्रत्येक प्रस्थापना को न केवल ऐतिहासिक रूप में, बल्कि अन्यों के साथ सम्बन्ध में, ठोस अनुभव में और उनकी द्वन्द्वात्मकता में देखने का नज़रिया देता है।

यह दर्शन वैज्ञानिक धरातल पर संरचित होने के कारण मानव को तमाम विश्व के बारे में और उसके स्वयं ब्रह्माण्ड के साथ सम्बन्ध व स्थान के बारे में समग्र तार्किक वैश्विक दृष्टिकोण से लैस करता है, जो पूँजीवाद व सामन्तवाद के किसी भी प्रकार के अन्धविश्वास, प्रतिक्रियावाद, यथास्थितिवाद व उसके बचाव के साथ मेल–मिलाप नहीं करता है। भौतिकवाद में संकीर्णतावाद नाम की कोई चीज़ नहीं है, जो दक़ियानूसी, गले–सड़े सिद्धान्त के रूप में मानव–सभ्यता के विकास के मार्ग से कहीं दूर विकसित हुआ है।"[18]

यह दुनिया व जीवन की यथार्थताओं को उस रूप में जनता के सामने लाता है जिस रूप में वह हैं और शोषित जनता को चाहिए कि वे दुनिया की सच्चाई को जिस रूप में वह हैं उसी रूप में ग्रहण करें, ताकि वे अपने उत्पीड़न, दमन, दासता व तमाम तरह की सामाजिक वर्जनाओं से मुक्ति हेतु मूल कारणों को भेद सकें और अपने परिवेशीय जीवन, समाज एवं दुनिया के मूल में कार्य कर रहे सामान्य नियमों को समग्रता में समझने की क्षमता हासिल कर लें। इसके लिए उनको एक ऐसे वैश्विक दृष्टिकोण की दरकार है जो ब्रह्माण्ड एवं उसमें मनुष्य के स्थान तथा समाज के विकास की सही तस्वीर दिखाये और अपने आसपास की दुनिया को निर्देशित व नियन्त्रित करने वाले नियमों और समाज के सत्ता–चरित्र का उद्‌घाटन कर सके। वे दासता व उत्पीड़न के ऐतिहासिक कारणों एवं आधारों को जानने की वैश्विक दृष्टि हासिल कर सकें। वे एक ऐसी जीवन–दृष्टि से लैस हों जो यह समझा दे कि दासता व उत्पीड़न कोई शाश्वत स्थिति या नियति नहीं है। इसलिए दुनिया में न तो कोई दिव्य सत्ता है और न ही ब्रह्माण्ड को अपनी गति के लिए किसी 'पहले आवेग' की ज़रूरत पड़ी है। 'परिवर्तन' ही सत है। दासत्व व उत्पीड़नकारी स्थितियों को बदला जा सकता है, उनसे मुक्त होकर बेहतर दुनिया का निर्माण किया जा सकता है। इस तरह की वैश्विक दृष्टि केवल द्वन्द्वात्मक भौतिकवादी दर्शन ही दे सकता है क्योंकि यह दर्शन विश्व की उत्पत्ति, मानव की नियति, समाज की प्रकृति, सत्ता के चरित्र व जीवन की उद्देश्यात्मकता का वैज्ञानिक पद्धति से यथार्थवादी अध्ययन कर सामाजिक रूपान्तरण का मार्ग प्रशस्त करता है। यही दर्शन, विचार का सुदृढ़ आधार बन कर मनुष्य की विचारधारा, उसके भाव–जगत, सामाजिक जीवन आदि का परस्पर सम्बन्ध बतलाते

हुए दिखाता है कि विश्व की एकता का आधार उसकी भौतिकता में है न कि 'मैं सोचता हूँ, इसलिए हूँ' जैसे आत्मकेन्द्रित सूत्र वाक्यों में। भयमुक्त समाज के लिए एक ऐसे दर्शन की आवश्यकता है जो इस दुनिया की केवल व्याख्या ही नहीं करे, अपितु उसकी कुरूपताओं को उद्घाटित कर उनसे मुक्ति की वैचारिक समझ का दिशाबोधक बने, जिसकी क्षमता वैज्ञानिक दर्शन में है।

यह दर्शन सिखाता है कि उत्पीड़न से मुक्ति के लिए उन परिस्थितियों को खोजना है जो आर्थिक–सामाजिक विकास की प्रक्रिया में जन्म लेती हैं। वैज्ञानिक दर्शन ही जनता को समस्त प्रकार के मनोवाद से बचाते हुए इस समझ से लैस करता है कि तुम्हारी मुक्ति प्राकृतिक नियमों से स्वाधीन हो जाने के स्वप्न में निहित नहीं है, बल्कि वह इन नियमों के ज्ञान में तथा इस ज्ञान की सहायता से इन नियमों से निश्चित उद्देश्यों के लिए सुनियोजित ढंग से कार्य करने की जो सम्भावना पैदा होती है, उस सम्भावना में निहित है। अपनी इस क्षमता के कारण ही दर्शन सामाजिक संघर्ष की आँख बनता है जिसके द्वारा पथ आलोकित न किये जाने पर क्रान्तिकारी व्यवहार अँधेरे में भटक जाता है। अगर दर्शन का निर्माण जनान्दोलन के साथ अविच्छिन्न सम्बन्ध रखते हुए किया गया हो तो वह परिवर्तनकामी आन्दोलन की शक्ति बन जाता है। दर्शन और एकमात्र दर्शन ही वह वैचारिक अनुशासन है, जो आन्दोलन की ताक़त के सम्बन्ध में हमारे अन्दर विश्वास भर सकता है। दर्शन कर्म का मार्गदाता है। सत्ता को हमेशा यह वैचारिक भूत सताता रहता है कि दर्शन "प्रकृति, समाज एवं विचार सम्बन्धी जिन आधारभूत प्रश्नों से मुठभेड़ करता है, उन्हें यदि ठीक से जनता तक पहुँचा दिया जायेगा तो उनका राजनीतिक प्रभुत्व व सामाजिक नियन्त्रण ख़त्म हो जायेगा।" अपने इस वर्ग–हित के चलते असल में वे दर्शन की भूमिका को नहीं नकार रहे हैं, अपितु उस दर्शन को नकार रहे हैं जो जनता की बेहतरी व इन्सानी समाज के निर्माण की सैद्धान्तिक बुनियाद बनने की क्षमता रखता है। भौतिकवाद के प्रति मुख्यधारा के चिन्तकों का कुप्रचार इसी प्रतिबद्धता का अभ्यास है। फलतः यदि इस दर्शन का कोई आदर्श प्रतीत होता है तो वह शुद्ध और सीधे सुखवाद का आदर्श है। इस दर्शन में मनुष्य का एकमात्र लक्ष्य इस जीवन में सुख, और वह भी सिर्फ़ अपना, प्राप्त करना है।

अपने इन्हीं वर्ग–हितों के चलते विजयी पूँजीपति वर्ग ने विज्ञान सम्मत दार्शनिक भौतिकवाद को ठुकरा दिया और सत्ता की रक्षा के लिए धर्म और परलोकवाद से जुड़े आदर्शवाद का सहारा लिया। यह अनायास नहीं है कि प्रबोधन के बौद्धिक प्रेरकों ने अपने वैज्ञानिक दर्शन के साथ न केवल अनेक समझौते किये, बल्कि आदर्शवादी प्रस्थापनाओं के फलने–फूलने के लिए पूरी जगह छोड़ी।

हालाँकि पूँजीवाद की स्वाभाविक मित्रता विज्ञान के साथ ही हो सकती है, पर अपने वर्ग–स्वार्थ के चलते वह सदा धर्म के लिए छिद्र छोड़ देती है, जो उसे तात्कालिक संकट से निजात दिलाने में अहम् भूमिका निभाता है। भौतिक स्तर पर विज्ञान को बढ़ाना और वैचारिक स्तर पर गैर–वैज्ञानिक सोच को बनाये रखना पूँजीवाद का चारित्रिक लक्षण है।

अपने इन हित सम्बन्धों के कारण पूँजीवाद ने एक दौर में जिस सामन्ती संस्कृति को ख़त्म करने का हर सम्भव प्रयास किया, कालान्तर में उसी को बचाये–बनाये रखने के लिए सामन्ती शक्तियों को संरक्षण दिया और आधुनिकता इसी क़वायद का लोक–लुभावना नाम है। यह अकारण नहीं है कि 'यथार्थ का वस्तुनिष्ठ स्वरूप और उसकी तार्किक विश्लेषण द्वारा ज्ञेयता की क्षमता' जो आधुनिकता का उद्घोष था, उत्तर–आधुनिकतावादियों ने इन्हीं संकल्पनाओं को अपने आलोचनात्मक विमर्श का मुख्य आधार बनाया। अधिकतर उत्तर आधुनिक विचारक अपूर्णताओं, विखण्डनों और विभाजित चेतनाओं के उपासक हैं। जीवन के प्रति खण्डित और विभाजित दृष्टि सत्तावर्ग और धार्मिक ताक़तों के लिए वरदान सिद्ध हुई है। पूँजीवाद का राजनीतिक चेहरा सामन्तवाद है जिसके औरस–पुत्रों द्वारा मिथकों को विज्ञान, वैज्ञानिक शब्दावली में धर्म की व्याख्या पर ज़ोर, कर्ण–पाण्डव–गणेशजी–हनुमान जैसे पौराणिक पात्रों को प्राचीन भारत की उन्नत अंग–प्रत्यारोपण तकनीकी, क्लोनिंग तकनीकी और जैनेटिक विज्ञान का प्रमाण, शंख बजाकर मानसिक एवं शारीरिक बीमारियों को दूर करने का दावा, वैज्ञानिक सोच वाले चिन्तकों–कलबुर्गी, दाभोलकर, पानसेर की हत्या, मनुस्मृति को श्रेष्ठ विधान और गीता को राष्ट्र ग्रन्थ घोषित किये जाने की माँग, आस्था के नाम पर हिंसा, अस्मिता की पहचान के नाम पर धार्मिक कट्टरता, धर्म के नाम पर अपराधी–दुराचारी बाबाओं को राजनीतिक संश्रय, वास्तुशास्त्र–ज्योतिष को विज्ञान बनाने की क़वायद किये जाने के सत्ता भ्रूण यहीं विद्यमान हैं।

आज विज्ञान के युग में ग़ैर–वैज्ञानिक सोच की जड़ें जनता की सामाजिक रूप से दमित अवस्था में हैं। पूँजीवादी आधार पर उद्योग का जो विकास हुआ, उसने श्रमिक जनता की दरिद्रता और कष्टों को समाज के अस्तित्व की आवश्यक शर्त बना दिया। जहाँ असुरक्षा, भय, दमन, पीड़ा उसके ज़िन्दा रहने के पर्याय बन गये हैं। इसका राजनीतिक लाभ जनता की भावात्मक गोलबन्दी करने में संकीर्णतावाद को मिलता है। यही धार्मिक कट्टरता के फलने–फूलने हेतु उर्वरा भूमि तैयार करता है। पूँजीवाद मानव–जाति के विकास को जिन अन्तर्विरोधों के दलदल में घसीट ले गया है, वहाँ धर्म ही उसे आभासी राहत देता है। इसलिए धर्म के फैलने का कारण जनता का धर्म के प्रति सम्मोहन नहीं, बल्कि मानव–विरोधी तन्त्र है। आज वह उत्पीड़न की अभिव्यक्ति के रूप में जीवित है।

जब तक शोषण–उत्पीड़नकारी सामाजिक ढाँचे से मानव मुक्त नहीं होता, तब तक कोई भी शैक्षणिक पुस्तक या प्रौद्योगिकी विकास जनता के मस्तिष्क से वैज्ञानिक चेतना को विकसित नहीं कर सकता। वैज्ञानिक चेतना वैज्ञानिक संस्कृति की उत्पाद होती है और वैज्ञानिक संस्कृति न्यायपूर्ण जनतान्त्रिक सामाजिक व्यवस्था की देन होती है। इसलिए यदि पूरा तन्त्र सामन्ती मूल्यों का पोषक है तो इस बात की पूरी सम्भावना है कि तान्त्रिकों और ओझाओं द्वारा भूत उतारने, हवा बाँधने, प्रेत से मुक्ति दिलाने, रोज़गार दिलाने, बीमारी भगाने के वादे सही लगते रहें। आज की हमारी वैचारिक विडम्बना के सूत्र मनुष्य की इन्हीं अभिशप्त दशाओं में हैं। अध्यात्म की इसी भौतिकता को देखने और समझने की दरकार है।

अतः एक सुव्यवस्थित शिक्षा–प्रणाली, जिसमें विज्ञान न केवल उत्पादन का साधन मात्र बने बल्कि लोगों में वैज्ञानिक सोच भी विकसित करे, की स्थापना के लिए ग़ैर–बराबरी आधारित शोषणकारी सामाजिक परिस्थितियों में बदलाव लाना अपरिहार्य है। जब तक उत्पीड़नकारी सामाजिक ढाँचे से मानव मुक्त नहीं होता तब तक वैज्ञानिक शिक्षा की चुनौतियों से मुक्ति नहीं मिल सकती है। इसीलिए यदि पूरा तन्त्र सामन्ती मूल्यों का पोषक है तो इस बात की पूरी सम्भावना है कि विज्ञान का केवल पूँजी बढ़ाने वाला पक्ष अर्थात 'प्रौद्योगिकी' को विकसित किया जाये और इनसानी दुनिया बनाने में उसकी वैचारिक भूमिका को पंगु करने के सुनियोजित प्रयास किये जायें। सत्ता तन्त्र भ्रामक भाषायी शब्दजाल से विज्ञान की

इसी महती भूमिका को पृष्ठभूमि में धकेलने का वैचारिक षड्यन्त्र करता है जिसे सिरे से ख़ारिज करने की दरकार है। विशेष रूप से एक ऐसे समय में, जब वैज्ञानिकों को दमनात्मक आर्थिक एवं राजनीतिक सवालों पर सशक्त हस्तक्षेप करना चाहिए।

इसलिए, यदि आज व्यक्ति वैज्ञानिक सोच–समझदारी नहीं रखता है या विज्ञान ऐसा करने में असमर्थ दिख रहा है तो इसके लिए न तो बुद्धिवादी चिन्तकों, जो विज्ञान आधारित 'प्रबोधन' के आधिकारिक प्रवक्ता थे, को ज़िम्मेदार ठहराया जा सकता है और न ही स्वयं विज्ञान को। इसके लिए वैज्ञानिक अनुसन्धानों को आगे बढ़ाने के मूल में काम कर रहे 'सत्ता–प्रयोजन' की शिनाख़्त करने की दरकार है। इसके लिए स्वयं विज्ञान की प्रकृति को समझने की बजाय, उसका रिश्ता परस्पर विरोधी हित सम्बन्धों पर आधारित समाज, राज्य एवं उसके शैक्षिक जगत की प्राथमिकताओं को भेदने की आवश्यकता है। जिसकी विस्तृत चर्चा इसी आलेख के प्रारम्भ में की गयी है। आज के वैज्ञानिक युग में यदि साम्प्रदायिकता, धर्मान्धता, जातीय दुराग्रह जैसी ग़ैर–वैज्ञानिक स्थितियों का घनत्व कम होने के बजाय और अधिक सघन हो रहा है तो इसको जानने के लिए हमें 'वैज्ञानिक प्रबोधन' को स्थापित करने की वाहक शक्ति पूँजीवादी तन्त्र के चरित्र को देखने की समझदारी विकसित करनी पड़ेगी।

इस सन्दर्भ में यह प्रश्न उठाया जाता है कि बुद्धिवादी चिन्तक किस आधार पर यह विश्वास करते हैं कि वे विज्ञान द्वारा अन्धविश्वास और तन्त्रवाद आधारित सामाजिक–मनोविज्ञान पर जीत हासिल कर लेंगे? इसको समझने के लिए विज्ञान का इतिहास बोध पथ–प्रदर्शक का काम करता है। मानव ने वैज्ञानिक दृष्टि से उन सभी अन्धविश्वासों व तन्त्रवादी दुनिया पर विजय पायी है जो एक समय में किसी दिव्य सत्ता की देन मानी जाती थीं। इस सम्बन्ध में यह भी जान लेना आवश्यक है कि विज्ञान जिस सोच व समझदारी से व्यक्ति और समाज को लैस करता है उसमें ही उन अन्धविश्वासों से मुक्ति की अपार सम्भावनाएँ विद्यमान हैं, जिनसे आज का मानव त्रस्त है।

सन्दर्भ सूची

1. आइंस्टीन, अल्बर्ट, *समाजवाद ही क्यों? आइंस्टीन के सामाजिक सरोकार*, दिल्ली, गार्गी प्रकाशन, 2005, पृ. 23

2. रसल, बट्रेंड, *हिस्ट्री ऑफ़ वेस्टर्न फिलॉसफी*, नयी दिल्ली, एटलांटिक पब्लिशर्स एंड डिस्ट्रिब्यूटर्स, 2016, पृ. 45
3. सिंह, हरजिन्दर, *वैज्ञानिक चेतना का अर्थ*, जनसत्ता, 2019, सम्पादकीय।
4. सेल्सम, हावर्ड, *सोशलिज़्म एंड एथिक्स*, लन्दन, इंटरनेशनल पब्लिशर्स, 1993, पृ. 80
5. कानफोर्थ, मारिस, *द्वन्द्वात्मक भौतिकवाद*, खण्ड 3 ज्ञान–मीमांसा, कानपुर, करंट बुक डिपो, 2004, पृ. 67
6. नेहरू, जवाहरलाल, *भारत एक खोज*, दिल्ली, ऑक्सफोर्ड यूनिवर्सिटी प्रेस, 1946, पृ. 65
7. डॉ. दाभोलकर, नरेन्द्र, *अन्धविश्वास उन्मूलन, भाग–1*, नयी दिल्ली, राजकमल प्रकाशन, 2015, पृ. 78
8. बरनाल, जे.डी., *विज्ञान की सामाजिक भूमिका*, नयी दिल्ली, ग्रन्थ शिल्पी, 2000, पृ. 208
9. लेनिन, *भौतिकवाद एवं इन्द्रियानुभाविक आलोचना*, नयी दिल्ली, प्रकाशन संस्थान, 2015, पृ. 56
10. डॉ. दाभोलकर, नरेन्द्र, *अन्धविश्वास उन्मूलन, भाग–1*, नयी दिल्ली, राजकमल प्रकाशन, 2015, पृ. 78
11. गार्डन चाइल्ड, *सोसायटी एंड नोलेज*, वेस्टपोर्ट (यू.एस.), ग्रीन वुड प्रेस, 1956, पृ. 54
12. पॉपर, कार्ल, *कंजक्चर्स एवं रिफ्यूटेशन्स*, नयी दिल्ली, (स्पेशल इंडियन एडीशन) एटलांटिक पब्लिशर्स एवं डिस्ट्रिब्यूटर्स, 2002, पृ. 55
13. कोसम्बी, डी.डी. *विज्ञान, स्वतन्त्रता और राज्य*, नयी दिल्ली, समयांतर, फॉरवर्ड प्रेस अंक 5, 2001, पृ. 2
14. आइंस्टीन, अल्बर्ट, *आइडियाज़ एंड ओपिनियन*, न्यूयॉर्क, क्राउन पब्लिशर इंक, 1954, पृ. 20
15. नन्दा, मीरा, *साइंस इन सैफ्रेन*, गुड़गाँव, थ्री एस्सेज कलेक्टिव, 2016, पृ. 207
16. नेहरू, जवाहरलाल, *भारत एक खोज*, दिल्ली, ऑक्सफोर्ड यूनिवर्सिटी प्रेस, 1946, पृ. 65
17. कानफोर्थ, मारिस, *साइंस वर्सेस आइडीलिस्म*, लन्दन, इंटरनेशनल पब्लिशर्स वर्क, 1955, पृ. 2
18. बरनाल, जे.डी., *विज्ञान की सामाजिक भूमिका*, नयी दिल्ली, ग्रन्थ शिल्पी, 2000, पृ. 208

अध्याय–12

विज्ञान की नारीवादी आलोचना और विज्ञान-शिक्षा

दीपिका बंसल

यह पर्चा नारीवादी दृष्टिकोण से विज्ञान की जाँच करता है और फिर कुछ महत्त्वपूर्ण सुझाव देता है। लेखिका विज्ञान की नारीवादी आलोचना और उसके आलोक में विज्ञान शिक्षण में प्रगतिशील परिवर्तन के ढाँचों को तैयार करने की सम्भावनाओं पर चर्चा करती हैं। वे इस पूरे विषय को दो भागों, विज्ञान में महिलाएँ और जेंडर विज्ञान, में बाँट कर समझाती हैं। पहले भाग के सन्दर्भ मे लेखिका ने विज्ञान के परम्परागत इतिहास में महिलाओं की अनुपस्थिति और उनके योगदान को भुलाने की प्रथा की ओर ध्यान आकर्षित किया है। वे लिखती हैं कि शोधकर्ताओं ने इसकी भी पड़ताल की है कि विज्ञान कैसे जेंडर–आइडियोलॉजी को सुदृढ़ करने में मदद करता है। परन्तु बात केवल महिलाओं की अनुपस्थिति और उनके योगदान को अनदेखा करने या छिपा/दबा देने की नहीं है। उनके अनुसार, आधुनिक विज्ञान की संस्कृति, उसके सिद्धान्त व नियम, कार्यप्रणाली और ज्ञानमीमांसा जैसे पहलुओं पर जेंडर या नारीवादी लेंस से नज़र डालने पर पता चलता है कि ये भी जेंडर विचारधारा से अछूते नहीं हैं। लेखिका अपने पर्चे में अन्तर्राष्ट्रीय और कुछ हद तक राष्ट्रीय शोधों के आधार पर उदारवादी नारीवादी व रेडिकल नारीवादी परिप्रेक्ष्यों की बारीकियों पर चर्चा करती हैं। वे कहती हैं कि बात सिर्फ़

महिलाओं को विज्ञान में समान जगह दिलाने की नहीं है वरन् उसमें महिलाओं के लिए अतिरिक्त आकर्षण व विज्ञान के प्रति आलोचनात्मक दृष्टि विकसित करनी होगी। वे इस ज्ञान के मद्देनज़र रखते हुए स्कूली विज्ञान में किये जा सकने वाले प्रगतिशील परिवर्तनों के सुझाव भी अपने पर्चे में देती हैं।

आधुनिक विज्ञान में लैंगिक आधार पर विभिन्न प्रकार के शोषणों को नारीवादियों ने उजागर किया है। अधिकांश समकालीन समाजों ने विज्ञान में पुरुषों की तुलना में महिलाओं की संख्या कम होने पर तो ध्यान दिया है, लेकिन इससे अधिक नहीं। मौलिक स्तर की नारीवादी आलोचना, जो विज्ञान की नींव और इमारत दोनों को चुनौती देती है, को दरकिनार कर दिया गया है। मैं इस लेख में यह तर्क देना चाहती हूँ कि यद्यपि वर्तमान शैक्षिक सुधार निश्चित रूप से प्रगतिशील हैं और उदारवादी नारीवादी दृष्टिकोण के साथ मेल खाते हैं, लेकिन वे पर्याप्त नहीं हैं। विज्ञान के अभ्यास और ज्ञान, दोनों में परिवर्तन लाने के लिए शिक्षकों और शिक्षाविदों को 'रेडिकल' नारीवादी आलोचनाओं के साथ और अधिक प्रभावी ढंग से जुड़ने की ज़रूरत है। इस पर्चे की शुरुआत मैं विज्ञान की नारीवादी आलोचना के एक संक्षिप्त विवरण से करूँगी। फिर मैं वर्तमान शैक्षिक सुधारों और (उदारवादी) नारीवादी प्रस्तावों के बीच समानता का वर्णन करूँगी। उसके बाद मैं यह रेखांकित करने का प्रयत्न करूँगी कि विज्ञान और विज्ञान–शिक्षा में मूलभूत परिवर्तन लाने के लिए हमें 'रेडिकल' नारीवादी विचारों से जुड़ने और उनके प्रस्तावों पर अमल करने की आवश्यकता है।

विज्ञान की नारीवादी समालोचना

नारीवादी दृष्टिकोण ने विज्ञान पर महत्त्वपूर्ण विचारों और विश्लेषणों की एक रोमांचक श्रृंखला का विकास किया है। विज्ञान पर केन्द्रित नारीवादी लेखन 1970 के दशक में दिखाई देने लगा। इस दौरान उत्तरी अमेरिका में महिला आन्दोलन से जुड़े वैज्ञानिकों ने अपने–अपने क्षेत्रों के ज्ञान में जेंडर से सम्बन्धित विकृतियों को नोटिस करना शुरू किया, लेकिन यह मुद्दा सिर्फ़ बीसवीं शताब्दी की उपज नहीं है। पन्द्रहवीं शताब्दी की शुरुआत में भी इटालियन लेखिका क्रिस्टीन डी पिज़ान ने विज्ञान में पुरुषों की अत्यधिक प्रबलता को एक समस्या के तौर पर उजागर किया था (शीबिंगर, 1991)।

पन्द्रहवीं शताब्दी से लेकर बीसवीं शताब्दी तक इस नारीवादी विचारधारा से उत्पन्न हुई विज्ञान की आलोचना को दो भागों में विभाजित किया जा सकता है। पहला है 'विज्ञान में महिलाएँ' और दूसरा 'जेंडर और विज्ञान'।

विज्ञान में महिलाएँ

इस श्रेणी में दो प्रकार के बिन्दुओं पर अधिक ज़ोर दिया जाता है। एक है, आधुनिक विज्ञान में महिलाओं की स्थिति, उस पर प्रभाव डालने वाले कारक और उनके निचले स्तर को सुधारने के उपाय। दूसरा है, विज्ञान के इतिहास में महिलाओं की अल्प संख्या के कारण और विज्ञान के उद्‌गम की परिस्थितियाँ जिनके चलते विज्ञान को स्त्रियों और स्त्रीत्व से दूर रखा गया। यह उदारवादी परिप्रेक्ष्य विज्ञान की नारीवादी आलोचनाओं का सबसे प्रथम और सबसे कम विवादास्पद भाग है। इस श्रेणी के शोधों का मुख्य उद्देश्य होता है, भारत में और अन्य देशों में महिलाओं को विज्ञान में आगे बढ़ने से रोकने वाले कारणों का प्रलेखन, वर्णन व किस प्रकार उन कारणों से छुटकारा पाया जा सकता है (देखें बाल, 2005; गुप्ता, केमेलगोर, फुच्स और एट्ज़ोवित्ज़, 2005; गुप्ता और शर्मा, 2002; सुब्रह्मण्यन, 1998)। इन अध्ययनों ने स्थापित किया है कि कुछ स्थानीय विविधताओं के बावजूद, विज्ञान में महिलाओं की सख्या पुरुषों के मुक़ाबले सभी समाजों में कम ही है। ग़ौर से देखने पर हमें यह भी मालूम चलता है कि एक–दूसरे से काफ़ी भिन्न समाजों में भी जिन समस्याओं और बाधाओं का सामना महिलाओं को करना पड़ता है, वे मोटा–मोटी एक समान ही हैं। उदाहरण के तौर पर, काफ़ी शोधों से हमें पता चलता है कि जेंडर पर आधारित अपेक्षाएँ जैसे कि घरेलू काम, बच्चों को सँभालना और बुज़ुर्गों का ध्यान रखना अधिकांश समाजों में महिला का कार्य समझा जाता है। इसके चलते न केवल महिला वैज्ञानिकों को काम करने के लिए पुरुष वैज्ञानिकों की अपेक्षा कम समय मिलता है, बल्कि यह धारणा उन्हें विज्ञान को एक व्यवसाय के रूप में चुनने से भी निरुत्साहित करती है। इन संस्थानों की संरचनाओं में भी पुरुषवादी तत्त्व बुने हुए हैं। ज़्यादातर व्यावसायिक संस्थान इस धारणा पर आधारित हैं कि इनमें काम करने वाले व्यक्तियों (पुरुषों) की रोज़मर्रा व घरेलू ज़रूरतें पूरा करने के लिए उनकी पत्नी या माँ हैं। जिसके चलते ये पुरुष अपना ज़्यादा–से–ज़्यादा समय विज्ञान में बिता सकते हैं,

जिसके लिए उन्हें प्रेरित और पारितोषित भी किया जाता है। अधिकतर वैज्ञानिक संस्थानों का प्रतिरोधी वातावरण और उनकी ऐसी संरचना जो पुरुषों के लिए ज़्यादा उपयुक्त हैं, काफ़ी महिलाओं को विज्ञान से निकल जाने के लिए बाधित कर देती है। और–तो–और, अतिरिक्त ज़िम्मेदारियों के चलते और पुरुषों से अधिक न घुलने–मिलने के रिवाज़ के कारण महिला वैज्ञानिक अत्यधिक उपयोगी अनौपचारिक सामाजिक नेटवर्क (Informal Social Networks) का हिस्सा नहीं बन पातीं। इन तीनों कारकों को मिला कर जो बोझ महिला वैज्ञानिकों को सहन करना पड़ता है उसको कुछ समाज–वैज्ञानिकों ने 'ट्रिपल बोझ' (Triple Burden) की संज्ञा दी है, जिसके कारण महिला वैज्ञानिकों में पुरुषों की अपेक्षा 'चिन्ता का अधिशेष' (Surplus of Anxiety) पैदा होता है (गुप्ता एवं अन्य, 2005; पृ. 1383)।

नारीवादी ऐतिहासिक अध्ययनों ने उन महिलाओं और उनके योगदानों को उजागर किया है, जिन्हें विज्ञान के पारम्परिक इतिहास ने अनदेखा कर दिया था। विज्ञान के इतिहास में महिलाओं का होना इस बात का प्रमाण है कि महिलाएँ भी पुरुषों के समान गहन शोध और अध्ययन कर सकती हैं, उनमें भी पुरुषों के समान बौद्धिक क्षमता है। इन ऐतिहासिक शोधों से यह भी पता चलता है कि पिछली शताब्दियों में किन–किन बाधाओं का सामना महिलाओं को करना पड़ता था। चूँकि इस प्रकार का अधिकतम शोध उत्तरी अमेरिका और यूरोप में हुआ है, उन समाजों के बारे में हम ज़्यादा जानते हैं। ये वैज्ञानिक महिलाएँ ज़्यादातर समाज के मध्यम या ऊपरी स्तर से नाता रखती थीं। इनकी व्यक्तिगत और बाहरी परिस्थितियों की जाँच से पता चलता है कि विज्ञान में भाग लेने के लिए उनके पारिवारिक सम्बन्ध और आर्थिक वर्ग एक ओर तो उन्हें अवसर प्रदान करते थे, लेकिन दूसरी ओर उनके लिए बाधाएँ भी पैदा करते थे (कोह्लस्टेड और लॉन्गिनो, 1997; शीबिंगर, 1991)। हेलेना पायसीओर का मानना है कि यदि मैडम क्यूरी ने 1895 में पियेर क्यूरी से शादी नहीं की होती, तो सम्भवतः उनका कोई वैज्ञानिक कॅरियर नहीं होता (पायसीओर, 1993)। पियेर क्यूरी के वैज्ञानिक अनुभव और फ़्रांसिसी वैज्ञानिक समुदाय में उनकी प्रतिष्ठा के कारण ही मैडम क्यूरी को विज्ञान में पियेर के साथ कन्धे से कन्धा मिला कर शोध करने का अवसर प्राप्त हुआ। किन्तु पियेर के साथ उनके विवाह ने उनकी व्यावसायिक सफलता में बाधा भी उत्पन्न

की। दोनों ने मिल कर जो वैज्ञानिक पर्चे लिखे उनका सारा श्रेय काफ़ी समय तक सिर्फ़ पियेर को ही मिलता रहा। मैडम क्यूरी द्वारा लिखे गये पर्चों, जिनमें पियेर की भागीदारी नहीं थी, को उस समय के प्रख्यात वैज्ञानिकों जैसे अर्नेस्ट रदरफोर्ड द्वारा लम्बे समय तक नज़रअन्दाज़ किया जाता रहा (पायसीओर, 1993)।

नारीवादी इतिहासकारों ने सत्रहवीं और अठारहवीं शताब्दी के सामाजिक, बौद्धिक, धार्मिक और सांस्कृतिक वातावरण का भी अध्ययन किया है। यही वह समय था जब विज्ञान एक महत्त्वपूर्ण संस्थान के रूप में यूरोप में उभर रहा था। इन शोधों से पता चलता है कि किसी समय और स्थान पर किन बौद्धिक गतिविधियों को विज्ञान का दर्जा दिया जाता है, वह निर्णय उस ऐतिहासिक काल में प्रचलित जेंडर विचारधाराओं पर भी निर्भर करता है। महिला–प्रधान गतिविधियाँ और ज्ञान–क्षेत्र जैसे दाई (मिडवाइफ, Midwife) का काम और पारिवारिक आहार–पोषण (Family Nutrition) को विज्ञान की संज्ञा नहीं दी गयी, क्योंकि इन क्षेत्रों में ज़्यादातर महिलाएँ ही सक्रिय थीं और यह काम महिलाओं के लिए ही उपयुक्त माने जाते थे (शीबिंगर, 1991)। इन शोधों से हमें यह भी पता चलता है कि जब महिलाओं को विज्ञान में भाग लेने से रोकने के लिए कोई क़ानून नहीं भी थे, तब भी वैज्ञानिक संस्थाओं में पुरुषों के व्यवहार ने उनका प्रवेश मुश्किल कर दिया। वैयक्तिक गुण जैसे मुखरता, दृढ़ता, हिंसा से न हिचकिचाना और कुछ आदतें जैसे धूम्रपान, शराब पीना और गाली–गलौच में संलग्न होना, ऐसे कारक थे जिन्होंने सक्रिय रूप से महिलाओं को विज्ञान में भाग लेने से हतोत्साहित किया (नाए, 1997)।

जेंडर और विज्ञान

विज्ञान में महिलाओं की भागीदारी का अध्ययन करने के साथ–साथ कुछ इतिहासकारों ने विज्ञान के अन्य पहलुओं पर लैंगिक भेदभाव और जेंडर के दृष्टिकोण से ध्यान दिया है। आधुनिक विज्ञान की संस्कृति, उसके सिद्धान्त व नियम, कार्यप्रणाली (Methodology) और ज्ञानमीमांसा (Epistemology) जैसे पहलुओं पर जेंडर या नारीवादी लैंस की मदद से नज़र डालने पर पता चलता है कि ये भी जेंडर की विचारधारा से अछूते नहीं हैं।

इन नारीवादी आलोचनाओं की मदद से यह कहा जा सकता है कि आधुनिक विज्ञान किसी भी अन्य ज्ञान–तन्त्र की तरह अपने समाज के राजनीतिक, आर्थिक, सामाजिक, बौद्धिक और धार्मिक वातावरण से प्रभावित होता है। इस तर्क की ओर ले जानी वाली कुछ समालोचनाओं से उभरे मुख्य बिन्दुओं पर नीचे संक्षेप में चर्चा की गयी है।

पहला बिन्दु : नारीवादी शोधों से हमें पता चलता है कि वैज्ञानिकों की जेंडर–विचारधाराएँ किस प्रकार उनके काम के विभिन्न चरणों पर प्रभाव डालती हैं। किन विषयों और प्रश्नों पर शोध किया जाता है, वे प्रश्न किस प्रकार से निर्मित किये जाते हैं, जिन जीवों या वस्तुओं पर शोध करना है उनका चयन कैसे किया जाता है, कौन–से प्रयोग किये जाते हैं और किस तरह के प्रमाण के आधार पर वैज्ञानिक सिद्धान्तों (Theories) का निर्माण होता है, ये सब वैज्ञानिक ज्ञान–निर्माण के चरण हैं जहाँ जेंडर के मूल्यों का प्रभाव दिखाई पड़ता है। उदाहरण के तौर पर, 1970 के दशक तक प्राइमेटोलॉजी का क्षेत्र बाक़ी वैज्ञानिक क्षेत्रों के समान पुरुष प्रधान था। इसका परिणाम यह हुआ कि उस समय तक प्राइमेटोलॉजी में लंगूर और चिम्पांजी के सिर्फ़ नर पशुओं के व्यवहार का अवलोकन किया जाता था, जिसके फलस्वरूप इस क्षेत्र का ज्ञान भी नर पशुओं पर ही केन्द्रित था। जब मादा पशुओं के व्यवहार पर चर्चा होती, तो वह सिर्फ़ उनके बच्चे पालने और उनको पोषण प्रदान करने के सन्दर्भ में ही होती। इस प्रसंग के सहारे हम यह कह सकते हैं कि ज्ञान–अर्जन में नर की केन्द्रता, चाहे वह मानव–समाज में हो या पशु–समाज में, वैज्ञानिकों के समकालीन जेंडर–मूल्यों (Values) से घनिष्टता से जुड़ी है। मादा पशु का महत्त्व सिर्फ़ बच्चे पालने से जोड़ कर देखने का निर्णय भी विज्ञान में जेंडर विचारधारा की मौजूदगी का लक्षण है। ये मूल्य जो कि मानव–समाज के लिए बने थे, उनको अन्य जन्तुओं के समाजों पर लादना न केवल विज्ञान में जेंडर को प्रदर्शित करता है, बल्कि वह यह भी बताता है कि वैज्ञानिक ज्ञान भी सामाजिक मूल्यों से परे नहीं है।

दूसरा बिन्दु : वैज्ञानिक ज्ञान के उत्पादन और प्रसार की भाषा में जेंडर पर आधारित छवि और रूपक (Images and Metaphors) प्रचलित हैं। पशुओं में लैंगिक भेद करना आसान है और उनके अध्ययन पर जेंडर का प्रभाव किसी हद तक समझा जा सकता है। लेकिन जिन मसलों/

विषयों (Objects) में लैंगिक भेद स्वतः नहीं होता, विज्ञान में उनको भी जेंडर की दृष्टि से देखा जाता है; उनके बारे में उत्पन्न हुआ ज्ञान भी जेंडर से अछूता नहीं रहता। जैव–विज्ञान (Life Sciences) में जेंडर के 'अतिक्रमण' के इस प्रकार के काफ़ी उदाहरण मिलते हैं। मार्टिन (1991) ने यौन प्रजनन के सन्दर्भ में एक काफ़ी प्रचलित उदाहरण दिया है। यहाँ ध्यान में रखने की बात यह है कि युग्मकों का अपने आप में कोई लिंग नहीं होता। वे जिस लिंग के शरीर में पाये जाते हैं, उनको उस लिंग के साथ जोड़ दिया गया है। मनुष्य में होने वाले यौन प्रजनन के विवरण में पुरुषों के शुक्राणुओं को आक्रामक, प्रतिस्पर्धी और अपव्ययी माना जाता है, जबकि महिलाओं के अण्ड को निष्क्रिय, संकोची एवं मितव्ययी के रूप में दर्शाया जाता है। इस प्रकार की परिकल्पनाएँ सीधे–सीधे समकालीन समाज की जेंडर अवधारणाओं से सम्बन्ध रखती हैं, जिनके अनुसार पुरुषों के युग्मक को पुरुषों के लिए उपयुक्त माने जाने वाले व्यवहार से परिभाषित किया जाता है और महिलाओं में उत्पन्न होने वाले युग्मक को मानक महिला–उपयुक्त विशेषणों से चित्रित किया जाता है।

तीसरा बिन्दु : कुछ नारीवादी आलोचकों का मानना है कि व्यवस्थित रूप से महिलाओं को विज्ञान के हाशिये पर रखने के परिणामस्वरूप जो विज्ञान निर्मित हुआ है, वह विशिष्ट रूप से पुरुषवादी है। वे यह पक्ष लेते हैं कि वे 'सर्वमान्य धारणाएँ' जो यह निर्धारित करती हैं कि विज्ञान में किन वस्तुओं और परिघटनाओं को यथार्थ के रूप में स्वीकार किया जायेगा और किन्हें नहीं (Ontology), किस प्रकार की व्याख्या (Explanation) अपनायी जायेगी और कौन–सी नहीं और किन श्रेणियों (Categories) में यथार्थ के अवलोकन और उसके विश्लेषण को विभाजित किया जायेगा (Epistemology), ये सभी पहलू पुरुषवादी हैं।

विज्ञान में महिलाओं की अनुपस्थिति, जिसके कारण उनके शरीरों, गतिविधियों, मनोदृष्टि और योग्यताओं को विकृत रूप से समझा गया, इसी पुरुष–प्रधान विज्ञान का निर्माण करते हैं। इन समालोचनाओं के चलते नारीवादी विचारकों ने विज्ञान के वस्तुनिष्ठ होने के दावे पर सवाल खड़े किये हैं। वे पूछते हैं कि क्या विज्ञान सभी प्रकार के सामाजिक, राजनीतिक, आर्थिक, धार्मिक एवं सांस्कृतिक मूल्यों से मुक्त है? आमतौर पर समझा जाता है कि विज्ञान की प्रक्रिया और उससे उत्पादित होने वाला ज्ञान किसी भी सामाजिक समूह और उसके मूल्यों का अवशोषण नहीं करता। किन्तु अभी हो रही चर्चा के सहारे हम यह कह सकते हैं कि यह दावा

सत्य नहीं है; विज्ञान में भी उन मूल्यों और विचारों का प्रभुत्व दिखाई देता है, जो कि समाज में प्रभुत्व रखने वाले वर्गों के हित में होते हैं।

एक अन्य सवाल जो उठता है वह यह है कि ऐसा क्यों है कि वस्तुनिष्ठता (Objectivity), तटस्थता (Detachment) और तर्कसंगतता (Rationality) जैसे मूल्य और गुण ज़्यादातर पुरुषों से जोड़ कर देखे जाते हैं और इनके विपरीत गुण जैसे व्यक्तिनिष्ठता (Subjectivity), आसक्ति (Attachment) और भावुकता (Emotionality) महिलाओं से जोड़े जाते हैं। क्या यह एक संयोग है कि जिन गुणों को विज्ञान में आवश्यक और वांछित माना जाता है, वे पुरुषों से जुड़े हैं और जिनके लिए विज्ञान में कोई जगह नहीं है, वे महिलाओं से जुड़े हैं? पाश्चात्य दर्शनशास्त्र में अपने आसपास के जगत को समझने के लिए कुछ 'द्विभक्तीकरणों' (Dichotomy) और 'दोहरे–विभाजनों' (Binary) का प्रयोग किया जाता है, जैसे कि मन/शरीर (mind/body), संस्कृति/प्रकृति (Culture/Nature), तर्क/भाव (Reason/Emotion), वस्तुनिष्ठ/व्यक्तिनिष्ठ (Objective/Subjective) इत्यादि। और ये द्विभाजन सीधे–सीधे पुल्लिंग/स्त्रीलिंग (Masculine/Feminine) विभाजन से सामंजस्य रखते हैं। इन द्विभाजनों का पहला भाग हमेशा पुरुषों से जोड़ कर देखा जाता है और दूसरा हमेशा महिलाओं से। इस मिलान के चलते इन द्विभाजनों के पहले अंश को ज्ञान, विज्ञान और दर्शन के क्षेत्र में ज़्यादा महत्त्वपूर्ण माना जाता है और दूसरे अंश को वैज्ञानिक और दार्शनिक दृष्टि से महत्त्वहीन माना जाता है (हार्डिंग 1986; केलर, 1985)। पर्यावरण–संरक्षण पर लिखने वाले नारीवादी समाजशास्त्रियों की नज़र में समकालीन समाजों में प्रकृति और पर्यावरण की जो दुर्दशा हुई है, उसका ज़िम्मेदार भी आधुनिक विज्ञान और उसमें निहित द्विभाजन और हिंसा की प्रवृत्ति है। आधुनिक विज्ञान प्रकृति की तरफ़ आदर और प्रेमभाव से नहीं, किन्तु उसे अपना गुलाम बनाने और उस पर नियन्त्रण पाने के भाव से उत्पन्न हुआ है। इसका ख़ामियाज़ा न केवल प्रकृति को लेकिन मनुष्यों और ख़ासकर के महिलाओं को भी भुगतना पड़ता है।

मौजूदा विज्ञान–संरचनाओं की आलोचना से एक क़दम आगे कुछ नारीवादी विदुषियों जैसे हेलेन लॉन्गिनो और सैंड्रा हार्डिंग ने विज्ञान को नये तरीक़े से पुनर्गठित करने के प्रस्ताव सुझाये हैं। उनके प्रस्ताव इस

मूलभूत समझ पर आधारित हैं कि विज्ञान अनिवार्य रूप से, एक मानवीय और सामाजिक प्रयास है जिसमें वैज्ञानिकों और उनके विभिन्न समुदायों के मूल्य निश्चित तौर पर उनके द्वारा उत्पन्न वैज्ञानिक ज्ञान का हिस्सा बन जाते हैं। अपने विश्लेषण में हेलेन लॉन्गिनो (1987) लिखती हैं कि विज्ञान कभी भी मूल्यनिवृत्त नहीं हो सकता; चूँकि प्रत्येक वैज्ञानिक अपने अलग–अलग प्रकार के मूल्यों को अपने विज्ञान–अभ्यास में, अनजाने में ही सही, सम्मिलित करता है। हर एक वैज्ञानिक के मूल्य उसके वृहत्तर समाज, उसकी जाति, उसके लिंग/जेंडर, नस्ल, भाषा, वर्ग या राष्ट्रीयता से उपजते हैं। लॉन्गिनो के विश्लेषण के अनुसार समकालीन विज्ञान की सबसे बड़ी ख़ामी यह है कि विज्ञान का तानाबाना आधुनिक समाज के कुछ ख़ास वर्गों के मूल्यों के इर्द–गिर्द बुना गया है। आधुनिक विज्ञान न सिर्फ़ इन्हीं मूल्यों को प्रतिबिम्बित करता है, वह समाज में इन्हीं मूल्यों को वापस सुदृढ़ करता भी पाया जाता है। इस विश्लेषण के चलते एक 'आदर्श' या 'अच्छे' विज्ञान, जो समता और समानता जैसे मूल्यों से प्रेरित हैं, का निर्माण करने के लिए हमें किसी भी एक समूह–विशेष के राजनीतिक, सामाजिक या आर्थिक मूल्यों को विज्ञान में प्रभुत्व मिलने से रोकना चाहिए। इसके लिए यह आवश्यक है कि प्रत्येक वैज्ञानिक समुदाय में ऐसे वैज्ञानिक हों जो अलग–अलग जाति, जेंडर, समाज, वर्ग इत्यादि से आते हों, जिससे किसी भी एक वर्ग के मूल्य बिना वाद–विवाद या समीक्षा के विज्ञान के ख़ाके में न बुन जायें।

सैंड्रा हार्डिंग वस्तुनिष्ठ ज्ञान/विज्ञान के उत्पादन के लिए एक और विकल्प देती हैं। वे 'दृढ़ वस्तुनिष्ठता' या (Strong Objectivity) नाम की नयी संकल्पना देती हैं। यह संकल्पना मौजूदा विज्ञान के पूरी तरह से वस्तुनिष्ठ न हो सकने की परिस्थिति में उत्पन्न हुई है। इस संकल्पना का उद्देश्य है कि विज्ञान में प्रभुत्वशाली वर्गों के हितों और मूल्यों को स्थान न मिले। हार्डिंग का मानना है कि मौजूदा वस्तुनिष्ठता की संकल्पना कुछ मायनों में कमज़ोर है जिसके कारण विज्ञान में कुछ शक्तिशाली वर्गों से सम्बन्धित मूल्यों और हितों को अक्सर जगह मिल जाती है। दृढ़ वस्तुनिष्ठता की नयी संकल्पना के अनुसार जिस दृढ़ता और निष्ठा से ज्ञान की वस्तु (Object of Knowledge) की वैज्ञानिक समुदाय में समीक्षा होती है उसी दृढ़ता और निष्ठा से ज्ञान–निर्माण करने वालों (Subject of Knowledge)

की भी होनी चाहिए, क्योंकि विज्ञान में सामाजिक और अन्य प्रकार के मूल्यों का स्रोत और माध्यम ज्ञान–निर्माता यानी वैज्ञानिक ही होते हैं। यदि इस प्रकार से विज्ञान की पद्धति में सुधार किया जाता है, तो अवश्य ही इससे पैदा होने वाला ज्ञान ज़्यादा वस्तुनिष्ठ होगा और वह किसी एक (प्रभुत्वशाली) वर्ग या समूह के मूल्यों को प्रतिबिम्बित नहीं करेगा।

भारत में विज्ञान की नारीवादी समालोचना

यदि विज्ञान को हम एक सार्वभौमिक गतिविधि के रूप में समझते हैं, तो उसका नारीवादी मूल्यांकन जो उन्नत पश्चिमी समाजों में उभरा, हमारे देश के उत्तर–औपनिवेशिक समाज में भी मान्य होगा। स्वतन्त्रता के बाद आधुनिक विज्ञान का राजनीतिक, सामाजिक और बौद्धिक दमन के साथ जो गहरा रिश्ता था, उसके चलते 1980 के दशक से बुद्धिजीवियों ने विज्ञान और उसकी कुशलता के प्रति अविश्वास प्रकट किया। लेकिन वर्तमान नारीवादी शोध–साहित्य में अधिकतर समाजशास्त्री, विज्ञान और उसके विरोध के 'बीच का इलाक़ा' ('Midterrians') (शाह और चड्ढा, 2011) अपनाते हैं। ये 'बीच का इलाक़ा' विज्ञान की उपलब्धियों और उसकी कमियों को भली–भाँति स्वीकारते हुए, विज्ञान और समाज के रिश्ते को बेहतर समझने की ओर ले जाने का प्रयास है। इक्कीसवीं शताब्दी में न तो विज्ञान का पूर्ण बहिष्कार सम्भव है, न ही उसकी अन्धभक्ति। इन दोनों सिरों के बीच में जो रचनात्मक दायरा है उसे भारत में नारीवादी विचार ने खोजना शुरू किया है।

भारत के सन्दर्भ में नारीवाद और विज्ञान के मुद्दे पर कुछ दिलचस्प बारीकियाँ उभर कर आती हैं। कुछ नारीवादी / महिला वैज्ञानिक यह मानते हैं कि उनका नारीवाद (या उनका जेंडर) उनके विज्ञान के अभ्यास को किसी भी तरह से प्रभावित नहीं करता है। जिस तरह से वे डेटा (Data) इकट्ठा करते हैं और उससे निष्कर्षों पर पहुँचते हैं, उसका उनके जेंडर से कुछ लेना–देना नहीं है। किन्तु वे यह अवश्य कहते हैं कि उन वैज्ञानिक विषयों में जो सीधा मनुष्यों और उनके जीवन से सम्बन्ध रखते हैं जैसे कि मनोविज्ञान (Psychology), अर्थशास्त्र (Economics) और अन्य सामाजिक विज्ञान के विषय (Social Sciences) में अपनायी जाने वाली वैज्ञानिक पद्धतियाँ प्रत्येक सामाजिक सन्दर्भ के अनुकूल होनी चाहिए और व्यक्तियों

के प्रति संवेदनशील होनी चाहिए (चड्ढा, कृष्णा, और त्रिपाठी, 2017; कृष्णा, 2017; राव, 2017)।

एक अन्य बिन्दु जो भारत के सन्दर्भ में महत्त्वपूर्ण हो जाता है, वह यह है कि भारत में आधुनिक विज्ञान और पारम्परिक ज्ञान–तन्त्र (Traditional Knowledge Systems) दोनों ही बहिष्कार (Exclusion) और समावेश (Inclusion) की राजनीति में अन्तर्निहित हैं (अच्युतन, 2017; कृष्णा, 2017; महादेवन, 2017)। कुछ उत्तर अमेरिकी विचारकों के अनुसार स्थानीय ग्रामीण और आदिवासी समूहों का ज्ञान अधिक समतावादी होता है। आधुनिक विज्ञान के विपरीत ये समूह प्रकृति को इस्तेमाल कर के फेंक दी जाने वाली वस्तु की तरह नहीं देखते हैं। उनके सामूहिक नज़रिये में प्रकृति और उसके विभिन्न घटकों के साथ मिल–जुल कर रहने की परम्परा है, मनुष्य द्वारा उनका शोषण और दमन करने की नहीं। इसी कारण ये विचारक आधुनिक विज्ञान को इन 'लोकल' (local) ज्ञान–तन्त्रों से सीख लेने की सलाह देते हैं। किन्तु भारत में ज्ञान का मसला जाति और जेंडर दोनों के साथ अटूट सम्बन्ध रखता है। पुराने समय से ज्ञान–निर्माण के कार्य में उच्च वर्गों, जातियों और पुरुषों का विशेषाधिकार रहा है, जिसके कारण उस ज्ञान को आधुनिक विज्ञान से अधिक समतावादी मानना ग़लत होगा। कई आदिवासी समूहों में बाकी समाज से भिन्न सामाजिक व्यवस्था रहती है, लेकिन आदिवासी समूहों में आपस में भी विभिन्नताएँ होती हैं। इसके कारण इन समूहों की ज्ञान–संरचना में अन्तर किया जा सकता है। यानी हर पारम्परिक समाज या आदिवासी समाज को निस्सन्देह अधिक प्रगतिशील या मुक्तिदायक (Emancipatory) मानना, शायद सम्भव नहीं होगा। इन्हीं पहलुओं के कारण भारत के नारीवादी विचार पश्चिमी देशों में उपजे 'देशज ज्ञान' (Indigenous Knowledge) और आधुनिक विज्ञान के विमर्श को समस्याग्रस्त करते हैं और उसमें नये आयाम जोड़ते हैं।

परम्परागत समाजों में श्रम का विभाजन जेंडर और विज्ञान के प्रसंग में एक अन्य पहलू भी जोड़ता है। भारत के ज़्यादातर हिस्सों में दाई का काम, मिट्टी व जल–प्रबन्धन और पशुपालन जैसे कार्य मुख्य रूप से महिलाएँ करती हैं। इन महिलाओं ने पीढ़ी–दर–पीढ़ी अपने अनुभव और रिश्तेदारों व गाँव के लोगों के 'अनौपचारिक नेटवर्क' (Informal Network) की सहायता से काफ़ी बहुमूल्य ज्ञान अर्जित किया है (गोपाल, 2017; केलकर, 2017; रामदास, 2015)। लेकिन सरकारी नीतियों में बदलाव के

चलते जब उनके कार्यों को 'वैज्ञानिक' पद्धति और ज्ञान से सुधारना होता है, तब उनका सामना विज्ञानधारी विशेषज्ञों या Professional Experts से होता है। अधिकतर ये विशेषज्ञ पुरुष होते हैं, जिन्हें इस प्रकार के कार्यों का कोई भी वास्तविक अनुभव नहीं होता। लेकिन ये विशेषज्ञ महिलाओं द्वारा पीढ़ी–दर–पीढ़ी अर्जित किये हुए ज्ञान और उनके अनुभवों के प्रति नकारात्मक रवैया रखते हैं। ज्ञान–प्रसारण के इस एकतरफ़ा बहाव के कारण इन महिलाओं द्वारा लम्बे समय से अर्जित किये गये अनुभवजनित ज्ञान का मूल्य ख़त्म हो जाता है।

भारतीय सन्दर्भ की इन विशेषताओं के चलते कुछ नारीवादी विचारकों ने हेलेन लॉन्गिनो और सेंड्रा हार्डिंग द्वारा दिये गये शक्तिशाली दार्शनिक विचारों का, जिनका ज़िक्र ऊपर किया गया है, भारत के सन्दर्भ के अनुकूल 'अनुवाद' किया है। भारत में किसी व्यक्ति का सामाजिक स्थान उसकी लैंगिकता के अलावा उसकी जाति, वर्ग, धर्म, भाषा, क्षेत्र, विकलांगता और वर्ग के आधार पर भी होता है। इसी कारण उत्तरी अमेरिकी परिप्रेक्ष्य में पनपे विचार भारत में जस–के–तस अपनाये नहीं जा सकते। कंचना महादेवन (2017) ने लॉन्गिनो के विचारों पर 'उत्तर–औपनिवेशिक मीमांसा' (Postcolonial Reflections) प्रस्तुत की हैं। प्रसव के पहले बच्चे का लिंग बताने वाली तकनीक के दुरुपयोग के सन्दर्भ में वे लिखती हैं कि हर स्थानीय और पारम्परिक विचार या मूल्य हमेशा प्रगतिशील नहीं होता। भ्रूण–हत्या एक पारम्परिक विचार है, विश्व–स्तर का नहीं। इसीलिए किन स्थानीय मूल्यों को विज्ञान में जगह मिलनी चाहिए, यह निर्णय मूल्यों की नारीवादी आलोचना के बाद होना चाहिए। आशा अच्युतन (2017) भारत में नारीवादी दृष्टिकोण ज्ञानमीमांसा (Feminist Standpoint Epistemology) के लिए सम्भावनाओं की पड़ताल करती हैं। पश्चिम बंगाल में दाइयों के साथ काम करते हुए उनकी यह समझ और मज़बूत हुई कि आधुनिक विज्ञान–प्रणालियाँ महिलाओं के दृष्टिकोण को समायोजित नहीं करती हैं। इसका प्रभाव न केवल उन महिलाओं पर पड़ता है जो कि आधुनिक चिकित्सा विज्ञान से रू–ब–रू होती हैं, किन्तु इसका प्रभाव आधुनिक विज्ञान की उत्पत्ति और उसकी संरचना पर भी पड़ता है।

जेंडर और विज्ञान के मुद्दों को शिक्षा के क्षेत्र में भी धीरे–धीरे सम्बोधित किया जा रहा है। रवीन्द्रन और चूनावाला (2015) ने एन.सी.एफ. 2005 के

उपरान्त प्रकाशित हुई माध्यमिक स्कूल की जीवविज्ञान की पाठ्यपुस्तकों का विश्लेषण किया है। उन्होंने पाया कि पाठ्यपुस्तक के अध्यायों में पुरुष–केन्द्रित (Endrocentric) और पूँजीवादी मूल्यों को बढ़ावा दिया गया है। प्रजनन से सम्बन्धित अध्यायों में महिलाओं के शरीर के लिए जोख़िम भरी तकनीकों का इस्तेमाल करने की पैरवी है। अन्य समाजशास्त्रियों ने नारीवादी दृष्टिकोण को औपचारिक शिक्षा में शामिल करने के प्रयास भी किये हैं। शाह और चड्ढा (2011) ने एक सामाजिक विज्ञान अनुसन्धान संस्थान में नारीवादी विज्ञान समालोचना पर एक पाठ्यक्रम को प्रस्तुत किया। उस कक्षा में पढ़ने वाली छात्राओं को वह पाठ्यक्रम काफ़ी दिलचस्प लगा और कुछ छात्राओं ने इस क्षेत्र में आगे शोध का फ़ैसला भी किया। रवीन्द्रन (2015) मेडिकल शिक्षा को लैंगिक संवेदनशील बनाने में शामिल जटिलताओं पर चर्चा करती हैं। वे कहती हैं कि चिकित्सा–ज्ञान में निहित जेंडर की अवधारणाएँ इस कार्य को काफ़ी मुश्किल बनाती हैं।

इन नारीवादी दृष्टिकोणों और हस्तक्षेपों ने एक बेहतर विज्ञान और उससे निर्मित एक बेहतर समाज की ओर जाने की दिशा दिखाई है। लेकिन जैसा कि इन प्रयासों से भी पता चलता है, ये दोनों परियोजनाएँ– बेहतर विज्ञान और बेहतर समाज–एक बेहतर विज्ञान–शिक्षा की व्यवस्था पर निर्भर करती हैं। सकारात्मक बात यह है, अब सरकारी और सामाजिक स्तर पर भी हम कुछ प्रयासों को देख सकते हैं, जैसे कि स्कूल और उच्च शिक्षा दोनों स्तरों पर शिक्षण–संस्थान लड़कियों की विज्ञान–शिक्षा और विज्ञान में उनकी भागीदारी को बढ़ावा देने में रुचि दिखा रहे हैं। भारत सरकार ने अपनी विज्ञान, प्रौद्योगिकी और नवोन्मेष नीति, 2013 में 'लैंगिक समानता' को एक लक्ष्य माना है। विश्वविद्यालय अनुदान आयोग (UGC) और भारत सरकार की विज्ञान और प्रौद्योगिकी विभाग जैसी फंडिंग एजेंसियों ने छात्राओं और महिला वैज्ञानिकों के लिए विशेष फेलोशिप और अनुदानों की स्थापना की है। इस तरह के कई और प्रयास भी देखे जा सकते हैं।

एक और ध्यान देने योग्य बात यह है कि स्कूली शिक्षा के स्तर पर अब यह एक आम समझ बन गयी है कि एक आदर्श रचनावादी (Constructivist) विज्ञान–कक्षा जेंडर और विज्ञान सम्बन्धी सभी मुद्दों को हल कर देगी। लेकिन मेरा मानना है कि सिर्फ़ शिक्षण के तरीक़े को बदल कर हम विज्ञान और समाज को बदलने की उम्मीद नहीं कर सकते।

हमने देखा ही है कि जेंडर और विज्ञान का मुद्दा सिर्फ़ लड़कियों, महिलाओं और अन्य हाशिये के समूहों के व्यक्तियों को विज्ञान में जगह देना मात्र नहीं है। यह मुद्दा ज्ञान–निर्माण और ज्ञान–संरचना से भी जुड़ा है। इस मौलिक पहलू को शिक्षा के सन्दर्भ में लागू करने के लिए विज्ञान–शिक्षा के नारीवादी समालोचनाओं के साथ अधिक गहन जुड़ाव की ज़रूरत है। मैं अगले अनुभाग में यह चर्चा करूँगी कि यदि हम चाहते हैं कि विज्ञान में महिलाओं की भागीदारी भी बढ़े और उसके साथ–साथ विज्ञान भी एक सार्थक रूप से बदले तो उसके लिए हम सिर्फ़ रचनावादी विचार–शिक्षण पर निर्भर नहीं रह सकते।

विज्ञान की नारीवादी आलोचना और विज्ञान-शिक्षा

जैसी कि ऊपर चर्चा की गयी है, नारीवादियों ने विज्ञान पर कई तरह के विचार व्यक्त किये हैं। ये आधुनिक विज्ञान के पूर्ण बदलाव से लेकर आधुनिक विज्ञान को लगभग जस–का–तस रखने तक की वकालत करते हैं। अभी नारीवादी दृष्टिकोण गतिशील है और इसमें व्यापक रूप से बहस होती ही रहती है। इस समय हम मानते हैं कि वैज्ञानिकों और उनके समुदायों के अलग–अलग तरह के मूल्य उनके बौद्धिक/वैज्ञानिक कार्यों में शामिल हो जाते हैं। इस अवधारणा के चलते सवाल उठता है कि विज्ञान के इस प्रसंग को विज्ञान–शिक्षा में कैसे शामिल करें।

उदारवादी नारीवादी विचारधारा और विज्ञान शैक्षिक सुधार

लिबरल फेमिनिस्ट फ्रेमवर्क यानी उदारवादी नारीवादी ढाँचे के अन्तर्गत जो सुझाव प्रस्तुत किये गये हैं, वे बाक़ी सभी नारीवादी विचारों से ज़्यादा प्रचलित और लोकप्रिय हैं। विज्ञान में स्वीकार्य नारीवाद के इस रूप के अनुसार लड़कियों को विज्ञान की पढ़ाई, उसमें काम करने और उस क्षेत्र में उत्कृष्टता हासिल करने के लिए लड़कों के समान अवसर मिलने चाहिए (ब्रिकहाउस, 1998)। इस विचारधारा का लक्ष्य है प्रोफ़ेशनल विज्ञान में लड़कियों और महिलाओं को पुरुषों के समान उचित जगह दिलाना। इस लक्ष्य के चलते इस विचारधारा के अन्तर्गत उन गतिविधियों को बढ़ावा दिया जाता है जिनसे लड़कियों और महिलाओं को समान अवसर प्राप्त हों और उन्हें वैज्ञानिक संस्थानों में निचले दर्जे के नागरिकों की तरह न देखा जाये।

ऐसी कुछ गतिविधियों की चर्चा ऊपर की जा चुकी है, जैसे कि अलग–अलग छात्रवृत्तियों या फेलोशिप को शुरू करना, अकादमिक कॉन्फ्रेंसों में महिलाओं की कम संख्या पर चर्चा करना और लड़कियों के विज्ञान–शिक्षण को सुधारना। कुछ भारतीय विज्ञान संस्थानों ने महिलाओं और विज्ञान में उनकी भागीदारी से जुड़े मुद्दों को और जगह देने के लिए कमेटियों और कार्यक्रमों का भी गठन किया है।

लेकिन इस पर्चे के सन्दर्भ में शिक्षा का सवाल सबसे महत्त्वपूर्ण हो जाता है। वर्तमान में होने वाले शैक्षिक सुधारों को लड़कियों की विज्ञान में रुचि बढ़ाने के लिए अच्छा माध्यम माना जा रहा है। इन सुधारों की नींव रचनावादी शिक्षा है। इस शिक्षा–दर्शन के अनुसार विज्ञान को क्रियाशील या सक्रिय (active) तरीके से पढ़ाया जाना चाहिए। विज्ञान–शिक्षा के शोध–साहित्य में यह बात उभरती है कि इस प्रकार से शिक्षण करने से लड़कियों और समाज के अन्य हाशिये के वर्गों से आने वाले बच्चों की विज्ञान में रुचि बढ़ती है। रचनावाद शिक्षा–पद्धति के कुछ उदाहरण हैं– छोटे समूह में सहयोग से शिक्षण (Small Group Collaborative Learning), सहकर्मी निर्देश (Peer Instruction), जाँच–पड़ताल पर आधारित विज्ञान (Inquiry Based Learning) और कार्यशाला विज्ञान (Workshop Science) (बग, 2003; मेबेरी, 1998)।

दिलचस्प बात यह है कि विज्ञान–शिक्षा को बेहतर बनाने के ये सभी सुझाव उदारवादी नारीवादी सुझावों से मेल खाते हैं। उदारवादी नारीवादी विचार के तहत भी छोटे समूहों गें सीखने, हाथों से काम करते हुए सीखने या पूछताछ पर आधारित पाठों की पैरवी की जाती है, जो विद्यार्थियों को गहन विचार और वैज्ञानिक प्रक्रिया से जुड़ने का मौक़ा प्रदान करते हैं। प्रयोगशाला के अनुभव और गतिविधियाँ लड़कियों और लड़कों दोनों के लिए फ़ायदेमन्द पाये गये हैं (ओसबोर्न, साइमन, और कॉलिंस, 2003)। परन्तु उदारवादी नारीवादी विचार सिर्फ़ व्यावसायिक विज्ञान में महिलाओं की संख्या बढ़ाने का उद्देश्य रखता है, वह विज्ञान कैसा है, क्यों है और उसका समाज के साथ कैसा रिश्ता होना चाहिए, ऐसे सवाल नहीं उठाता। जिस कारण यदि हम एक आदर्श रचनावादी विज्ञान–शिक्षण बालिकाओं को उपलब्ध करायेंगे, तो उससे शायद मात्र विज्ञान में पहले की तुलना में अधिक लड़कियाँ रुचि दिखायेंगी। लेकिन वे समकालीन विज्ञान के प्रति

कोई आलोचनात्मक रवैया नहीं रखेंगी। इस प्रकार से हुआ विज्ञान–शिक्षण, विज्ञान की नींव और इमारत दोनों को जस–का–तस रखने में सहारा देता है, विज्ञान का चरित्र बदलने में नहीं (कार्लोन, 2004; गिल्स एवं अन्य, 2002; मेबेरी, 1998)।

इसके विपरीत यदि हम विज्ञान की रेडिकल नारीवादी समालोचनाओं को स्वीकारते हैं और विज्ञान को प्रगतिशील बनाना चाहते हैं, तो बिना किसी डर के माहौल में सिर्फ़ लोकतान्त्रिक और बराबरी की विज्ञान–शिक्षा विद्यार्थियों को देना काफ़ी नहीं होगा। जैसा कि ब्रॉटमैन और मूर (2008) लिखती हैं, एक नारीवादी विज्ञान–शिक्षा का लक्ष्य लड़कियों और महिलाओं को विज्ञान की ओर आकर्षित करना और साथ–ही–साथ उनमें विज्ञान के प्रति आलोचनात्मक दृष्टि भी विकसित करना होना चाहिए।

रेडिकल नारीवादी विचारधारा और विज्ञान-शिक्षा

इस मक़सद को पूरा करने के लिए और विज्ञान–शिक्षण के ख़ाके में नारीवादी समझ को बुनने के लिए, पहले हमें मौजूदा विज्ञान को समस्याग्रस्त मानना पड़ेगा और उसकी प्रचलित प्रणालियों और पद्धतियों को चुनौती देनी होगी। रेडिकल नारीवादी शोध इसी दूसरे पहलू को उजागर करता है। शिक्षा में हमें इन पहलुओं को कैसे लाना है, इस दिशा में मार्गदर्शन के लिए कुछ स्रोत भी हमारे पास उपलब्ध हैं।

मेबेरी और रीस (1997) ने भूविज्ञान के पाठ्यक्रम में समाजशास्त्रीय ज्ञान और नारीवादी शिक्षाशास्त्र (Feminist Pedagogy) का उपयोग किया है। उनके पाठ्यक्रम में एक आदर्श रचनावादी कक्षा के सभी तत्त्व थे। लेकिन इसके साथ–साथ उन्होंने यह सुनिश्चित किया कि वे वैज्ञानिक जाँच को उसके सामाजिक, राजनीतिक और ऐतिहासिक सन्दर्भ से अलग कर के चित्रित नहीं करेंगे। उनके पाठ्यक्रम का एक और उद्देश्य भूविज्ञान के पुरुषत्व को प्रकाशित करना भी था। जैसा कि पहले भी उल्लेख किया गया है, अन्य शोधकर्ताओं ने भी इसी तरह की परियोजनाओं को लागू करने की कोशिश की है। वे भी अपने पाठ्यक्रमों में नारीवादी दृष्टिकोण से जुड़ी शिक्षण–सामग्री को सम्मिलित करते हैं और विद्यार्थियों को इन सब के आधार पर अपने–अपने निष्कर्ष पर पहुँचने की क्षमता प्रदान करते हैं (रवीन्द्रन, 2015; शाह और चड्ढा, 2011)।

इन सभी प्रयासों में प्राकृतिक विज्ञान के साथ नारीवादी दृष्टिकोण को जोड़ा गया है। इन प्रयासों में से हम कुछ ऐसे तत्त्व ढूँढ़ सकते हैं, जो हमें प्रगतिशील विज्ञान–शिक्षण का एक ढाँचा तैयार करने में मदद प्रदान करेंगे :

1. वैज्ञानिक ज्ञान, सामाजिक नीति और सामाजिक असमानता के बीच सम्बन्धों की चर्चा में विद्यार्थियों को शामिल करना।
2. विज्ञान–कक्षा में ऐसे साहित्य का व्यापक उपयोग करना जो कि विज्ञान के सामाजिक सन्दर्भ को उजागर करता है।
3. सभी वैज्ञानिक विषयों और संकल्पनाओं को विद्यार्थियों के बीच चर्चा के लिए खोलना।
4. वैज्ञानिक अवधारणाओं और विज्ञान की विभिन्न शाखाओं के बौद्धिक इतिहास पर चर्चा करना।
5. विद्यार्थियों के बीच विज्ञान की यह समझ बनाना कि विज्ञान का वर्तमान रूप कुछ ऐतिहासिक परिस्थितियों और विशिष्टताओं का परिणाम है। ऐसी समझ के चलते वे यह मान सकेंगे कि वे भी विज्ञान में अपने प्रश्न पूछ सकते हैं और उनके उत्तर खोज सकते हैं।

शिक्षकों और शिक्षाविदों का यह मानना है कि विद्यार्थियों से उन नारीवादी समालोचनाओं की चर्चा की जानी चाहिए, जो उनके लिए सुलभ हैं। पाठ्यक्रम में लैंगिकता और लैंगिक पूर्वाग्रह के मुद्दों पर ध्यान दिया जाना चाहिए। इसके साथ–साथ विज्ञान–पुस्तकों में उन महिलाओं के नाम शामिल किये जाने चाहिए जिनके योगदानों को पारम्परिक इतिहास ने नज़रअन्दाज़ कर दिया है। विज्ञान–शिक्षण में विज्ञान के इतिहास, उस पर दार्शनिक परिप्रेक्ष्य और उसके समाजशास्त्रीय सन्दर्भ का समावेश भी नारीवादी चिन्ताओं/मसलों को कक्षा में लाने का एक तरीक़ा प्रदान करता है (बंसल, 2018; ब्रॉटमैन और मूर, 2008)। ब्रिकहाउस (1998) ने वकालत की है कि विद्यार्थियों को व्यक्तीपरक/वस्तुपरक, भावुकता/तर्कसंगतता और स्त्रीलिंग/पुल्लिंग जैसे विभक्तिकरणों के बारे में मनन–चिन्तन करने के अवसर भी प्रदान करे जाने चाहिए। उन्हें विज्ञान की सीमाओं और उसके राजनीतिक चरित्र पर चर्चा करने के अवसर मिलने चाहिए।

अन्त में

नारीवादियों ने विज्ञान पर कई अलग–अलग दृष्टिकोण विकसित किये हैं। विज्ञान में किस–किस प्रकार से जेंडर पूर्वाग्रह प्रवेश करते हैं और किस–किस प्रकार से वे प्रतिबिम्बित होते हैं, इन सब को उजागर करने का श्रेय नारीवादी शोधकों को जाता है। परम्परागत विज्ञान के इतिहास में महिलाओं की पूर्ण अनुपस्थिति और उनके योगदानों को भुलाने की प्रथा की ओर भी उन्होंने हमारा ध्यान आकर्षित किया है। इसके साथ–साथ कैसे विज्ञान, जेंडर–आइडियोलॉजी को सुदृढ़ करने में सहायता प्रदान करता है; इसकी पड़ताल भी नारीवादी शोधकारियों ने की है। विज्ञान–शिक्षकों और शिक्षाविदों के सामने फिर यह सवाल खड़ा होता है कि इन परिप्रेक्ष्यों का विज्ञान–शिक्षा से क्या सरोकार है। सरल जवाब यह है कि चूँकि ये सभी नारीवादी समालोचनाएँ विज्ञान के विभिन्न पहलुओं को उजागर करती हैं, निश्चित रूप से ये विज्ञान की शिक्षा से भी जुड़ी हैं। जहाँ उदारवादी दृष्टिकोण आसानी–से कुछ सीधे–सीधे समाधान प्रदान करता है (और उन पर अमल करना भी अवश्य ही एक बहुत सकारात्मक पहल है), अन्य मौलिक और राजनीतिक आलोचनाओं की पैरवी करने वाले रेडिकल दृष्टिकोण के साथ जुड़ाव शायद थोड़ा कठिन है। इन मौलिक नारीवादी विचारों को सफलतापूर्वक शिक्षा के साथ आत्मसात करने के लिए वर्तमान शिक्षा–प्रणाली में व्यापक और गहन बदलाव की आवश्यकता है, जैसे शिक्षकों को इस विषय में शिक्षित करना, एक ऐसा पाठ्यक्रम तैयार करना जो इस क्षेत्र के प्रति संवेदनशील है आदि। इस प्रकार की शिक्षा में न केवल वैज्ञानिक संस्कृति, बल्कि वैज्ञानिक ज्ञान में भी परिवर्तन लाने की क्षमता है। मुझे आशा है कि इस तरह के हस्तक्षेप से विद्यार्थियों में यह समझ बनेगी कि विज्ञान पूर्ण रूप से एक मानवीय प्रयास है–वह मानवीय पूर्वाग्रहों और मूल्यों से तटस्थ नहीं रह सकता और इसी कारण हम अपने मूल्य निर्धारित कर विज्ञान को जैसा आकार देना चाहते हैं, वैसा दे सकते हैं।

सन्दर्भ सूची

1. अच्युतन, ए. (2017), *फेमिनिस्म एंड साइंस : प्रसेंट–डे नोट्स फॉर अ फेमिनिस्ट स्टैंडपॉइंट एपिस्टमलोजी फेमिनिस्ट एंड साइंस : क्रिटिक्स एंड चेंजिंग पर्सपेक्टिव्स इन इंडिया–वॉल्यूम 2,* इन एस. कृष्णा एंड जी. चड्ढा (एडिट), फर्स्ट एडि., नयी दिल्ली : सेज पब्लिकेशन्स, पृ. 147–174

2. बाल, वी. (2005), *वूमैन साइंटिस्टस इन इंडिया : नोव्हेयर नियर दि ग्लास सीलिंग, करंट साइंस* 88(6), पृ. 872–878

3. बंसल, डी. (2018), *टीचिंग फेमिनिस्ट अप्रेज़ल्स ऑफ़ हिस्ट्री, फिलासफी एंड कंटेट ऑफ़ साइंस, एपिस्टमी 7 :इंटरनेशनल कॉनफ़रेन्स टू रिव्यू रिसर्च ऑन साइंस, टेक्नोलोजी एंड मैथमेटिक्स एजुकेशन : प्रोसिडिंग्स,* इन एस. लाडेज एंड एस. नरवेकर (एडिट), गोआ : सिनमन टील पब्लिशिंग, पृ. 1–8

4. ब्रिकहाउस, एन. डब्ल्यू. (1998), *फेमिनिस्म(स) एंड साइंस एजुकेशन, इंटरनेशनल हैण्डबुक ऑफ़ साइंस एजुकेशन,* पार्ट टू, इन बी. जे. फ्रेज़र एंड के. जी. टोबिन (एडिट), फर्स्ट एडि., डार्ड्रेक्ट : क्लूवर एकैडमिक पब्लिशर्स, पृ. 1067–1081

5. ब्रॉटमैन, जे. एस., एंड मूर, एफ. एम. (2008), *गर्ल्स एंड साइंस : अ रिव्यू ऑफ़ फोर थीम्स इन दि साइंस एजुकेशन लिट्रेचर, जर्नल ऑफ़ रिसर्च इन साइंस टीचिंग* 45(9), पृ. 971–1002

6. बग, ए. (2003), *हैज़ फेमिनिस्म चेंज्ड फिजिक्स? साइन्स, जर्नल ऑफ़ वूमैन इन कल्चर एंड सोसाइटी* 28(3), पृ. 881–899

7. कार्लोन, एच. बी. (2004), *दि कल्चुरल प्रोडक्शन ऑफ़ साइंस इन रीफॉर्म–बेस्ड फिजिक्स : गर्ल्स एक्सेस, पार्टिसिपेशन, एंड रिज़िस्टन्स, जर्नल ऑफ़ रिसर्च इन साइंस टीचिंग* 41(4), पृ. 392–414

8. चड्ढा, जी., कृष्णा एस., एंड त्रिपाठी, यू. (2017), *ब्लू फ्लॉवर मेंटरिंग : इंटरव्यू विथ विदिता वैद्या, फेमिनिस्ट्स एंड साइंस : क्रिटिक्स एंड चेंजिंग पर्सपेक्टिव्स इन इंडिया : वॉल्यूम* 2, इन एस. कृष्णा एंड जी. चड्ढा (एडिट), फर्स्ट एडि., नयी दिल्ली : सेज पब्लिकेशन्स, पृ. 72–92

9. गिल्स, डब्ल्यू., लीच, पी., मैकगिनिस, जे. आर., एंड टिपिन्स, डी. जे. (2002), *जेंडर, डिलेमास ऑफ़ साइंस टीचिंग : पर्सपेक्टिव्स ऑन प्रॉब्लम्स ऑफ़ प्रैक्टिस,* इन जे. वालेस एंड डब्ल्यू. लाउडेन (एडिट.) लन्दन : रूटलेजफाल्मर, पृ. 59–72

10. गोपाल, एम. (2017), *ट्रेडिशनल नॉलेज एंड फेमिनिस्ट डिलेमाज़ : एक्सपीरियंस ऑफ़ दि मिडवाइव्स ऑफ़ दि बार्बर कास्ट इन साउथ तमिलनाडु, फेमिनिस्ट एंड साइंस : क्रिटिक्स एंड चेंजिंग पर्सपेक्टिव्स इन इंडिया–वॉल्यूम 2,* इन एस. कृष्णा एंड जी. चड्ढा (एडिट), फर्स्ट एडि., नयी दिल्ली : सेज पब्लिकेशन्स, पृ. 23–45

11. गुप्ता, एन., केमेलगोर, सी., फुच्स, एस., एंड एट्ज़ोवित्ज़, एच. (2005), *ट्रिपल बर्डन ऑन वूमैन इन साइंस : अ क्रॉस–कल्चुरल एनालिसिस, करंट साइंस* 89(8), पृ. 1382–1385

12. गुप्ता, एन., एंड शर्मा, ए. के. (2002), *वूमैन एकैडमिक साइंटिस्ट्स इन इंडिया, सोशियल स्टडीज़ ऑफ़ साइंस* 32(5–6), पृ. 901–915

13. हार्डिंग, एस. (1986), *दि साइंस क्वेश्चन इन फेमिनिज़्म,* न्यूयॉर्क : इथाका, कॉर्नेल यूनिवर्सिटी प्रेस।

14. केलकर, एम. (2017), *जर्निंग थ्रू एन एलियन टेरेन : फेमिनिस्ट रिसर्च मैथडलोजी एंड लोकल नॉलेज ऑन सॉइल मैनेजमेंट, फेमिनिस्ट्स एंड साइंस : क्रिटिक्स एंड चेंजिंग पर्सपेक्टिव्स इन इंडिया–वॉल्यूम 2,* इन एस. कृष्णा एंड जी. चड्ढा (एडिट), फर्स्ट एडि., नयी दिल्ली : सेज पब्लिकेशन्स, पृ. 46–71

15. केलर, ई. एफ. (1985), *रिफ्लेक्शन्स ऑन जेंडर एंड साइंस,* न्यू हैवन, सी.टी. : येल यूनिवर्सिटी प्रेस।

16. कोह्लस्टेड, एस.जी., एंड लॉन्गिनो, एच. (1997), *दि वूमैन, जेंडर, एंड साइंस क्वेश्चन : व्हॉट डू रिसर्च ऑन वूमैन इन साइंस एंड रिसर्च ऑन जेंडर एंड साइंस हैव टू डू विथ ईच अदर?, ओसिरिस* 12, पृ. 3–15

17. कृष्णा, एस. (2017), *इंट्रोडक्शन : अंडरस्टैंडिंग जेंडर एंड साइंस इन इंडिया : इंस्टिट्यूशन्स एंड बियोण्ड, फेमिनिस्ट्स एंड साइंस : क्रिटिक्स एंड चेंजिंग पर्सपेक्टिव्स इन इंडिया–वॉल्यूम 2,* इन एस. कृष्णा एंड जी. चड्ढा (एडिट), फर्स्ट एडि., नयी दिल्ली : सेज पब्लिकेशन्स, पृ. xi–xxxii

18. लॉन्गिनो, एच. ई. (1987), *कैन देयर बी अ फेमिनिस्ट साइंस? हाइपेशिया* 2(3), पृ. 51–64

19. महादेवना, के. (2017), *कॉन्टेक्सचुअल एम्पिरिसिज़्म एंड लोकल कम्युनिटी : पोस्टकोलोनियल रिफ्लेक्शन्स ऑन लॉन्गिनो, फेमिनिस्ट्स एंड साइंस : क्रिटिक्स एंड चेंजिंग पर्सपेक्टिव्स इन इंडिया–वॉल्यूम 2,* इन एस. कृष्णा एंड जी. चड्ढा (एडिट), फर्स्ट एडि., नयी दिल्ली : सेज पब्लिकेशन्स, पृ. 1–22

20. मार्टिन, ई. (1991), *दि एग एंड दि स्पर्म : हाउ साइंस हैज़ कन्सट्रक्टेड अ रोमांस बेस्ड ऑन स्टीरियोटिपीकल मेल–फीमेल रोल्स, साइन्स, जर्नल ऑफ़ वूमैन इन कल्चर एंड सोसाइटी* 16(3), पृ. 485–501

21. मेबेरी, एम. (1998), *रीप्रोडक्टिव एंड रेसिस्टेंट पेडागॉजीस : दि कम्पेरटिव रोल्स ऑफ़ कोलाबरेटिव लर्निंग एंड फेमिनिस्ट पेडागॉजी इन साइंस एजुकेशन, जर्नल ऑफ़ रिसर्च इन साइंस टीचिंग* 35(4), पृ. 443–459

22. मेबेरी, एम., एंड रीस, एम. एन. (1997), *फेमिनिस्ट पेडागॉजी, इंटरडिसीप्लीनरी प्रैक्सिस, एंड साइंस एजुकेशन, दि नेशनल वूमैन स स्टडीज़ एशोसिएशन जर्नल* 9(1), पृ. 57–75

23. नेय, आर. ए. (1997), *मेडिसिन एंड साइंस एज़ मैस्कुलीन फील्ड्स ऑफ़ ऑनर, ओसिरिस* 12 :पृ. 60–79। रीट्राइव्ड फ्रॉम http://www.jstor.org/stable/301899

24. ओसबोर्न, जे., सिमोन, एस., एंड कॉलिन्स, एस. (2003), *एटीट्यूड्स टूवार्ड्स साइंस : अ रिव्यू ऑफ़ दि लिट्रेचर एंड इट्स इम्प्लीकेशन्स, इंटरनेशनल जर्नल ऑफ़ साइंस एजुकेशन* 25(9), पृ. 1049–1079

25. पायसीओर, एच. एम. (1993), *रीपिंग दि बेनेफिट्स ऑफ़ कोलाबरेशन्स व्हाइल अवाइडिंग इट्स पिटफॉल्स : मैरी क्यूरीस राइज़ टू साइंटिफिक प्रोमिनेन्स, सोशियल स्टडीज़ ऑफ़ साइंस* 23(2), पृ. 301–323

26. रामदास, एस. आर. (2015), *वूमैन, लाइवस्टॉक एंड रूरल लाइवलीहुड्स : चैलेंजेस फॉर वेटरनेरी साइंटिस्ट्स, फेमिनिस्ट्स एंड साइंस : क्रिटिक्स एंड चेंजिंग पर्सपेक्टिव्स इन इंडिया–वॉल्यूम 1,* इन एस. कृष्णा एंड जी. चड्ढा (एडिट), फर्स्ट एडि., कोलकाता : स्त्री, पृ. 185–210

27. राव, एस. (2017), *लर्निंग टू बिलॉन्ग एज़ एन इंडियन फिजिस्ट, ईकनामिक एंड पोलिटिकल वीकली* 53(17), पृ. 45–51

28. रवीन्द्रन, ए., एंड चूनावाला, एस. (2015), *रीप्रोड्यूशिंग वैल्यूज़ : अ फेमिनिस्ट क्रिटिक ऑफ़ अ हायर सैकेण्डरी बायोलोजी टेक्स्टबुक चैप्टर ऑन रीप्रोडक्टिव हैल्थ, इंडियन जर्नल ऑफ जेंडर स्टडीज़* 22(2), पृ. 194–218

29. रवीन्द्रन, के. एस. (2015), *इंटिग्रेटिंग जेंडर इनटू दि करिकुला ऑफ़ हैल्थ प्रोफ़ेशनल्स : एक्सपीरियंसेज़ एंड रिफलेक्शन्स, फेमिनिस्ट्स एंड साइंस : क्रिटिक्स एंड चेंजिंग पर्सपेक्टिव्स इन इंडिया–वॉल्यूम 1,* इन एस. कृष्णा एंड जी. चड्ढा (एडिट), फर्स्ट एडि., कोलकाता : स्त्री, पृ. 235–256

30. शीबिंगर, एल. (1991), *दि माइंड हैज़ नो सेक्स? : वूमैन इन दि ओरिजिन्स ऑफ़ मॉर्डन साइंस,* क्रैम्ब्रिज एम.ए. : हार्वर्ड यूनिवर्सिटी प्रेस।

31. शाह, सी., चड्ढा, जी. (2011), *टीचिंग फेमिनिस्ट साइंस स्टडीज़ इन इंडिया : एन एक्सपरिमेंट, एपिस्टमी 4 : इंटरनेशनल कॉनफरेन्स टू रिव्यू रिसर्च ऑन साइंस, टेक्नोलोजी, एंड मैथमेटिक्स एजुकेशन : प्रोसिडिंग्स,* इन एस. चूनावाला एंड एम. खरटमल (एडिट), जनवरी 5–9, 2011, नयी दिल्ली : मैकमिलन, पृ. 69–74

32. सुब्रह्मण्यन, एल. (1998), *वूमैन साइंटिस्ट्स इन दि थर्ड वर्ल्ड : दि इंडियन एक्सपीरियंस,* नयी दिल्ली : सेज पब्लिकेशन्स।

अध्याय–13

विज्ञान-शिक्षा में शिक्षण और अनुसन्धान की साझेदारी

सुभाष कुमार
अनुपम कुमार और सावित्री सिंह

विज्ञान शिक्षण में प्रयोग के महत्त्व व भूमिका पर बहुत कुछ कहा गया है। यह लेख उच्च शिक्षा के सन्दर्भ में प्रयोग के स्थान की बात करता है। लेख उच्च कक्षाओं में विज्ञान शिक्षण की मौजूदा परिस्थिति व उसमें दिल्ली विश्वविद्यालय के आचार्य नरेन्द्र देव कॉलेज में किये जा रहे प्रयास का ज़िक्र करते हुए उन जैसे प्रयासों को विज्ञान शिक्षण के लिए सही दिशा बताता है। लेखक कहते हैं कि अनुसन्धान और शिक्षक एक–दूसरे के बिना अपूर्ण हैं। वे कहते हैं कि शिक्षण के बिना अनुसन्धान एक मृगमरीचिका का तालाब है जिसमें पानी का भ्रम होता है और अनुसन्धान के बिना शिक्षण गहरे ठहरे हुए बासी पानी का तालाब बन जाता है। वे यह भी कहते हैं कि लोगों का बी.एससी., बी.ए. आदि में नौकरी दिला पाने का भरोसा न होने के कारण इंजीनियरिंग करने के लिए बहुत–से अधकचरी शिक्षा देने वाले कॉलेज भी खुल गये व युवाओं की भीड़ इनसे डिग्री लेकर निकली। इससे एक ओर तो उनकी रुचि व झुकाव का हनन हुआ साथ–साथ विज्ञान शिक्षा को भी नुकसान हुआ। वे विज्ञांन शिक्षण द्वारा अच्छे वैज्ञानिक बनाने की राह में विज्ञान शिक्षण में विद्यार्थी निष्क्रियता, बोरियत, रटन्त प्रक्रिया को बड़े रोड़े बताते हुए तर्क देते हैं

कि अच्छे वैज्ञानिक बनने के लिए साहस, जिज्ञासा खोज बीन के लिए आत्मविश्वास पैदा करने के लिए नरेन्द्र देव कॉलेज की थिंक लैब जैसी व्यवस्थाएँ, जिनमें विज्ञान शिक्षण व प्रायोगिक कार्य अन्तःसम्बन्धित हों, आवश्यक हैं। हमें विज्ञान की कक्षाओं में पुराने विचारों की प्रतिलिपि बनाने के स्थान पर नये और मूल विचारों के विकास का प्रयास करना चाहिए।

भारतीय वैज्ञानिक विकास के कई पहलू आज भी गुणवत्ता और मात्रा के लिहाज़ से बेहद असन्तोषजनक हैं। हालाँकि, शिक्षण और अनुसन्धान कार्यक्रमों की पहुँच में काफ़ी बढ़ोतरी हुई है, परन्तु लोकप्रिय राजनीतिक कारणों से ऐसे विशेष संस्थान बनाये गये हैं जहाँ विश्वविद्यालय से स्वतन्त्र हो कर अनुसन्धान किया जाता है। आज विज्ञान के स्नातक पाठ्यक्रम उपयोगी और पर्याप्त हैं, लेकिन भारतीय समाज इंजीनियरिंग और अ़न्य पेशेवर पाठ्यक्रमों में जाने के लिए ज़्यादा उत्साही है। इसका नुक़सान विज्ञान के सामान्य स्नातक पाठ्यक्रमों को उठाना पड़ रहा है। साहस की कमी और सहमति की संस्कृति ने अर्थपूर्ण विज्ञान–शिक्षा की गिरावट को और बढ़ाया है। साझा विज्ञान–अध्यापन और अनुसन्धान के मुख्य अवयव जैसे साथ–साथ सीखना, खुला–प्रयोग, मार्गदर्शन रहित प्रयोग–विज्ञान–शिक्षा की गुणवत्ता की गिरावट को रोकने में सहायक साबित हो सकते हैं। इन उपायों से विज्ञान में फिर से उत्साह पैदा हो सकता है। यह उद्देश्य बिना किसी बड़े निवेश और संसाधनों की ज़रूरत के बिना पूरा किया जा सकता है। हाँ, लेकिन इसे प्राप्त करने के लिए शिक्षा की नीतियों और प्रथाओं में साथ–साथ बदलाव लाना होगा। आचार्य नरेन्द्र देव कॉलेज की 'थिंक लैब' ऐसी ही परियोजनाओं में से एक है, जो शिक्षण और शोध के संयुक्त अभ्यास को आगे बढ़ाने के लिए उपयुक्त मॉडल के रूप में कार्य कर सकती है।

1. प्रस्तावना

प्रत्येक देश जिसकी आज महत्त्वपूर्ण वैज्ञानिक उपस्थिति है, वहाँ मौलिक शोध विश्वविद्यालयों में होता है। ऐसे विश्वविद्यालय स्नातक शिक्षण क़ो भी सँभालते हैं। हालाँकि, ऐतिहासिक कारणों से भारतीय विश्वविद्यालयों को सम्बद्ध कॉलेजों के साथ परीक्षा उन्मुख निकायों के रूप में जोड़ा गया था।

ब्रिटिश अधिकारी यह सुनिश्चित करने के लिए सतर्क थे कि इनमें महत्त्वपूर्ण अनुसन्धान नहीं हो सकें। स्वतन्त्र भारत की नवनिर्मित सरकार विश्वविद्यालयों की समस्याओं से अच्छी तरह वाक़िफ़ थी। लेकिन अनुदार नौकरशाही और विश्वविद्यालयों के अन्दर निहित स्वार्थ ने इन समस्याओं को सीधे दूर करने की कोशिश नहीं की, जो इस समस्या का एकमात्र स्थायी समाधान होता। उन्होंने इस समस्या से निपटने के लिए ऐसे संस्थान बनाये, जहाँ विश्वविद्यालय प्रणाली से अलग होकर अनुसन्धान किया जा सके। इसके लिए वैज्ञानिक और औद्योगिक अनुसन्धान परिषद (सी.एस.आई.आर.), भारतीय चिकित्सा अनुसन्धान परिषद (आई.सी.एम.आर.) और भारतीय कृषि अनुसन्धान परिषद (आई.सी.ए.आर.) जैसे संस्थानों की शुरुआत की गयी। लेकिन यह भारतीय वैज्ञानिक क्षेत्र में उठाया गया एक आत्मघाती क़दम था। आज हम इन अनुत्पादक संस्थानों को पोषित किये जा रहे हैं, जो विश्वविद्यालयों के कार्य को अपने अन्दर समाहित करने की कोशिश करते हैं। ये संस्थान अपने शोध में किसी प्रकार की गुणवत्ता उत्पन्न करने तथा अकादमिक व औद्योगिक जगत में सामंजस्य बनाने में भी सक्षम नहीं रहे हैं। इन संस्थानों की विफलता के कई कारण हैं–जिसमें सरकारी और वित्तीय संस्थानों का शोध विषयों के चुनाव में हस्तक्षेप प्रमुख है। यह कोई ज़रूरी नहीं कि सबसे अच्छा शोधकर्ता सर्वश्रेष्ठ शिक्षक बन जाये और इसके विपरीत सबसे अच्छा शिक्षक हमेशा सर्वश्रेष्ठ शोधकर्ता नहीं हो सकता। लेकिन अनुसन्धान और शिक्षण हमेशा साथ–साथ चलते हैं। ये एक ही सिक्के के दो पहलू हैं। शोध के बिना शिक्षण उस ठहरे हुए पानी के तालाब की तरह है जो बासी और दूषित हो जाता है। शिक्षण के बिना अनुसन्धान एक मृगमरीचिका की तरह है जिसके तहत हम कल्पना तो करते हैं कि तालाब में पानी है, लेकिन होता नहीं है।[1] शिक्षक और अनुसन्धान का समावेश कुछ संस्थानों जैसे कि टाटा इंस्टीट्यूट ऑफ़ फंडामेंटल रिसर्च (टी.आई.एफ.आर.) मुम्बई, इंडियन इंस्टीट्यूट ऑफ़ साइंस (आई.आई.एससी.) बेंगलूरु और बिरला इंस्टीट्यूट ऑफ़ साइंस एंड टेक्नॉलजी (बिट्स), पिलानी में देखा गया है। यहाँ अध्यापन में अनुसन्धान को सहज ही समाहित करने की कोशिश हुई है। ये संस्थान आज शिक्षण और अनुसन्धान दोनों में अग्रणी हैं।

इंजीनियरिंग पाठ्यक्रम (और अन्य पेशेवर पाठ्यक्रम) के साथ हमारे समाज की आसक्ति एक दूसरा दुर्भाग्य है जिसका असर हमारे वैज्ञानिक

उद्यम पर पड़ रहा है। सम्भवतः यह इसलिए हुआ क्योंकि इंजीनियरिंग की डिग्री सीधे रोज़गार से जुड़ी हुई थी। तुरन्त रोज़गार हासिल करना ग़रीब देश के लिए एक महत्त्वपूर्ण कारक है। इस पाठ्यक्रम की ज़बर्दस्त माँग को पूरा करने के लिए बहुत बड़ी संख्या में इंजीनियरिंग कॉलेज खोले गये। लेकिन इनमें से ज़्यादातर इंजीनियरिंग कॉलेज घटिया गुणवत्ता वाले थे और उनसे पढ़ कर निकले स्नातक प्रौद्योगिकी के क्षेत्र में पेशेवर करियर को सँभालने लायक नहीं थे। साथ ही, नियोक्ताओं ने हर प्रकार की मामूली वेतन वाली नौकरी देने के लिए भी इंजीनियरिंग को एक बुनियादी योग्यता के रूप में अपना लिया। ऐसा करने से विज्ञान स्नातक कॉलेजों के लिए मौत की घण्टी बज गयी। आज बड़ी संख्या में ऐसे युवाओं के पास इंजीनियरिंग की डिग्री है जिनकी रुचि इसमें नहीं थी। इनमें से कई अच्छे अर्थशास्त्री, पत्रकार, लेखक या कलाकार बन सकते थे। लेकिन माता–पिता और सामाजिक दबाव के कारण उन्होंने इंजीनियरिंग का अध्ययन किया। उनका इंजीनियरिंग में दाख़िला लेना एक लम्बी, महँगी और कई मामलों में अँधेरे में विनाशकारी यात्रा की शुरुआत थी। यह आत्मविश्वास का भी संकट है। सरकार को आम जनता को यह विश्वास दिलाना चाहिए था कि एक अच्छा बी.ए. या बी.एससी. कोर्स, जिसे विद्यार्थियों को ईमानदारी और समर्पण के साथ पढ़ाया जाये, भी तत्काल और लाभकारी रोज़गार देने में सक्षम है। जैसे अमेरिका में हर विद्यार्थी डाटा वैज्ञानिक या अन्तरिक्ष वैज्ञानिक नहीं बनना चाहता है। ज़्यादातर विद्यार्थी एक कारख़ाने में एक बेंच केमिस्ट, एक छोटे–से कॉलेज में शिक्षक या एक टी.वी. स्टेशन में कैमरामैन के रूप में काम करने में ही ख़ुश रहते हैं। इसके लिए ढंग से की गयी स्नातक की पढ़ायी आवश्यक और पर्याप्त है और इससे उनकी गरिमा में भी कोई कमी नहीं आती।

एक अच्छे वैज्ञानिक बनने के लिए दो आवश्यक गुण हैं–साहस और जिज्ञासा। भारतीय मानसिकता में इनकी कमी भी हमारे विज्ञान–शिक्षण में गिरावट का कारण बनी है। अक्सर यह टिप्पणी की जाती है कि एक भारतीय अच्छा विद्यार्थी या पोस्ट डॉक्टरेट तो बन सकता है, लेकिन वह उम्दा वैज्ञानिक नहीं हो सकता जो स्वतन्त्र शोध करने का प्रयास करे। वह किन्हीं भी स्थापित मान्यताओं को चुनौती देने से डरता है। वह लकीर का फ़क़ीर बने रहने को ज़्यादा बेहतर मानता है। यह सब वैज्ञानिक स्वभाव

के विपरीत है, जो पूछताछ, फॉर्मूलेशन, प्रयोग और सत्यापन के मार्ग के साथ व्यवस्थित रूप से किया जाता है। यदि आप ऐसा करने से डरते हैं तो एक परिकल्पना कैसे बना पायेंगे? हालाँकि, हम यह भी मानते हैं कि न तो जिज्ञासा और न ही साहस आनुवंशिक गुण हैं–इन गुणों का प्रसार बचपन में, माता–पिता और करुणामय शिक्षकों द्वारा ही किया जाता है। हमारा समाज अनुरूपता को बहुत अधिक महत्त्व देता है। वे कहते हैं ''यदि आप लीक से नहीं हटते हैं तो सभी पुरस्कार आपके होंगे।'' अपनी खुद की चीज़ करने पर आपको दण्डित किया जायेगा। दुर्भाग्यवश साहस और रचनात्मकता की यह कमी हमारी विज्ञान–शिक्षण की पद्धति में भी समाहित हो गयी है।

आज की शिक्षा पद्धति उन्नीसवीं शताब्दी के पुरातन मॉडल रटन्त विद्या और 'चॉक–एंड–टॉक प्रणाली' पर आधारित है। इस पद्धति में शिक्षक तानाशाही रूप में एकतरफ़ा व्याख्यान देता है और विद्यार्थी निष्क्रिय रूप से उसे सुनता है। इस तरह की शिक्षण प्रणाली कक्षा में पूछताछ, खोज, प्रयोग और अवलोकन को हतोत्साहित करती है। इस आक्रामक फैक्ट्री आधारित शिक्षण मॉडल का दुर्भाग्यपूर्ण परिणाम यह रहा है कि विद्यार्थियों में बोरियत, भागीदारी की कमी और आत्मविश्वास की कमी देखने को मिलती है। आज शिक्षा स्टेरॉयड लेकर 100 मीटर की दौड़ बन कर रह गयी है। यहाँ बच्चे एक प्रश्न चिह्न के रूप में स्कूल में दाख़िला लेते हैं और पूर्ण विराम के रूप में स्कूल को छोड़ कर चले जाते हैं। आश्चर्य की बात नहीं है कि शुरुआती उम्र में अपनाया गया यह दृष्टिकोण वह आगे वयस्क होने पर भी ले जाते हैं, जिसके परिणामस्वरूप अधिकतर विद्यार्थी निर्माण, आविष्कार और नवाचार करने में असफल होते हैं। कई दशकों से विज्ञान शिक्षा–सुधारकों ने इस विचार को बढ़ावा दिया है कि विद्यार्थियों को विज्ञान में उत्साहित रखने के लिए उन्हें साक्ष्य–आधारित तर्क और उच्च–आदेश संज्ञानात्मक कौशल के मूल्य को पोषित करने में मदद करनी चाहिए जिससे वे समस्या हल करने वाले बन सकें।[2]

'स्टार्ट–अप इंडिया' के युग में कई नये व्यवसायों के रोमांचक जन्म के बावजूद हमने कोई मूल या नवाचार जो भारत के पैमाने पर समतुल्य हो, अभी तक नहीं देखा है। शायद यह वर्षों की अनसुलझी शिक्षा को दर्शाता है। हम अपने यहाँ बाहर से विचारों की प्रतिलिपि बनाने के

इच्छुक हैं, जो पैसे कमाने के भरोसेमन्द तरीक़े के रूप में देखा गया है। इस तरीक़े ने सैकड़ों भारतीयों को नये और मूल विचारों का विकास करने से रोक दिया है। नये और मूल विचारों का विकास लम्बे समय तक उपयोगी होता जबकि प्रतिलिपि बनाने की यह संस्कृति अदूरदर्शी है। इसे उलटने के लिए खुद में विश्वास के साथ–साथ नये विचार और समाधान विकसित करने के लिए समय और प्रयास की ज़रूरत है। कोई कार्य सिर्फ़ पैसे कमाने के लिए नहीं किया जाता। देखा गया है कि समाज में किसी कार्य को कोई ख़ास समस्या का समाधान ढूँढ़ने के मक़सद से करने वाले बहुत विरले ही मिलते हैं। ये दुर्लभ चीज़ें ही सम्भावनाओं और अवसरों को जन्म देती हैं। अब हम ऐसी संस्कृति को कैसे विकसित करें? इसके लिए सबसे पहले हमें अपनी शिक्षा का दर्शन और उसके केन्द्र बिन्दु को बड़े स्तर पर बदलना होगा।

भाग दो में हम विज्ञान की एक ऐसी शिक्षा–पद्धति से अवगत होंगे जो भारतीय विज्ञान–शिक्षा के परिदृश्य को बदल सकती है। भाग तीन में इस नयी प्रणाली से उत्पन्न एक नये मॉडल के बारे में जानेंगे। अन्तिम भाग समापन टिप्पणी को प्रस्तुत करता है।

2. शिक्षण और अनुसन्धान में पारस्परिक सम्बन्ध

बीते कुछ वर्षों में शिक्षण और अनुसन्धान के आपसी सम्बन्ध काफ़ी चर्चा में रहे हैं। ज़्यादातर शिक्षाविदों का यह मानना है कि उच्च शिक्षा के क्षेत्र में शिक्षण अनुसन्धान के वातावरण मे होना चाहिए।[3,4,5] हालाँकि, इसकी विपरीत स्थिति पर समुचित अध्ययन नहीं हुआ है। इन अध्ययनों से अध्यापन और अनुसन्धान में निम्ननिलिखित नतीजों पर पहुँचा जा सकता है :

1. अच्छे अनुसन्धान के कारण अच्छी शिक्षा।
2. इससे उलट अच्छी शिक्षा से अच्छा अनुसन्धान।
3. अध्यापन और अनुसन्धान एक–दूसरे के मददगार हैं।
4. इस सम्बन्ध का कारण कुछ और तत्त्व भी हो सकते हैं।

अध्यापन और अनुसन्धान का सम्बन्ध हर हिस्सेदार के लिए भिन्न है। अनुसन्धान ज़्यादातर शिक्षक के द्वारा ही प्रेरित होता है, जबकि अध्यापन के सबसे बड़े भागीदार विद्यार्थी होते हैं।[6]

इससे पहले कि हम यह समझें कि अध्यापन और अनुसन्धान में उत्कृष्टता एक–दूसरे से जुदा है। ग़ौर करने की बात यह है कि इन दोनों में काफ़ी समानताएँ भी हैं, जो निम्नलिखित हैं :

- किसी सम्मेलन में प्रस्तुति और सवालों का उत्तर देने के लिए उसी हुनर की ज़रूरत होती है जो एक कक्षा में अच्छा व्याख्यान देने के लिए चाहिए होता है।
- एक उत्कृष्ट पाठ्यक्रम की रचना करने के लिए उसी क़ाबिलियत की ज़रूरत है जो किसी अनुसन्धान में अच्छे साहित्य की समीक्षा के लिए चाहिए होती है।
- अध्यापन और अनुसन्धान दोनों से ही अपने विषय की गहरी समझ बनती है तथा सम्प्रेषण कौशल में सुधार होता है। दोनों ही विषयवस्तु को व्यवस्थित बनाने में सहायक होते हैं।

किसी शिक्षाविद् को अनुसन्धान का आकर्षण ज़्यादा होता है क्योंकि पदोन्नति तथा कॅरियर एडवांसमेंट में इसे ज़्यादा वज़न दिया जाता है। ऐसी स्थिति में शिक्षण और अनुसन्धान में सन्तुलन क़ायम करने की अपेक्षा होती है। किसी शिक्षक को अपनी पूरी कक्षा में सभी विद्यार्थियों को सम्भावनाओं से लैस एक शोधार्थी के रूप में देखना चाहिए जिसे समुचित प्रशिक्षण देने के बाद एक अच्छा वैज्ञानिक बनाया जा सकता है। इसके लिए ज़रूरी है कि उच्च शिक्षण संस्थानों में अध्यापन और अनुसन्धान साथ–साथ होना चाहिए। जब अध्यापन के साथ अनुसन्धान का समावेश होता है तो एक विद्यार्थी आगे शोध कार्य के लिए विषयों का चयन करने में ज़्यादा सक्षम होता है। यह निर्णय वह अपने अनुभव के आधार पर लेता है जिससे उसके वैज्ञानिक कॅरियर की गुणवत्ता पर अच्छा असर होता है। इसके अभाव में अनुसन्धान एक डिग्री मात्र रह जाता है जो उस विषय के ज्ञान–सृजन करने के लिए पर्याप्त नहीं होता है। उधर अनुसन्धान के समावेश से अध्यापन में बोरियत की जगह एक सार्थकता प्रतीत होने लगती है और विद्यार्थियों में समस्या–निवारण की प्रवृत्ति का विकास होता है। इस चीज़ की भारत में कमी महसूस की जा रही है। यह अनुसन्धान और अध्यापन दोनों की गुणवत्ता पर विपरीत असर डाल रहा है।

हम जिस चुनौती का सामना करते हैं वह यह जानने में नहीं है कि हमें क्या करना है, बल्कि यह जानने में है कि कैसे और कितनी जल्दी कर सकते हैं।[7] अनुभव से पता चलता है कि सीखने के लिए सक्रिय हाथ

की अन्तर्निहित शक्ति हज़ारों शिक्षकों और विद्यार्थियों को नये प्रतिमान गढ़ने और तेज़ी–से संवाद करने व बदलने में मदद कर सकती है। इस ओर कई संगठन एक अद्वितीय, गहन और अधिक सार्थक शैक्षिक अनुभव बनाने में मदद कर रहे हैं। बच्चों और शिक्षकों के लिए, जिज्ञासा और रचनात्मकता को बढ़ावा देने तथा आत्मविश्वास पैदा करने में उनकी पहल मददगार है। इस सन्दर्भ में, यहाँ यह उल्लेख करना उचित है कि 'थिंक लैब' नामक एक परियोजना के ज़रिये दिल्ली विश्वविद्यालय के आचार्य नरेन्द्र देव कॉलेज (ए.एन.डी.सी.) में इस संकल्पना को कार्यान्वित किया गया है जो सार्थक विज्ञान–शिक्षा की अवधारणा को आगे बढ़ाता है।

3. आचार्य नरेन्द्र देव कॉलेज में 'थिंक लैब'

आचार्य नरेन्द्र देव कॉलेज में 'थिंक लैब' विद्यार्थियों की एक स्वायत्त प्रयोगशाला है, जो शिक्षकों के पर्यवेक्षण के बिना काम करती है। इसकी इमारत पीयर–लर्निंग है, जिसका मानना है कि मस्तिष्क में परिष्कार की आवश्यकता है, न कि प्रयोगशालाओं में। यह प्रयोगशाला होमी भाभा सेंटर फॉर साइंस एजुकेशन के टी.आई.एफ.आर. के कॉलेबोरेटिव अंडर बायोलॉजी एजुकेशन (सी.यू.बी.ई.) के अन्तर्गत चलायी जाती है।[8]

थिंक लैब मृत विज्ञान के ख़िलाफ़ एक ऐसी पहल है जो विद्यार्थियों की है और विद्यार्थियों के लिए है। इसमें वे सभी उत्सुक दिमाग़ शामिल हैं जो परीक्षा लिखने से परे कुछ सोचते हैं। यहाँ विद्यार्थी जीवविज्ञान के कुछ महत्त्वपूर्ण प्रश्नों पर चर्चा करने के लिए सरल मॉडल सिस्टम का उपयोग करते हैं। इसमें केवल विज्ञान के उत्पाद, तथ्यों और सिद्धान्तों पर ज़ोर देने के बजाय विज्ञान की प्रक्रिया को समझना शामिल है। विज्ञान की प्रक्रिया है–अवलोकन, परिकल्पना, प्रयोग, रिकॉर्डिंग और सहयोग। इस प्रयोगशाला का लक्ष्य उत्तर याद रखने की जगह प्रश्न पूछ कर विज्ञान सीखना है। यह लैब प्रोजेक्ट–आधारित सीखने की विचार पद्धति पर काम करती है, जहाँ विद्यार्थी एक विस्तृत अवधि की चुनौती पर एक साथ काम कर के सीखते हैं। एक विद्यार्थी के शब्दों में, *यह प्रयोगशाला एक विज्ञान कैफेटेरिया जैसी है, जहाँ विद्यार्थी एक मेज़ पर चाय के साथ पुनर्जीवन, पशु और पौधे के व्यवहार, वैज्ञानिक प्रयोगों और सामान्य रूप से विज्ञान के बारे में सोचने और बोलने के बारे में चर्चा करते हैं।*

इस प्रयोगशाला के ज़रिये हासिल किये गये अनुभव ने विद्यार्थियों को यह सिखाया है कि अगर कोई हमेशा सही उत्तर नहीं दे सकता है तो भी सही प्रश्न पूछना भी विज्ञान के लिए बहुत महत्त्वपूर्ण है।

इस प्रयोगशाला की यात्रा अपने आप में सफलता की एक बड़ी कहानी है। प्रारम्भ में इस प्रयोगशाला को बहुत सारी आलोचनाओं का सामना करना पड़ा। इसे परियोजना के लिए जगह की कमी, विद्यार्थियों में उत्साह की कमी और उपकरणों की कमी से जूझना पड़ा। हालाँकि, परियोजना की दृढ़ता के कारण सभी बाधाएँ स्वतः दूर होती गयीं। अब यह एक स्थापित प्रयोगशाला है। इसे कॉलेज संकाय और प्रशासन से अच्छा समर्थन प्राप्त है और इस प्रयोगशाला के विश्वविद्यालय और देश के विभिन्न कॉलेजों के मेधावी विद्यार्थियों के साथ सहयोगात्मक सम्बन्ध हैं। बैक्टीरिया से लेकर केंचुए तक विभिन्न जीवों पर बड़ी संख्या में परियोजनाएँ की जा रही हैं। इसमें विद्यार्थी अपने आप से सरल प्रश्न पूछ कर जीवविज्ञान के विविध और असंख्य आयामों को समझने का प्रयास करते हैं। प्रयोगशाला ने शुरुआती स्तर पर 10 से अधिक मॉडल जीवों की जाँच की है। डिज़ाइन की गयी परियोजनाओं में कुछ प्रश्न थे, अन्य ने परिकल्पना का विश्लेषण करने तक का सफर तय किया और कई में प्रयोगात्मक कार्य शामिल थे। यहाँ अध्यापन प्रयोगशाला में हो रहे प्रयोगों को वैकल्पिक ढंग से करने और पाठ्यक्रम से आगे भी समझने की कोशिश होती है। लेकिन प्रतिभागियों ने विज्ञान की वास्तविकता तब सीखी है, जब उन्हें किसी चीज़ में सफलता हासिल हुई है या विफलता। थिंक लैब के विद्यार्थियों ने अपने काम को विभिन्न वैज्ञानिक मंचों पर प्रस्तुत किया है जहाँ उन्हें प्रशंसा मिली है। इस प्रयोगशाला में शिक्षकों की अनुपस्थिति ने सहकर्मी शिक्षण–पद्धति (Peer-Learning) को बढ़ावा दिया है और पर्यवेक्षित प्रयोग से परहेज किया है। अब यह माना जाता है कि पर्यवेक्षित प्रयोग रचनात्मकता और नवाचार के लिए एंटी–थीसिस हैं। थिंक लैब में प्रतिभागियों द्वारा प्राप्त अनुभव ने विद्यार्थियों को एक कॅरियर के रूप में शोध कार्य करने के लिए प्रेरित किया है। यह अब एक सूचित निर्णय (इंफोर्म्ड डिसिजन) है। थिंक लैब अभी केवल मुख्य रूप से जीवविज्ञान के कार्य को पूरा करता है। लेकिन इस प्रयोगशाला में अन्य विषयों के विद्यार्थियों ने भी रुचि दिखाई है। इससे जीवविज्ञान में अन्य विषय जैसे रसायनशास्त्र और कम्प्यूटर

विज्ञान के तत्त्व भी समस्या–निवारण (प्रॉब्लम सॉल्विंग) में सहायक बन रहे हैं। यह मुक्त प्रयोगशाला आगे चल कर अन्तर्विषयक (ट्रांस–डिसीप्लनरी), अनुसन्धान केन्द्र बनने की सम्भावना से लैस हो गयी है। इस स्नातक कॉलेज में शिक्षण और शोध के क्षेत्र में प्राप्त सफलता ने इस प्रयोग को अन्य विषयों में भी जारी रखने के लिए प्रेरित किया है। यह स्पष्ट रूप से दिखाता है कि एक नयी राष्ट्रीय शिक्षा चेतना लाने के लिए 'थिंक लैब' जिज्ञासा और रचनात्मकता से लैस एक ऐसी विधि है जिसके पीछे छिपे विचार को भारत के सभी शैक्षणिक संस्थानों में फैलाने की आवश्यकता है।

4. समापन टिप्पणी

कुल मिला कर देखा जाये तो भारतीय विज्ञान–शिक्षा विकास के कई पहलू बेहद असन्तोषजनक हैं। इनमें अकेले शिक्षण या शोध के लिए शैक्षणिक संस्थानों की स्थापना, इंजीनियरिंग और अन्य पेशेवर पाठ्यक्रमों की बहुलता और विज्ञान में साहस और रचनात्मकता की कमी शामिल है। लेकिन हमें शिक्षण और शोध के साझे प्रयास से निर्मित नीतियों को लाकर विज्ञान–शिक्षा में एक बदलाव लाने की तत्काल आवश्यकता है। सभी रचनात्मक विचार और विधियाँ जो विद्यार्थियों को अनुरूप बनाने के बजाय प्रश्न पूछने के लिए सशक्त बनाती हैं, उन्हें प्रोत्साहित किया जाना चाहिए। इसके लिए सहकर्मी सीखने, हाथ से सीखने, विचार–प्रयोग, खुली परियोजनाएँ, अनौपचारिक प्रयोग, अर्थपूर्ण विज्ञान–शिक्षा को आगे बढ़ाने जैसे उपाय हो सकते हैं। आचार्य नरेन्द्र देव कॉलेज की 'थिंक लैब' की अवधारणा एक उपयोगी मॉडल हो सकती है जिसे भारत में विज्ञान शिक्षा की वर्तमान स्थिति को सुधारने के लिए उन्नत और प्रोत्साहित करने की आवश्यकता है।

सन्दर्भ सूची

1. देसीराजू, गौतम आर. (2008), *भारत में विज्ञान–शिक्षा और अनुसन्धान, इकनॉमिक् एंड पोलिटिकल वीकली,* 14 जून, पृ. 37–43
2. देहान, रॉबर्ट एल. (2009), *विज्ञान में शिक्षण रचनात्मकता और खोजात्मक समस्या हल, सीबीई–लाइफ साइंसेज एजुकेशन* 8, पृ. 172–181
3. जेनसन, जे. जे. (1988), *रिसर्च एंड टीचिंग इन दि यूनीवर्सिटीज़ ऑफ़ डेनमार्क : डज़ सच एन इंटरप्ले रियली एग्ज़िस्ट?, हायर एजुकेशन* 17, पृ. 17–26

4. मिलर, एफ. एंड ऑल (1991), *स्कॉलरशिप, रिसर्च एंड टीचिंग इन दि कॉन्टैक्स्ट ऑफ़ अकैडमिक ऑटोनॉमी, स्टडीज़ इन हायर एजुकेशन 16, पृ.* 3–28
5. स्मेबी, जे. सी. (1998), *नॉलेज, प्रोडक्शन एंड नॉलेज ट्रान्समिशन। दि इंटरैक्शन बिटवीन रिसर्च एंड टीचिंग एट यूनीवर्सिटीज़, टीचिंग इन हायर एजुकेशन* 3, पृ. 5–20
6. हैल्सी, ए. एच. एंड ट्रो, एम. (1971), *दि ब्रिटिश अकैडमिक्स,* लन्दन : फेबर एंड फेबर।
7. राघवन, रामजी, *हाउ इनोवेटिव एजुकेशन कैन ट्रान्सफॉर्म इंडिया ज डेस्टिनी,* एक्सैस्ड एट https://yourstory.com/2017/08/innovative-education-india/
8. एक्सैस्ड फ्रॉम https://andcollege.du.ac.in/?q=research/thinklab

अध्याय–14

होशंगाबाद विज्ञान शिक्षण कार्यक्रम : एक पुनरावलोकन

हृदय कान्त दीवान

यह पर्चा विज्ञान शिक्षण के सार्वजनिक स्कूलों में रिफॉर्म के एक प्रयास का विश्लेषण है और यह इसमें कई सारे मसलों, जिनके बारे में संकलन के अन्य हिस्सों के पर्चों में बात हुई, की झलकियों को देखा जा सकता है। पर्चा मध्य प्रदेश में सरकारी व्यवस्था की पार्टनरशिप में लम्बे समय तक चले विज्ञान शिक्षा में सुधार के प्रभाव का पुनरावलोकन, उनके अपने अनुभव व कार्यक्रम से जुड़े व्यक्तियों के साक्षात्कार पर आधारित है। पर्चे में लोगों की यादों में बसे कार्यक्रम की मुख्य विशेषताओं का उल्लेख है जिसमें विज्ञान व उसकी समझ में अन्तर के अलावा कई ऐसे पहलू हैं जिन्होंने कार्यक्रम की जड़ों का निर्माण किया। शिक्षकों के लिए सबसे प्रमुख बात कार्यक्रम से जुड़े लोगों का व्यवहार था। जहाँ कार्यक्रम में प्रयोग करने पर ज़ोर था पर उससे ज़्यादा महत्त्व संवाद का, सवाल करने की छूट का, सहकार का, सहृदयता व निकटता का था। उन्होंने साक्षात्कारों के हवाले से बताया है कि अन्तःक्रिया में ज्ञान का आडम्बर नहीं था और सबका व्यवहार धैर्यपूर्ण था। शिक्षक प्रशिक्षण में बराबरी का माहौल व तीखी चर्चाएँ थीं यानी मित्रनुमा माहौल किन्तु विज्ञान की अवधारणाओं व पैडागॉजी के साथ कोई ढील नहीं। लेखक इस कार्यक्रम को एक मूवमेंट मानते हैं जिसमें बहुत–से लोग स्वैच्छिकता से शामिल हुए। इनमें कई तरह के

लोग थे जिन्होंने अलग–अलग योगदान किया। इस कार्यक्रम से स्कूली विज्ञान शिक्षा की कल्पना व उसके संचालन के बारे में कई नये आयाम खुले। इसकी सबसे महत्त्वपूर्ण बात यह थी कि इस कार्यक्रम के साथ जुड़े शैक्षिक समूह ने सरकार के साथ अपनी शर्तों पर काम करना शुरू किया। हालाँकि इस प्रयास में राज्य के साथ सम्बन्ध बनते–बिगड़ते रहे परन्तु इसे ढाँचे का भाग बनाने में थोड़ी बहुत सफलता मिली और कई बातें काफ़ी लम्बे समय तक जारी रहीं। लेखक कहते हैं कि इसमें मिली सफलता ढाँचे का हिस्सा नहीं बन पायी और शायद बन भी नहीं सकती थी। शायद जो हो पाया वह ऐसा असाधारण घटनाक्रम था ज़ो दोहराया नहीं जा सकता।

होशंगाबाद विज्ञान शिक्षण कार्यक्रम (हो.वि.शि.का. या H.S.T.P.) भारत में शिक्षा के एक अभिनव प्रयत्न के रूप में पहचाना जाता है। 1972 में स्कूल तक पहुँचा यह कार्यक्रम असल में अपनी जड़ें इससे पहले के कार्यक्रमों से लेता है (जोशी, 2004; सद्गोपाल, 2000)।[1] इनमें सब से प्रमुख हैं–भौतिक विज्ञान के शिक्षकों के समूह का कार्यक्रम व न फील्ड कार्यक्रम। इन दोनों कार्यक्रमों में प्रयोगधर्मिता की बात शामिल है, जो हो.वि.शि.का. में भी है और इन दोनों से उभरने के कारण इसका दायरा भी इस मायने में बँध–सा गया था। हालाँकि, ऐसा होने में कार्यक्रम के शैक्षिक संचालकों की समझ व प्रवृत्ति भी एक बड़ा कारण थी। यह बात महत्त्वपूर्ण है कि 70–80 के दशक में, पूरे विश्व में स्कूल के विज्ञान शिक्षण पर कर अहम् विचार–विमर्श व परिवर्तन की बात ज़ोरों पर थी और विज्ञान व टेक्नोलॉजी से भौतिक विकास ही नहीं, सामाजिक समझ के विकास पर भी काफ़ी आशाएँ रखी जा रही थीं। भारत में न सिर्फ़ कोठारी आयोग ने विज्ञान की भूमिका को रेखांकित किया था, बल्कि संविधान में भी वैज्ञानिक मानसिकता के विकास के महत्त्व को प्रस्तावना में जोड़ा गया था। इसलिए विज्ञान–शिक्षा में सुधार पर कई तरह की सम्भावनाओं व उम्मीदों की बात की जा रही थी। होशंगाबाद विज्ञान के शुरू होने और इसमें लोगों के जुड़ने को इस सन्दर्भ में भी देखने की ज़रूरत है।

इसके शैक्षिक विकास की कहानी के कुछ महत्त्वपूर्ण पहलू सुशील जोशी की पुस्तक जश्न–ए–तालीम में पढ़े जा सकते हैं। इसी पुस्तक में यह भी देखा जा सकता है कि भौतिकशास्त्र के कुछ शिक्षकों द्वारा मुम्बई के कुछ निजी व म्यूनिस्पेलिटी के स्कूलों में शुरू किये गये वैकल्पिक भौतिकी–शिक्षण के प्रयास के ख़त्म होने के बाद, 1972 में हो.वि.शि.का. 16 स्कूलों में शुरू हुआ। 1978 में एन.सी.ई.आर.टी. के आर.आई.ई., भोपाल संस्थान के सहयोग व समर्थन से यह पूरे होशंगाबाद ज़िले में पहुँचा और फिर 1983 में इसका एक और फैलाव हुआ, जिसमें मध्य प्रदेश के मालवा क्षेत्र (इन्दौर व उज्जैन शिक्षा संभाग) के कुछ ज़िलों के कुछ शाला संकुलों के स्कूल शामिल हुए। इसके बाद 1988 में इन्दौर व उज्जैन शिक्षा सम्भाग व होशंगाबाद शिक्षा सम्भाग के बाक़ी सभी ज़िलों के एक–एक ब्लॉक के कुछ स्कूलों में इसकी शुरुआत हुई।

इस प्रकार इस कार्यक्रम का स्वरूप व संरचना इतनी व्यापक हो गयी कि यह उन कार्यक्रमों, जिनमें इसकी जड़ें कुछ हद तक हैं, से बिल्कुल अलग ही बन गया। इसके बारे में जानने के लिए कई दस्तावेज़ हैं और हम इस पर ज़्यादा समय नहीं खर्चेंगे, लेकिन पर्चे के सन्दर्भ में उनके प्रमुख मसलों का एक संक्षिप्त चित्र ज़रूर प्रस्तुत करेंगे। एक और बात जो रेखांकित करना ज़रूरी है कि हो.वि.शि.का. की इन ऐतिहासिक जड़ों ने उसके स्वरूप को एक प्रकार से बहुत अधिक निर्धारित किया, परन्तु बहुत–से प्रमुख मामलों में यह बिल्कुल विलग था। यह विलगता विज्ञान के लोगों से रिश्ते से लेकर विज्ञान–कक्षा की संरचना व उसके ध्येयों तक थी। हालाँकि हो.वि.शि.का. में इन मसलों पर कई बार बहस हुई किन्तु उस ऐतिहासिक धरोहर से प्राप्त समझ व कार्य–पद्धति के कुछ स्तम्भ जस–के–तस ही रहे। हो.वि.शि.का. और इसके कार्यक्रमों में मार्गदर्शक के रूप में शामिल लोगों की रुचि, अनुभव व लक्ष्य परिवर्तित होते रहे। बहुत–से लोगों के लिए ये हो.वि.शि.का. शुरू करने वाले प्रणेताओं के लक्ष्यों से काफ़ी अलग थे (किशोर भारती व आर.आई.ई., 78; किशोर भारती रिव्यू, 1983; एकलव्य रिव्यू, 1994, 2003)।

होशंगाबाद विज्ञान शिक्षण कार्यक्रम भारतीय शिक्षा के लिए कई मायनों में एक मील का पत्थर है। इसने शिक्षा में परिवर्तन की विभिन्न सम्भावनाओं को शुरू किया व भारत में शिक्षा के ढाँचे व शिक्षा की प्रक्रिया के सामने

कई नये सवाल रखे। इस कार्यक्रम का पर्याप्त दस्तावेज़ीकरण तो नहीं हुआ है किन्तु कुछेक रिपोर्ट, लेख व एक सम्पूर्ण पुस्तक इसके रास्ते को कुछ हद तक बयान करते हैं। सन् 1972 से ही इस कार्यक्रम ने कई पड़ाव देखे। जहाँ एक ओर इसे कई तरह का समर्थन हासिल हुआ, वहीं दूसरी ओर इसे तरह–तरह की आलोचनाओं का भी सामना करना पड़ा। 2003 में मध्य प्रदेश शासन ने इसे चयनित उच्च प्राथमिक शालाओं के लिए अनिवार्य कार्यक्रम से बदल कर ऐच्छिक (optional) कर दिया। उसके बाद धीरे–धीरे मध्य प्रदेश के शिक्षा–विभाग व स्कूलों में इसकी जगह ख़त्म हो गयी। यह उल्लेखनीय है कि शासन के इस निर्णय से पहले इसके उत्प्रेरण से शुरू हुए सामाजिक अध्ययन कार्यक्रम और प्राथमिक शिक्षा कार्यक्रम को भी स्कूलों से हटा दिया गया था।

कार्यक्रम के पहलू

होशंगाबाद शिक्षण कार्यक्रम, शिक्षा–व्यवस्था (प्रणाली) में ढाँचागत परिवर्तन का एक प्रयास था। इसको समझने के लिए हम इसे तीन अलग–अलग पहलुओं के अन्तर्गत देख सकते हैं। हालाँकि कार्यक्रम के दौरान ये पहलू आपस में गुँथे हुए थे व इन्होंने एक–दूसरे को प्रभावित भी किया था। पहला पहलू शैक्षणिक है, जिसमें विज्ञान व शिक्षा की समझ–इसके अन्तर्गत पाठ्यचर्या के सभी पहलू मसलन पाठ्यक्रम, लक्ष्य, विषयवस्तु, शिक्षा–पद्धति, परीक्षा, पुस्तकें आदि–शामिल है। दूसरा है, ढाँचागत परिवर्तन। चूँकि हो.वि.शि.का. को शुरू करने वाले समूह ने इसे ज़माने व व्यापक करने का प्रयास किया, अतः इस प्रयास का एक पहलू ढाँचे में काम कर रहे लोगों से मदद, भागीदारी, पहल व स्वामित्व खोजना, माँगना व प्राप्त करना रहा है। एक ऐसा प्रयास जिससे शिक्षा के ढाँचे में कार्य कर रहे लोगों में कार्य के प्रति सजगता, उसे सोच–समझ कर करने व आगे बढ़ाने की समझ बने। इसे कुछ हद तक भी सम्भव बनाने के लिए लोगों की इच्छा–शक्ति व सपनों को जगाकर उजागर करना ताकि वे बेहतरी का प्रयास करें और उसे जारी रखें। उम्मीद थी कि इसी इच्छा–शक्ति से वे कार्यक्रम में आने वाली स्वाभाविक चिन्ताओं से जूझेंगे। हो.वि.शि.का. परिवर्तन का प्रयास था और इसका लक्ष्य केवल शिक्षण, शिक्षण–सामग्री व आकलन और शिक्षकों की मदद व क्षमतावर्धन का एक निश्चित ढाँचा हासिल करना नहीं था,

बल्कि यह लगातार परिवर्तन व बेहतरी की मुहिम थी। अतः इसके बने रहने के लिए यह आवश्यक था कि परिवर्तन व सुधार में विश्वास करने वाले लोग लगातार इसमें शामिल होते रहें और इसके लिए उनकी प्रतिबद्धता व समय देने की इच्छा रहना आवश्यक था। ये लोग मध्य प्रदेश के स्कूलों में अथवा कॉलेजों में विज्ञान पढ़ा रहे शिक्षक, अन्य विश्वविद्यालयों के प्राध्यापक व विज्ञान के उत्साही युवा अध्येता हो सकते थे। इनकी भूमिका प्रयास में शामिल सभी शिक्षकों में उत्साह बनाये रखने के लिए आवश्यक थी व नौकरशाही के सभी स्तरों के बीच व उनके शिक्षकों के साथ संवाद में पुल की तरह कार्य करने की थी। निर्णय–प्रक्रिया में स्कूली यथार्थ को शामिल करने के प्रयास के लिए यह आवश्यक था। तीसरा पहलू है, कार्यक्रम में स्थानीयता का पुट लाने का। इसके भी कई आयाम हैं और यह सभी मसले एक–दूसरे से गुँथे हैं।

पर्चे का आधार

इस पर्चे को लिखने के लिए मुख्यतः तीन स्रोतों का इस्तेमाल किया गया है। एक, कार्यक्रम के साथ लेखक के 25 वर्ष के अनुभव। दूसरा, वे दस्तावेज़ जो हो.वि.शि.का. के दौरान बने। इनमें फील्ड नोट्स, रिपोर्ट्स, मिनट्स आदि भी हैं और विभिन्न सरकारी आदेश व अन्य रिकॉर्ड्स भी। तीसरा, इससे गहराई से जुड़े हुए लोगों से चर्चा है।

इस पर्चे में हम इन सब के आधार पर हो.वि.शि.का. को समझने का एक और प्रयास करेंगे, हालाँकि, इसे शब्दों की समझ में बाँधना व समझना मुश्किल हो सकता है। कार्यक्रम को समझने के तीसरे स्रोत, इस कार्यक्रम से जुड़े लोगों से बातचीत, के आधार पर हम यह देखने की कोशिश करेंगे कि उन्हें अब इस कार्यक्रम के बारे में क्या कहना है। लोगों से बातचीत के लिए न्यादर्श को इस प्रकार चुना गया है कि इसमें वे ही लोग शामिल हैं जिन्हें कार्यक्रम के बारे में अनुभव याद हैं और शायद आज भी सभी का इनसे सरोकार है। न्यादर्श में हर प्रकार के अकादमिक व्यक्तियों को शामिल किया गया है। ज़्यादा कोशिश उन शिक्षकों से बात करने की थी, जो विभिन्न रूप से होशंगाबाद विज्ञान शिक्षण कार्यक्रम में भागीदार थे। इसमें से कई स्रोत दल के सदस्य थे और कई ऐसे थे जो इसे पढ़ाते तो थे परन्तु स्रोत दल में नहीं थे। कुछ एक ऐसे लोगों से भी चर्चा हुई जो

इससे पढ़ कर निकले थे। साक्षात्कार चार सरल मुद्दों के इर्द–गिर्द थे, किन्तु खुले रूप में थे और इसके दौरान किसी भी तरह का सम्बन्धित मसला व्यक्त किया जा सकता था। कुछ ऐसे लोगों से भी बातचीत की गयी जो उस अवधि में होशंगाबाद ज़िले में विकास का काम कर रहे थे परन्तु सीधे–सीधे शिक्षा से नहीं जुड़े थे। इसके अलावा शिक्षा को विषय के रूप में पढ़ा रहे कुछ अध्येताओं से भी चर्चा हुई जिनकी होशंगाबाद विज्ञान में सीधे–सीधे कोई भूमिका नहीं थी। इन अनौपचारिक चर्चाओं के नोट्स रखे गये। हर व्यक्ति से उसके मत की पुष्टि उसके द्वारा व्यक्त विचारों को लिखित रूप में भेज कर ली गयी। इस पर्चे का व इन साक्षात्कारों का लक्ष्य यह जानना नहीं है कि सामान्य जन इस कार्यक्रम के बारे में क्या जानते व मानते हैं। साक्षात्कार मुख्यतः उन्हीं लोगों का किया गया जो इस कार्यक्रम से अन्तरंग रूप से जुड़े थे यानी वे इसके संचालन और क्रियान्वयन के किसी–न–किसी पहलू में शामिल थे। हालाँकि इनमें से आधे से अधिक सरकारी स्कूलों के शिक्षक थे। यह महत्त्वपूर्ण है कि बाद के वर्षों में बड़ी तादाद में प्राइवेट स्कूलों के इस कार्यक्रम में शामिल होने के बावजूद उनमें से कोई भी, किसी भी स्तर पर, इस कार्यक्रम के अवधारणात्मक व क्रियान्वनात्मक पुनर्निरीक्षण व मनन में शामिल नहीं था। उनके दृष्टिकोण व अनुभव को जानना महत्त्वपूर्ण है, पर वह एक अलग शोध है जिसे किया जाना चाहिए। इसी तरह से सामान्य जन इसके बारे में क्या समझे, उन्हें क्या याद है व उनका इस प्रयास का क्या विश्लेषण है, इस पर भी एक ज्यादा बड़ा शोध करने की आवश्यकता है। इस पर कुछ काम दीवान, अग्निहोत्री, सक्सेना के नेतृत्व में किये गये शोध में हुआ था (दीवान, अग्निहोत्री, सक्सेना; 2005)।

इस पर्चे का एक लक्ष्य यह समझना भी है कि अलग–अलग ढंग से इस कार्यक्रम के संचालन में शामिल अकादमिक व्यक्तियों की इसके बारे में क्या समझ थी और वे किन बातों को इसकी विशेषताएँ मानते हैं। यह जानना भी कि उनकी आज इस कार्यक्रम की कमज़ोरियों व असफलताओं की क्या समझ है जिससे शिक्षा में ढाँचागत सुधार की सम्भावनाओं व अड़चनों को कुछ हद तक कुरेदा जा सके। इस कार्यक्रम की अकादमिक व्याख्या काफ़ी व्यापक है क्योंकि इसकी अकादमिक रचना में शिक्षकों की

महत्त्वपूर्ण भूमिका थी। वे इस कार्यक्रम को लागू करने वाले साधन मात्र नहीं थे, बल्कि इसके निर्माता भी थे। अतः वे भी अकादमिक दल में शामिल हैं।

पर्चे में प्रस्तुत बिन्दुओं का चुनाव उन बातों के आधार पर किया गया है, जिनकी झलक लोगों के वक्तव्यों में मिलती है। हालाँकि, होशंगाबाद विज्ञान के दस्तावेज़ों में इन मुद्दों पर कई ढंग से व्याख्या[3] है और इसकी पाठ्यचर्या–जिसमें शिक्षण–पद्धति, प्रशिक्षण, परीक्षा आदि सभी शामिल हैं–पर भी काफ़ी कुछ लिखा गया है, किन्तु जो बातें इन चर्चाओं में सामने आयीं, उन्होंने कुछ नये आयाम ज़रूर खोले हैं। ये आयाम लोगों के कार्यक्रम के प्रति रवैये व लगाव से तो प्रभावित थे ही, साथ ही उनके इर्द–गिर्द जो घट रहा था, उस पर उनकी प्रतिक्रियाओं व उससे निपटने के संघर्ष से भी प्रभावित थे। कई व्यक्तियों ने उन परिस्थितियों पर कई बार पुनः विचार–मन्थन किया है और अपनी व अन्य लोगों की भूमिका को समझने की कोशिश भी की है। उनके कथनों में यह सब जद्दोजहद शामिल थी। यह महत्त्वपूर्ण है कि कई शिक्षकों के मन में उनकी भूमिका और उस समय का घटनाक्रम आज भी गहराई से अंकित है।

कार्यक्रम के लक्ष्य

होशंगाबाद विज्ञान का मुख्य मकसद क्या है : अक्सर चर्चाओं में व औपचारिक मंचों पर भी हो.वि.शि.का. की बात करते समय जो मुख्य बातें सामने आती हैं, वे हैं–उसकी पुस्तकें, उसमें प्रयोग कराना व खुली किताब परीक्षा। यही सब से प्रमुख पहलू माने गये व इनमें से पहले दो विचार के तौर पर व्यापक स्तर पर फैलाये भी गये। इनके अनुसार ही होशंगाबाद विज्ञान शिक्षण कार्यक्रम, जो कई विश्वविद्यालयों में शिक्षक पूर्व तैयारी का हिस्सा भी बना था, की व्याख्या और चर्चा हुई। बहुत–से विश्वविद्यालयों के शिक्षक–प्रशिक्षण के लिए यह परीक्षा के प्रश्न का मसौदा भी था। इस पर पढ़ने के लिए उपलब्ध नोट्स में भी यही दो बातें प्रमुख थीं। इसकी इसी तथाकथित पद्धति विशेष पर बहुत–से शोध भी किये गये। इन शोधों में भी इसे सिर्फ़ कक्षा–शिक्षण की वैकल्पिक पद्धति यानी सस्ती सामग्री द्वारा प्रयोग कराने के रूप में लिया गया और इसकी तुलना 'पारम्परिक' कहलाये जाने वाले तरीक़े यानी श्यामपट्ट पर पढ़ाये जाने से की गयी। आश्चर्य यह है कि इन सब शोधों में निष्कर्ष यही निकाला गया कि एक

बार ही इस विधि से पढ़ा देने से बच्चे समझ जाते थे और देर तक याद रखते थे। इसीलिए शोधों के निष्कर्ष में इसे पारम्परिक पद्धति से बेहतर सिद्ध माना जाता था। यह सहज बोध का मसला है कि अवधारणा की समझ एक मर्तबा किये गये कार्य से नहीं बनती और यह भी कि दो पद्धतियों की तुलना करते समय पूछे गये सवाल दोनों में हुई कक्षा–कक्ष अन्तःक्रिया के लिए समकक्ष हों।

इस तरह के त्वरित निष्कर्ष और जाँचने व तुलना करने के तरीक़े इन शोधों की गुणवत्ता व परिकल्पना के बारे में गहरे सवाल उत्पन्न करते हैं। इनमें से एक बड़ा सवाल शिक्षा में इस तरह किये जा रहे इतने सारे अन्य शोधों पर भी उठता है। यहाँ इस बात को रखने का मुख्य मक़सद यही है कि कार्यक्रम के बारे में सोच अधूरी और रूमानी थी।

इस तरह की सोच कि बात सिर्फ़ कर के देखने की थी और एक बार ही स्वयं प्रयोग कर लेना सीखने के लिए पर्याप्त था, इस कार्यक्रम को सिर्फ़ एक शिक्षण–पद्धति के रूप में देखना था। यह माना जा सकता है कि मात्र शिक्षण–पद्धति के रूप में विचार के इस प्रचार और प्रसार को कार्यक्रम नहीं, बल्कि उसके लेबल के प्रचार व प्रसार के रूप में देखा जाये तो उचित होगा। हालाँकि, शोध के सन्दर्भ में हाल में किये गये अपने साक्षात्कार में अनिल सदगोपाल ने कार्यक्रम के 1983 व 1988 में किये गये 'सुगठित फैलाव' को भी इसी रूप में देखा। उनके इस वक्तव्य पर बहस की जा सकती है कि यह कितनी उचित तुलना है, पर इस तरह के शोधों में दिख रही समझ को आँकने पर उनके सन्दर्भ में यह 'पद्धति के लेबल' का रूपक सही लगता है। इस बात की व्याख्या सदगोपाल ने अपनी पुस्तक व लेखन में की है (सदगोपाल 2004; 2018)। कुल मिला कर इसके विशिष्ट पहलू अक्सर व्यापक विमर्श का हिस्सा नहीं बने। हालाँकि, सदगोपाल[3] (2004), महेन्द्रु व सक्सेना 5,9 (2010) ने अपने लेखों व वक्तव्यों में कार्यक्रम के कुछ पहलुओं पर ज़्यादा व्यापक दृष्टि से रोशनी डाली है, पर उस समय के भी और बहुत बाद के सामान्य विमर्श में भी इसकी छवि सीमित ही थी। यहाँ तक कि कार्यक्रम से लम्बे समय तक अन्तःक्रिया के बाद भी इससे क़रीब से जुड़े कुछ लोगों के लिए भी इसके प्रमुख हिस्से यही थे। यद्यपि कई साक्षात्कारों में यह भी साफ़ रूप

से सामने आया कि इससे क़रीब से जुड़े लोगों के लिए प्रयोग मात्र एक साधन थे व इसके लक्ष्यों एवं सिद्धान्तों में कई और अधिक महत्त्वपूर्ण पहलू हैं (सदगोपाल[4], महेन्द्रु व सक्सेना[5])।

हो.वि.शि.का. के पहलुओं की एक झलक

होशंगाबाद विज्ञान शिक्षा कार्यक्रम का मुख्य पहलू शिक्षा के ढाँचे में एक ऐसा परिवर्तन करने का प्रयास था जिससे विज्ञान–शिक्षा का एक बेहतर नज़रिया व तरीक़ा सभी स्कूलों व सभी बच्चों तक पहुँच सके। इसमें न सिर्फ़ शैक्षणिक पहलू जैसे पुस्तकें, बच्चों के उपयोग की सामग्री, शिक्षण–विधि, शिक्षण की तैयारी, आकलन व परीक्षा, सीख़ने का नज़रिया आदि सम्मिलित थे, वरन ढाँचे में व्यवस्थित रूप से इसे संचालित करने की प्रक्रियाएँ भी शामिल थीं। कार्यक्रम में न सिर्फ़ कक्षा के भीतर 'सत्ता' के रिश्ते बदलने का प्रयास था, वरन शैक्षिक ढाँचे में शिक्षक के प्रति दृष्टिकोण में परिवर्तन का भी प्रयास था। शिक्षक की परिस्थिति व स्कूली कार्य में आने वाली दिक़्क़तों की व्यवस्थित अभिव्यक्ति और उस पर विचार–विमर्श कर हल निकालने के प्रयास सम्भव बनाने की भी कोशिश थी। कक्षा का कार्य सुगमता से चले इसके लिए जिन भी व्यवस्थाओं की आवश्यकता थी, उनके लिए ढाँचे में प्रक्रियाएँ शुरू की गयी थीं। कार्यक्रम के ढाँचे के संचालन में विकेन्द्रीकरण व प्रशासनिक विमर्श की अहम भूमिका थी। कार्यक्रम की समझ के अनुसार शिक्षा के कार्य–संचालन की व्यवस्था में गुणवत्ता बनाये रखने के लिए कई ऐसे मंच थे, जहाँ अलग–अलग कार्य के लिए ज़िम्मेदार वर्ग से आ रहे व्यक्ति एक साथ बैठ कर कार्य–व्यवस्था की परिस्थिति पर मन्थन करते थे व आगे के लिए आवश्यक क़दम तय करते थे। इन मंचों पर न सिर्फ़ ब्लॉक व ज़िले स्तर के अधिकारी शिक्षकों के अनुभवों, विचारों, दिक़्क़तों व सुझावों से रू–ब–रू होते थे, बल्कि इसमें प्रदेश स्तर के अधिकारी भी शामिल होते थे। इन मंचों पर कार्यक्रम संचालन के प्रत्येक पक्ष व पद के सदस्यों की उपस्थिति के फलस्वरूप परेशानियों, अड़चनों व सम्भव हलों का तत्काल फ़ैसला हो पाता था। कई शिक्षकों ने कहा कि इस कार्यक्रम के सन्दर्भ में वे, शिक्षक अधिकारियों के साथ बराबरी से बात कर सकते थे। शिक्षकों ने यह भी बताया कि बाहर

के लोगों के आकर कार्यक्रम देखने से जोश आता था। जैसा कि कार्यक्रम की एक छात्रा, जिसने बाद में इस कार्यक्रम में कार्य भी किया, ने अपने लिखित मत में कहा कि यह पढ़ने–पढ़ाने का एक ऐसा वैकल्पिक मॉडल था, जो मौजूदा ढाँचे के जड़ हुए तौर–तरीक़ों से काम न करने की चाह रखने पर आप को कुछ और तरह से काम करने की सम्भावनाएँ इस्तेमाल करने और उनका सृजन करने की उम्मीद देता था।

प्रशिक्षण की गौण पाठ्यचर्या बनाम प्रत्यक्ष पाठ्यचर्या

कार्यक्रम के प्रत्यक्ष स्वरूप में हालाँकि विज्ञान की प्रकृति, विज्ञान सीखने के उद्देश्य, सीखने की प्रक्रिया, शिक्षा की सामाजिक बदलाव में भूमिका आदि पर चर्चा नहीं थी, किन्तु यह उसके करने के ढंग व व्यवहार में गहराई से पैठी थी। शिक्षा लोकतान्त्रिक हो, सब के लिए हो व सब के ज्ञान का उसमें योगदान हो इन सिद्धान्तों का इस्तेमाल व्यवहार में था। इसी के कारण स्कूल के शिक्षक, विश्वविद्यालय के प्रोफ़ेसर व अध्येता और सरकारी अधिकारी कार्यक्रम में बराबरी का व्यवहार महसूस कर पाये। प्रशिक्षण–स्थल व अस्थायी आवास पर सफ़ाई, सामग्री का रखरखाव व अन्य सभी कार्य सब को बराबरी से व साथ मिल कर करने होते थे। इसी तरह से शिक्षा के सैद्धान्तिक पहलुओं पर भी कोई प्रत्यक्ष सत्र नहीं थे, किन्तु पुस्तक–निर्माण, प्रशिक्षण की तैयारी, फीडबैक व अनुवर्तन और मासिक गोष्ठियों के दौरान इन मसलों पर, व्यावहारिक अनुभवों के विश्लेषण के समय, चर्चा होती थी। किन्तु इन चर्चाओं में सैद्धान्तिक अवधारणाओं का अकादमिक विश्लेषण नहीं था। स्रोत शिक्षकों की अतिरिक्त तैयारी में भी उनकी विज्ञान विषय की समझ को ही ज़्यादा गहरा करने का प्रयास होता था। ये सारे मसले कार्यक्रम में गुँथे हुए थे परन्तु प्रत्यक्ष चर्चाओं में ये ज़्यादा सामने नहीं आते थे। यह एक तरह से छिपा पाठ्यक्रम था, जो कार्यक्रम में सम्मिलित था। इसके अप्रत्यक्ष होने, परन्तु यथार्थ में रहने, के कारण ही बहुत अलग–अलग पृष्ठभूमियों के लोग इसमें शामिल हो सके और इस पर अपनी मिल्कियत महसूस कर पाये। जैसा कि एक लिखित रिस्पांस में व्यक्त किया गया कि इससे प्रक्रिया में शामिल लोग शिक्षा का अपना परिप्रेक्ष्य विकसित कर पाये। सीखने और पढ़ाने की समझ विकसित कर पाने के साथ–साथ इनकी मौजूदा प्रक्रियाओं में कमी देख पाये और उसके बारे में कुछ करने की ज़रूरत को भी समझ पाये।

प्रक्रिया की झलक

संवाद, उम्मीद व पहल के आदान–प्रदान और बदलाव व समस्या–निदान की यह कोशिश सिर्फ़ प्रशासनिक व ढाँचागत मसलों तक ही सीमित नहीं थी। संगम केन्द्र* के ढाँचे के क्रियान्वयन का प्रयास व उसमें निर्धारित मासिक गोष्ठी** का आयोजन शिक्षकों के बीच वैचारिक और भावनात्मक अन्तःक्रिया का मंच था। साक्षात्कार में लगभग सभी लोगों ने इस कार्यक्रम को लोगों के बीच आपसी रिश्तों की एक महत्त्वपूर्ण प्रेरणा बताया। उनमें से कई लोगों ने कहा कि इस कार्यक्रम ने उन्हें 'विज्ञान सीखना' सिखाया। इस कार्यक्रम में पूर्व माध्यमिक शाला के विज्ञान से उन्होंने वह सब सीखा, जो उन्होंने स्नातक तक भी नहीं सीखा था। कार्यक्रम में शिक्षक की तैयारी व उसको कक्षा की परिस्थितियों में मदद करने के मसले का भी कई लोगों ने ज़िक्र किया। लोगों ने प्रशिक्षण को गहरा व सख़्त (rigorous) बताया और यह भी कहा कि उसमें पढ़ाने वालों का रवैया बहुत ही शालीन व सरल था। वे बहुत धैर्य से लोगों की बात सुनते थे, चाहे वह कितनी भी त्रुटिपूर्ण व ग़ैर–तार्किक क्यों न हो और वे लोग जल्दी से जवाब नहीं देते थे। कोशिश यह थी कि लोग अपनी समझ विकसित कर पायें। इसे एक शिक्षक ने यह कह कर समेकित किया कि प्रशिक्षण समेत कार्यक्रम का हर हिस्सा उत्तर देने पर नहीं, वरन नये सवाल सोच पाने व उनके हल खोजने के लिए रास्ता ढूँढ़ने की क्षमता विकसित करने पर केन्द्रित था। इसी तरह से कार्यक्रम से पढ़े एक छात्र ने बताया कि उसे आज भी इस कार्यक्रम में किये गये प्रयोग, परिभ्रमण व चर्चाएँ याद हैं। आज जब वह बच्चों को प्रयोग कराता है तो बच्चों की आँखों की चमक व उत्साह देख कर उसे अपना बचपन याद आ जाता है। हालाँकि, उसने यह भी कहा कि कार्यक्रम के बारे में उसके अन्य साथियों की भावनाएँ अलग हो

***संगम केन्द्र** : हो.वि.शि.का. में संगम केन्द्र, ब्लॉक की एक ऐसी उच्च माध्यमिक शाला में ही होता था जिसमें विज्ञान पढ़ाया जाता हो। यहाँ एक अनुभवी शिक्षक, जिसने हो.वि.शि.का. का प्रशिक्षण लिया होता था, पदस्थ होता था। संगम केन्द्र पर ही मासिक गोष्ठी होती थी व यह किट–वितरण, प्रायोगिक परीक्षा, शिक्षकों को अकादमिक सहयोग देने जैसे सभी पहलुओं के लिए ज़िम्मेदार होता था।

****मासिक गोष्ठी** : हो.वि.शि.का. में पढ़ा रहे विज्ञान–शिक्षकों की मासिक बैठक संगम केन्द्र पर होती थी। इसमें शाला की रोचक बातों, उलझनों व विज्ञान के नये मसलों पर चर्चा होती थी। इसमें संगम केन्द्र शाला से जुड़े 25–35 माध्यमिक स्कूलों के विज्ञान–शिक्षक शामिल होते थे। प्रत्येक शाला से एक प्राथमिक शिक्षक मासिक गोष्ठी में आता था।

सकती हैं, पर सब को मज़ा बहुत आता था। हो.वि.शि.का. की एक अन्य पुरानी छात्रा ने कहा कि इससे बच्चे अवधारणाएँ ज़्यादा अच्छे–से सीखते थे और यह उनमें नयी परिस्थितियों में कुछ–कुछ अलग कर के देखने की जिज्ञासा पैदा करता था।

जैसे मध्य प्रदेश के शिक्षाविदों ने शिक्षकों की क्षमता, भागीदारी, पहल व परिवर्तनगामी प्रयास के बारे में समझा, उसी तरह से विश्वविद्यालयों से आये वैज्ञानिकों ने भी बहुत कुछ समझा। उन्होंने यह जाना कि गाँव के स्कूलों में संसाधनों की उपलब्धता वैसी नहीं है, जैसी उनकी प्रयोगशालाओं में है। यह भी जाना कि विज्ञान के प्रयोगों के लिए सरल उपकरण गढ़े जा सकते हैं और एक ही प्रयोग कई ढंग से किया जा सकता है। यह भी कि विज्ञान समझने की प्रक्रिया कई तरह के रास्तों से होकर जाती है। अतः विज्ञान एक सामूहिक गतिविधि के रूप में ज़्यादा अच्छे–से सीखा जा सकता है। उन्होंने यह जाना कि शिक्षकों व बच्चों से संवाद के लिए उन्हें बच्चों व शिक्षकों की भाषा सीखनी होगी। तभी संवाद सम्भव हो सकेगा। इस संवाद से न सिर्फ़ शिक्षकों व बच्चों ने विज्ञान सीखा, वरन वैज्ञानिकों ने भी अपनी विज्ञान की समझ में इज़ाफ़ा किया और अवधारणात्मक स्तर पर ज़्यादा स्पष्टता पायी। उन्होंने यह भी जाना कि शब्दों का चयन और तकनीकी शब्दों का जाँच–परखकर उपयोग विज्ञान समझने में लाभदायक होता है। यह भी कि चूँकि अधिकांश शिक्षक स्नातक अथवा हाई स्कूल तक भी विज्ञान पढ़े नहीं थे, अतः सिर्फ़ बेहतर सामग्री से काम नहीं चलेगा यानी एक ओर तो 'बेहतर सामग्री क्या होगी' यह समझ बनाने के लिए बच्चों व शिक्षकों का सहयोग चाहिए। दूसरी तरफ़ यह समझ विकसित करने के लिए उन्हें शाला में व कक्षा में समय गुज़ारना होगा, खुद बच्चों को प्रयोग करते देखना होगा और स्कूल व गाँव के सम्बन्ध को समझना होगा। यह भी समझना होगा कि प्रयोग करते समय बच्चों, शिक्षकों व स्वयं उनके मन में ऐसे सवाल उठते हैं जिसके लिए पढ़ने व खोजने की ज़रूरत होती है। यह भी कि सामान्य प्रक्रियाओं से भी गहरे शोध लायक सवाल उभर सकते हैं। उन्हें यह भी समझ में आया कि प्रचलित व्यवस्था में शिक्षक के लिए बेहतर ढंग से तैयारी कर के विज्ञान पढ़ा पाना सम्भव नहीं है। उसके पास विज्ञान के लिए उपलब्ध समय में प्रयोग व चर्चा क़राना सम्भव नहीं है, उसके पास विज्ञान सीखने के लिए

बच्चों को स्कूल से बाहर ले जाने की प्रशासनिक आज़ादी नहीं है, उसके पास संसाधन व उन्हें रखने के लिए कोई जगह भी नहीं है और न ही उसके पास कक्षा में उठे प्रश्नों व अप्रत्याशित अवलोकनों को समझने का प्रयास कर पाने के लिए समय व मदद उपलब्ध है। इसीलिए, इन सबको, कार्यक्रम के क्रियान्वयन पहलुओं में बुनियादी आवश्यकताओं के रूप में जोड़ने का प्रयास किया गया। शिक्षकों को शैक्षिक समर्थन देने के लिए अनुभवी व विज्ञान के ज्ञाता व्यक्ति द्वारा नियमित अनुवर्तन, मासिक गोष्ठी चर्चा और सवालीराम के ढाँचे की कल्पना की गयी। एक तरह से वैज्ञानिक भी प्रयोगशालाओं व विश्वविद्यालयों के दायरे से बाहर निकल कर प्रयोग रचित करने व उनसे उत्पन्न सवालों से जूझने के तरीक़े से रू–ब–रू हुए और इसके महत्त्व को बेहतर ढंग से समझ पाये। उन्होंने, कुछ हद तक, कक्षा में विज्ञान सीखने और बच्चों की भाषायी समझ, उसके उपयोग में आत्मविश्वास व क्षमता के बीच के सम्बन्ध का अहसास भी किया। इस सब से उनकी बच्चों व शिक्षक के प्रति समझ बढ़ी और उनके प्रति संवेदनशीलता व आदर भी।

होशंगाबाद विज्ञान के मुख्य गुण

होशंगाबाद विज्ञान कार्यक्रम में समय–समय पर लिखे गये दस्तावेज़ों, उसकी पुस्तकों व शिक्षक–प्रशिक्षण की रिपोर्ट से कई बातें उभरती हैं। इनमें विज्ञान विषय की समझ, उसे पढ़ाने व समझने के तरीक़े से सम्बन्धित बातें भी हैं। कार्यक्रम उस समय प्रचलित, जानकारियाँ याद कर के लिखने वाली विज्ञान शिक्षा की समझ के विरुद्ध था। यह विज्ञान को तथ्यों, नियमों व सिद्धान्तों का पुलिन्दा नहीं मानता था और इसमें विज्ञान की प्रक्रिया सीखने को भी विज्ञान की शिक्षा का एक प्रमुख हिस्सा समझा गया था। इसके शैक्षिक पहलुओं में प्रयोग जमाने से शुरू कर के, अवलोकन लेने, उन्हें व्यवस्थित करने व उनका विश्लेषण कर निष्कर्ष निकालने तक सभी पहलू शामिल थे। पारस्परिक विमर्श व बहस कार्यक्रम का एक महत्त्वपूर्ण हिस्सा था। जैसा कि एक रिस्पॉन्स में व्यक्त हुआ कि यह बच्चों को साथ–साथ काम करने के व बातचीत के मौक़े देकर सहज बनाता था और उन्हें तनावरहित होने में मदद करता था। साथ ही यह शिक्षक से बात करने और सवाल

पूछने में लगने वाले डर को भी कम करता था। यह बच्चों को सीखने में रुचि के साथ संलग्न करता था और बच्चे खुले अन्तःक्रियायुक्त माहौल में खुद करने, स्वयं परिणाम और निष्कर्ष तक पहुँचने के प्रयास का साहस कर सकते थे। इसकी पुस्तक ऐसी अन्तःक्रियायुक्त पुस्तक थी जो विज्ञान सीखने की नयी राह दिखाती थी, जिसमें रटना नहीं था।

इस कार्यक्रम को कई तरह से सरलीकृत कर के प्रस्तुत किया जाता रहा है। इनमें से प्रमुख अति सरलीकरण यह है कि इसमें बच्चे सारा ज्ञान स्वयं के प्रयोगों से सीखेंगे व शिक्षक को कुछ नहीं बताना है यानी यह 'कंसट्रक्टविस्ट' पद्धति है या खोज विधि है। इस कार्यक्रम के लिए चयनित पंच लाइन ने भी शायद यह भ्रम पैदा किया। यह कहना कि "मैंने जब तक कर के नहीं देखा तब तक सीखा नहीं", एक अति संकुचित दृष्टिकोण (और चरम मत अथवा पोजिशन) है। इस सरलीकृत मान्यता से यही आभास मिलता है कि सिर्फ़ "कर के देख लिया तो समझ गये"। यह दोनों तरह से ग़लत है : कर के देखने की अनिवार्यता के सन्दर्भ में भी और उसके एकमात्र सीढ़ी होने के स्तर पर भी। किन्तु साक्षात्कार में शामिल लोगों के वक्तव्य में बार–बार यही दिखा कि उनके लिए सीखने की इससे बहुत अलग व गहरी सोच थी। उनके लिए अन्य पहलू बहुत महत्त्वपूर्ण थे।

असल में कार्यक्रम की प्रक्रिया व चर्चाओं में यह स्पष्ट रूप से व्यक्त होता रहता था कि बहुत–से प्रयोग कक्षा में कर के नहीं देखे जा सकते और हमेशा स्वयं कर के सीखना आगे बढ़ने की गति को रोक सकता है। यह भी कहा तो जाता ही था कि प्रयोग के बाद भी सीखने के लिए चर्चा अनिवार्य है। पर कार्यक्रम के क्रियान्वयन व प्रस्तुतीकरण में भी इस मसले पर दुविधापूर्ण स्थिति बनी रही। जहाँ एक ओर इस कार्यक्रम की रचना व क्रियान्वयन में हर चीज़ स्वयं खोजने अथवा प्रयोग को ही एकमात्र आधार मानना शामिल नहीं था, किन्तु वहीं, दूसरी ओर ज़ेहन में कहीं 'बाल वैज्ञानिक' की भी कल्पना थी और वही पुस्तक का नाम भी था। यह समझा जाता था कि इस तरह से ज़ोर देने से कक्षा में प्रयोग होने की सम्भावना ज़्यादा होगी, बच्चों को प्रयोग करने का मौक़ा मिलेगा। यह भी समझा जायेगा कि प्रयोग ज्ञात निष्कर्षों को दोहराना मात्र नहीं होते। इसी तरह के संशय और समझ पर प्रयोग कराने पर ही ज़ोर दिया गया।

शायद यही वजह थी जिससे प्रयोग की अनिवार्यता पर अति ज़ोर देना आवश्यक समझा गया हो। यह इसलिए भी प्रमुख हुआ क्योंकि इसे कक्षा में परिवर्तन के ठोस प्रमाण के रूप में आँका भी जा सकता था और एक तरह से यह सीखने की वैकल्पिक समझ का कई मायनों में पहला क़दम भी था। किन्तु इसका बहुत सरलीकृत उपयोग हुआ और ऐसा इसलिए क्योंकि इसमें 'करने' के तात्पर्य को ख़ास ध्यान देकर अलग से स्पष्ट नहीं किया गया है। अक्सर 'करने' का अर्थ सामग्री की उपलब्धता व उसका उपयोग करना, हाथ से कुछ करना–जिसमें प्रयोग शामिल है–ही माना जाता रहा है।

ऐसा नहीं है कि इस प्रश्न से हो.वि.शि.का. समूह अनभिज्ञ था। पुस्तक के प्रयोगों और उससे प्रस्तावित चर्चाओं व सवालों में विज्ञान करने व विज्ञान सीखने में प्रयोग से इतर तरीकों की जगह–जगह पर झलक है[6] (सक्सेना 2006)। किन्तु जो व्यापक तौर पर प्रचलित हुआ, उसमें 'करने' को प्रयोग व उससे जुड़ी सभी प्रक्रियाओं की तरह ही देखा गया। ऐसा शायद इसलिए भी था कि यह सब से स्पष्ट व प्रत्यक्ष परिवर्तन था। प्रयोग करना विज्ञान सीखने में शामिल अन्य विश्लेषणात्मक अथवा संश्लेषणात्मक कार्यों से सरल भी है। यह भी महत्त्वपूर्ण है कि बच्चों के विकास की दृष्टि से पूर्व माध्यमिक स्तर पर, वैसे भी ज़्यादा उलझा या ज़्यादा अमूर्त विज्ञान नहीं होना चाहिए। इसीलिए भी हो.वि.शि.का. गें प्रयोग को ही महत्त्वपूर्ण माना गया। फिर भी होशंगाबाद विज्ञान कार्यक्रम की विचारात्मक समझ में प्रयोग शैक्षिक गतिविधि की तरह और किट टी.एल.एम. की तरह नहीं थे, वह विज्ञान विषय की ज़रूरत के स्वरूप में थे[7] (दीवान, 1995; दीवान, 2017)। प्रयोग इसलिए क्योंकि अवलोकन करना, उन्हें समझ कर व्यवस्थित करना व उनसे व्यापक नियम व अवधारणा तक पहुँचना ही विज्ञान की प्रक्रिया है। किट–सामग्री न होने पर उसी काम के लिए कुछ और इस्तेमाल हो सकता है, उसी सामग्री की ज़रूरत नहीं। यह सब बातें हो.वि.शि.का. की रचना व क्रियान्वयन में कुछ हद तक थीं। किन्तु प्रयोग व उससे खोज कर, कई बार शायद खींच कर भी, उत्तर 'स्वयं खोजने' पर भी बल था। इससे ज़ाहिर है कि हो.वि.शि.का. की मंशा में हालाँकि यह स्पष्टता रही हो कि विज्ञान व उसकी शिक्षा, प्रयोग करने व किट जमाने से कहीं अधिक है और इसके कई और पहलू हैं, किन्तु इस अधिक में और क्या आता है यह बहुत अच्छे–से रेखांकित नहीं था।

प्रयोग, अवलोकन, विश्लेषण व मनन

ऐसा कहा जा सकता है कि हो.वि.शि.का. की रचना में प्रयोग का महत्त्व दो अलग–अलग आयामों के कारण था। इसमें उल्लेखित रूप से स्पष्ट शैक्षिक सिद्धान्तों को अधिकांश उपयोगकर्ताओं ने अधूरे रूप से ही समझा व उपयोग किया। प्रयोग के अवलोकनों में विविधता को पहचानना, उन्हें रेखांकित कर, उन पर मन्थन कर के कारण ढूँढ़ना इत्यादि कक्षा–प्रक्रिया तो क्या; सभी प्रशिक्षण–कक्षाओं का भी हिस्सा नहीं बन सके। हालाँकि, कई मौक़ों पर अप्रत्याशित अवलोकन पूरे स्रोत दल में सोच व उद्वेलन का कारण बनते थे, पर यह स्थिति अगली प्रशिक्षण–कक्षा और स्कूल की कक्षा में न हो, यही प्रयास किया जाता था। एक व्यवस्थित योजनाबद्ध ढंग से प्रयोग हों और उन पर अपेक्षित अवलोकनों के आलोक में योजनाबद्ध चर्चा हो, यही प्रयास होता था। हालाँकि यह अपेक्षा थी कि चर्चा पूरी तरह तयशुदा नहीं होगी और उसमें खुलापन व नवीनता रहेगी, किन्तु प्रयोग व उससे जुड़े सवालों की रचना बहुत ध्यान से होती थी।

इसी तरह की कोशिश कक्षा में किये गये प्रयोगों के अवलोकनों के सन्दर्भ में भी थी। यही सुनिश्चित करने की क़वायद थी कि अवलोकन हमेशा अपेक्षित रूप में ही आयें। हालाँकि इसमें कुछ हद तक ऐसी भी कल्पना थी कि यह एक खुला कार्य होगा जिसमें अलग–अलग अवलोकन आ सकते हैं और कक्षा के बच्चे अपने–अपने अवलोकनों के सन्दर्भ में अपने–अपने निष्कर्ष देंगे और उन पर चर्चा करेंगे। उसके बाद उचित अवलोकनों व उनके लिए सम्भव तर्कों को मिल कर पहचाना जायेगा। इसमें शिक्षक की कोशिश होगी कि वह चर्चा को सार्थक दिशा में मोड़ता रहे। लेकिन लक्ष्य सही अवलोकन व सामान्यीकरण का था। यानी सोचने व करने का एक हद तक खुला दायरा, पर कक्षा व अन्य ज़रूरतों व परिस्थितियों के चलते सीमाओं में बँधा हुआ। इसमें खोज की भावना की अनिवार्यता को इस प्रकार शामिल किया गया था जिसमें सीखने वालों को अपने अवलोकनों के अनुसार आवश्यक व सम्भव कार्य–कारण सम्बन्ध ढूँढ़ने हैं और उनके लिए तर्क गढ़ने हैं। किन्तु ये सम्बन्ध क्या होंगे, हालाँकि यह पुस्तक में नहीं लिखा है पर ये पूर्व निर्धारित हैं। शिक्षक का काम चर्चा को उन पहलुओं तक ले जाना है, जो अपेक्षित हैं। शिक्षक–प्रशिक्षण के दौरान भी और विद्यार्थियों के आकलन की प्रक्रिया में भी प्रयोग से इतर प्रक्रियाओं

का उपयोग कर अवधारणाओं, कार्य–कारण सम्बन्ध, व्यापक व्यवहार–पैटर्न आदि पर सोचने के लिए प्रोत्साहित किया जाता था। इसमें पहले से लिये गये आँकड़ों का अध्ययन व विश्लेषण, किसी परिस्थिति की व्याख्या या किसी बात की सत्यता के लिए प्रमाण व तर्क देना जैसे अभ्यास सम्मिलित हैं। यह अलग–अलग स्तर के प्रश्नों की मदद से भी किया जाता था। प्रशिक्षण के दौरान दिये जाने वाले लघु प्रश्न व आकलन के बहुत–से प्रश्न ऐसे होते थे जिनके कई उत्तर हो सकते थे। दिये गये तथ्यों व ज्ञात अवधारणाओं के आधार पर किया गया विश्लेषण अलग–अलग हो सकता था। हालाँकि, इससे विज्ञान में सत्यता की कसौटी (truth criteria) के रूप में प्रयोग की भूमिका स्पष्ट रूप से उभरती थी। फिर भी प्रयोग की यह भूमिका हर जगह एक समान नहीं थी।

शिक्षकों के साथ प्रशिक्षण में कार्य करते हुए और बच्चों के लिए बनाये गये प्रयोगों की लेखक दल के सदस्यों ने वास्तविक कक्षाओं में भी प्रयोग कर के जाँच की। इस तरह के प्रयास से लगातार नये ढंग सोचे जाते रहे व ये नये ढंग पुस्तक में सम्मिलित होकर कक्षाओं में इस्तेमाल होते रहे। इनमें नये प्रयोग भी होते थे और कई बार चूँकि किसी अवधारणा पर ठीक से विमर्श करने के लिए उचित प्रयोग सम्भव नहीं हो पाते थे और चर्चा के लिए अवलोकन भी नहीं होते थे अतः इस सब के अभाव में कुछ मॉडल भी विकसित किये जाते थे जो उस मुद्दे को उभार सकें (साधना 2006, वही)। इसके कई उदाहरण एकलव्य की वेबसाइट पर दिये गये प्रश्नपत्रों व लघु प्रश्नों में देखे जा सकते हैं। जैसे शिक्षक–प्रशिक्षण में उपयोग हुआ एक लघु प्रश्न यह था : "कैसे सिद्ध करेंगे कि हमारे शरीर में ख़ून बहता है?" कहने का तात्पर्य यह है कि इस कार्यक्रम की शिक्षा–पद्धति में विभिन्न तरीक़े थे व मूल प्रयास सिर्फ़ प्रयोग नहीं, वरन सार्थक संवाद हो पाने के लिए किसी भी प्रकार से उचित चिन्तन–सामग्री उपलब्ध करा पाने का था। कार्यक्रम में अपने ढंग से सिखाने के अर्थ, उसके लिए सम्भव तरीक़े व औज़ार, सीखने वाले का आकलन आदि सभी पहलुओं पर कुछ हद तक सोचा गया था।

कई विमर्शों में हो.वि.शि.का. को निर्माणवाद कार्यक्रम के रूप में परिभाषित कर इसकी तारीफ़ की गयी। ऐसा शायद इसलिए हुआ क्योंकि

इसकी शिक्षण–पद्धति में स्वयं कर के सीखने पर ज़ोर था। हालाँकि, जैसे ऊपर भी कहा गया कि, इसकी रचना में स्वयं पता करने का ज़ोर उस ख़ास दायरे के अन्दर था जिसमें पढ़ने वालों को सवाल इस क्रम में रच कर दिये जाते थे जिनसे वह उत्तर तक पहुँच सकें व उस तक पहुँचने में शिक्षक को उनकी मदद करनी होती थी। इस प्रक्रिया में शिक्षक आवश्यकतानुसार अतिरिक्त प्रयोग अथवा सामान्य अनुभवों का उपयोग कर के विमर्श को आगे बढ़ाने में योगदान देता था। 'निर्माणवाद' और 'बाल वैज्ञानिक तैयार करने की मुहिम', दोनों ही बच्चों पर ज्ञान स्वयं खोजने का बोझ डालती थीं, जो कि हो.वि.शि.का. की मूल भावना में नहीं था। हो.वि.शि.का. की शिक्षण–पद्धति में बच्चों व शिक्षकों के लिए अकेले अथवा मिल कर नये प्रयोग व रास्ते खोजना ज़रूरी नहीं था, हालाँकि, वे कभी–कभी नये प्रयोग खोज सकते थे। उन्हें ज़्यादातर वही प्रयोग करने थे, जो पुस्तक में ध्यान से रच कर रखे गये थे व उन्हीं निष्कर्षों तक पहुँचना था जो ज्ञात थे। जैसा कि कुछ साक्षात्कारों में सामने आया। इसको बनाने वाले लोगों में शिक्षा के दार्शनिक पहलू व उसके सामाजिक पहलुओं की समझ लगभग नगण्य थी। कार्यक्रम के प्रणेता व उसे आगे बढ़ाने वाले न तो ज्ञानमीमांसा समझते थे और न ही उनका शिक्षा की बुनियादी विचार–पद्धतियों से सरोकार था। वे अपने नैसर्गिक या सहज ज्ञान, समझ व अनुभव के आधार पर ही आगे बढ़ने का प्रयास कर रहे थे। हो.वि.शि.का. के दस्तावेज़ों में भी इन मसलों का कोई विश्लेषण नहीं था। शिक्षा के किसी भी स्थापित फ्रेमवर्क में सोचने के प्रति लगभग एक तिरस्कार का भाव भी था। अपने जोश व विश्वास के कारण वे वैकल्पिक परिप्रेक्ष्य की सोच को पूरी तरह नज़रअन्दाज़ ही करते रहे। यह अक्खड़पन अन्य पहलुओं में भी झलकता था।

सवाल पूछना

कार्यक्रम में निहित विज्ञान की समझ व इसकी शिक्षण–पद्धति में सवाल पूछने की आज़ादी महत्त्वपूर्ण थी। विषय सीखने का अर्थ, दिये गये सवालों के उत्तर जानना मात्र नहीं था, वरन अवधारणाएँ समझ कर नये सवालों के उत्तर ढूँढ़ना, नये सवाल व नये उत्तर सोच पाना था। इसके लिए यह आवश्यक माना गया कि सीखने वाले समय–समय पर अपनी समझ को अभिव्यक्त करेंगे।

शुरू में साथियों के साथ टोली में, फिर पूरे समूह में और फिर लिख कर। टोलियों मे प्रयोग करना व चर्चा करना इसीलिए एक महत्त्वपूर्ण पहलू था। एक प्रकार से कार्यक्रम में चर्चा व अपनी समझ को प्रस्तुत करने का बहुत महत्त्व था। संवाद और चर्चा, समझने व अवधारणा–विकास का एक ज़रूरी हिस्सा था। यह कल्पना थी कि सामूहिक चर्चा में न सिर्फ़ टोलियाँ अपने अवलोकन, उनसे बनी अपनी समझ प्रस्तुत करेंगी व उसके पक्ष में तर्क रख अपनी बात को पुख़्ता करने का प्रयास करेंगी, वरन चर्चा में नये प्रश्न भी सामने आयेंगे। वे नये प्रयोग व नये अवलोकन भी कर सकते हैं जिन पर चर्चा हो सकेगी यानी एक खुलेपन की कल्पना थी जिसमें शिक्षक भी नये प्रयोग करा सकते थे, नये प्रश्न पूछ सकते थे और बच्चे भी। हालाँकि, इस खुलेपन की व्यावहारिक सम्भावनाओं व उसकी सीमा पर लोगों के मत अलग–अलग थे। इस कार्यक्रम से पढ़े एक छात्र ने बताया कि उसने इस कार्यक्रम से बहुत कुछ सीखा। उसे इस कार्यक्रम का महत्त्व और अपने पर असर अब धीरे–धीरे और स्पष्ट होता दिख रहा है व उसके मन में इस कार्यक्रम के बुनियादी तरीक़ों व सिद्धान्तों का और इसका महत्त्व भी बढ़ रहा है। उसने इसके तहत नये–नये प्रयोग करने व अपने आसपास खोजबीन करने की बात कही। उसने यह भी कहा, हो.वि.शि.का. विज्ञान रटने या सिर्फ़ पढ़ने से तो फ़र्क़ था ही, वरन सिर्फ़ कुछ अवधारणाओं को समझ लेने से भी आगे था। इसने सभी सीखने वालों को विज्ञान की अवधारणाएँ व पद्धति समझ कर नयी परिस्थिति में लागू करना सिखाया। उसके शब्दों में इसकी मुख्य बात समझते हुए 'अवधारणा सीखने' से बढ़ कर 'समझ के इस्तेमाल' तक थी।

कार्यक्रम की कक्षा-व्यवस्था

इस कार्यक्रम में शामिल लोगों के ज़ेहन में कई बातें गहरे से पैठी हैं। फिर भी इनमें शामिल पहलुओं के स्वरूप व पारस्परिक महत्त्व में अन्तर है। एक ओर तो प्रयोग करना व स्वयं अवलोकन करना महत्त्वपूर्ण है। साथ ही साथ टोली में चर्चा भी उतनी ही अहम् है। टोली में कार्य करने ने कक्षा के आर्किटेक्चर को बदलने के महत्त्व को स्थापित किया और सीखने–सिखाने के दृष्टिकोण में महत्त्वपूर्ण परिवर्तन किया। कक्षा में प्रयोग की हलचल व टोली में कार्य होने से कक्षा की बैठक–व्यवस्था और अनुशासन दोनों पर

ही एक नया दृष्टिकोण सामने आया। विद्यार्थियों को साथ काम करना था व मिल कर सोचना था। अतः कक्षा की बैठक पंक्तियों में न हो कर समूहों और टोलियों में थी। इसके अलावा किट का सामान लाना, रखना, प्रयोग करना, साफ़ करना आदि के लिए हलचल की आवश्यकता थी। सबको अपने अवलोकन लिखने थे, अपने तर्क व निष्कर्ष लिखने थे। अतः बोर्ड पर कम लिखा जाना था व शिक्षक को कक्षा के सामने ही नहीं खड़ा रहना था, बल्कि घूमना भी था। कुल मिला कर यह व्यक्तिगत सीखने, चुपचाप बैठे रहने व शिक्षक का वक्तव्य सुन अथवा श्यामपट्ट पर देख कर उसे कॉपी में उतारने, दिये ज्ञान को उतारने व पुस्तक और शिक्षक से सभी उत्तरों की अपेक्षा करने से बहुत अलग था। अतः न सिर्फ़ इसमें बैठक–व्यवस्था, अनुशासन आदि फ़र्क़ थीं किन्तु ज्ञान के वर्चस्व व उस तक पहुँचने के विमर्श में भी अन्तर था।

सीखने की इस प्रक्रिया में शिक्षक की भूमिका को समझना महत्त्वपूर्ण है। उसकी भूमिका के लिए सुगमकर्ता, सीखने में सहयोगी, मार्गदर्शक जैसे शब्द अपर्याप्त हैं। उसकी ज़िम्मेदारी कक्षा की योजना रच कर, उसके क्रियान्वयन व बच्चों के साथ अन्तःक्रिया की थी। कुल मिला कर हो.वि.शि.का. में कक्षा–व्यवस्था का एक महत्त्वपूर्ण पहलू था–बच्चों की आपसी अन्तःक्रिया। इसके लिए बैठक–व्यवस्था के साथ–साथ अनुशासन व सीखने के ढंग पर प्रचलित विचारों में भी परिवर्तन ज़रूरी समझा गया। कार्यक्रम की यह एक बुनियादी मान्यता थी जो लगभग सभी लोगों ने अलग–अलग ढंग से व्यक्त की। किसी ने इसे टोली में सीखने की भावना बताया, किसी ने इसे सहकार (Co-operation and Collaboration) व उससे सीखना कहा, किसी ने इसे एक–दूसरे से सीखने का मॉडल बताया और किसी ने कहा कि यह संवाद की महत्ता प्रदर्शित करता है। इन सभी में इस कार्य में हर विद्यार्थी के विचार, तर्क व अन्य सभी क्रियाओं में भागीदारी सुनिश्चित करने के प्रयास की ध्वनि शामिल है यानी कार्यक्रम की यह अपेक्षा थी कि बच्चे अपने अवलोकनों, विचारों व तर्कों को स्पष्ट व सटीक रूप से रखना सीखें और अन्य लोगों के विचारों व तर्कों को ध्यान से सुन कर समझना सीखें व चर्चा करने के नियमों के दायरे में काम करने का प्रयास करें।

स्पष्ट है कि इसमें प्रयोग मात्र एक ऐसी 'गतिविधि' नहीं है जिसमें बच्चे अथवा शिक्षक मानसिक तौर पर सतर्क भागीदार नहीं हैं।

इसमें सीखने को सरल अथवा आनन्द और खेल से भरा बनाने का प्रयास नहीं था। प्रयोग इसलिए कि बच्चे सीखने में मेहनत कर सकें व अपना दिमाग़ लगा सकें। यह मेहनत और मशक़्क़त के बाद सीखने का आनन्द था, न कि ज्ञान को टुकड़ों में प्रदर्शित करने व सरलता से कुछ पता चलने का। शिक्षक मात्र साधन प्रदाता नहीं थे, उनकी सतर्क व जटिल शैक्षणिक भूमिका थी। यह अपेक्षा थी कि सभी सावधानियों के बावजूद टोलियों के प्रयोगों में कुछ विविधता होगी जिनके कारण ढूँढ़ने में शिक्षक को भी मदद करनी होगी। इस पूरे कार्य में शिक्षक सभी समूहों में जायेंगे और हर समूह में हो रही क्रिया को देखेंगे व उसमें आवश्यक मदद देंगे। उन्हें कक्षा में जो भी हो रहा है उस पर तत्काल हस्तक्षेप कर के दिशा देनी होती थी। बच्चों के अवलोकन, उस पर उनके विश्लेषण और समेकीकरण को समझ कर आगे बढ़ाना होता था। वे सिर्फ़ तटस्थ और मूकदर्शक नहीं थे जो सिर्फ़ सीखने के साधन उपलब्ध करा रहे थे। उनकी भूमिका, समझ के स्वतः उत्पाद के लिए उपयुक्त सामग्री व व्यवस्था उपलब्ध कराने वाले सुगमकर्ता में सम्मिलित समझ से बहुत फ़र्क़ है। कक्षा की रचना, प्रक्रिया, शिक्षक की भूमिका और इनके आधारों व अन्य पहलुओं को स्पष्ट रूप से व्यक्त करता हुआ कार्यक्रम का कोई दस्तावेज़ नहीं मिला। शायद ऐसा करना, कार्यक्रम के लिए ग़ैर–ज़रूरी ही नहीं ग़लत भी माना गया। हालाँकि, शिक्षक–क्षमतावर्धन पर बाद में हुए कार्य के अनुभव के आधार पर कई अध्येताओं व शिक्षा में काम कर रहे लोगों का स्पष्ट मत है कि इन सब शब्दों पर एक गहरी सामाजिक और दार्शनिक समझ की आवश्यकता है, जो सरल भाषा में हो और इन पर शिक्षक सीधे सवाद कर सकें।

शिक्षक-प्रशिक्षण

इस कार्यक्रम का एक और महत्त्वपूर्ण हिस्सा शिक्षक की अकादमिक तैयारी कराना, पढ़ाने की पद्धति की तैयारी कराना, सबलीकरण व उसके कार्य में सहयोग करना था। इसमें प्रशिक्षण की एक वैकल्पिक समझ थी और उसे मूर्त रूप से रचने के प्रयास में कई ऐसे पहलू थे जो उस समय के लिए बिल्कुल नये थे, पर जो हमेशा प्रासंगिक रहेंगे। उदाहरण के लिए, इसमें प्रशिक्षण के दौरान शिक्षकों का पाठ्यपुस्तकें पढ़ कर प्रयोग करना व अवलोकनों के आधार पर उसी तरह से विश्लेषण करना व सवालों के बारे

में सोचना शामिल था जो विद्यार्थियों से कक्षा में अपेक्षित होता था। हालाँकि उनके तैयारी–प्रशिक्षण में कुछ अतिरिक्त प्रयोग व अतिरिक्त प्रश्न भी थे, किन्तु अपेक्षा यह थी कि शिक्षक उस माहौल का अनुभव करें जो उन्हें कक्षा में बनाना था। प्रशिक्षण में लगातार नये प्रश्नों पर चर्चा होती रहती थी चूँकि प्रयोगों को करने में नयी–नयी परिस्थितियाँ दिखती थीं। पुराने प्रयोगों को अलग ढंग से अधिक सरल बनाने के प्रयास होते रहते थे। इन प्रयोगों के कारण व नये–नये लोगों के आने से प्रशिक्षण दे रहे स्त्रोत दल के सदस्यों को लगातार नये–नये अनुभव व चर्चाएँ हासिल होती रहती थीं। एक तरह की शैक्षिक नवीनता व जीवन्तता उनमें आती रहती थी, जो शिक्षकों तक भी पहुँचती रहती थी। हर स्त्रोत दल अपने ढंग से विमर्श का ताना–बाना बुनता था और न तो यह अपेक्षा थी कि सभी सत्र एक जैसे होंगे और न ही इसको सम्भव अथवा उचित माना जाता था। यह बड़े स्तर पर शिक्षक–प्रशिक्षण के कैसकेड* मॉडल का एक शक्तिशाली विकल्प था। इसमें स्रोत दल की तैयारी, रचना व उनसे अपेक्षा, सभी के आधार फ़र्क़ थे और प्रशिक्षण के उद्देश्यों का कथन भी अलग था। यहाँ इस्तेमाल किया गया 'वैकल्पिक' शब्द यह इंगित करने के लिए है कि शिक्षकों को विज्ञान की समझ के अलावा सबलीकरण अपनी समझ को कराना, तर्क करना व स्कूल में नये ढंग से पढ़ाना और नयी व्यवस्था कराना, जिसमें अपनी ज़रूरतें व दिक़्क़तें सामने रखना करना भी था। इन सब की तैयारी प्रशिक्षण में परोक्ष ढंग से अपेक्षित थी।

प्रशिक्षण में न सिर्फ़ स्रोत दल के अन्दर विभिन्न पृष्ठभूमियों से आये लोगों के बीच खुला संवाद था, वरन बिना किसी भी प्रकार की हायरारकी के स्रोत दल और शिक्षकों के बीच भी बराबरी का माहौल बनाने का प्रयास था। हालाँकि, यह स्पष्टता थी कि प्रशिक्षण–योजना बनाने, उसके लिए टीम की तैयारी कराने व कक्षाओं में अवधारणाएँ स्पष्ट हों आदि की ज़िम्मेदारी व उनकी कक्षा के संचालन व दिशा तय करने में ऐसी पूरी बराबरी नहीं थी। स्रोत दल में भी पारस्परिक इज़्ज़त के बावजूद भूमिकाएँ व दायरे बँटे थे। बराबरी के इस माहौल में सब कुछ–न–कुछ सीखते थे।

---

*कैसकेड मॉडल का अर्थ है कि पहले से तयशुदा प्रशिक्षण के ढाँचे और मॉड्यूल को एक छोटे समूह के साथ बाँटा जाता है और फिर यही समूह उसे आगे कुछ अन्य लोगों तक लेकर जाता है। फिर यह लोग असली प्रशिक्षणार्थियों को उसी मॉड्यूल के आधार पर उसी ढंग से प्रशिक्षित करते हैं यानी प्रशिक्षण का ढाँचा रचने वालों का प्रशिक्षणार्थियों से लगभग न के बराबर सम्पर्क होता है।

जैसे विश्वविद्यालय में पढ़ कर आये शोध–छात्र व अन्य स्नातकोत्तर भागीदारों ने बताया कि इसमें कार्य के दौरान उन्होंने अपने विषय को ठीक से समझा। उन्होंने 'विज्ञान क्या है' यह भी जाना व अपने पूरे ज्ञान का एक प्रकार से पुनः परीक्षण किया। इन प्रशिक्षणों ने स्कूलों, उनके शिक्षकों व व्याख्याताओं को विश्वविद्यालयों के लोगों व उसके माहौल से भी जोड़ा। यह मंच दोनों ही समूहों के लिए लाभदायक था। साक्षात्कारों में सभी ने इससे सीखने को रेखांकित किया। कुछ लोगों ने यह कहा कि यहीं आ कर उन्होंने विज्ञान समझना सीखा। कई लोगों ने बताया कि इससे उन्होंने शिक्षा व उसके ढाँचे के बारे में, प्रशिक्षण की व्यवस्था के बारे में समझा और इसी तरह के अन्य कई पहलू लोगों ने रेखांकित किये।

प्रशिक्षण में शिक्षकों व स्रोत दल के रहने की व्यवस्थाएँ सम्मानजनक स्तर तक सुनिश्चित करने के लिए प्रशिक्षण से पूर्व व प्रशिक्षण के दौरान कई प्रक्रियाएँ की जाती थीं। इसके अलावा अन्य व्यवस्थाएँ यथा प्रशिक्षण–कक्ष, किट–रखरखाव व वितरण, परिभ्रमण–स्थल आदि जैसी व्यवस्थाएँ भी की जाती थीं। परन्तु सब से महत्त्वपूर्ण हिस्सा था अकादमिक पुनरावलोकन व अगले दिन की तैयारी का।

इस तैयारी में शिक्षकों के साथ आवश्यक धारणाओं पर चर्चा होती, उनकी प्रतिक्रियाओं, सवालों व समझ पर चर्चा होती व दिन–भर के कार्य के विश्लेषण के आधार पर अगले दिन की तैयारी होती। हालाँकि, समूह अलग–अलग ढंग से तैयारी करते थे, किन्तु प्रयोगों का आशय, क्रम व उनके अवलोकनों, निष्कर्षों आदि पर चर्चा की सम्पूर्ण योजना बनायी जाती थी। यह जड़ता वाला बँधा हुआ कार्यक्रम नहीं था, वरन इसमें कक्षा की परिस्थिति के आधार पर फेर–बदल होते थे यानी न सिर्फ़ योजना तब तक के अनुभव को शामिल कर के ही तैयार होती थी, परन्तु वह भी प्रशिक्षण–कक्षा की परिस्थिति में बदलती ही थी। यह तैयारी स्रोत दल के शैक्षणिक, व्यवहारगत व विकास में बहुत उपयोगी थी और शिक्षकों के प्रति आदर व मदद की प्रतिबद्धता भी दिखाती थी। हालाँकि, तैयारी में अक्सर प्रयोग कर के देखे जाते थे और लगभग सभी प्रयोग किये जाते थे, ताकि सामग्री व पुस्तक के निर्देशों को जाँचा जा सके। परन्तु तैयारी का मुख्य फोकस कौन–से प्रयोग होंगे, किन मसलों पर (अवलोकनों, प्रश्नों, अवधारणाओं) पर फोकस करना है, इन सब की एक साझा समझ बनानी थी।

इसमें उद्देश्यों, अवधारणाओं व ग़लत धारणाओं पर चर्चा भी होती थी और हर सदस्य से अपनी समझ व्यक्त करने की अपेक्षा भी होती थी। यही चर्चाएँ सभी में अवधारणात्मक स्पष्टता विकसित करती हैं व संवाद, चर्चा, तर्क और साथ काम करना जैसे गुणों के साथ–साथ समझ व व्यक्तित्व को भी तराशती हैं। इस तराशने में आत्मीयता के साथ–साथ सख़्त रगड़ाई व तीखी चर्चाएँ भी होती थीं। इस प्रक्रिया का एक महत्त्वपूर्ण पहलू बहसों का पूरे आक्रामक रवैये व जोश की भावना (passion) के साथ होना था। अक्सर यह तीखी बहस करने वाले सदस्य कार्यक्रम के अनुभवी व अग्रणी समझे जाने वाले होते थे। उनके बीच का यह वार्तालाप हालाँकि उनके लिए मुद्दा–आधारित व उसी समय तक का होता था और उनके बीच के रिश्तों को तल्ख़ नहीं करता था, पर यह स्पष्ट नहीं है कि इसने अन्य लोगों पर क्या असर डाला और उन्हें किस तरह से तैयार किया। यह भी स्पष्ट नहीं है कि इसने अन्य लोगों को किस तरह की भूमिकाएँ लेने को बाध्य किया। यह संवाद की सामान्य समझ व प्रक्रिया से बहुत अलग था, जहाँ विचारों के मतभेद व्यक्त करना व तर्कों के आधार पर अपने मत बदलने की संस्कृति वयस्कों में अक्सर नहीं थी (मदान, 1996)। हालाँकि, सभी जवाब देने वालों ने फीडबैक बैठकों को आत्मीयता और भागीदारी का एक गहरा प्रदर्शन माना, परन्तु इस तीखेपन और सतही तल्ख़ी की वज़ह से बाक़ी लोगों का इसमें शामिल होना सम्भव नहीं हो पाया और इससे ठहर कर सुनने व चर्चा करने की संस्कृति ठीक से नहीं विकसित हो पायी। इसमें शायद बहुत–सी महिलाओं और कम आक्रामक लोगों की भागीदारी भी पूरी तरह से नहीं हो पायी। इसके बावजूद जो हुआ वह इसमें शामिल सभी तरह के लोगों के लिए अविस्मरणीय व जीवन–दर्शन बदलने वाला अनुभव था।

प्रशिक्षण में शिक्षक की तैयारी का आधार यही था और उसमें यह प्रयास था कि शिक्षक उन अवधारणाओं से पुनः जूझें, जो उन्होंने कभी पढ़ी थीं। पर चूँकि स्कूल में पढ़ाये जाते समय इन्हें समझने की अपेक्षा नहीं थी, अतः ऐसा कोई प्रयास उस समय नहीं किया गया था कि इन अवधारणाओं को समझने के मौक़े बनाने के लिए कुछ किया जाये। हो.वि.शि.का. में प्रशिक्षण–कक्षाओं का मुख्य ध्येय यह था कि सम्मिलित शिक्षक इन अवधारणाओं को समझने का प्रयास करें। इसमें यह प्रयास भी शामिल था कि वे यह समझें कि गहराई से समझने का अर्थ क्या होता है।

प्रशिक्षण का फोकस इसपर होता था कि शिक्षक यह भी अहसास कर पायें कि गहराई से समझने की क्या प्रक्रिया हो सकती है और इसमें सीखने और सिखाने वाले की क्या भूमिका हो सकती है। चूँकि कार्यक्रम में, शिक्षा–विभाग द्वारा पूरे प्रदेश के लिए निर्धारित पाठों की पहले से चली आ रही सूची को बदला नहीं गया था (पाठ्यक्रम के मायने उस समय सिर्फ़ अध्यायों के नाम तक ही सीमित समझे जाते थे), अतः वही नाम रख कर अलग ढंग से, किताबों के अध्यायों में अवधारणाएँ विकसित की गयी थीं। प्रशिक्षण का कार्य शिक्षक के लिए इसी किताब का जीवन्त अनुभव बनाना था। जैसा हमने पहले भी कहा कि शिक्षा विषय के प्रति नासमझी से उत्पन्न अनादर के कारण इस प्रशिक्षण में शिक्षा के बुनियादी कहलाये जाने वाले पहलुओं को छुआ ही नहीं गया। इस पूरी प्रक्रिया में एक और कमज़ोरी यह थी कि इसमें शिक्षकों में पढ़ने की आदत विकसित करने का कोई व्यवस्थित प्रयास नहीं था, न तो कोई पठन सामग्री थी और न ही पढ़ने के लिए कोई समय। विज्ञान की पाठ्यपुस्तक के अलावा कुछ और पढ़ने की अपेक्षा नहीं थी, हालाँकि कार्यक्रम का विश्वविद्यालयी स्रोत दल स्वयं बहुत पढ़ता था, परन्तु वह पढ़ना भी अधिकांशतः विज्ञान के सन्दर्भ में ही था।

पूरा लम्बा प्रशिक्षण सिर्फ़ उन अध्यायों को लगभग उसी तरह करने पर केन्द्रित था जैसे उन्हें कक्षा में किया जाना था। यहाँ चर्चाओं व प्रश्नों का स्तर अलग होता था व वरिष्ठ शिक्षकों की ज़िद से जूझा जाता था, जिसमें वे अपनी ग़लत धारणाओं को लेकर बहस करते थे व कई बार इसलिए तर्क करते थे जिससे वे स्रोत समूह को परेशान करें, उनकी परीक्षा ले सकें और समूह में अपना रुतबा जमा सकें। कुल मिला कर प्रशिक्षण में शिक्षा की सैद्धान्तिक समझ, उसका सामाजिक व आर्थिक पहलू, विज्ञान की धारणा, पैडागॉजी, नीति अथवा अन्य किसी पहलू पर अलग से कोई चर्चा नहीं होती थी। जो भी बातचीत होती थी, वह प्रयोगों पर और उन के अवलोकनों व उनसे उठ रहे प्रश्नों पर चर्चा के दौरान ही होती थी। इसी के कारण कार्यक्रम को चलाने वाले दल के प्रमुख व अधिकांश सदस्य विज्ञान विषय के ज्ञाता व उसे पढ़ाने वाले थे। उनके अनुसार शिक्षा में सुधार के प्रयास में विषय का ज्ञान, सामाजिक संवेदनशीलता व परिवर्तन का जज़्बा आवश्यक व पर्याप्त था। यह एक कारण हो सकता है जिससे कार्यक्रम का न तो शैक्षिक दस्तावेज़ीकरण हुआ और न ही व्यापक शिक्षा

या विज्ञान शिक्षा में व्यापक सन्दर्भ में चल रहे नये विचारों और विमर्शों के आलोक में उसका कुछ भी परिमार्जन।

प्रक्रिया बनाम उत्पाद

होशंगाबाद विज्ञान शिक्षण कार्यक्रम के सन्दर्भ में विज्ञान सीखने में 'प्रक्रिया बनाम उत्पाद' पर बहुत चर्चा होती थी। कई चर्चाओं में इसके सन्दर्भ में यह कहा जाता था कि कार्यक्रम में वैज्ञानिक प्रक्रिया की समझ को विकसित करना ही शैक्षिक प्रयास का मुख्य लक्ष्य था। यह भी समझा जाता था कि बच्चे कर के सीख लेते हैं क्योंकि वे उसे प्रत्यक्ष देख पाते हैं। इस विवेचन में कई पहलू गड–मड हैं। एक तो 'वैज्ञानिक प्रक्रिया क्या है' का ही सवाल है और दूसरा यह है कि क्या वह ही सीखने की प्रक्रिया भी है? हो.वि.शि.का. में प्रयोगों का महत्त्व, वैज्ञानिक प्रक्रिया की समझ के लिए नहीं था, बल्कि उसकी ज़्यादा ज़रूरत सीखने की प्रक्रिया के चरण के रूप में थी। दूसरा पहलू यह है कि इस कार्यक्रम में प्रयोग का दर्जा क्या है? कुल मिला कर क्या वह विषय को रोचक व ग्राह्य बनाने का प्रपंच है या वह वैज्ञानिक अवधारणाओं के विकास की कड़ी के रूप में है या फिर वह विज्ञान की प्रक्रिया की समझ विकसित करने के प्रयास के रूप में है? हालाँकि, कई जगह पर और चर्चा में भी कुछ लोगों ने बाल वैज्ञानिक में पाठ–नियोजन को 'बच्चे वैज्ञानिकों' के रूप में वर्णित किया, किन्तु असल में इसमें प्रयोग का दायरा विज्ञान की समझ के विकास के ज्ञानमीमांसात्मक (एपिस्टमोलोजिकल) पक्ष को नहीं छूता। प्रयोगों की रचना और उन पर किया जाने वाला कार्य वैज्ञानिक पद्धति का अनुपालन कर नया ज्ञान रचने के लिए नहीं है।

किन्तु ये प्रयोग, महज़ 'रोचकता' बढ़ाने व 'आनन्द' के लिए भी नहीं हैं। यह सीखने वाले को अवधारणा समझने के लिए एक तर्कपूर्ण और प्रमाणयुक्त रास्ता दिखाते हैं। इसे कई बार भ्रमात्मक रूप से संरचनावादी (कंसट्रक्टविस्ट) तरीक़ा भी बताया जाता है, किन्तु इसे वैसा नहीं माना जा सकता। यह तरीक़ा विज्ञान सिखाने का एक सुनियोजित व्यवस्थित तरीक़ा है, जिसमें विज्ञान की पैडागॉजी की समझ है। इस पैडागॉजी में विज्ञान सिखाने का अर्थ एक पहलू है और दूसरा पहलू है उच्च प्राथमिक कक्षाओं में विज्ञान सिखाये जाने के लिए सम्भव पद्धति। प्रयोग, दो कारणों से एक ज़रूरी हिस्से के रूप में हैं। एक तो अवधारणाओं का विकास कर

पाने के लिए आवश्यक अनुभव एकत्रित करने के प्रयोजन से और दूसरा विज्ञान की प्रक्रिया के कुछ पहलुओं का अनुभव कराने के लिए। हालाँकि, जैसा ऊपर भी बात हुई है, इसमें पहला बिन्दु अधिक प्रमुख है और इसे विज्ञान की प्रक्रिया समझने का रास्ता नहीं माना जा सकता।

प्रयोग शामिल करने में कुछ और पहलू भी थे, जैसे करने में प्रयोग सरल हों व उनमें सामग्री व स्थान के उपयोग की आवश्यकता भी लचीली हो। यह माना जाता था कि सिर्फ़ सुसज्जित प्रयोगशाला में सम्भव प्रयोगों का कोई अर्थ नहीं है। दूसरा, ऐसे प्रयोग जिन्हें जमाना व करना बच्चों के लिए मुश्किल है अथवा जो असुरक्षित हैं, उनसे भी बचा गया था। यह समझ थी कि प्रयोग की ताक़त इसी में है कि बच्चों द्वारा कम साधनों में उसे किया जा सके व उसके अवलोकन करना व उनमें निष्कर्षों तक पहुँचना बच्चों के लिए सम्भव हो, चाहे इसमें कहीं–कहीं शिक्षक की मदद ज़रूरी हो। प्रयोगों के स्वरूप में विकास का क्रम लगातार जारी रहा और अभी भी इन पर विमर्श जारी है। इस प्रयास में बच्चों के साथ काम करने वाले व स्थानीय परिस्थिति जानने वाले शिक्षकों की बहुत बड़ी भूमिका थी। साक्षात्कार में कई लोगों ने इसका ज़िक्र किया व अपने योगदान का उल्लेख करते हुए शिक्षकों के लिए इस तरह के मौक़ों को कई कारणों से आवश्यक बताया। प्रयोग की प्रमुखता व अनिवार्यता के सन्दर्भ में यह भी सामने आया कि इस तरह प्रयोग कराने व उस पर चर्चा कराने ने उनके ज़ेहन में जगह बना ली है, जो आज भी बरक़रार है।

स्वैच्छिक भागीदारी

यह भी महत्त्वपूर्ण है कि इस कार्यक्रम में स्वैच्छिकता एक बड़ा पुट था। इसे कई लोगों ने अलग–अलग ढंग से व्यक्त किया। स्वैच्छिकता के पुट की वजह से इसमें कई तरह के लक्ष्यों का समागम हो पाया। इसके अलावा कार्यक्रम के शैक्षिक लक्ष्य का संकीर्णता से परिभाषित नहीं होना इस भागीदारी का कारण बना। विजय वर्मा ने सुशील जोशी द्वारा लिखित पुस्तक *जश्न–ए–तालीम* के प्राक्कथन में लिखा है कि दिल्ली समूह की कल्पना उस दिशा में नहीं थी, जिस दिशा में यह 1983 में और फिर 1988 में बढ़ा।[2] हालाँकि बहुत–से लोगों को इस दिशा में कोई नयापन नहीं लगता।

कार्यक्रम का स्रोत दल कई तरह की पृष्ठभूमि से था। इसमें दिल्ली विश्वविद्यालय के प्राध्यापक व उनके शोध–विद्यार्थियों के अलावा टाटा इंस्टीट्यूट ऑफ़ फंडामेंटल रिसर्च (टी.आई.एफ.आर.), मुम्बई, मध्य प्रदेश के महाविद्यालयों के प्राध्यापक, कई अन्य वैज्ञानिक संस्थानों के लोग, किशोर भारती व मित्र मण्डल केन्द्र के कार्यकर्ताओं के अलावा मध्य प्रदेश के स्कूल–शिक्षकों का एक बड़ा दल शामिल था। इस संरचना में एक ओर विज्ञान के सभी घटकों यथा भौतिकी, रसायन, जीवविज्ञान, भूविज्ञान आदि में विशेषज्ञता रखने वाले लोग शामिल थे, तो दूसरी ओर शिक्षक थे जो स्कूलों में कई वर्षों से पढ़ा रहे थे और जिन्हें स्कूल की परिस्थितियाँ और सम्भावनाएँ पता थीं। इसके साथ–साथ एक ऐसा समूह था जो इसके व्यवस्थित क्रियान्वयन को लेकर शासन व व्यवस्था के ढाँचे से बातचीत करने को तैयार था व गाँव में विकास के मुद्दों को लेकर, उसी परिस्थिति में रह कर उसे समझने व जूझने को भी तैयार था। इन तीनों तरह के लोगों से मिल कर स्रोत दल का गठन हुआ। हालाँकि स्रोत दल कोई बँधा हुआ, सीमित व परिभाषित दल नहीं था, फिर भी इसमें शामिल लोगों में व उसकी कार्य–पद्धति में एक ऐसी अलिखित किन्तु मान्य संस्कृति थी जिसके इर्द–गिर्द इसमें लोग आकर जुड़ते थे। इन सदस्यों की प्रतिबद्धता, ज़िम्मेदारी, भागीदारी अलग–अलग थी परन्तु सभी लोग इसमें स्वेच्छा से थे और स्वेच्छा से ही अपना समय इसमें लगाते थे। काम का दायरा बदलने से सक्रिय स्रोत दल में शामिल लोग बदलते रहे, किन्तु सभी लोगों का कार्यक्रम से व एक–दूसरे से जुड़ाव बना रहा। इस दल की संस्कृति में ज्ञान व तर्क का भी आदर था और अनुभव का भी। बराबरी व भागीदारी की भावना के बावजूद इसमें शामिल शिक्षकों में विश्वविद्यालय के ओहदों का आतंक व उनके साथ होने का गर्व भी था। हालाँकि, कई लोग जो विश्वविद्यालय से होने के कारण अपने आपको और अपनी भूमिका को अन्य लोगों से ऊँची व विशिष्ट मानते थे, वे ज़्यादा समय इस कार्यक्रम में जुड़े न रह सके। स्रोत दल में सदस्यों के प्रकार में काफ़ी परिवर्तन होते रहे और भागीदारी व तैयारी के ढंग में भी।

इससे उनमें अन्तःक्रिया का ढंग भी बदला व आपसी संवाद ज़्यादा बराबरी का होने लगा व कक्षाओं के संचालन में भागीदारी भी बदली। स्रोत दल, इसकी संस्कृति व इसमें लोगों के अनुभव पर अलग से व्यापक अध्ययन करने की आवश्यकता है। चूँकि यह इसमें शामिल सभी लोगों के लिए एक गहरा अनुभव था।

इसके साथ यह भी ध्यान रखना आवश्यक है कि बहुत–से लोग, जिनमें कई सारे विज्ञान जानने वालों के अलावा भी हैं, अलग–अलग कारणों और धारणाओं से इसमें शामिल हुए और जैसा उन्होंने चर्चाओं में कहा भी कि इसने उन्हें रचा व गढ़ा और उन पर इसका असर भी अलग–अलग हुआ। इन सब ने कार्यक्रम में अपनी भागीदारी को महत्त्वपूर्ण माना और कहा कि उन्हें इसमें सीखने व करने के अनेक तरह के मौक़े मिले। किन्तु इनके अलावा कुछ लोग ऐसे भी थे, जो इसमें शामिल होने के लिए तो आये पर उन्हें लगा कि उन्हें इसमें कोई जगह नहीं मिली। फिर भी वैचारिक, सामाजिक, शैक्षणिक व सांस्कृतिक दृष्टिकोण से अलग–अलग क़िस्म के इतने लोग इसमें शामिल हुए कि इस पहलू को खँगालना भी महत्त्वपूर्ण हो सकता है। हालाँकि, इसमें इस पर भी विचार करना होगा कि आनुपातिक दृष्टि से महिलाओं, दलितों व मुस्लिम समुदाय के लोगों की इसके स्रोत दल में भागीदारी इतनी कम क्यों थी? क्या यह शिक्षित समुदाय विशेष तौर पर विज्ञान में 'क़ाबिलियत' रखने वाले लोगों में इन समूहों की कमी के कारण था अथवा कार्यक्रम की रचना में ही कुछ ऐसे पहलू थे जो इन्हें बाहर रखते थे?[3]

समेकन

कुल मिला कर लगभग 35 वर्ष तक चले इस कार्यक्रम ने बहुत कुछ हासिल किया, परन्तु कई मामलों में इसकी समझ व प्रयास अपरिपक्व रहे। फिर भी इसने कई शैक्षिक सिद्धान्तों को सरकारी ढाँचे में और उसी की मदद से सम्भव बनाया। इसके तहत कार्यक्रम की रचना के पहलुओं में अनेक लोगों की भूमिका है और कई ऐसे पहलू हैं जो अलग–अलग समय पर आने वाले लोगों की समझ व व्यवहार के कारण जुड़े।

इनमें से एक प्रशिक्षण–कार्यक्रमों में अन्तःक्रिया (Transaction) का मसला है, जो काफ़ी समय बाद एक पहलू में बुनियादी रूप से बदला। शुरू से ही अलग–अलग पृष्ठभूमि के लोगों के जुड़ने के कारण व स्वीकृत सिद्धान्तों को अलग–अलग ढंग से समझने के कारण सत्रों की रचना व अन्तःक्रिया का ढंग (Transaction) अलग–अलग था। किन्तु इसमें एक बात प्रमुख थी और वह थी स्रोत समूह के किसी एक व्यक्ति की प्रोफ़ेसरनुमा भूमिका व बाक़ी सब की लगभग प्रयोगशाला सहायकों जैसी भूमिका। उसे ही पता होता था कि वह प्रशिक्षण–सत्र किस प्रकार से संचालित करेगा व कौन–से प्रयोग होंगे। सारे निर्देश वही देता था/देती थी। कई बार नये प्रयोग करने को दे देता था/दे देती थी। चूँकि स्रोत दल के सहयोगी सदस्यों की इन सब में तैयारी नहीं होती थी। अतः वह टोलियों में प्रयोग व चर्चा में अक्सर कोई ख़ास योगदान नहीं दे पाते थे। इसके अलावा इस तरीक़े में अक्सर शिक्षकों के बीच संवाद नहीं हो पाता था व प्रयोग भी पूरी गम्भीरता से नहीं हो पाता था। चूँकि स्रोत दल के सहायक सदस्यों को यह भी पता नहीं होता था कि पूरी योजना क्या है और उन्हें टोलियों में क्या करना है। अतः वे पूरी भागीदारी भी नहीं कर पाते थे। धीरे–धीरे नये लोगों के आने व उनके प्रशिक्षण–सत्रों के सदस्य व संचालनकर्ता बनने से कई परिवर्तन आये। उनके इन कार्यशालाओं में भाग लेकर फीडबैक देने से व अपनी व अन्य लोगों की ज़्यादा उद्देश्यपूर्ण भागीदारी की माँग करने से इस प्रशिक्षण की तैयारी में व कक्षा–प्रक्रिया में काफ़ी बदलाव आया। इसमें टोली में होने वाले कार्य में ज़्यादा समय लगने लगा और सामूहिक समेकन ज़्यादा पैना व सुनियोजित बना। इस परिवर्तन का कई तरह से लाभ हुआ।

इस कार्यक्रम के विकास के साथ–साथ कई तरह के व्यवस्थात्मक बदलाव भी ढाँचे में हुए। विज्ञान–शिक्षा में शैक्षिक व प्रशासनिक उन्नयन के लिए कई तरह के नये मंच, प्रथाएँ व कार्य–प्रणालियाँ व कई नये प्रावधान बने और ढाँचे में लागू हुए। इसमें सबसे प्रमुख थे–प्रशिक्षण में शिक्षकों की भागीदारी के लिए नियमित यात्रा–भत्ता, ठहरने की ठीक–ठाक व्यवस्था, अर्जित अवकाश की पात्रता, किट–सामग्री, अपलेखन की व्यवस्था आदि जैसे सभी प्रावधान व उनके लिए प्रसारित प्रपत्र। इस कार्यक्रम से मिली सीख कई तरह से अलग–अलग जगहो पहुँची और उसने शिक्षा के

प्रयासों पर प्रभाव डाला और उन्हें दिशा भी दी। आज भी कई तरह से शैक्षिक संस्थानों, राज्य व राष्ट्रीय दस्तावेज़ों के विचारों में इस कार्यक्रम की समझ की गूँज मौजूद है।

इस कार्यक्रम ने यह दिखाया कि बड़े ढाँचों में भी लोग स्वेच्छा, प्रेरणा व जोश से शिक्षा को बेहतर करने के प्रयास में कार्य कर सकते हैं और यह सरकारी स्कूल के ढाँचे में हो सकता है। किन्तु सृजनात्मकता और उत्साह व लगन से जुट जाने की यह इच्छा अतिरिक्त मानदेय भत्तों अथवा सरकारी आदेशों से नहीं आयेगी। इसके लिए लोगों के बीच हायरारकी प्रदर्शन से मुक्त पारस्परिक सम्बन्ध, स्नेह व अपनापन बनने और बनते रहने की ज़रूरत है। एक ऐसा परिवर्तनगामी समूह चाहिए जो यह कर पाने के लिए चिह्नित किया गया हो, स्वीकारा गया हो और जो परिवर्तन के प्रयास की भावना को समझता और मानता हो। इसके साथ ही उसे इसके सामाजिक व राजनीतिक पहलुओं का अहसास व इनसे जूझने की इच्छा व समझ हो। यह समूह सरकारी ढाँचे में भी हो सकता है। हालाँकि, हायरारकी प्रदर्शन को हल्का करने के लिए इसका कुछ हिस्सा ढाँचे से बाहर होना अच्छा है। यह बाहर का समूह इस प्रयास की भावना की निरन्तरता को भी बनाये रखने में मदद करेगा। यदि सरकारी ढाँचे में ही किसी तरह से इस प्रकार के रिश्तों की सम्भावना व किसी ध्येय के लिए लगन से स्थायी प्रयास किया जा सके तो सरकारी ढाँचे में वह सब कर पाने की क्षमता और सम्भावना है जो संविधान में निहित है। किन्तु प्रश्न यह ज़रूर है कि क्या ऐसे संयोजित प्रयास की सम्भावना कभी भी बन सकती है और इसमें ढाँचे के साइज़ व सामाजिक, आर्थिक और राजनीतिक परिस्थितियों का क्या योगदान है व उससे क्या रुकावटें हैं?

इन सब के बावजूद बहुत–से लोगों ने कहा कि इस कार्यक्रम ने विज्ञान शिक्षकों के अलावा बाक़ी सभी शिक्षकों, पालकों व समाज के मत–निर्माताओं के साथ कोई काम नहीं किया और उन्हें कार्यक्रम के बारे में समझाने की कोई कोशिश नहीं की। इसके अलावा ढाँचे में हस्तक्षेप का जो फ्रेमवर्क लिया गया, वह अधूरा था। उसमें न तो आम लोगों की और पालकों की कुछ भूमिका थी और न ही कोई भागीदारी। कार्यक्रम ने उन्हें शिक्षा के सुधार की प्रक्रिया में शामिल ही नहीं किया और हमेशा उनके प्रश्नों और शंकाओं को विरोध व असहमति के रूप में ही देखा।

इसके अलावा विज्ञान क्या है, इसकी शिक्षा कैसे होनी चाहिए और इसमें क्या हो, यह भी वैज्ञानिकों व किताबों का ही विज्ञान था। इसमें आम लोगों के विज्ञान, उनके सवाल, सोचने के ढंग व समझ के लिए कोई जगह नहीं थी यानी न तो शिक्षा की प्रक्रिया और न ही विज्ञान की समझ में समाज की कोई जगह थी। इसी तरह से कार्यक्रम की रचना व क्रियान्वयन में जेंडर, जाति, वर्ग व पितृसत्ता की समझ शामिल नहीं थी। उस पर कोई ध्यान नहीं दिया गया था। इन सभी कारणों की वजह से यह कह सकते हैं कि कार्यक्रम के संचालन में परिवर्तन के लिए मददगार सम्भावनाओं की समझ का अभाव था, जिससे भी यह परिवर्तन स्थायी नहीं बन पाया। इसी वजह से यह, राजनीतिक–आर्थिक स्थिति और नीति–दस्तावेज़ों में परिवर्तन से शिक्षा में हुए हस्तक्षेप व सरकारी ढाँचे द्वारा अलग–अलग ढंग से शुरू किये गये सुधार के बहुत–से प्रयासों से अपनी अलग पहचान नहीं बना पाया।

हालाँकि, इन नये प्रयासों में न तो वह भावना थी और न ही वह जज़्बा, जो हो.वि.शि.का. में था। फिर भी इनमें व हो.वि.शि.का. में सतही स्तर पर अन्तर नहीं दिखता था। अतः यह बहुत–से प्रयासों में से एक बन कर रह गया।

इसके अलावा कई और कारण हैं जो ग़ैर–सरकारी संस्थानों के बदलते स्वरूप से जुड़े हैं। नब्बे के दशक के आख़िर से ही सरकार के साथ कार्य करने वाली ग़ैर–सरकारी संस्थाओं की संख्या बहुत बढ़ गयी। अलग–अलग समझ से कार्य कर रही यह संस्थाएँ शिक्षा के नज़रिये और स्कूल के ढाँचे की व्यवस्थागत रचना व लोगों के बीच की हायरारकी को बरक़रार रखते हुए शासन के साथ उसके लिए ज़्यादा अनुकूल शर्तों पर काम करने के लिए तैयार थीं व शासन से ऐसे मौक़े के लिए माँग व आग्रह भी कर रही थीं। चूँकि ये ग़ैर–सरकारी संस्थाएँ शासन के निर्देशानुसार, उनकी बनायी योजना व कार्यप्रणाली के अनुसार कार्य करने को तैयार थीं और शिक्षा की प्रशासनिक व्यवस्थाओं के अधिकारियों ने शिक्षा के ढाँचे में अपने विचारों व फ़ितूरों को लागू करने की लगातार बदली मुहिमें कई राज्यों में शुरू कर दी थीं। अतः हो.वि.शि.का. के तार्किक आधारों की माँग वाले आग्रह के लिए शिक्षा–प्रशासकों के पास कोई धैर्य नहीं था। शिक्षा में प्रोजेक्ट व मिशन मोड में निवेश (जिसका कुछ हिस्सा विदेशी संस्थानों से था) के

कारण इस तरह के काम करने वाले, स्वैच्छिक शैक्षिक संस्थानों की जगह 'वेंडर' के रूप में पहचाने जाने लगे और कार्यक्रम का संचालन समूह भी इसी श्रेणी में डाला जाने लगा। इसी वजह से शासन के लिए इस समूह की शैक्षिक समझ के दबदबे को अनदेखा करना सम्भव बना। विदेशी निवेश के नये–नये ग़ैर–सरकारी समूहों को शामिल करने के आग्रह व मिशन मोड में परिवर्तन करने के दबाव ने इस तरह के धीमे प्रयासों को हाशिये। पर ला दिया व शिक्षा–व्यवस्था में यह सब बहुत–से छोटे प्रयासों में से एक बन कर रह गया। इसके अलावा, इसमें छिपी लोकतान्त्रिक प्रक्रिया को स्वीकार करना भी शासन व प्रशासन के लिए हमेशा से ही मुश्किल था, अतः यह कार्यक्रम आघात योग्य बन गया। इस सब के कारण ही शासन द्वारा इस कार्यक्रम को ऐच्छिक बना पाना सम्भव भी हुआ। कार्यक्रम के साथ जुड़े लोगों से बातचीत से उभरे इस विचार–मन्थन से यह समझ आया कि हालाँकि, कार्यक्रम में बहुत कुछ सोचा गया व किया गया, इसका काफ़ी असर भी हुआ और इससे अभी भी बहुत कुछ सीखा जा सकता है किन्तु यह भी सही है कि इसमें कई पहलू तुलनात्मक दृष्टि से छूटे ही रह गये। जैसे, इसमें सभी लोगों की भागीदारी व मिल्कीयत की जगह बनाने के बारे में नहीं सोचा गया। सामाजिक, आर्थिक, लैंगिक व अन्य विषमताओं के मद्देनज़र कार्यक्रम के स्वरूप, रचना व क्रियान्वयन पर वैचारिक मन्थन नहीं हुआ। सामान्य लोगों की भागीदारी व उनकी शैक्षिक अभिव्यक्ति की सम्भावना के लिए शायद ऐसे प्रयास की आवश्यकता है जो शिक्षा के दर्शन (भाषा, संस्कृति, स्थानीय ज्ञान), समाजशास्त्र, मानवीय व सीखने के प्रश्नों से और ज़्यादा गहराई से जूझते हों। हालाँकि, जैसा कि सी.एन. सुब्रह्मण्यम ने अपने साक्षात्कार में कहा कि अब यह भी स्पष्ट प्रतीत होता है कि ऐसे प्रयास की इस रूप में एक बड़े क्षेत्र में हो पाने की सम्भावना बहुत ही कम या नगण्य ही है।

शिक्षा-विभाग से रिश्ता

हो.वि.शि.का. पर चर्चा, ढाँचे के साथ इसके सम्बन्ध के बारे में बात किये बिना अधूरी ही है। यह इस कार्यक्रम का एक महत्त्वपूर्ण पहलू था कि किसी सिविल सोसाइटी संस्था की सरकार के साथ इस तरह की भागीदारी, इतने लम्बे समय चली। इस भागीदारी के विकास के चरणों व जटिलताओं पर

एक सम्पूर्ण शोध की आवश्यकता है। क्योंकि यह शायद उस समय की राजनीतिक व प्रशासनिक ही नहीं, वरन सामाजिक स्थितियों के कारण सम्भव हो पाया (अनिल सदगोपाल, 2000)। जिन साक्षात्कारों में इस पर टिप्पणी हुई, उन सभी में स्पष्ट राय थी कि इस तरह की भागीदारी आज सम्भव नहीं है। इसके अलावा इस भागीदारी के स्वरूप व प्रभाव के बारे में कई बातें स्पष्ट रूप से उभरीं भी। पहली तो यह है कि इसने कार्यक्रम के स्वरूप, उसकी रचना, कार्य–पद्धति, उसके विकास के विस्तार के साथ–साथ इसमें काम कर रहे लोगों पर भी गहरा असर डाला। इस अन्तःक्रिया ने जहाँ एक ओर तो ढाँचे में अन्तर्निहित सम्भावनाओं व उसकी ताक़त को उभारा, वहीं यह भी उभारा कि ढाँचे में निर्णय हमेशा तार्किक और व्यवस्थित ढंग से नहीं होते और उसमें हर स्तर पर पहल अथवा प्रतिरोध की सम्भावना है। ढाँचे के साथ संवाद पर हो.वि.शि.का. समूह में लगातार विमर्श भी होता था व कार्यक्रम के प्रारूप को ढाँचे में सामान्य प्रक्रियाओं की तरह डालने का प्रयास भी। सरकारी ढाँचे और हो.वि.शि.का. समूह की अन्तःक्रिया में विचारों व ढाँचागत सम्भावनाओं की तार्किकता के साथ–साथ व्यक्तिगत पहल, धैर्य, व्यक्तित्व आदि की भी भूमिका थी। समूह के लोगों की उनकी प्रतिबद्धता व प्रकट सरलता के कारण इज़्ज़त भी थी और समूह के गम्भीरता से किये गये गृहकार्य व पक्की तैयारी के कारण उनके सुझावों में तार्किक व प्रशासनिक वैद्यता भी। होशंगाबाद विज्ञान शिक्षण कार्यक्रम में मध्य प्रदेश के शिक्षा–विभाग के हर स्तर से भागीदारी थी। जैसा कि अनिल सदगोपाल ने अपने साक्षात्कार में कहा कि इस कार्यक्रम ने यह दिखा दिया कि सरकारी स्कूलों के ढाँचे में अपूर्व अन्तर्निहित क्षमता है और अगर राज्य चाहे तो वह इस ढाँचे को बेहतरीन, परिवर्तनगामी व विचारों में अग्रणी बना सकता है। इनकी अन्तर्निहित ऊर्जा उजागर होने से यह भी स्पष्ट हुआ कि ऐसी स्थिति बनने पर कोई प्राइवेट शाला इस ढाँचे की शासकीय शालाओं के सामने गुणवत्ता व प्रासंगिकता में टिक नहीं सकेगी। हालाँकि यह दावा कुछ अतिशयोक्ति लग सकता है, किन्तु यह सही है कि इस कार्यक्रम ने कार्य के ढंग पर चिन्तन व उसमें सुधार के लिए एक बड़े पैमाने पर लोकतान्त्रिक विचार–विमर्श के लिए जगह बनायी और शाला व शिक्षकों की ज़रूरतों तथा दिक़्क़तों से निपटने के लिए क़दम उठाये।

इस कार्यक्रम के दौरान कई नयी क़िस्म के चलन व ढाँचे बनाये गये। जैसे–जैसे ज़रूरत पड़ी, सरकारी ढाँचों ने उसके लिए क़दम उठाने की पहल की। कार्यक्रम की ज़रूरतों के लिए वित्त की कमी कभी सीधे–सीधे अड़चन नहीं बनी। ढाँचे ने इसे उपलब्ध कराने के रास्ते निकाले, चूँकि निर्णय लेने वाले कुछ लोगों को इसकी ज़रूरतों के यथार्थ पर यक़ीन था। हालाँकि यह कार्यक्रम बहुत–से लोगों की नज़र में किशोर भारती और फिर एकलव्य का ही कार्यक्रम था, लेकिन इसे सम्भव बनाने में सरकारी व्यवस्था के लोगों की पहल व इसके प्रति उनकी प्रतिबद्धता का बड़ा हाथ था। इसे सम्भव बनाने में जहाँ अवधारणात्मक व शैक्षिक स्तर पर वैज्ञानिकों ने मदद की, कक्षा की सम्भावना व उसमें इसे व सन्दर्भ के अनुसार किट को ढालने में जैसे शिक्षकों ने मदद की, वैसे ही इसे व्यवस्था में सम्भव बनाने व चलाये रखने में प्रशासन में अलग–अलग स्तर पर कार्य कर रहे व्यक्तियों ने मदद की। उन्होंने समस्याओं व अड़चनों को समझ कर व व्यवस्था में उपस्थित सम्भावनाओं को पहचान कर रास्ते सुझाये और निकाले। सरकार के हर स्तर पर कार्य कर रहे लोगों में से कुछ के मन में इस कार्यक्रम के लिए गहरा समर्थन था। उन्होंने इसे सम्भव बनाने और साझेदारी को पनपाने में मदद की। हालाँकि, इस प्रक्रिया ने कार्यक्रम के स्वरूप को गढ़ा और बदला भी। इस दृष्टि से देखें तो कार्यक्रम वास्तव में एक साझा प्रयास था क्योंकि इसके स्वरूप की रचना में सरकारी ढाँचे के हर स्तर के लोगों का योगदान था। मुश्किल समय में अलग–अलग स्तर पर सरकारी ढाँचे में पदस्थ व्यक्तियों ने अपने विवेक व अधिकारों का उपयोग विज्ञान की बेहतर शिक्षा की सफलता के लिए व शिक्षकों के सम्मान व पहल को प्रोत्साहन देने के लिए किया।

उन्होंने इसके गुणों को पहचान कर अपने दायरे में ऐसे अहम् निर्णय लिये, जिनसे प्रक्रियाओं को स्थापित व विकेन्द्रित करने के प्रयास में मदद मिली। उन्होंने ढाँचे की प्रकृति या ढर्रे के प्रतिकूल ऐसी व्यवस्थाएँ बनाने में मदद की जिसमें सरकारी ढाँचे के अलग–अलग स्तर के लोग बैठकों में दो तरफ़ा विमर्श कर सकते थे। इससे कार्यक्रम के दौरान शिक्षकों को अपने काम में व व्यवस्था में अपने स्थान के प्रति एक नयी सम्भावना दिखी। साक्षात्कार में बहुत–से शिक्षकों ने इस बात को याद किया व रेखांकित किया कि उन्होंने विज्ञान–शिक्षा के बारे में कई अधिकारियों के

समूहों को प्रशिक्षित भी किया। हालाँकि, भागीदारी में प्रकट रूप में यह साझा कार्यक्रम था, शासन का कार्यक्रम था किन्तु जैसा कि शरद चन्द्र बेहार ने अपने साक्षात्कार में कहा, शासन इसमें एक सुप्त भागीदार था। कुछ एक व्यक्तियों को छोड़ बाक़ी इसमें अनमने ढंग से शामिल थे, वह इसे एकलव्य–किशोर भारती का ही कार्यक्रम मानते थे। हालाँकि शुरुआत में 'रसूलिया विज्ञान' कहलाया जाने वाला यह कार्यक्रम 1978 के बाद होशंगाबाद विज्ञान बना और इसी पहचान से यह मालवा, बैतूल, नरसिंहपुर और छिन्दवाड़ा भी गया।

कार्यक्रम का एक सिद्धान्त स्थानीय परिस्थिति को आधार बना कर कक्षा–विमर्श रचने का था, किन्तु जिस स्तर से बाद के प्रसार को क्रियान्वयित किया गया या यह प्रसार हो पाया, उसमें स्थानीयता की झलक काफ़ी धूमिल हो गयी। यही बात इसके ढाँचागत विकास में भी है। इस कार्यक्रम के संचालन के तरीक़े को विस्तार से लिपिबद्ध कर एक मैनुअल बनाया गया था। इसे बनाने में 16 शालाओं से शुरू कर होशंगाबाद ज़िले के सभी स्कूलों में कार्यक्रम के व्यवस्थित रूप से संचालन की राह में निकले सभी आदेश व अन्य दस्तावेज़ उपयोग किये गये। ये सब मैनुअल में आने से पहले वहाँ प्रचलन में थे व इन दस्तावेज़ों व आदेशों को बनाने में भी होशंगाबाद के शिक्षा–विभाग की अहम् भूमिका थी और यह मैनुअल होशंगाबाद के सम्भागीय अधीक्षक कार्यालय में स्थित शिक्षा–इकाई की मदद से बना था और उनकी पैनी जाँच से गुज़रा था। इस पर ज़िले के संगम केन्द्र स्तर पर भी चर्चा हुई थी। अतः यह मैनुअल होशंगाबाद ज़िले के लोगों के लिए अपना था।

इस मैनुअल का बनना अपने आप में एक उपलब्धि थी, क्योंकि इसमें कार्यक्रम के लिए आवश्यक सभी ढाँचों व प्रावधानों का ज़िक्र था। उच्च माध्यमिक शालाओं के व्याख्याताओं व अन्य संस्थानों की पूर्व माध्यमिक शालाओं के विज्ञान–शिक्षकों और संगम केन्द्र के ढाँचे को शैक्षिक समर्थन से लेकर सभी पहलुओं के लिए वित्तीय प्रावधान व अन्य आवश्यक आदेश इसमें सम्मिलित थे। किट व उसकी क्षतिपूर्ति, शिक्षा के ढाँचे के पदों (Hierarchy) के विभिन्न स्तरों के बीच संवाद, परीक्षा का वैकल्पिक नज़रिया व तरीक़ा यानी खुली किताब परीक्षा, खुले तार्किक प्रश्नों की जगह अंक–पुनर्निधारण व सैम्पल के आधार पर मार्किंग सिस्टम का विकास,

प्रायोगिक परीक्षा, सामूहिक प्रश्नपत्र–निर्माण व मॉडरेशन, लम्बे अनिवार्य प्रशिक्षण, पूर्व माध्यमिक शालाओं की विज्ञान–शिक्षा पर ध्यान देने के लिए ज़िले व सम्भाग स्तर पर विज्ञान–इकाई, संगम केन्द्र पर विशेष शिक्षक की पद–स्थापना का प्रावधान, विज्ञान–कक्षा का बढ़ा समय अन्तराल, कक्षा से बाहर विज्ञान–अध्ययन का प्रावधान और ऐसी सभी अन्य ज़रूरतें एक जगह एकत्रित थीं ताकि कार्यक्रम के फैलाव व उसके स्थायी संचालन में कोई परेशानी न हो, फिर भी इसकी रचना पर कई तरह के सवाल उठते हैं। एक तो यही है कि यह पूरी तरह नहीं सोचा गया कि ऐसे मैनुअल का व्यापक स्तर पर उपयोग कैसे होगा? निर्माण के ही प्रयास के दौरान यह स्पष्ट रूप से सामने आ गया था कि राज्य स्तर, जहाँ से यह प्रसारित हुआ, पर भी इसकी रचना व इसके प्रति प्रतिबद्धता की वैसी भावना व भागीदारी नहीं थी, जैसी होशंगाबाद स्तर पर थी। इसके राज्य स्तर के लिए निहितार्थ क्या हैं और उनके लिए यह किस तरह लिखा जाये व इसका प्रसार कैसे हो, इस पर राज्य स्तर पर कोई समय नहीं लगाया गया।

राज्य स्तर पर इस दस्तावेज़ का न तो गम्भीर अध्ययन हुआ, न इसमें कुछ संशोधन ही प्रस्तावित किये गये। इसे प्रसारित करने में काफ़ी समय लगाने के बावजूद इसमें अन्य सम्भागों से कोई संवाद नहीं हुआ और न ही उनसे इस पर कोई टिप्पणी माँगी गयी। हालाँकि, प्रसारित करने से पहले इसके लिए वित्त विभाग की सहमति ली गयी थी, फिर भी इसमें सम्मिलित व्यवस्थाओं के लिए वित्त विभाग के प्रावधानों में पर्याप्त प्रावधान नहीं थे। अतः भोपाल से प्रसारित होने के बाद भी इसका मूल स्वामित्व होशंगाबाद ज़िले का ही बना रहा। मालवा के अधिकारियों के लिए इस मैनुअल का महत्त्व व इसकी स्वीकार्यता कितनी बनी, इस पर एक अलग अध्ययन की आवश्यकता है। किन्तु यह स्पष्ट है कि व्यापक स्तर पर शिक्षा के विचारों को ज़मीन पर प्रतिस्थापित करने के लिए उसे रचने, गढ़ने व उसके क्रियान्वयन में वहाँ के लोगों का स्वामित्व व व्यक्तित्व होना महत्त्वपूर्ण प्रतीत होता है। हो.वि.शि.का. समूह ने जाने–अनजाने, शैक्षिक स्तर पर पुस्तक पुनर्लेखन की प्रक्रिया शुरू कर नये ज़िलों के शिक्षकों की भागीदारी व स्वामित्व कुछ हद तक हासिल किया। हालाँकि, उसमें स्थानीयता का कुछ नया पुट नहीं जुड़ पाया, क्योंकि कार्यक्रम के क्षेत्र की व्यापकता ने इतनी विविधता उत्पन्न कर दी थी कि स्थानीय विशिष्टता

शामिल कर पाना जटिल था। प्रशासनिक स्तर पर कार्यक्रम के ज़िलों और विभाग की थोड़ी व सिर्फ़ उच्च प्राथमिक शालाओं के विज्ञान विषय में होने के कारण यह कभी भी प्रशासन के फोकस का कार्यक्रम नहीं बन पाया। उनके लिए यह एक ऐसा कार्यक्रम था जो चलाया जाना था और उनसे इसमें किसी भी तरह के सृजनात्मक योगदान की अपेक्षा नहीं थी। शिक्षा में परिवर्तन के प्रयास के स्थायित्व व गहराई की सम्भावना के लिए फोकस व भागीदारी के स्वरूप दोनों मसलों पर विचार करने की आवश्यकता है। होशंगाबाद ज़िले में भी इस कार्यक्रम में शुरुआत से जुड़े अधिकारियों की सेवानिवृत्ति के बाद कार्यक्रम के प्रति प्रशासन की भावना में बड़ा परिवर्तन आया। हालाँकि, इसमें उन पर अन्य नवाचारी कार्यक्रमों का बोझ भी एक कारण हो सकता है।

दूसरा सवाल ज़्यादा बड़ा है–और वह इस तरह के प्रसारों की सम्भावनाओं व उसके तरीक़े क़े सन्दर्भ में है। साक्षात्कारों में इसकी कमज़ोरी के बारे में तीन पहलू बार–बार अलग–अलग ढंग से कहे गये। एक तो यह कि यह व्यापक नहीं था। न ही विषय व कक्षा–क्षेत्र में और न ही भौगोलिक क्षेत्र में। दूसरा यह कि इसमें पालकों, समुदाय के नायकों व राजनीतिक ढाँचे से अन्तःक्रिया का कोई प्रावधान नहीं था। उसकी न तो तैयारी थी और न ही उसमें सक्षमता। यहाँ तक कि इसका होशंगाबाद विज्ञान में शामिल शिक्षकों के अलावा बाक़ी शिक्षकों से भी ज़्यादा जुड़ाव नहीं था। कमज़ोरी के बारे में एक मत यह भी था कि इसकी विशेषताएँ ही इसकी कमज़ोरियाँ थीं और इस तरह के ढाँचागत परिवर्तन के प्रयास को कभी–न–कभी तो असफल होना ही था। यह भी एक ऐसा पहलू है जिसकी ज़्यादा गहरी पड़ताल होनी चाहिए। किन्तु यह स्पष्ट है कि ढाँचे के व्यवहार में ढाँचे से बाहर के लोगों की भागीदारी व दख़ल के कारण इसमें लोकतान्त्रिक व्यवहार आ पाया और उनके ढाँचे के बाहर होने के कारण ही इसकी मुख्य वैचारिक भावना बनी रही। किन्तु इनके बाहर होने के कारण ही ढाँचे ने इसे कभी भी सम्पूर्णता से अपना कार्यक्रम नहीं माना। यह सवाल ज़रूर है कि कार्यक्रम के इस स्रोत के ढाँचे के बाहर होने के कारण ही प्रतिरोध व ग़ैर–अपनापन था अथवा यह लोकतान्त्रिकता की भावना के ढाँचे में घुल–मिल पाने के असम्भावित होने के कारण था। हालाँकि, कुछ लोगों ने कहा कि कार्यक्रम के कार्यकारी समूह का अड़ियल होकर, इसे मौक़ा रहने

पर और ज़्यादा व्यापक भौगोलिक क्षेत्र में न ले जाना भी एक कमज़ोरी थी। पर साथ–साथ यह भी कहा गया कि फैलाव के बाद और स्कूलों की संख्या (ख़ास तौर पर प्राइवेट शालाओं) बढ़ने से इसकी पकड़ कम हुई।

हालाँकि यह भी सही है कि मध्य प्रदेश के शिक्षा–ढाँचे में कार्यरत लोगों पर इसके कई पहलुओं का बहुत असर पड़ा और उसके बाद से किसी–न–किसी तरह से महत्त्वपूर्ण चर्चाओं व प्रशिक्षणों में कुछ शिक्षकों की भागीदारी एक आम प्रक्रिया बन गयी और उनको मिली इज़्ज़त व उनकी बात का वज़न कई गुना बढ़ गया। यह बात खास तौर पर स्थापित हुई कि प्रशिक्षणों व बैठकों में शिक्षकों के चयन, उनको समय पर सूचित करना, उनका स्थल पर स्वागत और उनके लिए ठहरने–खाने का उचित इन्तज़ाम ज़रूरी है। उन्होंने यह भी सीखा कि शैक्षिक कार्यक्रमों में पद–स्थापना नहीं, ज्ञान व समझ ज़्यादा महत्त्वपूर्ण है और ठहरने आदि की व्यवस्था व अन्य व्यवहार में भी हर स्तर के भागीदारों से एक ही तरह का व्यवहार होना चाहिए, पर यह समझ भी कार्यक्रम के क़रीब के क्षेत्र में ज़्यादा थी और अब शायद कई कारणों से धूमिल होती जा रही है।

सन्दर्भ सूची

1. (1977), "दि होशंगाबाद विज्ञान : अ यूनिक एडवेंचर इन रूरल साइंस टीचिंग," *साइंस टुडे* / https://www.eklavya.in/pdfs/HSTP/HSTP_Science_Today_Article_1977. pdf
2. जोशी, सुशील (2004), *जश्न–ए–तालीम,* भोपाल : एकलव्य प्रकाशन।
3. सदगोपाल, अनिल (2000), *शिक्षा में बदलाव का सवाल,* अध्याय 2 व 3, दिल्ली : ग्रन्थ शिल्पी प्रकाशन, (2018), शोध के सन्दर्भ में किया साक्षात्कार, अप्रकाशित।
4. डॉक्यूमेंट्स :

- **विज्ञान शिक्षा–विभाग क्षेत्रीय शिक्षा महाविद्यालय (1978),** होशंगाबाद विज्ञान शिक्षण कार्यक्रम का **ज़िलास्तरीय परीक्षण के लिए प्रस्ताव।**
- किशोर भारती (1984) अक्टूबर, 1983 में हुई बैठक का विवरण, अप्रकाशित।
- मध्य प्रदेश शासन (1987) एच.एस.टी.पी. **मैनुअल क्रमांक एफ**–44 / 87 / 86 / **बी**– 2 / 20, **भोपाल, दिनांक** 27–7–87
- साँची पुनः निरीक्षण बैठक।
- 2004, दीवान, हृदय कान्त; सक्सेना, साधना; अग्निहोत्री, रमा कान्त। होशंगाबाद साइंस टीचिंग प्रोग्राम स्टडी। 'रिव्यू एकलव्य।' सम्पादक : रैक्स डी रोज़ारियो, भोपाल : एकलव्य संस्थान, अप्रकाशित स्टडी, एस.आर.टी.टी. द्वारा समर्थित।

5. a) सक्सेना, साधना (2006), *क्वेश्चंस ऑफ़ एपिस्टमालजी : री–इवैल्यूएटिंग कन्स्ट्रक्टविज़्म एंड दि एन.सी.एफ. 2005," कंटेम्परेरी एजुकेशन डायलॉग* 4 (1) मानसून। (साधना ने अपने पेपर में एन.सी.ई.आर.टी के विज्ञान–शिक्षा पर जारी पोजिशन पेपर से उभरती ज्ञान सीखने के ढंग की समझ व इसके बारे में हो.वि.शि.का. की समझ के बीच भेद को स्पष्ट किया है। इसके लिए कुछ उदाहरण भी दिये हैं।) हिन्दी अनुवाद : कालूराम शर्मा, *खोजबीन,* अंक 9–10। सितम्बर–दिसम्बर, 2009, उदयपुर : विद्याभवन सोसाइटी उदयपुर, पृ. 47–57, (http://www.vidyabhawan.org/Portals/0/Research%20Journal/Khojbin-9-10.pdf)

b) दीवान, हृदय कान्त (2009), *निर्माणवाद किस चिड़िया का नाम है? खोजबीन।* अंक 9–10। सितम्बर–दिसम्बर, 2009। उदयपुर : विद्याभवन सोसाइटी, पृ. 33–37

6. a) दीवान, हृदय कान्त (2012), *कैसी हो विज्ञान की वैकल्पिक कक्षा? खोजें और जानें,* अंक 2, जनवरी–जून, उदयपुर : विद्याभवन सोसाइटी, पृ. 14–19

b) दीवान, हृदय कान्त (2002), *साइंस टीचिंग : कन्सट्रक्टिंग एन आलटर्नेटिव, इशुस इन प्राइमरी एजुकेशन,"* एडिट सिल। जनवरी–मई 2002, दिल्ली, पृ. 10–13

7. a) दीवान, हृदय कान्त (1995), *क्यों करें प्रयोग? सन्दर्भ 4,* मार्च–अप्रैल 1995

b) दीवान, हृदय कान्त। *वाय ए डिफरेंट एप्रोच टू साइंस टीचिंग, वायसेज़ ऑफ़ टीचर्स एंड एजुकेटर्स,* वॉल्यूम VI, इशू II, एन.सी.ई.आर.टी., फरवरी, 2018, दिल्ली, ऑनलाइन।

8. मदान,अमन, प्रेम व विरोध की संस्कृति। कंस्ट्रक्शन ऑफ़ नॉलेज पर विद्या भवन सोसाइटी में आयोजित सेमिनार में प्रस्तुत पर्चा। 16 अप्रैल, 2004 उदयपुर। प्रोसेडिंग ऑफ़ सेमीनार ऑन कंस्ट्रक्शन ऑफ़ नॉलेज, पृ. 41–47

9. सक्सेना, साधना एंड महेन्द्रु, कमल (2010), *दि टीचर एज़ अ कन्सट्रक्टर ऑफ़ इनोवेटिव पेडागॉजी, इन नॉलेज एंड लर्निंग,* एडिट अग्निहोत्री आर. के. एंड दीवान, एच. के., दिल्ली : मैकमिलन, पृ. 254–263

10. कार्यक्रम से गहरे रूप से अलग–अलग ढंग से जुड़े व उसकी कल्पना व संचालन से सम्बन्धित 35 स्रोत व्यक्तियों के अप्रकाशित साक्षात्कार (जिनमें पढ़ाने वाले शिक्षक, अनुवर्तन दल के व्यक्ति व महाविद्यालयों से शामिल सदस्यों के अलावा कार्यक्रम की रचना व कल्पना से जुड़े व्यक्ति जो निर्माण से लेकर ढाँचों के विकास व कार्यक्रम के संचालन में गहरे रूप से शामिल थे)

अध्याय–15

आर्थिक एवं सामाजिक असमानता वाले समाज में वैज्ञानिक प्रतिभा का अनुसन्धान : स्थानीय भाषा एक अतिरिक्त मूल्यवान साधन

अरविन्द

यह पर्चा मुख्यतौर पर स्नातक स्तर की विज्ञान शिक्षा में शिक्षण प्रक्रिया व समावेशन के मसले को सामने रखता है। आई.आई.एस.ई.आर. में पढ़ाने वाले प्राध्यापक अरविन्द का लेख भारत में विज्ञान शिक्षण के विकास पर और उसमें स्थानीय भाषा की आवश्यकता पर है। लेखक भारत में विज्ञान में उच्च शिक्षा व अनुसन्धान कार्य के विकास की झलक देते हैं। लेखक कहते हैं कि देश में विज्ञान शिक्षा के भारतीय भाषाओं में व स्वयं विज्ञान शिक्षा के विकास मे स्वतन्त्रता के बाद के कुछ दशक में महत्त्वपूर्ण प्रयास हुए। किन्तु एक ओर तो क्षेत्रीय भाषाओं में विज्ञान पढ़ाने की कोई प्रणाली विकसित नहीं हो पायी और दूसरी ओर इंजीनियरिंग व मेडिकल की व्यावसायिक प्रकृति व वैज्ञानिक बनने के बाद भविष्य की अनिश्चितता के चलते विज्ञान में रुचि कम होती गयी। वे कहते हैं कि इन चुनौतियों से जूझने के लिए भारत सरकार ने आई.आई.एस.ई.आर. स्थापित किया। उनका पर्चा इसी प्रश्न को खँगलाता है कि इन संस्थानों की स्थापना से विज्ञान शिक्षा में कुछ बड़े परिवर्तन की सम्भावना है या नहीं।

उन्होंने इनमें से एक संस्थान में चुने गये विद्यार्थियों की पृष्ठभूमि का अध्ययन किया और पाया कि इसमें गाँव से आने वाले, ग़रीब पृष्ठभूमि वाले व क्षेत्रीय भाषाओं में विज्ञान पढ़े विद्यार्थी बहुत कम थे। इसके आधार पर यह कहा जा सकता है कि बहुत–से सम्भवतः अधिक मुनासिब व योग्य प्रवेशार्थी या तो चुने नहीं जाते या वह प्रवेश परीक्षा तक ही नहीं आते, हम बहुत थोड़े–से न्यादर्श में से ही चुनाव कर रहे हैं। वे कहते हैं कि आई.आई.एस.ई.आर. जैसे संस्थानों का न तो स्थानीय भाषाओं में कोई कार्यक्रम है और न ही वे आसपास के क्षेत्र से विज्ञान को बढ़ावा देने के लिए अन्तःक्रिया करते हैं। उनमें भारत में वैज्ञानिक विकास के ढंग पर भी कोई चर्चा नहीं होती और इस सबके कारण कुल मिलाकर यह संस्थान विज्ञान शिक्षा को फैलाने में उपयुक्त योगदान नहीं दे पाये हैं।

आज का भारतीय समाज विभिन्न तरीक़ों से विभाजित किया गया है। आर्थिक स्थितियों में बहुत असमानताएँ हैं। गाँव एवं शहरों का विभाजन है। जाति और जनजातियों का विभाजन है। इस प्रकार से विभाजित समाज में शिक्षा की प्रकृति किस प्रकार की होनी चाहिए? विशेष रूप से, विज्ञान की शिक्षा की प्रकृति किस प्रकार की होनी चाहिए? इस विषय पर काफ़ी साहित्य उपलब्ध है। अगर हम भारतीय समाज में वैज्ञानिक प्रतिभा वाले विद्यार्थियों को ढूँढ़ कर, विज्ञान की सबसे अच्छी शिक्षा उपलब्ध करा कर, उनकी विज्ञान की तरफ़ रुचि को बढ़ा कर देश में विज्ञान के अनुसन्धान को आगे ले जाना चाहते हैं तो हम किस प्रकार के प्रयास कर सकते हैं? पिछले दशक में जो प्रयास सामने आये हैं, वे किस हद तक कामयाब हुए हैं और हो सकते हैं? इस सन्दर्भ में स्थानीय भाषा की क्या भूमिका है? लेखक इस पर्चे में इन प्रश्नों के बारे में अपने विचार एवं सुझाव प्रस्तुत कर रहे हैं। पिछले दशक में विज्ञान की शिक्षा के क्षेत्र में भारत में जो नये प्रयास किये गये हैं, उनका भी असमानता के सन्दर्भ में विश्लेषण किया गया है।

उन्नीसवीं सदी के बाद के हिस्से में कॉलेज एवं विश्वविद्यालयों की स्थापना के साथ आज की शैक्षिक प्रणाली का प्रारम्भ हुआ और आज़ादी तक लगभग पूरे देश में शिक्षा का विस्तार हो गया।

हालाँकि, शिक्षा, विशेष रूप से उच्च एवं तकनीकी शिक्षा, समाज के एक अनुभाग तक ही सीमित थी पर देश के विभिन्न भागों से नयी शैली के विद्वानों ने जन्म लिया, जिन्होंने अपने–अपने विषयों में विशेषज्ञता हासिल कर अन्तर्राष्ट्रीय स्तर पर अपने काम की पहचान बनायी है। विज्ञान के क्षेत्र में भारतीय वैज्ञानिकों ने बहुत बड़े काम किये हैं। कई बार तो ऐसा लगता है कि चूँकि भारत में शिक्षा के अन्य प्रकार तो विकसित थे लेकिन विज्ञान एक नयी प्रकार की शिक्षा थी, तो इस बात ने भारतीय विद्यार्थियों के हृदयों को झँझोड़ दिया और देश में जल्द ही बहुत–से वैज्ञानिकों ने जन्म लिया। यह घटना पूरे देश में ही दिखाई देती है, लेकिन अगर हम पंजाब की बात करें तो 1947 में लाहौर एशिया का सबसे बड़ा शैक्षिक केन्द्र बन चुका था। अब्दुस सलाम, हरगोविन्द खुराना, शान्ति स्वरूप भटनागर और सर्वदमन चावला जैसी शख़्सियतों ने भी इसी केन्द्र से अपनी शिक्षा ली।

आज़ादी के बाद बहुत–से विश्वविद्यालय स्थापित हुए और बुनियादी एवं उच्च शिक्षा का बहुत ज़्यादा प्रसार हुआ। क्षेत्रीय भाषाओं को विकसित करने का अभियान शुरू किया गया। इसके चलते हर तरह के लोग शिक्षा के क्षेत्र में आगे आये और वैज्ञानिक शिक्षा एवं विज्ञान के अनुसन्धान का काफ़ी प्रसार हुआ। ग़रीब परिवारों एवं गाँव के विद्यालयों के विद्यार्थियों ने बड़े काम किये। क्षेत्रीय भाषाओं के विकास एवं इनमें विज्ञान की शिक्षा के लिए पुस्तकें एवं अन्य सामग्री तैयार करने के प्रयास किये गये। इसी कारण पंजाब में पंजाबी विश्वविद्यालय एवं भाषा–विभाग की स्थापना की गयी। इन संस्थाओं ने पंजाबी के विकास एवं पंजाबी भाषा में विज्ञान एवं अन्य तकनीकी शिक्षाओं की पुस्तकें तैयार करने के प्रयास किये। बाक़ी भारत में भी यह समय शिक्षा एवं स्थानीय भाषा में शिक्षा के प्रसार के लिए अच्छा समय था। इन वर्षों में विज्ञान, वैज्ञानिक शिक्षा एवं विज्ञान के अनुसन्धान का काफ़ी प्रसार हुआ। लेकिन अन्ततः क्षेत्रीय भाषाओं में उच्च एवं विशेष रूप से विज्ञान की शिक्षा–प्रणाली विकसित न हो सकी और विज्ञान के अनुसन्धान एवं शिक्षा अंग्रेज़ी में ही जारी रही। कुछ कॉलेजों एवं विश्वविद्यालयों ने प्रयास किये, लेकिन भारतीय भाषाओं में विज्ञान की शिक्षा का काम ज़्यादा आगे न बढ़ सका। स्कूली स्तर पर भी क्षेत्रीय भाषाओं में विज्ञान की शिक्षा के लिए पुस्तकें आदि लिखने का काम धीमा हो गया। विज्ञान के साथ जुड़ी हुई जो नयी संस्थाएँ सामने आयीं, उनका झुकाव

भारत के असली प्रतिभावान विद्यार्थियों तक पहुँच कर भारतीय भाषाओं में विज्ञान को विकसित करने की जगह अंग्रेज़ी एवं पश्चिमी विज्ञान की ओर ज़्यादा रहा। इनमें ख़ासतौर पर आई.आई.टी. हैं।

नयी उच्च शिक्षा–नीति एवं 1991 में उच्च शिक्षा की फीस में दस गुना वृद्धि, सरकारी कॉलेज एवं विश्वविद्यालयों में स्थायी शिक्षकों की नियुक्ति में भारी कमी आदि ने स्थिति को और भी बदल दिया। अतः वर्ष 2000 तक गाँव के ग़रीब परिवारों के बच्चों के लिए उच्च शिक्षा प्राप्त करना अत्यन्त कठिन हो गया। धीरे–धीरे स्कूली शिक्षा में भी ढेर सारे निजी एवं सी.बी.एस.सी. स्कूल स्थापित हो गये और स्थानीय बोर्ड से जुड़े सरकारी स्कूलों में शिक्षा का मान नीचे आता गया। सरकार ने इस निजीकरण को विकसित होने दिया और बुनियादी एवं उच्च शिक्षा के नीचे से धीरे–धीरे अपना हाथ खींचना शुरू कर दिया। अन्ततः स्थिति इस प्रकार बन गयी कि सम्पूर्ण देश को शिक्षा के क्षेत्र में आगे ले जाने के लिए जो क़दम उठाये गये थे, उन्हें आगे बढ़ाने की जगह पीछे खींच लिया गया। शिक्षा सर्वव्यापक एवं मनुष्य के विकास का साधन बनने की जगह निजीकरण एवं वस्तुकरण का शिकार बन गयी। देखते–ही–देखते साधारण व्यक्ति के लिए शिक्षा एवं विशेष रूप से विज्ञान की शिक्षा प्राप्त करना लगभग असम्भव हो गया। इसी दौरान पिछले 25 वर्षों में इन्फॉर्मेशन टेक्नोलॉजी फैलती रही और साथ ही निजी इंजीनियरिंग कॉलेजों ने शिक्षा को व्यापार के रूप में बदल दिया। शिक्षा एक वस्तु बन गयी जिसे पैसों देकर हासिल करने के लिए माँ–बाप तत्पर हो उठे। इसके साथ ही आई.आई.टी. एवं मेडिकल प्रवेश–परीक्षा की तैयारी के लिए कोचिंग सेंटर बड़ी संख्या में विकसित हुए। प्रतिभा की तलाश पीछे रह गयी और पैसों का बाज़ार हावी हो गया। मानवीय संसाधनों का विकास पीछे रह गया और केवल पेपर पैकेज का विकास रह गया। ग़रीब एवं गाँव की पृष्ठभूमि के विद्यार्थी पीछे रह गये और एक विशेष समूह एवं पृष्ठभूमि के विद्यार्थी जिनके पास इस नयी प्रणाली में शिक्षा प्राप्त करने के साधन मौजूद हैं, वे आगे आने लगे।

विश्वविद्यालयों और कॉलेजों में शिक्षा की ख़राब हालत, वैज्ञानिक बनने के बाद भविष्य की अनिश्चितता, आई.टी. इंडस्ट्री के पे–पैकेजों के खिंचाव के कारण विद्यार्थियों की विज्ञान में रुचि कम होने लगी। बुनियादी विज्ञान के अनुसन्धान के लिए विद्यार्थियों का आना कम होने लगा और

अनुसन्धान–संस्थानों को विद्यार्थियों की कमी महसूस होने लगी। वैज्ञानिकों ने कई बैठकें की और सरकार को नये प्रयास करने के लिए कहा। यह बात भी रखी गयी कि वैज्ञानिक अनुसन्धान करने वाले वैज्ञानिकों को खुद पढ़ाना चाहिए, जिस तरह से सम्पूर्ण विश्व में होता है। विज्ञान के अनुसन्धान एवं इसकी पढ़ाई में जुड़ाव होना चाहिए एवं स्कूल से निकलते ही विद्यार्थियों के लिए बुनियादी विज्ञान की शिक्षा के लिए राष्ट्रीय स्तर पर संस्थाएँ होनी चाहिए, जिस तरह से टेक्नोलॉजी के लिए आई.आई.टी. हैं। इस सिलसिले में 2006–08 तक पाँच नयी संस्थाएँ अस्तित्व में आयीं जिनका नाम आई.आई.एस.ई.आर. (IISER : Indian Institute of Science Education and Research) रखा गया। पुणे, कोलकाता, मोहाली, त्रिवेन्द्रम, भोपाल और फिर 2015 में तिरुपति तथा बहरामपुर, कुल मिला कर सात संस्थाएँ अस्तित्व में आ चुकी हैं। इनमें अनुसन्धान हेतु प्रत्येक आवश्यक साधन मौजूद हैं और वैज्ञानिक स्वयं बी.एस. के विद्यार्थियों को पढ़ाते हैं। बारहवीं के बाद विद्यार्थियों को पाँच वर्षीय कोर्स में प्रवेश दिया जाता है और उन्हें सीधे एम.एस. की डिग्री दी जाती है। यहाँ पढ़ाई के साथ अनुसन्धान का कार्य भी कराया जाता है। पिछले वर्षों में बहुत–से विद्यार्थी इन संस्थाओं से शिक्षा प्राप्त कर विज्ञान के अनुसन्धान में आगे बढ़े हैं। यहाँ से पीएच.डी. कर चुके विद्यार्थी अन्य संस्थाओं में वैज्ञानिक एवं शिक्षकों के रूप में काम भी कर रहे हैं। यहाँ के वैज्ञानिकों ने विज्ञान के क्षेत्र में नये अनुसन्धान भी किये हैं। यहाँ हर वर्ष लगभग 1500 विद्यार्थियों को एम.एस. में और 500 विद्यार्थियों को पीएच.डी. में प्रवेश दिया जाता है। इसके अलावा पिछले 10 वर्षों में 30 केन्द्रीय विश्वविद्यालय और 16 नये आई.आई.टी. अस्तित्व में आये हैं। इन सभी संस्थाओं का उद्देश्य उच्च एवं विज्ञान की शिक्षा का देश में प्रसार करना और देश को अन्तर्राष्ट्रीय स्तर पर विज्ञान एवं तकनीक के क्षेत्र में आगे ले जाना कहा जाता है। संकेतकों के अनुसार देश की अर्थव्यवस्था आगे बढ़ रही है और मानवीय संसाधनों का हर क्षेत्र में विकास करने की सख़्त आवश्यकता महसूस हुई है। कई बार नोबेल पुरस्कार जीतने के सन्दर्भ में चीन के साथ प्रतियोगिता के बारे में भी बात चली है और भारत विज्ञान की दुनिया में पीछे रहता दिखाई दे रहा है। सरकार के अनुसार इस स्थिति को बदलने के लिए ही इन संस्थाओं का गठन हुआ है।

प्रश्न यह उठता है कि क्या इन संस्थाओं के गठन के साथ देश की विज्ञान एवं उच्च शिक्षा की समस्याओं का समाधान हो जायेगा? क्या भारत में अन्तर्राष्ट्रीय स्तर के बहुत–से वैज्ञानिक बनेंगे? क्या वह प्रतिभा जो अब तक सामने नहीं आयी है, वह सामने आकर अपने जौहर दिखायेगी? इन संस्थाओं का क्या और कितना प्रभाव पड़ेगा? क्या इतने समाधान काफ़ी हैं? एक ओर जहाँ सरकारी स्कूलों, कॉलेजों और विश्वविद्यालयों की स्थिति ख़राब है, वहीं दूसरी ओर सरकार नयी संस्थाएँ खोल रही है, इस संघर्ष को किस प्रकार समझा जा सकता है? क्या प्रतिभावान विद्यार्थी इन संस्थाओं में प्रवेश लेकर वास्तव में मूल्यवान, प्रख्यात वैज्ञानिक बन सकते हैं? उन्हें ढूँढ़ने की विधि जिसके द्वारा वे प्रवेश लेते हैं, क्या वह उचित है? इन प्रश्नों के उत्तरों से ही पता चलेगा कि प्रयास किस दिशा में जाना चाहिए।

सबसे महत्त्वपूर्ण प्रश्न प्रतिभावान विद्यार्थियों को ढूँढ़ने का है। किसी भी प्रकार की प्रतिभा की सम्भावना सम्पूर्ण समाज में एक–सी ही होती है। हमारी शिक्षा–प्रणाली में 80% विद्यार्थियों के पास या तो शिक्षा पहुँच ही नहीं पाती या फिर जिस तरह की शिक्षा उन्हें मिलती है उससे आई.आई.टी. और आइसर जैसी संस्थाओं में प्रवेश लेना असम्भव होता है। इसका अर्थ यह है कि हम 80% प्रतिभा को पहले ही बाहर कर देते हैं। इसके साथ ही भाषा का मुद्दा भी जुड़ा हुआ है। 80% से भी ज़्यादा परिवार अंग्रेज़ी नहीं समझते, फिर भी अगर उनमें से कुछ परिवार अपने बच्चों को अंग्रेज़ी स्कूलों में भेजते हैं, तब भी वे अंग्रेज़ी भाषा में शिक्षा में पीछे रह जाते हैं। यह भी देखने में आता है कि बच्चा अगर अपनी भाषा में शिक्षा लेता है तब वह विषय को अच्छे–से समझ सकता है। अंग्रेज़ी में शिक्षा उन्हें अजीब लगती है और उनका वैज्ञानिक विषयों से जुड़ाव नहीं बन पाता। यदि कुछ विद्यार्थी आगे आते भी हैं तो भी वे उन बच्चों से, जिनके माँ–बाप अंग्रेज़ी जानते हैं, मुक़ाबला नहीं कर सकते और ऐसे में कई बार वे हीनभावना का शिकार हो जाते हैं। हमारी शिक्षा–प्रणाली में आरक्षण के सिवाय और बहुत कम साधन ऐसे हैं जिनके ज़रिये हम प्रतिभावान विद्यार्थियों को ढूँढ़ कर उन्हें उनकी प्रतिभा वाले कार्य में लगा सकते हैं। अगर कुछ ज़रिये हैं भी, तो वे मैरिट पर आधारित हैं और मैरिट में आने के लिए कई साधनों की आवश्यकता होती है जो बहुत–से परिवारों के पास नहीं होते।

अन्त की बात यह है कि बहुत–सी संस्थाएँ जो पिछले 10 वर्षों में अस्तित्व में आयी हैं वे देश की प्रतिभा को, विशेष रूप से उस प्रतिभा को जो आर्थिक एवं सामाजिक रूप से पीछे रह गये परिवारों के बच्चों में है, उसे बाहर लाने में एक बड़ा योगदान देने में अभी असमर्थ हैं। अपने काम करने के तरीक़ों में बदलाव कर ये संस्थाएँ इस कार्य में अपनी क्षमता बढ़ा सकती हैं और इन्हें और सरकार को इस ओर सोचना चाहिए।

इस सन्दर्भ में मैंने आइसर मोहाली के 2018 बैच के 150 विद्यार्थियों के आँकड़े एकत्रित किये हैं। इन आँकड़ों का सार इस प्रकार है। विद्यार्थियों की सबसे ज़्यादा संख्या (150 में से 92) शहरों से थी; 32 विद्यार्थी उपनगरों से थे और केवल 26 विद्यार्थी गाँव से थे। शहर के 92 विद्यार्थियों में से तीन को छोड़ कर बाकी सभी विद्यार्थियों ने अपनी दसवीं की शिक्षा अंग्रेज़ी माध्यम में की थी (मात्र 1 हिन्दी, 1 मराठी और 1 बंगाली माध्यम का विद्यार्थी था), उपनगरों के 32 विद्यार्थियों का माध्यम भी अंग्रेज़ी ही था, 3 हिन्दी और 1 मलयालम को छोड़ कर। हैरानी की बात यह है कि गाँव के 26 विद्यार्थियों ने भी अपनी दसवीं तक की शिक्षा अंग्रेज़ी में ली थी। केवल 1 पंजाबी के अलावा, 1 उड़िया और 4 हिन्दी माध्यम के थे। 150 में से 73 विद्यार्थी हिन्दी भाषी परिवारों से थे, 12 मलयालम, 9 तमिल/तेलुगु, 9 बंगाली, 6 गुजराती और 16 पंजाबी भाषी थे। पंजाबी विद्यार्थियों में से सिर्फ़ 3 गाँव से थे। ज़्यादातर विद्यार्थी, 150 में से 100 सी.बी.एस.सी. बोर्ड से थे, 6 आई.सी.एस.सी. से, 9 महाराष्ट्र बोर्ड से, 3 केरल बोर्ड से और सिर्फ़ 3 पंजाब बोर्ड से थे। 150 में से 42 विद्यार्थी 10 लाख से भी अधिक वार्षिक आय वाले ब्रैकेट में थे, 35 विद्यार्थी 6–10 लाख वाले ब्रैकेट में थे, 32 विद्यार्थी 3–6 लाख वाले ब्रेकेट में थे, 22 विद्यार्थी 1–3 लाख वाले ब्रेकेट में थे और मात्र 11 विद्यार्थी 1 लाख से कम आय वाले ब्रैकेट में थे और 10 विद्यार्थियों ने अपनी पारिवारिक आय बतानी नहीं चाही।

दसवीं के बाद विज्ञान को चुनने का निर्णय लेने में बहुमत (72) ने यह बताया कि वे वैज्ञानिक बनना चाहते थे, 50 इंजीनियर या डॉक्टर बनना चाहते थे और 7 को यह बताया गया कि भविष्य में आगे बढ़ने के लिए उन्हें विज्ञान ही पढ़ना चाहिए। जब उनसे पूछा गया कि यदि उन्हें पूर्ण आज़ादी मिले तब वे क्या व्यवसाय चुनेंगे, तो 76 की वैज्ञानिक, 16 की लेखक, 12 की डॉक्टर, 11 की संगीतकार, 3 की दार्शनिक,

1 की जैविक किसान, 1 की रेडियो जॉकी, 1 की कलाकार, 1 की यात्री और 1 की अमीर व्यापारी बनने की ख़्वाहिश थी। लगभग आधे विद्यार्थी विदेशों में बसना चाहते हैं और आधे भारत में रहना चाहते हैं।

यह आँकड़े स्पष्ट रूप से इस पेपर की मुख्य थीसिस को समर्थन देते हैं कि आइसर के ज़्यादातर विद्यार्थी शहरों से हैं और उनकी आय–पृष्ठभूमि अच्छी है। आइसर में प्रवेश लेने वाले बहुत–से विद्यार्थियों ने अपनी शिक्षा अंग्रेज़ी में ली है और वे सी.बी.एस.सी. बोर्ड से हैं। पारिवारिक आय का प्रवेश के साथ सीधा सम्बन्ध है। यह बात स्पष्ट है कि हम इन संस्थाओं में उन प्रतिभावान विद्यार्थियों को नहीं ला पाये जिन्होंने शिक्षा अपनी स्थानीय भाषा में ग्रहण की है और जो गाँव की पृष्ठभूमि से हैं। जो विद्यार्थी यहाँ प्रवेश लेते हैं उनमें से ज़्यादातर विज्ञान की ओर आना चाहते हैं। इन संस्थाओं में विज्ञान को देश में आगे बढ़ाने के लिए क्षमता तो है, लेकिन इन्हें अपने कामकाज की दिशा कुछ हद तक बदलनी पड़ेगी, ताकि इनका भारतीय समाज में विज्ञान के विकास के वास्तविक रूप में प्रभाव पड़े और देश में वास्तव में प्रतिभावान विद्यार्थियों को ही वैज्ञानिक बनने के अवसर प्रदान किये जायें।

यह बात सही है कि पिछले 10 वर्षों में इन संस्थाओं का मुख्य उद्देश्य खुद को स्थापित करना था और राष्ट्रीय एवं अन्तर्राष्ट्रीय स्तर पर विज्ञान के अनुसन्धान एवं शिक्षा के क्षेत्र में अपना नाम करना था। यह काम इन्होंने अच्छी तरह से पूरा किया है। देश में विज्ञान एवं वैज्ञानिक सोच के प्रसार के सन्दर्भ में इन संस्थाओं की कुछ कमियाँ इस तरह से हैं :

1. देश में विज्ञान की शिक्षा के बदलाव एवं उसे देश में छिपी प्रतिभा ढूँढ़ने की ओर झुकाने के लिए इन संस्थाओं ने कोई कार्यक्रम नहीं तैयार किया।
2. आई.आई.टी. की परीक्षा के समान यहाँ भी सिर्फ़ मेरिट पर आधारित प्रवेश–प्रक्रिया है जिसमें आरक्षण के सिवाय और कोई तरीक़ा नहीं है जिसके द्वारा समाज के पीछे रह गये भागों में से प्रतिभा को लाया जाये।
3. इन संस्थाओं की ओर से विज्ञान की शिक्षा को पीछे रह गये लोगों तक पहुँचाने और प्रतिभावान विद्यार्थियों को चुन कर उन्हें वैज्ञानिक बनाने के लिए अभी तक कोई प्रयास नहीं किया गया।

4. इस विषय पर खोज और संगोष्ठियाँ आदि भी नहीं करायी गयीं।
5. स्थानीय भाषाओं में विज्ञान की शिक्षा एवं इसके फैलाव के लिए अभी तक भी कोई कार्यक्रम नहीं तैयार किया गया है।
6. भारत में वैज्ञानिक शिक्षा एवं अनुसन्धान का स्वरूप कैसा होगा, इस पर भी कोई चर्चा नहीं की गयी है।
7. अपने आसपास के कॉलेजों एवं विश्वविद्यालयों के साथ तालमेल बिठा कर सम्पूर्ण समाज के लिए विज्ञान एवं वैज्ञानिक शिक्षा के फैलाव के लिए अभी तक कोई काम शुरू नहीं हुआ है।

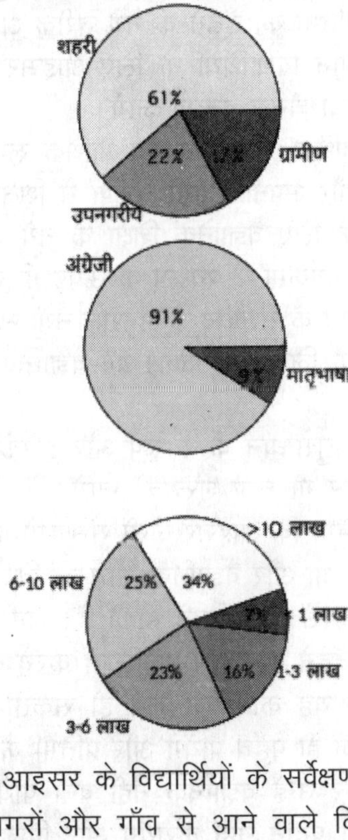

2018 बैच के आइसर के विद्यार्थियों के सर्वेक्षण का परिणाम। सबसे ऊपर शहरों, उपनगरों और गाँव से आने वाले विद्यार्थियों का प्रतिशत दिखाया गया है। उसके बाद दसवीं तक की शिक्षा के माध्यम का पाई–चार्ट है। सबसे नीचे पारिवारिक वार्षिक आय के खण्डों के प्रतिशत दिखाये गये हैं।

इन नयी संस्थाओं के द्वारा यदि हम विज्ञान की दुनिया में भारत की सबसे अच्छी प्रतिभा को सामने लाना चाहते हैं, तो हमें निम्नलिखित कार्य करने चाहिए :

1. हर आइसर में वैज्ञानिक शिक्षा एवं अनुसन्धान के लिए केन्द्र स्थापित किये जायें।
2. स्थानीय भाषाओं में विज्ञान की शिक्षा के लिए साधन उत्पन्न करने के लिए बड़े स्तर पर प्रयास किये जायें।
3. आइसर जैसी संस्थाएँ कॉलेजों एवं विश्वविद्यालयों के साथ विज्ञान की शिक्षा के लिए कार्यक्रम बनायें और उन्हें शुरू करें।
4. विज्ञान में प्रतिभा को ढूँढ़ने के नये तरीक़े अपनाये जायें। खोजे गये प्रतिभावान विद्यार्थियों के लिए आइसर में प्रवेश करने के लिए एक नया चैनल बनाया जाये।
5. ग्रामीण विद्यार्थियों, सामाजिक एवं आर्थिक रूप से पिछड़े वर्गों के विद्यार्थियों और अपनी स्थानीय भाषा में शिक्षा ग्रहण करने वाले विद्यार्थियों के लिए वैज्ञानिक शिक्षा के नये कार्यक्रम शुरू किये जायें। इन कार्यक्रमों के स्वरूप के ऊपर भी खोज होनी चाहिए।
6. योजना आयोग के संशोधन के अनुसार नयी संस्थाएँ सभी भारतीय विद्यार्थियों के लिए नयी प्रकार की वैज्ञानिक शिक्षा का मॉडल बनायें।
7. विज्ञान के अनुसन्धान के स्वरूप और इसके समाज से जुड़ाव के तरीक़ों पर भी चर्चा शुरू की जाये।

अन्त में मैं यह कहूँगा कि आइसर जैसी संस्थाओं के प्रारम्भ से समाज में विज्ञान, वैज्ञानिक शिक्षा और वैज्ञानिक सोच के विकास का काम आगे बढ़ा है, पर अभी बहुत–से काम करने बाक़ी हैं। जब तक हम वैज्ञानिक प्रतिभा को समाज से ढूँढ़ने और उसे प्रफुल्लित करने के लिए नये तरीक़े नहीं अपनाते तब तक यह काम पूरा नहीं हो सकता। हम एक सीमित श्रेणी के विद्यार्थियों तक ही पहुँच पायेंगे और प्रतिभा के एक बड़े भाग को विज्ञान की शिक्षा देकर उन्हें वैज्ञानिक नहीं बना पायेंगे। जब तक हम स्थानीय भाषा में शिक्षा प्रदान नहीं करायेंगे और पिछड़े हुए लोगों में से प्रतिभा ढूँढ़ने के नये तरीक़े नहीं अपनायेंगे, तब तक हमारी नयी संस्थाएँ अपने काम में सफलता हासिल नहीं कर पायेंगी।

अध्याय–16

विज्ञान-शिक्षा में 'खुली पुस्तक परीक्षा' : एक अनुभव

शोभा बाजपेई

शोभा बाजपेई मध्य प्रदेश के होशंगाबाद जिले में चले होशंगाबाद विज्ञान शिक्षण कार्यक्रम में 1980 के दशक से उसके 2003 में बन्द होने तक एक स्रोत शिक्षिका के रूप में जुड़ी रही थीं। उनका यह लेख विज्ञान शिक्षा में मूल्यांकन और शिक्षण से अन्तःसम्बन्ध पर एक भागीदार की नज़र से रोशनी डालता है। शोभा एक शिक्षिका की दृष्टि से शिक्षा नीतियों में और पाठ्यचर्या दस्तावेज़ों में विज्ञान शिक्षा के उद्देश्य व उसके लिए महत्त्वपूर्ण माने गये कौशलों व सीखने की प्रक्रियाओं को खंगालती हैं। वे उनमें कुछ मुख्य पहलुओं को रेखांकित करते हुए कहती हैं कि उच्च प्राथमिक स्तर पर पाठ्यक्रम को हल्का नहीं होना चाहिए, पर उसमें प्रक्रिया की कुशलता पर ज़ोर देना चाहिए व इसीलिए मूल्यांकन परीक्षा की तरह नहीं होना चाहिए। वे एन.सी.एफ. में दिये गये लक्ष्यों से परीक्षा के उद्देश्यों को जोड़कर निष्कर्ष निकालती हैं कि जाँच जानकारी याद रखने की नहीं वरन, अलग–अलग तरह की क्षमताओं की जाँच इस प्रकार हो सके कि उससे सीखने–सिखाने में मदद मिले। वे होशंगाबाद विज्ञान शिक्षण के अपने अनुभव के आधार पर विज्ञान मूल्यांकन के वैकल्पिक तरीक़े को प्रस्तुत करती हैं और उसमें आने वाली चुनौतियों व उसके कारण आने वाली

व्यवहारिक दिक़्क़तों का विश्लेषण करती हैं। वे बताती हैं कि इस तरह की परीक्षा, चाहे वह लिखित हो चाहे प्रायोगिक, के लिए प्रश्न बनाने से लेकर परीक्षा की व्यवस्था करना और मूल्यांकन तक सामूहिक व केन्द्रित प्रयत्न आवश्यक हैं।

विज्ञान की पाठ्यचर्या : संक्षिप्त इतिहास

विज्ञान की शिक्षा हमेशा से ही शिक्षाविदों और नीति–निर्धारकों के बीच चिन्तन का प्रमुख बिन्दु रही है। दरअसल विज्ञान और प्रौद्योगिकी को आधुनिकीकरण और विकास का एक महत्त्वपूर्ण ज़रिया माना गया है। इसलिए तो संविधान में भी मौलिक कर्तव्यों में नागरिकों से अपेक्षा की गयी है कि वे वैज्ञानिक दृष्टिकोण और ज्ञानार्जन की भावना का विकास करें। यह बात लगभग सभी शिक्षा नीतियों में दिखाई देती है कि वैज्ञानिक दृष्टिकोण व मानसिकता को शिक्षा का ज़रूरी हिस्सा माना जाये।

1968 में बनी शिक्षा–नीति में विज्ञान शिक्षण को देश की अर्थव्यवस्था में, विकास में तेज़ी लाने के लिए व लोगों के अन्धविश्वास को दूर करने में मदद के लिए आवश्यक माना गया था। 1986 में बनी राष्ट्रीय शिक्षानीति में कहा गया कि 'विज्ञान शिक्षण को सुदृढ़ किया जायेगा ताकि बच्चे में खोज करने के प्रति उत्साह, रचनात्मकता, वस्तुनिष्ठता, सवाल करने का साहस व सौन्दर्यबोध जैसी क्षमताएँ व मूल्य विकसित किये जा सकें। विज्ञान शिक्षण कार्यक्रम का प्रारूप ऐसा होगा जिससे विद्यार्थी समस्या को सुलझाने व निर्णय लेने की कुशलता विकसित कर सकें और स्वास्थ्य, कृषि, उद्योग व रोज़मर्रा के जीवन से जुड़े अन्य पहलुओं के विज्ञान के साथ अन्तःसम्बन्धों की खोज कर सकें।' मूल्यांकन प्रक्रिया की चर्चा करते हुए इसमें कहा गया था कि 'परीक्षा में इस प्रकार सुधार किया जायेगा जिससे कि मूल्यांकन की एक वैध और विश्वसनीय प्रक्रिया उभर सके और वह सीखने और सिखाने की प्रक्रिया में एक सशक्त साधन के रूप में काम कर सके।' इसी दौरान यह भी कहा गया था कि 'परीक्षा में सुधार के साथ–साथ शिक्षण–सामग्री और शिक्षण–विधि में सुधार किया जायेगा।'

एन.सी.एफ. 2005 और विज्ञान शिक्षा

राष्ट्रीय पाठ्यचर्या की रूपरेखा 2000 में भी इस बात को आगे बढ़ाते हुए विज्ञान शिक्षण में विज्ञान की प्रक्रिया सीखने पर ज़ोर दिया गया जिसमें

प्रयोग करना, अवलोकन करना, वर्गीकरण करना, परिकल्पना बनाना, निष्कर्ष निकालना आदि शामिल हैं।

एन.सी.एफ. 2005 में विज्ञान शिक्षा से सम्बन्धित विभिन्न मुद्दों जैसे पाठ्यचर्या–सामग्री, शिक्षण–विधि, शिक्षक–प्रशिक्षण मूल्यांकन आदि पर गहन चिन्तन के लिए 'राष्ट्रीय फोकस समूह' गठित किया गया था। विज्ञान शिक्षा के उद्देश्य, पाठ्यचर्या और मूल्यांकन के आपसी सम्बन्ध को समझने के लिए देखते हैं कि विज्ञान शिक्षा का 'राष्ट्रीय फोकस समूह' क्या कहता है।

विज्ञान शिक्षा के उद्देश्य

विज्ञान शिक्षा के राष्ट्रीय फोकस ग्रुप के दस्तावेज़ में विज्ञान शिक्षा के लिए उद्देश्यों के वैधता के मानदण्डों को निरूपित करते हुए आशा की गयी है कि पाठ्यचर्या की विषयवस्तु, प्रक्रिया, भाषा, शिक्षण–कार्यकलाप बच्चे के दर्जे व उम्र के अनुरूप हों और पाठ्यचर्या बच्चों तक महत्त्वपूर्ण व वैज्ञानिक विषयवस्तु पहुँचाये। प्रक्रिया की वैधता माँग करती है कि पाठ्यचर्या विद्यार्थी को वैज्ञानिक ज्ञान प्राप्त करने के तरीक़ों और उन तक पहुँचने के ढंग सिखाये और उनकी स्वाभाविक जिज्ञासा व रचनात्मकता को पोषित करे। विज्ञान की पाठ्यचर्या एक ऐतिहासिक दृष्टिकोण के साथ जानकारी दे ताकि विद्यार्थी यह समझ सकें कि समय के साथ–साथ विज्ञान की अवधारणाएँ कैसे विकसित हुईं। विज्ञान विद्यार्थी के व्यापक परिवेश, स्थानीय और ग्लोबल के सन्दर्भ में रख कर सिखाया जाये जिससे विद्यार्थी विज्ञान, प्रौद्योगिकी और समाज के जटिल सम्बन्धों को समझ सके। अन्त में नैतिक वैधता के लिए ज़रूरी है कि पाठ्यचर्या ईमानदारी, वस्तुपरकता, सहयोग, भय और पूर्वाग्रह से आज़ादी जैसे मूल्यों को प्रोत्साहित करे तथा पर्यावरण व जीवन के संरक्षण के प्रति चेतना को विकसित करे।

इन लक्ष्यों की प्राप्ति के लिए तय पाठ्यचर्याओं में हम अपने चर्चा के केन्द्र को देखते हैं।

पाठ्यचर्या-उच्च प्राथमिक स्तर पर

इस स्तर पर पढ़ाने के लिए चुनी गयी अवधारणाएँ बच्चों के अनुभव–जगत से सम्बन्धित होनी चाहिए। वैज्ञानिक अवधारणाओं को मुख्यतः गतिविधियों

व प्रयोगों द्वारा समझाना चाहिए। सामूहिक क्रियाकलाप, दोस्तों व शिक्षकों के साथ विमर्श, सर्वेक्षण, आँकड़ों का नियोजन और स्कूल तथा आस–पड़ोस के क्षेत्र में इसका प्रदर्शन, शिक्षण का प्रमुख अंग होना चाहिए। इसमें ख़ास बात यह है कि विज्ञान की विषयवस्तु को माध्यमिक स्तर के विज्ञान का हल्का संस्करण नहीं होना चाहिए। पूरी अवधि में प्रक्रिया की कुशलता पर ज़ोर होना चाहिए।

मूल्यांकन या आकलन उर्फ़ परीक्षा

विद्यार्थियों के आकलन के लिए सतत एवं व्यापक मूल्यांकन को हमेशा ही सर्वोत्तम तरीक़ा माना गया है, फिर भी परीक्षाओं के विकल्प अभी भी नहीं मिले हैं या स्वीकार नहीं किये गये हैं। इसलिए परीक्षा का महत्त्व तो बरक़रार है, हर विषय की तरह विज्ञान में भी। आकलन का लक्ष्य सीखने–सिखाने की प्रक्रिया को बढ़ावा देने वाला होना चाहिए। परीक्षा शब्द अपने आप में तनाव और दुश्चिन्ता से जुड़ा है। ये परीक्षाएँ बच्चों के पाठ्यपुस्तकीय ज्ञान का ही परीक्षण करती हैं, जबकि हमें इससे आगे जाने की ज़रूरत है।

एन.सी.एफ. के अनुसार विज्ञान की पाठ्यचर्या विद्यार्थी को वैज्ञानिक ज्ञान प्राप्त करने के तरीक़े और उन तक पहुँचने की प्रक्रिया को सिखाये और बच्चे की सहज जिज्ञासा को पोषित करे। इसमें बार–बार कहा गया है कि रट कर याद करने वाली प्रवृत्ति को ख़त्म कर खोजी प्रवृत्ति और रचनात्मकता को जागृत करना चाहिए। इसलिए एन.सी.एफ. में मूल्यांकन के लिए खुली पुस्तक परीक्षा का सुझाव दिया गया है जिससे सिर्फ़ सूचनाओं की जानकारी देने वाले, रटे हुए उत्तर लिखने के ढर्रे को ख़त्म किया जा सके।

परीक्षा का उद्देश्य बच्चे के व्यावहारिक ज्ञान, समस्या–समाधान के कौशल, आँकड़ों का विश्लेषण करने की योग्यता, सीखे गये को प्रयोग में ला सकने की योग्यता, सिद्धान्तों और अवधारणाओं की समझ, आसान सांख्यिक समस्याओं को हल करने की क्षमता की जाँच के साथ–साथ ग्राफ़ पढ़ने, समझने और उसके द्वारा अभिव्यक्त करने की क्षमता की जाँच होना चाहिए। एन.सी.एफ. यह भी मानता है कि इस तरह की परीक्षा और प्रश्न बनाना आसान नहीं है तथा इसके लिए शिक्षकों के स्तर पर भी प्रयास करने, प्रोत्साहन व प्रशिक्षण देने की आवश्यकता है।

विज्ञान–शिक्षा और पाठ्यचर्या के उद्देश्यों के अनुरूप विषयवस्तु के इर्द–गिर्द परीक्षा का ताना–बाना बुना जाना चाहिए, किन्तु अक्सर ऐसा नहीं होता। परीक्षाओं में पूछे जाने वाले प्रश्नों को देख कर हम इसे बख़ूबी समझ सकते हैं।

मूल्यांकन का बहुप्रचलित तरीक़ा

आमतौर पर अब भी परीक्षाओं में जो प्रश्न पूछे जाते हैं उनमें विद्यार्थियों की स्मरण–शक्ति का ही परीक्षण होता है, भले ही प्रश्न लघुत्तरीय हो या दीर्घउत्तरीय। उदाहरण के तौर पर वर्ष 2017–18 की वार्षिक परीक्षा में कक्षा छठवीं में पूछे गये निम्न प्रश्नों को देखिए :

प्रश्न 1 : *मोमबत्ती का जलना किस गैस के कारण सम्भव होता है? (3 अंक)*

यह प्रश्न विद्यार्थियों की स्मरण–शक्ति पर निर्भर है। अगर सही उत्तर 'ऑक्सीजन' लिख दिया तो पूरे अंक मिल जायेंगे। उत्तर ग़लत होने पर पूरे अंक कट जायेंगे। हो सकता है कि वह ऑक्सीजन के बारे में कुछ अन्य महत्त्वपूर्ण बातें भी जानता हो, पर एक नाम भूल जाने पर उसे नम्बरों से वंचित होना पड़ेगा। परीक्षा–भवन में उसकी मदद के लिए कोई उचित (वैध) सामग्री नहीं होगी।

इसी साल की वार्षिक परीक्षा में कक्षा सातवीं के निम्न प्रश्नों को देखिए। हू–ब–हू पुस्तक के अभ्यास के प्रश्नों को दे दिया गया है।

प्रश्न 2 : *(अ) नीले लिटमस पत्र को एक विलयन में डुबाया गया। डूबने पर भी वह नीला ही रहता है। विलयन की प्रकृति क्या है? समझाइए। (3 अंक)*

(ब) समझाइए, ऐसा क्यों होता है? (4 अंक)

I. जब आप अति अम्लता से पीड़ित होते हैं तो प्रतिअम्ल की गोली लेते हैं।

II. जब चींटी काटती है, तो त्वचा पर कैलेमाइन का विलयन लगाते हैं।

इस तरह से पूछे जाने वाले प्रश्न केवल याद करने और लिख पाने की क्षमता को जाँचते हैं और इसी को बढ़ावा देते हैं और प्राप्त ज्ञान का उपयोग नयी परिस्थितियों में करने से रोकते हैं।

आइए, कक्षा छठीं का एक और प्रश्न देखें। इसमें एक नया मसला है।

प्रश्न 3 : *हमें किसी मिश्रण के विभिन्न अवयवों को पृथक करने की आवश्यकता क्यों होती है? दो उदाहरण लिखिए। (5 अंक)*

इसमें जो भी पूछा है, वह थोड़ा भ्रम उत्पन्न करता है। मिश्रण के विभिन्न अवयवों को पृथक करने की आवश्यकता क्यों पड़ती है; इसके उदाहरण देना है या पृथक करने की विधियों के, यह स्पष्ट नहीं है।

यहाँ विद्यार्थी अपनी समझ से अलग–अलग उत्तर दे सकते हैं, किन्तु आमतौर पर आदर्श उत्तर में जो लिख दिया जाता है। उसी के अनुसार कॉपियाँ जाँची जाती हैं।

इसी वर्ष कक्षा आठवीं की वार्षिक परीक्षा में पूछे गये इस प्रश्न की प्रकृति देखिए ज़रा–

प्रश्न 4 : *पल्स पोलियो अभियान क्या है? (3 अंक)*

इस प्रश्न में भी केवल पुस्तकीय जानकारी चाही गयी है, जबकि यह एक बढ़िया प्रोजेक्ट बन सकता था जिसमें विद्यार्थी कुछ फील्ड–वर्क कर इस बीमारी के बारे में जानकारी का आदान–प्रदान समाज के साथ कर सकते थे।

इस तरह की परीक्षा का प्रभाव

यह तो स्पष्ट है कि इस तरह की परीक्षा–प्रणाली विद्यार्थियों की स्मरण–शक्ति के अलावा अन्य कौशलों की जाँच तो नहीं करती है। याद न होने की स्थिति में वे तनावग्रस्त होते हैं या फिर अपने रिजल्ट को बेहतर करने के लिए अनुचित साधनों का उपयोग करते हैं। परीक्षा, सीखने के अवसर बनने के बजाय, सीखने की आशा ख़त्म करने का ज़रिया बन जाती है।

मूल्यांकन का वैकल्पिक तरीक़ा

2005 के राष्ट्रीय फोकस समूह ने विज्ञान शिक्षा की तीन प्रमुख समस्याओं में से एक प्रमुख समस्या 'परीक्षा' को माना है। इसमें कहा गया है कि परीक्षा–सुधार कार्यक्रम को एक मिशन के रूप में लेना होगा जिसमें वैज्ञानिकों व शिक्षाविदों के साथ–साथ शिक्षकों को भी इसके लिए एक मंच पर लाने की बात कही गयी थी। ये परीक्षा के ऐसे तरीक़े को 'लॉन्च' करें जिससे परीक्षा से उत्पन्न होने वाले तनाव को ख़त्म किया जा सके।

इसके लिए सतत मूल्यांकन के साथ, प्रायोगिक परीक्षा और 'खुली पुस्तक परीक्षा' का सुझाव दिया गया था ताकि रट कर उत्तर लिखने की परिपाटी को समाप्त किया जा सके।

जिस खुली पुस्तक परीक्षा–प्रणाली की हिमायत एन.सी.एफ. 2005 में की गयी है, वही परीक्षा–प्रणाली विज्ञान शिक्षा के नवाचारी कार्यक्रम होशंगाबाद विज्ञान शिक्षण कार्यक्रम (जिसे आगे हो.वि.शि.का. के नाम से जाना गया व हम भी इसी नाम का उपयोग करेंगे) के तहत सन् 1978 से 2000 तक अपनायी गयी थी। उसी के अनुभव मैं आपसे साझा करना चाहती हूँ। आइए, इसे विस्तार से जानें।

खुली पुस्तक परीक्षा क्या है?

जैसा कि इसके नाम से ज़ाहिर है, इसमें विद्यार्थियों को परीक्षा में अपने साथ किताब–कॉपियों को रखने की छूट होती थी। आवश्यकता पड़ने पर विद्यार्थी उत्तर लिखने में इनका उपयोग कर सकते थे।

आप सोच रहे होंगे कि जब विद्यार्थी परीक्षा भवन में पुस्तक से देख कर उत्तर लिखेंगे तो परीक्षा लेने से क्या फ़ायदा। यहाँ मैं ध्यान दिलाना चाहूँगी कि हो.वि.शि.का. में विज्ञान शिक्षा के उद्देश्यों के अनुरूप पाठ्यपुस्तकों का स्वरूप भी काफ़ी अलग था। इन पुस्तकों (कक्षा 6 से 8 तक) में वैज्ञानिक सिद्धान्तों, अवधारणाओं की जानकारी न दे कर प्रयोगों, अवलोकनों और विश्लेषण से उनका क्रमिक विकास किया जाता है। पढ़ाई के दौरान विद्यार्थी प्रयोगों के अवलोकनों और एकत्र की गयी जानकारियों को पुस्तक में दर्ज करते हैं। सहपाठियों व शिक्षकों के साथ की गयी चर्चा से ही वह किसी निष्कर्ष पर पहुँचता है। किसी प्रश्न का सीधा–सीधा उत्तर पुस्तक में नहीं मिलता है, जब तक कि विद्यार्थी प्रयोग से खुद समझ न बना ले।

पाठ्यपुस्तक की झलक

हो.वि.शि.का. की पाठ्यपुस्तकें, जिन्हें बाल वैज्ञानिक के नाम से जाना जाता है, खुद कर के सीखने की पद्धति पर आधारित हैं। अध्याय अथवा अवधारणा की शुरुआत में प्रश्नों के माध्यम से विद्यार्थियों की जानकारी को उभार कर उन्हें व्यवस्थित किया जाता है, फिर उसे आगे बढ़ाते हुए प्रयोग, प्रश्न, अवलोकन और चर्चा से पुष्टि की जाती है।

कक्षा सातवीं की बाल वैज्ञानिक से विद्युत वाले अध्याय के अंश नीचे दिये गये हैं। इससे आपको पुस्तकों के स्वरूप का अन्दाज़ा लग जायेगा।

दूसरी बात यह कि परीक्षा में हम विद्यार्थियों के याद की गयी जानकारियों की जाँच नहीं करते थे। हम उनके वैज्ञानिक कौशल और दृष्टिकोण, समझ व तार्किकता की जाँच करने वाले प्रश्न पूछते थे। वह जानकारियों का उपयोग करना सीखें इसलिए उसे परीक्षा में पुस्तक ले जाने की छूट दी गयी थी। इससे परीक्षा का तनाव भी काफ़ी कम हो गया था।

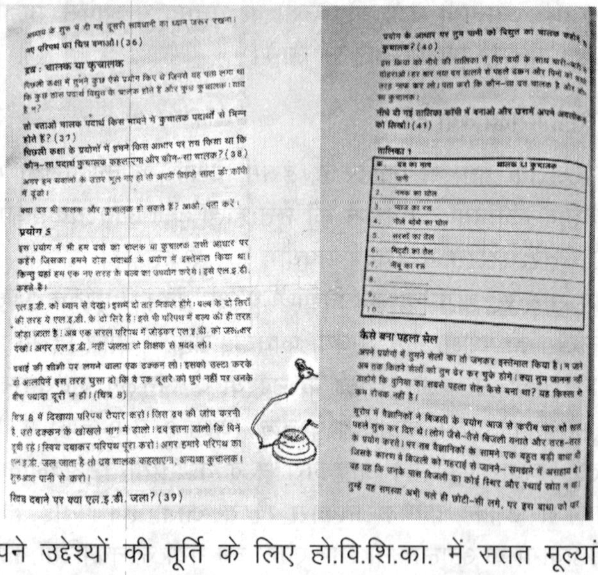
अध्याय के शुरू में दी गई दूसरी सावधानी का ध्यान ज़रूर रखना।

नए परिपथ का चित्र बनाओ। (36)

द्रव : चालक या कुचालक

पिछली कक्षा में तुमने कुछ ऐसे प्रयोग किए थे जिनसे यह पता लगा था कि कुछ ठोस पदार्थ विद्युत के चालक होते हैं और कुछ कुचालक। याद है न?

तो बताओ चालक पदार्थ किस मायने में कुचालक पदार्थों से भिन्न होते हैं? (37)

पिछली कक्षा के प्रयोगों में हमने किस आधार पर तय किया था कि कौन-सा पदार्थ कुचालक कहलाएगा और कौन-सा चालक? (38)

अगर इन सवालों के उत्तर भूल गए हो तो अपनी पिछले साल की कॉपी में ढूंढो।

क्या द्रव भी चालक और कुचालक हो सकते हैं? आओ, पता करें।

प्रयोग 5

इस प्रयोग में भी हम द्रवों को चालक या कुचालक उसी आधार पर कहेंगे जिसका हमने ठोस पदार्थों के प्रयोग में इस्तेमाल किया था। किन्तु यहां हम एक नए तरह के बल्ब का उपयोग करेंगे। इसे एल.इ.डी. कहते हैं।

एल.इ.डी. को ध्यान से देखो। इसमें दो तार निकले होंगे। बल्ब के दो सिरों की तरह ये एल.इ.डी. के दो सिरे हैं। इसे भी परिपथ में बल्ब की ही तरह जोड़ा जाता है। अब एक सरल परिपथ में जोड़कर एल.इ.डी. को जलाकर देखो। अगर एल.इ.डी. नहीं जलता तो शिक्षक से मदद लो।

दवाई की शीशी पर लगने वाला एक ढक्कन लो। इसको उल्टा करके दो आलपिनें इस तरह घुसा दो कि वे एक दूसरे को छुएं नहीं पर उनके बीच ज़्यादा दूरी न हो। (चित्र 8)

चित्र 8 में दिखाया परिपथ तैयार करो। जिस द्रव की जांच करनी है, उसे ढक्कन के खोखले भाग में डालो। द्रव इतना डालो कि पिनें डूबी रहें। स्विच दबाकर परिपथ पूरा करो। अगर हमारे परिपथ का एल.इ.डी. जल जाता है तो द्रव चालक कहलाएगा, अन्यथा कुचालक। शुरुआत पानी से करो।

स्विच दबाने पर क्या एल.इ.डी. जला? (39)

प्रयोग के आधार पर तुम पानी को विद्युत का चालक कहोगे या कुचालक? (40)

इस क्रिया को नीचे की तालिका में दिए द्रवों के साथ बारी-बारी से दोहराओ। हर बार नया द्रव डालने से पहले ढक्कन और पिनों को अच्छी तरह साफ कर लो। पता करो कि कौन-सा द्रव चालक है और कौन-सा कुचालक।

नीचे दी गई तालिका कॉपी में बनाओ और उसमें अपने अवलोकन को लिखो। (41)

तालिका 1

क्र.	द्रव का नाम	चालक या कुचालक
1.	पानी	
2.	नमक का घोल	
3.	प्याज़ का रस	
4.	नीले थोथे का घोल	
5.	सरसों का तेल	
6.	मिट्टी का तेल	
7.	नींबू का रस	
8.	....	
9.	....	
10.	....	

कैसे बना पहला सेल

अपने प्रयोगों में तुमने सेलों का तो जमकर इस्तेमाल किया है। न जाने अब तक कितने सेलों को तुम ढेर कर चुके होगे। क्या तुम जानना नहीं चाहोगे कि दुनिया का सबसे पहला सेल कैसे बना था? यह किस्सा भी कम रोचक नहीं है।

यूरोप में वैज्ञानिकों ने बिजली के प्रयोग आज से करीब चार सौ साल पहले शुरू कर दिए थे। लोग जैसे-तैसे बिजली बनाते और तरह-तरह के प्रयोग करते। पर तब वैज्ञानिकों के सामने एक बहुत बड़ी बाधा थी जिसके कारण वे बिजली को गहराई से जानने-समझने में असहाय थे। वह यह कि उनके पास बिजली का कोई स्थिर और स्थाई स्रोत न था।

तुम्हें यह समस्या अभी भले ही छोटी-सी लगे, पर इस बाधा को कर

अपने उद्देश्यों की पूर्ति के लिए हो.वि.शि.का. में सतत मूल्यांकन के साथ ही परीक्षा की प्रचलित प्रणाली के स्थान पर एक अलग तरीक़ा अपनाया गया। इसमें लिखित के साथ ही प्रायोगिक और मौखिक परीक्षा भी ली जाती थी।

प्रायोगिक परीक्षा

हो.वि.शि.का. में प्रयोग कर सीखने पर विशेष ज़ोर दिया गया था। इसलिए ही प्रायोगिक परीक्षाओं से विद्यार्थियों की प्रायोगिक कुशलता, चित्र व तालिका बनाने की क्षमता, अवलोकन की क्षमता तथा अवलोकनों की जाँच कर निष्कर्ष निकालने की क्षमता, अभिव्यक्ति आदि क्षमताओं की जाँच की जाती थी।

प्रायोगिक का पेपर 40 अंकों का होता था जिसमें से 35 अंक प्रायोगिक प्रश्नों पर तथा 5 अंक मौखिक परीक्षा के होते थे। छठीं–सातवीं की प्रायोगिक परीक्षाएँ स्थानीय स्तर पर लिखित परीक्षा के पहले या बाद में ली जाती थीं, पर आठवीं बोर्ड की परीक्षा संगम केन्द्र प्रभारी की निगरानी में लिखित परीक्षा से पहले ली जाती थी। दो–दो शिक्षकों की टोली आवंटित स्कूलों में जाकर परीक्षा की प्रक्रिया को सम्पन्न कराती थी। मापन, पर्यावरण के प्रति सजगता, रासायनिक कुशलता, वैज्ञानिक प्रक्रियाएँ, सामान्य अवधारणाएँ और स्थानीय स्रोतों से उपकरण बनाने से जुड़े प्रयोग पर आधारित प्रश्न परीक्षा में शामिल होते थे। प्रत्येक प्रयोग को करने के लिए 15 मिनट का समय दिया जाता था। प्रयोग से सम्बन्धित दस्तावेज़ जैसे ग्राफ़ का स्केल या क्रोमैटोग्राफ़ी का छन्ना, कागज़ या खोला गया फूल आदि उत्तरपुस्तिका के साथ संलग्न कर दिये जाते थे जिसके आधार पर मूल्यांकन किया जाता था।

लिखित परीक्षा

लिखित परीक्षा प्रचलित सैद्धान्तिक परीक्षा, जिसमें केवल जानकारी ली जाती थी, से भिन्न समझ की जाँच करने वाली होती थी। 60 अंकों का प्रश्नपत्र होता था। जैसा कि ऊपर बताया गया है कि परीक्षा भवन में विद्यार्थियों को अपने साथ कॉपी व पुस्तकों को रखने की छूट होती थी, तो ज़ाहिर है कि इस तरह की परीक्षा लेना आसान काम नहीं था। ऐसे प्रश्न बनाना जो विद्यार्थियों की अवलोकन व तर्क करने की क्षमता, प्रायोगिक कुशलता, जिज्ञासा व अवधारणाओं की समझ को जाँच सकें तभी सम्भव हो सकता है जब शिक्षकों को इसके लिए सतत सजग किया जाये और उन्हें प्रशिक्षित भी किया जाये।

प्रश्नपत्र के निर्माण की चुनौतियाँ

परीक्षा के उद्देश्यों के अनुरूप प्रश्नपत्र बनाने की जटिलता को देखते हुए इस कार्य के लिए एक टीम बनायी जाती थी जिसमें अनुभवी तथा नये शिक्षक साथ मिल कर प्रश्नपत्र बनाते थे। मुझे अच्छी तरह याद है कि प्रश्नपत्र–निर्माण करने की कार्यशाला में 'प्रश्न कैसे हों' यह जानने से पहले यह चर्चा होती थी कि 'कैसे प्रश्न नहीं हों।'

ऐसे प्रश्न पूछने की मनाही थी, जो

- याददाश्त पर आधारित हों।
- 'हाँ' या 'नहीं' में उत्तर वाले हों।
- परिभाषा या सिद्धान्त की जानकारी लेने वाले हों।
- पुस्तकों के अभ्यास के प्रश्न।

इतने प्रतिबन्धों के साथ प्रश्न बनाना एक चुनौती भरा काम था। प्रश्नपत्र बनाने से पहले समूह में पिछली परीक्षा के प्रश्नपत्र की समीक्षा की जाती थी, जिससे उसमें हुई चूक दोहरायी न जाये।

प्रश्नपत्र का सन्तुलन

- प्रश्नपत्र बनाते समय ध्यान रखा जाता था कि पाठ्यक्रम की अधिक–से–अधिक विषयवस्तु पर प्रश्न हों।
- मूल तत्त्वों को परखने वाले प्रश्न अधिक हों, पर कक्षागत विषयवस्तु को भी उचित अनुपात में शामिल किया जाये।
- लिखित और प्रायोगिक के प्रश्नों में दोहराव न हो।
- अधिकांश प्रश्न औसत विद्यार्थी को ध्यान में रख कर बनाये जाते थे, पर विशेष प्रतिभाशाली विद्यार्थियों को परखने के लिए भी एकाध प्रश्न बनाया जाता था।

उदाहरण

खुली पुस्तक परीक्षा के उद्देश्यों की प्राप्ति के लिए प्रश्न कैसे होते थे, कुछ उदाहरण देखिए–

प्रश्न : *नीचे दी गयी तालिका में चार पदार्थों के बारे में कुछ जानकारी दी गयी है। इसके आधार पर प्रश्नों के उत्तर लिखें–*

पदार्थ का नाम	पानी में घुलता है?	ऊर्ध्वपातन होता है?
नौसादर	हाँ	हाँ
कपूर	नहीं	नहीं
नमक	हाँ	नहीं
रेत	नहीं	नहीं

प्रश्न क : *कपूर और नौसादर के मिश्रण में से दोनों पदार्थ अलग–अलग कैसे प्राप्त करोगे?*

प्रश्न ख : *कपूर, नौसादर, नमक और रेत के मिश्रण में से चारों पदार्थ अलग–अलग कैसे प्राप्त करोगे?*

यहाँ पदार्थों के गुणों की जानकारी दी गयी है और विद्यार्थियों से अपेक्षा की गयी है कि वे तार्किक प्रक्रिया से स्वयं सोच कर प्रश्न का उत्तर दें।

प्रश्न का मुख्य उद्देश्य विद्यार्थियों की तार्किक क्षमता को पहचानना है, न कि यह जानना है कि उसे पृथक्करण की विधियाँ ज्ञात हैं या नहीं। अगर वह कुछ भूल भी जाता है तो पुस्तक में देख कर अपना उत्तर पूर्ण कर सकता है।

एक प्रश्न और देखिए

प्रश्न : *विकास ने निम्नानुसार एक तराजू बनाया, इसका अवलोकन कर पूछे गये प्रश्नों के उत्तर लिखो–*

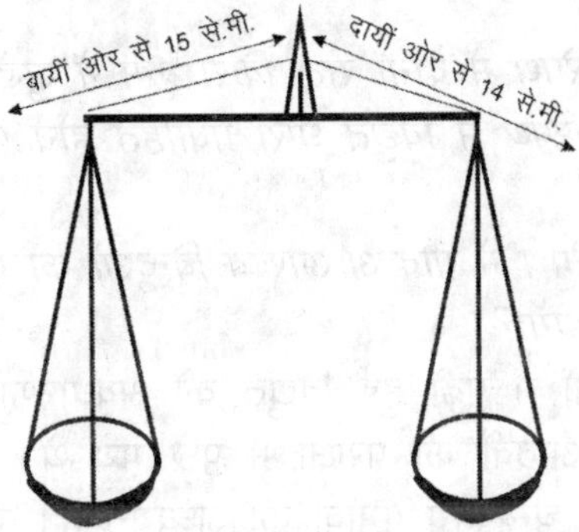

प्रश्न क : *उसने पासंग लगा कर तराजू को सन्तुलित किया, बताओ उसने पासंग किस ओर लगाया होगा?*

प्रश्न ख : *पासंग द्वारा सन्तुलित करने के बाद तौलने पर वस्तु की तौल कम आयी। बताओ उसने वस्तु तराजू के किस पलड़े पर रखी होगी?*

प्रश्न ग : *तराजू सन्तुलित होते हुए भी वस्तु की तौल कम आने का कारण क्या रहा होगा?*

अब अगर विद्यार्थियों ने विभिन्न प्रयोगों से तराजू की कार्यप्रणाली को समझ लिया है तो वे इन प्रश्नों को हल कर सकेंगे। अगर गणना–प्रक्रिया का कुछ अंश भूलने पर पुस्तक से मदद लेकर लिखते हैं, तो यही तो तरीक़ा है परीक्षा को सीखने के अवसर में बदलने का।

प्रश्न : *नीचे बने विद्युत परिपथ के चित्र को देख कर निम्न प्रश्नों के उत्तर लिखिए–*

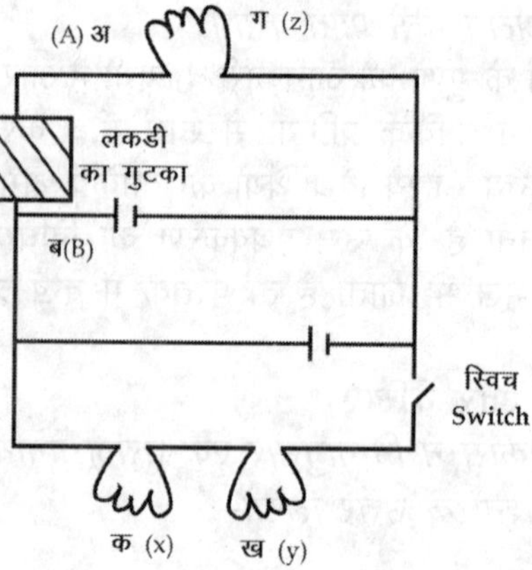

प्रश्न क : *परिपथ में दोनों सेल किस क्रम में जुड़े हैं?*

प्रश्न ख : *परिपथ में विद्युत धारा प्रवाहित होने पर कौन–कौन से बल्ब जलेंगे?*

प्रश्न ग : *परिपथ में यदि अ और ब बिन्दुओं को एक तार से जोड़ा जाता है, तो क्या होगा?*

ये कक्षा सातवीं में पढ़ी हुई विद्युत की अवधारणाओं पर आधारित प्रश्न हैं जो कक्षा आठवीं की परीक्षा में पूछे गये थे। आठवीं में विद्युत के रासायनिक और चुम्बकीय प्रभावों का अध्ययन है। परिपथ, श्रेणी और समानान्तर क्रम, विद्युत धारा की दिशा आदि की जानकारी के आधार पर ही इन्हें सीखना सम्भव है। इस कारण बुनियादी ज्ञान की जाँच करने वाले इस प्रश्न को पूछना सर्वथा उचित ही है।

प्रश्नों की चुनौतियाँ

खुली पुस्तक परीक्षा–प्रणाली विद्यार्थी और शिक्षकों के लिए समान रूप से चुनौतीपूर्ण रही है। विद्यार्थियों की बात करें तो पहले तो उन्हें ये लगता कि अगर पुस्तक पास में रहेगी तो उन्हें उत्तर देने में कोई कठिनाई नहीं होगी, पढ़ाई में ज़्यादा परेशान होने की ज़रूरत नहीं है। पर तिमाही/छमाही होते–होते उन्हें यह महसूस होने लगता था कि जब तक वे सही

तरीक़े से पढ़ेंगे–समझेंगे नहीं, उत्तर लिखना आसान नहीं होगा। रट कर उत्तर लिखने वालों के लिए यह परीक्षा कठिन होती थी। इसमें शिक्षण प्रयोग–आधारित होता था इसलिए कक्षा में अधिक अनुपस्थिति वाले विद्यार्थी भी कठिनाई महसूस करते थे।

हर बार परीक्षा में नये–नये प्रश्न बनाना शिक्षकों के लिए काफ़ी चुनौतीपूर्ण कार्य होता था। आठवीं बोर्ड के प्रश्नपत्र बनाते समय शिक्षकों का एक समूह मिल कर प्रश्नपत्र तैयार करता था। समूह में कुछ अनुभवी और कुछ नये प्रशिक्षित शिक्षक हुआ करते थे, जो एक तरह से प्रश्न बनाने का प्रशिक्षण प्राप्त करते थे। नये प्रश्नपत्र को बनाने से पहले पिछली परीक्षा के प्रश्नपत्र की समीक्षा की जाती थी जिससे प्रश्नों के स्वरूप की स्पष्ट समझ बन सकें।

यहाँ समस्या सिर्फ़ प्रश्न–निर्माण की ही नहीं है, बल्कि प्रयास था विद्यार्थियों में ऐसी क्षमता उत्पन्न करना कि वे तार्किक ढंग से सोच कर प्रश्नों के उत्तर लिख सकें।

अंक-पुनर्निधारण की प्रक्रिया क्यों और कैसे?

आमतौर पर विद्यार्थियों की उत्तर–पुस्तिकाएँ जाँचने का कार्य प्रश्नों के पूर्व निर्धारित उत्तरों और अंकों के आधार पर किया जाता है। अगर प्रश्न में कोई बड़ी गड़बड़ी होती है, तो उसे निरस्त कर उसके पूरे अंक विद्यार्थियों को दे दिये जाते हैं। किन्तु हो.वि.शि.का. में ऐसा नहीं होता था। इसमें विद्यार्थियों के तर्क और दृष्टिकोण को विशेष महत्त्व दिया जाता था। इसलिए परीक्षा के बाद कॉपियों की जाँच करते समय भी इसका ध्यान रखा जाता था। सैंपल कॉपियों की जाँच के आधार पर प्रश्नों के अंक और उत्तरों की अपेक्षाएँ तय की जाती थीं।

ज़िला स्तर पर अंक–पुनर्निधारण गोष्ठी आयोजित की जाती थी। इसमें शिक्षकों द्वारा विभिन्न परीक्षा–केन्द्रों से आयी सैंपल कॉपियों की समीक्षा की जाती थी। समूहों में शिक्षक विद्यार्थियों द्वारा दिये गये उत्तरों के आधार पर एक–एक प्रश्न की समीक्षा कर प्रश्न की सटीकता, अवधारणात्मक सरलता या जटिलता को परखते थे। अगर प्रश्न की प्रकृति, भाषा या चित्र आदि की त्रुटि के कारण एक से अधिक उत्तर आ रहे हों, तो जो तार्किक रूप से उचित लगें, उन्हें सही माना जाता था। अत्यधिक सरल या अत्यधिक

जटिल प्रश्नों को अच्छे प्रश्न नहीं माना जाता था। इसी से इनके अंकों को कम या अधिक किया जाता था। ये सारी क़वायद शिक्षाशास्त्र में वर्णित सांख्यिकीय प्रक्रिया से सम्पन्न की जाती थी। इसके बाद ही प्रश्नों के आदर्श उत्तर तथा अंक तय होते थे।

आइए, उदाहरणों से इस प्रक्रिया को देखें

प्रश्न : *योगिता ने 'क' एक सेंटीमीटर, 'ख' दो सेंटीमीटर, 'ग' चार सेंटीमीटर व्यास के तीन रबड़ ढक्कन से गेयर बनाये। इन्हें एक लकड़ी के पटिये पर एक कील की मदद से लगाया। चित्रानुसार उसने मोटे धागे का पट्टा लगाया।*

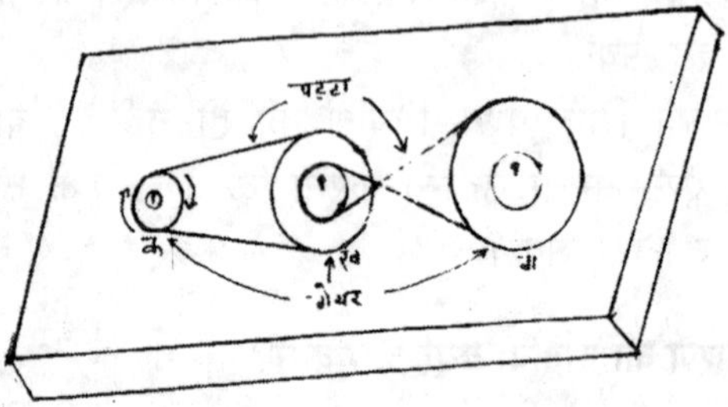

अ – 'क' गेयर को घड़ी के काँटों की दिशा में चार चक्कर घुमायें तो–

1 – 'ख' गेयर के चक्कर ————————————

2 – 'ग' गेयर के चक्कर ————————————

ब – 'क' गेयर की तुलना में 'ख' और 'ग' गेयर किस–किस दिशा में घूमेंगे?

जब 'अंक–पुनर्निधारण' गोष्ठी' में इस प्रश्न की जाँच हुई तो पाया गया कि विद्यार्थियों ने 'अ' प्रश्न को हल नहीं किया है। चित्र का अवलोकन करने पर ज्ञात हुआ कि 'ख' गेयर के बीच वाले गेयर का नाप नहीं दिया गया जिससे गणना नहीं की जा सकती थी। अतः 'अ' प्रश्न के दोनों प्रश्न निरस्त कर दिये गये।

अमूमन परीक्षाओं में त्रुटिपूर्ण प्रश्न के सारे अंक विद्यार्थियों को दे दिये जाते हैं, पर हम इन अंकों का समायोजन अन्य प्रश्नों में कर देते थे।

विद्यार्थियों की समझ और अभिव्यक्ति के तरीक़ों को हमेशा प्रोत्साहन मिलना चाहिए इसलिए बँधे उत्तर की अपेक्षा उनकी समझ से लिखे उत्तर मान्य किये जाते थे।

ज़रा तराजू के सिद्धान्त वाले आखिरी प्रश्न को याद करिए जिसमें तराजू के सन्तुलित होते हुए भी वस्तु की तौल कम आने का कारण पूछा गया था। जवाब में विद्यार्थियों ने अपनी समझ को अपने–अपने शब्दों में कुछ इस तरह व्यक्त किया था–

1. *सन्तुलन बिन्दु बीचोंबीच नहीं है।*
2. *दोनों तरफ डण्डी की लम्बाई असमान है।*
3. *डण्डी की लम्बाई समान नहीं है।*
4. *दायीं भुजा 14 सेंटीमीटर और बायीं भुजा 15 सेंटीमीटर लम्बाई की है।*

ऐसे भाव व्यक्त करने वाले सारे उत्तरों को मान्य किया गया था।

एक बार नये प्रश्न बनाने के उत्साह में शिक्षकों ने एक ऐसे उपकरण के आधार पर प्रश्न बना डाला जिसके बारे में पुस्तक में कोई जानकारी नहीं दी गयी थी। ग्रामीण क्षेत्र के विद्यार्थियों के अनुभव में यह उपकरण न होने के कारण वे इसकी कार्यप्रणाली से अनभिज्ञ थे इसलिए यह पूरा प्रश्न निरस्त कर दिया गया था। प्रश्न था–

महेश ने पानी गरम करने के लिए दो अलग–अलग बाल्टियों में दो उपकरण नीचे दिये चित्र अनुसार डाले।

निम्नलिखित प्रश्नों के उत्तर दीजिए

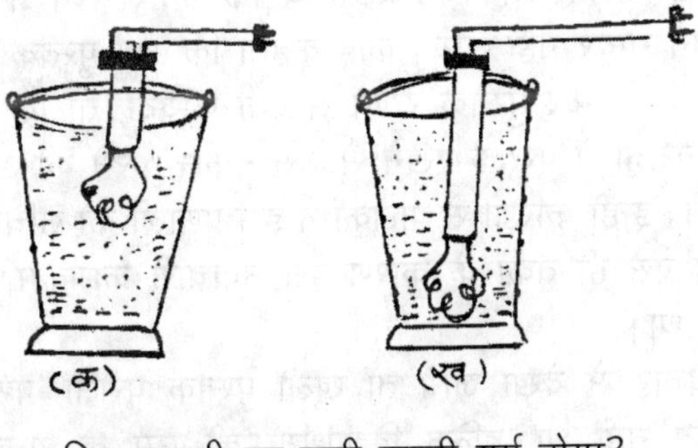

(क) (ख)

प्रश्न अ – *किस बाल्टी का पानी जल्दी गर्म होगा?*

प्रश्न ब – *उस बाल्टी का पानी जल्दी गर्म होने का कारण बताइए?*

यह सारी प्रक्रिया शिक्षकों को विद्यार्थियों के प्रति संवेदनशील होना भी सिखाती थी।

खुली पुस्तक परीक्षा और विभिन्न दृष्टिकोण

प्रत्येक नवाचार के सम्बन्ध समाज के विभिन्न लोगों का दृष्टिकोण भी अलग–अलग होता है। शिक्षा के क्षेत्र में हुए इस महत्त्वपूर्ण नवाचार को ले कर भी ऐसा ही हुआ।

शिक्षक इस नवाचार के प्रमुख वाहक थे जिनमें से कई ने इस प्रणाली को बहुत उपयोगी माना और इसे पूर्णतः अपनाया। प्रयोग, अवलोकनों तथा चर्चा से निष्कर्ष निकलवाना और तार्किक क्षमता विकसित करना काफ़ी मशक़्क़त वाला काम था। इसके लिए शिक्षकों को सतत प्रयासरत रहना पड़ता था। जो शिक्षक सिद्धान्त बता कर उत्तर याद कराना चाहते थे, उन्होंने इसे पसन्द नहीं किया। कुछ का मानना था कि पुस्तक पास में होने से विद्यार्थी पन्ने पलटते रहेंगे और वक़्त बर्बाद करेंगे। कुछ शिक्षक पिछली कक्षा की अवधारणाओं को शामिल करना विद्यार्थियों पर बोझ बढ़ाना समझते थे।

परीक्षा तन्त्र से विद्यार्थियों के माता–पिता भी प्रभावित होते हैं। खुली पुस्तक परीक्षा पर उनकी चिन्ताएँ भी अलग–अलग तरह की रहीं। 'समझ' के महत्त्व को जानने वाले पालकों को इस प्रणाली से कोई परेशानी नहीं हुई। पर, अधिकांश पालकों को लगता था कि विज्ञान में हमारा बच्चा याद क्यों नहीं करता या कि परीक्षा की तैयारी कराना है तो हम क्या याद करायें। कई पालक शिकायत करते थे कि हमारे बच्चे ने जितना याद किया, उतने नम्बर नहीं आये। कोई कहता कि जब पुस्तक से प्रश्न नहीं पूछे जाते हैं तो फिर पुस्तक रखने से क्या फ़ायदा, तो किसी को चिन्ता रहती कि परीक्षा में पुस्तक रखने से उसे नक़ल करने की आदत तो नहीं पड़ जायेगी। इन्हीं कारणों से पालकों ने इस प्रणाली को उचित नहीं माना।

शायद ऐसे ही तर्कों के कारण इस नवाचारी कार्यक्रम को बन्द कर दिया गया था।

मेरे विचार से देखा जाये तो खुली पुस्तक परीक्षा, परीक्षा का एक तरीक़ा मात्र नहीं था, बल्कि विद्यार्थियों की उम्र के अनुसार चयनित पाठ्यक्रम, विषयवस्तु और शिक्षण–विधि के साथ–साथ उसे जाँचने का एक पूरा पैकेज था। सीखने, समझ में आने और उत्तर दे पाने के कारण विद्यार्थियों के बढ़े हुए उत्साह और आत्मविश्वास को मैंने महसूस किया है। यहाँ एक और बात बताना चाहती हूँ कि इस खुली पुस्तक परीक्षा–प्रणाली

का उपयोग हमने 'सामाजिक विज्ञान' विषय में भी किया था और इसके सकारात्मक परिणाम हमें वहाँ भी देखने को मिले थे।

विज्ञान शिक्षा और परीक्षा की चुनौतियाँ

विज्ञान की पाठ्यचर्या के उद्देश्यों के अनुरूप परीक्षा–प्रणाली विकसित करना हमारे सामने एक बड़ी चुनौती है। एन.सी.एफ. 2005 में इस समस्या को सुलझाने और बदलाव के लिए क्रान्तिकारी क़दम उठाने की सिफ़ारिश भी की थी जिससे विद्यार्थी रटने–घोटने के जाल से मुक्त होकर समझने, समस्याओं को सुलझाने और निर्णय लेने की योग्यताएँ विकसित कर सकें। इसके लिए एन.सी.एफ. ने खुली पुस्तक परीक्षा–प्रणाली को अपनाने का सुझाव भी दिया था। लेकिन सिर्फ़ परीक्षा का तरीक़ा बदलने से यह नहीं होगा, इसके लिए पाठ्यचर्या, विषयवस्तु, शिक्षणविधि को बदलना ही काफ़ी नहीं होगा। इसके लिए शिक्षकों के प्रशिक्षण के साथ ही समाज में विज्ञान–शिक्षा के सही स्वरूप की समझ विकसित करने का प्रयास करना होगा। इसे कैसे किया जाये और कहाँ तक अपनाया जाये, इस पर गहन चिन्तन कर निष्कर्ष पर पहुँचने का प्रयास होना चाहिए।

सन्दर्भ सूची

1. एन.सी.ई.आर.टी. (2006), *नेशनल करिकुलम फ्रेमवर्क* 2005, नयी दिल्ली : नेशनल काउंसिल ऑफ़ एजुकेशनल रिसर्च एंड ट्रेनिंग।
2. एन.सी.ई.आर.टी. (2006), *विज्ञान–शिक्षण राष्ट्रीय फोकस समूह का आधारपत्र,* नयी दिल्ली : नेशनल काउंसिल ऑफ़ एजुकेशनल रिसर्च एंड ट्रेनिंग।
3. हो.वि.शि.का. एक दस्तावेज़।
4. जोशी, सुशील (2008), *जश्न–ए–तालीम,* भोपाल : एकलव्य प्रकाशन।
5. विभिन्न परीक्षाओं के प्रश्नपत्रों से प्रश्न।

अध्याय–17

विद्यालय से महाविद्यालय स्तर तक जीव विज्ञान शिक्षण में प्रायोगिक कार्य का महत्त्व और हकीकत

किशोर पंवार एवं भोलेश्वर दुबे

प्रायोगिक कार्य से विहीनशिक्षा, अध्यापन के साथ न्याय नहीं करती। प्रयोग करना और उनसे निष्कर्ष निकालना विज्ञान की आधारभूत ज़रूरत है। विज्ञान के मूल सिद्धान्त और अवधारणाओं को सीखने व समझने में प्रायोगिक कार्य बहुत मददगार होते हैं, किन्तु विभिन्न परिस्थितिजन्य कारणों से प्रायः विज्ञान विषयों में प्रायोगिक कार्यों की स्कूल से लेकर महाविद्यालय तक अनदेखी की जा रही है या फिर यह केवल रस्म अदायगी भर बन कर रह गये हैं। प्रस्तुत शोध–आलेख में प्रायोगिक कार्य कराने के स्तर पर आने वाली समस्याओं और उनके सम्भावित निदानों की चर्चा की गयी है, जो विशेषकर जीवविज्ञान शिक्षण में सहायक सिद्ध हो सकते हैं। विगत कुछ वर्षों से, लेखकद्वय ने होशंगाबाद विज्ञान शिक्षण कार्यक्रम के साथ कार्य करते हुए कई बार यह अनुभव किया है कि विज्ञान की पाठ्यपुस्तक में ऐसे कई प्रयोग दिये गये हैं जिन्हें पुस्तकों में दिये निर्देशों के अनुसार कर पाना सम्भव नहीं होता है। अतः आवश्यकता इस बात की है कि प्रशिक्षक इन प्रयोगों को विद्यार्थियों के समक्ष प्रस्तुत करने से पहले स्वयं कर के देखें तथा आने वाली कठिनाइयों को

विद्यार्थियों की मदद से दूर करें। लेखकों का मानना है कि इसमें शिक्षक–प्रशिक्षण व प्रायोगिक कार्यशालाओं की महती भूमिका है। एन.सी.एफ. 2005 में ज्ञान और सीखने से सम्बन्धित अंश में प्रायोगिक कार्य के महत्त्व पर ज़ोर दिया गया है। इसी सन्दर्भ में, पृष्ठ 66 3.3. पर उल्लेख है कि विकसित तकनीकी मॉड्यूल बनाने के लिए हस्तकौशल और औज़ारों का उपयोग होना चाहिए। उनकी अनुशंसा है कि उच्चतर माध्यमिक स्तर पर विज्ञान को एक ऐसे विषय की तरह पढ़ाना चाहिए, जिसमें प्रयोग करने पर ख़ास तौर पर ज़ोर दिया जाये तथा तकनीकी समस्याओं के हल ढूँढ़ने का अभ्यास कराया जाये।

पिछले 20–25 वर्षों में एकलव्य; होशंगाबाद, गोहाटी (असम); लोकजुम्बिश जयपुर; राजस्थान, विद्याभवन उदयपुर; राजस्थान, वेड़छी; गुजरात तथा अज़ीम प्रेमजी फाउंडेशन के द्वारा जयपुर एवं भोपाल में समय–समय पर आयोजित विभिन्न शिक्षक–प्रशिक्षण कार्यशालाओं में शिक्षकों के साथ प्रयोगों को परिष्कृत कर कक्षा में प्रस्तुत करने योग्य बनाने के जो प्रयास हुए हैं, उन्हें इस आलेख में साझा किया गया है।

भूमिका

मानवीय स्वभाव पुराने समय से ही प्रकृति के आश्चर्य और रहस्यों को देखने का रहा है। मानव भौतिक और जैविक पर्यावरण और उसकी घटनाओं को ध्यान से देखने और उनमें अर्थपूर्ण देखने सम्बन्ध खोजने का प्रयास करता रहा है। विज्ञान के नियमों को परम सत्य के रूप में नहीं देखा गया और विज्ञान के स्थापित और सार्वभौमिक नियमों को भी अस्थायी माना गया है। उनमें भी नये अवलोकनों, प्रयोगों और विवेचना से हमेशा सुधार की गुंज़ाइश रहती है। अतः विज्ञान–शिक्षा का मुख्य केन्द्र प्रयोग करने और प्रश्न पूछने तथा उनकी विवेचना करने पर होना चाहिए, ऐसा एन.सी.एफ. 2005 में कहा गया है।

1986 की राष्ट्रीय शिक्षा नीति के अनुसार, विज्ञान–प्रयोगशाला और पुस्तकालय स्कूल में होना उच्च माध्यमिक शिक्षण की प्रमुख ज़रूरतों में

से एक है। पर इनके बने रहने व उपयोग की सम्भावना में कई रोड़े हैं। सामग्री देने के पुराने अनुभव से पता चलता है कि एक बार जो उपकरण दिये गये थे, वह न तो फिर से दिये गये और न ही उनके व्यवस्थापन की कोई व्यवस्था की गयी थी। अतः कई ज़मीनी प्रयासों में यह सुझाया गया कि सामाजिक भागीदारी के तहत प्रत्येक विद्यार्थी से 10 या 15 रुपये का योगदान इस हेतु लिया जाये। लड़कियों को इससे मुक्त रखा जाये। यह राशि उपकरणों के रिप्लेसमेंट और व्यवस्थापन हेतु स्कूलों में ही रहे। इसके अलावा यह भी बात हुई कि राज्य तथा केन्द्र शासित प्रदेशों से द्वारा समय–समय पर स्कूल के सुधार–कार्य का सर्वे किया जाना चाहिए। हालाँकि, खेद की बात यह है कि 1986 से अभी तक इस बात पर ध्यान नहीं दिया गया है।

2006 में प्रकाशित राष्ट्रीय पाठ्यचर्या प्रारूप में कहा गया है कि विज्ञान–शिक्षण का उद्देश्य विद्यार्थी में स्पष्ट अवधारणात्मक समझ क्षमता; खोज की प्रवृत्ति, सृजनशीलता, वस्तुनिष्ठता, प्रश्न पूछने की हिम्मत और सौन्दर्य–बोध जैसे मूल्य व जीवन दर्शन विकसित करना है। विज्ञान की शिक्षा में यह भी प्रयास होना चाहिए कि सीखने वाला विज्ञान का सम्बन्ध स्वास्थ्य, खेती, उद्योग और जीवन के अन्य पहलुओं से जोड़ कर देख सके।

एन.सी.एफ. 2005 में यह काफी ज़ोर देकर कहा गया है कि विद्यार्थियों पर जानकारी का बोझ लादने के बजाय इस बात पर ज़ोर हो कि वे प्रमुख अवधारणाओं को समझ सकें। इससे उनमें जिज्ञासा और समझ बढ़ेगी। विद्यार्थियों को उपलब्ध स्थानीय सामग्री का उपयोग करते हुए सरल उपकरण बनाने और प्रयोग करने हेतु प्रोत्साहित किया जाना चाहिए। इनसे वे नये प्रयोग कर पायेंगे व रच पायेंगे। यह उन्हें करना है।

प्रयोगों का महत्त्व

प्रयोग, विज्ञान की प्रामाणिकता के चिह्न हैं। अतः विज्ञान सीखने के लिए है कि स्कूलों के लिए सरल तथा कम लागत के प्रयोगों को विकसित किया जाये। यह करने के लिए भारत में बहुत प्रयास हुए हैं। विज्ञान–शिक्षा में इस बात का काफ़ी अध्ययन हुआ है कि बच्चों के सीखने की क्षमता पर प्रयोगों को करने या केवल उनको कर के दिखाने का क्या प्रभाव होता है (पोज़िशन पेपर 2006, पृ. 4)।

विज्ञान के अध्ययन में सिद्धान्तों व अवधारणाओं को समझने और उनकी पुष्टि के प्रमाण के लिए प्रयोग का सहारा लिया जाता है। विज्ञान–अध्ययन का मूल आधार अमूर्त न होकर, मूर्त है। जहाँ प्रयोगों की गुंज़ाइश नहीं है, वहाँ तार्किक और तथ्यात्मक प्रमाणों के आधार पर सिद्धान्तों की पुष्टि की जाती है। यही बात जीवविज्ञान के अध्ययन के लिए भी लागू होती है। विज्ञान के अध्ययन और अध्यापन के लिए प्रायोगिक कार्य एक मूलभूत आवश्यकता है। विद्यार्थियों का प्रयोग करना, अवलोकन करना और परिणामों की विवेचना करना उन्हें एक अनूठी अनुभूति प्रदान करता है। साथ–ही–साथ यह हस्तकौशल विकसित करने और आत्मविश्वास बढ़ाने का भी अवसर प्रदान करता है। जीवविज्ञान के मूलभूत सिद्धान्त और अवधारणाओं को समझने में प्रायोगिक कार्य की महत्त्वपूर्ण भूमिका होती है। प्रयोग रहित जीवविज्ञान शिक्षण की कल्पना बेमानी है।

मैदानी हक़ीक़त एवं चुनौतियाँ

किन्तु मैदानी हक़ीक़त यह है कि अधिकांश विद्यालयों एवं महाविद्यालयों में परिस्थिति जन्य कारणों अथवा शिक्षकों और संस्था–प्रबन्धन की उदासीनता के चलते या तो प्रायोगिक कार्य होते ही नहीं हैं या अगर होते भी हैं तो महज़ रस्म अदायगी के तौर पर। प्रयोग आधारित शिक्षण स्पष्ट रूप से प्रभावी हो इसके लिए विज्ञान–शिक्षकों के पास स्थान और पर्याप्त समय होना भी ज़रूरी है। तभी शिक्षक कक्षा के लिए तैयारी कर सकेंगे और विद्यार्थी भी प्रयोगों की प्लानिंग कर सकेंगे और उनको करने के ढंग ढूँढ़ सकेंगे व सीख सकेंगे। समय इसलिए भी चाहिए जिससे कि वे अपने विचारों की चर्चा करें, अपने प्रयोगों का लेखा–जोखा रखें और उनकी विवेचना करें। एक अच्छी पैडागॉजी इन तरीक़ों का एक तर्कसंगत मिश्रण होना चाहिए, जिसमें खोज भी एक तरीक़ा हो। सैद्धान्तिक विषय और उन पर आधारित प्रयोगों को आपस में अच्छी तरह से मिला कर पढ़ाया जाना चाहिए। कुछ प्रयोग खुले होने चाहिए, जहाँ पहले से ही पता न हो कि नतीजे क्या निकलेंगे और वहाँ परिकल्पना करने के लिए और नतीजों को इंटरप्रेट करने के लिए मौक़े होने चाहिए। विज्ञान भी सतत मूल्यांकन व तकनीकी विषय सम्मत होना चाहिए। यहाँ तक कि बारहवीं कक्षा की अन्तिम बाहरी

परीक्षा के सैद्धान्तिक प्रश्नपत्रों में भी प्रयोग या तकनीकी आधारित कुछ प्रश्न ज़रूर होने चाहिए (पोज़िशन पेपर गणित 2006, पृ. 16)।

कुछ चुनिन्दा उदाहरण

पाठ्यपुस्तकों में दिये गये कुछ प्रयोगों को कक्षा या प्रयोगशाला में करने पर जो कठिनाइयाँ सामने आयीं; उनका किस प्रकार समाधान ढूँढ़ा गया, उसके कुछ चुनिन्दा उदाहरण यहाँ प्रस्तुत किये जा रहे हैं।

प्रयोग-1 : थ्री बीन सीड

वनस्पति विज्ञान की अधिकांश पुस्तकों में बीजों के अंकुरण के लिए आवश्यक कारकों को दर्शाने के लिए तीन बीन बीज प्रयोग का वर्णन किया गया है। दिये गये निर्देशों के अनुसार काँच की पट्टी या लकड़ी की पट्टी पर तीन बीन (सेम/बालोर) के बीज लगाये जायें। इन्हें कैसे लगाया जाये इसका वर्णन नहीं है, किन्तु पुस्तक में जो चित्र दिया गया है उसमें बीजों को आलपिन से लगाया हुआ दर्शाया गया है (एस.सी. दत्ता, 1979)।

आलपिन या कील से बीजों को लगाने पर उनके क्षतिग्रस्त होने की सम्भावना बनी रहती है। इस प्रयोग को होशंगाबाद विज्ञान शिक्षक–प्रशिक्षण कार्यक्रम के दौरान, मई–जून, 1988 में पुस्तक में दिये गये निर्देशों के अनुसार करने का प्रयास किया गया। काँच के बीकर में काँच की पट्टी पर बीन के तीन बीज अलग–अलग दूरी पर रबर बैंड की सहायता से लगाये गये। गर्मी के मौसम के मद्देनज़र इस बात का ख़ासतौर पर ध्यान रखा गया कि बीच वाले बीज का जलस्तर बराबर बना रहे अर्थात यह हमेशा पानी में आधा डूबा रहे। इसके लिए बीकर के ऊपर एक स्लाइड पर गीली रुई रखी गयी। दूसरे दिन जब अवलोकन लिया गया तो पाया कि कुछ टोलियों के प्रयोग में बीच वाला बीज पानी सोख कर फूलने के कारण रबर बैंड से खिसक कर बीकर के पेंदे में पहुँच गया था। वहीं एक अन्य टोली के बीकर में बीच वाले बीज से पानी का स्तर गर्मी के कारण बहुत नीचे पहुँच चुका था और उसमें भी कोई उल्लेखनीय परिवर्तन नहीं दिखा। इस तरह हमारा यह प्रयोग असफल रहा और आलपिन के स्थान पर रबर बैंड का विकल्प भी काम नहीं आया।

इसी प्रयोग को आगे और परिष्कृत करने की दृष्टि से प्रशिक्षार्थी शिक्षकों की ओर से सुझाव आया कि काँच की पट्‌टी के स्थान पर लकड़ी या बाँस की पट्‌टी का उपयोग किया जाये तथा रबर बैंड के स्थान पर बीजों को धागे से बाँधा जाये। यह युक्ति काफ़ी हद तक सफल रही, किन्तु इसमें भी कुछ विसंगतियाँ सामने आयीं। जैसे कि लकड़ी या बाँस की पट्‌टी द्वारा पानी सोख लेने से पूरी पट्‌टी पर पानी की उपलब्धता बनी रही। ऐसी स्थिति में कुछ टोलियों में जो तीसरा बीज हवा में था, वह भी अंकुरित हो गया। मतलब यह प्रयास भी पूर्णतः सफल न रहा। विज्ञान की प्रक्रिया में लगातार कोशिश करने पर ही सही परिणाम प्राप्त होते हैं। इसी को ध्यान में रखते हुऐ प्रशिक्षु शिक्षकों ने अपने नवाचार जारी रखे।

कक्षा–6 के इसी प्रयोग 'बीज और उनका अंकुरण' को कराने का एक और मौक़ा हमें विद्यभवन सोसायटी, उदयपुर में लोकजुम्बिश द्वारा आयोजित कार्यशाला में मिला, जहाँ स्रोत दल के एम.एल.पटेल, सुनीला मसीह और के.आर. शर्मा ने विचार किया कि बीजों को काँच या लकड़ी की पट्‌टी पर बाँधने या आलपिन से ठोकने के बजाय उन्हें इस प्रकार रखा जाये कि वे क्षतिग्रस्त न हों और उन्हें पर्याप्त पानी भी मिलता रहे। इन सभी मानक स्थितियों की उपलब्धता के लिए समूह ने यह निर्णय लिया कि क्यों न सेम के बजाय यह प्रयोग मूँग या मोठ के बीजों के साथ किया जाये। बीजों को काग़ज़ की तिकोनी छोटी कुप्पी बना कर उसमें एक के बजाय 2–3 बीज रख कर रबर बैंड से नियत स्थान पर लगाया जाये। यह नियत स्थान होने से और काग़ज़ की कुप्पी का निचला सिरा लम्बा होने से बीच में रखे बीज लगातार पानी के सम्पर्क में रहते थे। इस प्रकार यह प्रयोग सफल रहा। इसमें बीच की कुप्पी के बीज ही अंकुरित हुए, जिन्हें हवा और पानी दोनों मिले और वह परिस्थिति बन पायी जिसमें अंकुरण के लिए आवश्यक शर्तों का अध्ययन किया जा सके। इसी के परिणामस्वरूप लोकजुम्बिश द्वारा प्रकाशित कक्षा–6 की पुस्तक *खोजबीन* **(वर्ष 1998)** में इस को स्थान दिया गया और बाद में बाल वैज्ञानिक कक्षा 6 मध्य प्रदेश पाठ्य पुस्तक निगम के तृतीय संस्करण, तृतीय मुद्रण 2002 'बीज और उनका अंकुरण' पृ. 67 से 75 में भी इसे शामिल किया गया।

अब एक प्रयोग थोड़ी बड़ी कक्षा से लें।

प्रयोग-2 : परासरण

परासरण से सम्बन्धित एक प्रयोग एन.सी.ई.आर.टी. की कक्षा–9 की विज्ञान–पुस्तक के अध्याय 5 'जीवन की मौलिक इकाई' में दिया गया है जो इस प्रकार है :

छिले हुए आधे–आधे आलू के चार टुकड़े लो। इन चारों को खोखला करो जिससे कि आलू के कप बन जायें। इनमें से एक कप को उबले आलू से बनाना है। आगे कहा गया है कि आलू के प्रत्येक कप को जल वाले बर्तन में रखो। अगले निर्देश ये हैं–

(a) कप A को खाली रखो।

(b) कप B में एक चम्मच चीनी डालो।

(c) कप C में एक चम्मच नमक डालो तथा

(d) उबले आलू से बनाये गये कप A में एक चम्मच चीनी डालो।

आलू के इन चारों कपों को 2 घण्टे तक रखने के पश्चात उनका अवलोकन करो तथा निम्न प्रश्नों के उत्तर दो :

I. B तथा C के खाली भाग में जल क्यों एकत्र हो गया? इसका वर्णन करो।

II. A आलू इस प्रयोग के लिए क्यों महत्त्वपूर्ण है?

III. A तथा D आलू के खाली भाग में जल क्यों एकत्र नहीं हुआ? इसका वर्णन करो।

पुस्तक में दिये गये निर्देशों के अनुसार प्रयोग करने पर हमें पुस्तक की अपेक्षा के अनुसार परिणाम प्राप्त नहीं हुए और न ही दिये गये उत्तर सही थे। प्रयोग करने पर कप B में पानी नहीं आया और पुस्तक के अनुसार कप A में पानी नहीं आना था, पर उसमें आ गया। इसी तरह उबले आलू के कप में भी पानी एकत्र हुआ, जो पुस्तक के अनुसार नहीं होना था (चित्र 1)।

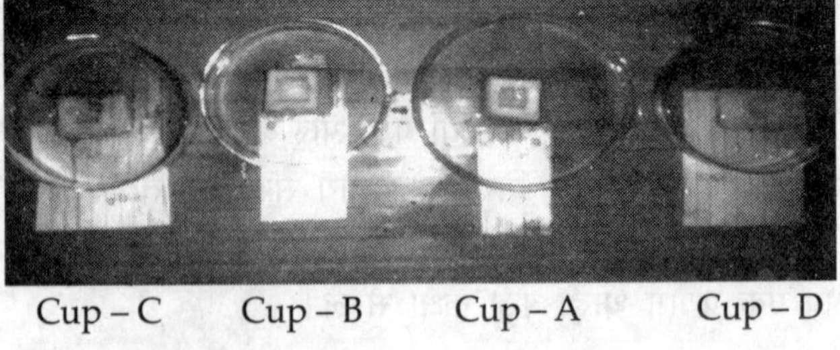

Cup – C   Cup – B   Cup – A   Cup – D

 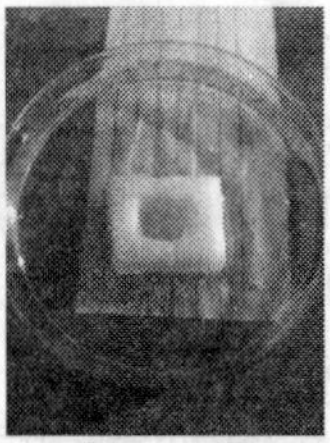

Cup – B Cup – D

यद्यपि हमारा उद्देश्य किसी भी संस्था के प्रकाशन की आलोचना करना नहीं है। फिर भी विद्यार्थियों तक अवधारणाएँ सही स्वरूप में पहुँचे, इसके लिए इस एक उदाहरण की विवेचना इस सन्दर्भ में की जा रही है।

हमारे इन अवलोकनों से प्रतीत होता है कि लेखक मण्डल ने इस प्रयोग को लिखने के पूर्व स्वयं कर के नहीं देखा जिससे विद्यार्थियों को इस महत्त्वपूर्ण अवधारणा को समझाने में यह प्रयोग असफल रहा। साथ ही, तुलना के प्रावधान हेतु लिये गये आलू के कप को खाली छोड़ने के स्थान पर उसमें भी एक निश्चित स्तर तक पानी भर कर 2 घण्टे बाद परिवर्तन का अवलोकन कराना ठीक होता।

प्रयोग-3 : पोटोमीटर

पौधे अपनी जड़ों से लगातार बड़ी मात्रा में पानी खींचते हैं। यह पानी पत्तियों की ऊपरी और निचली सतहों पर पाये जाने वाले हज़ारों सूक्ष्म छिद्रों स्टोमेटा के द्वारा बाहर निकलता रहता है। पौधों द्वारा वाष्प के रूप में होने वाली यह हानि 'वाष्पोत्सर्जन' कहलाती है। पौधों में चलने वाली यह एक गहत्त्वपूर्ण क्रिया है, जिसका प्रदर्शन पोटोमीटर नामक उपकरण से किया जाता है। पोटोमीटर सीधे तौर पर वाष्पोत्सर्जन नहीं नापते। दरअसल वे पानी के अवशोषण की दर नापते हैं, परन्तु सैद्धान्तिक रूप से ऐसा माना जाता है कि पौधों द्वारा अवशोषित जल और वाष्पोत्सर्जन की दर समान होती है।

वर्तमान पोटोमीटर में परेशानियाँ

बाज़ार में तीन तरह के पोटोमीटर उपलब्ध हैं। इनका विस्तृत वर्णन हायर सैकेण्डरी एवं स्नातक स्तर की प्रत्येक पाठ्यपुस्तक में मिल जाता है। पहला डार्विन का पोटोमीटर, दूसरा गेनांग्स का पोटोमीटर और तीसरा

फारमर का पोटोमीटर। ये तीनों पोटोमीटर काँच के बने होते हैं। इनमें गेनांग्स का पोटोमीटर बहुत ही नाजुक है जो अक्सर प्रयोग के दौरान इसे सेट करने में टूट जाता है। अतः प्रयोगशाला में इसका प्रत्यक्ष प्रदर्शन नहीं किया जाता है। फारमर के पोटोमीटर का प्रयोग प्रयोगशाला में अधिक होता है। इसमें काँच की एक बड़ी बॉटल होती है, जिसमें लगाये जाने वाले एक ही कार्क में तीन छेद होते हैं। इन्हें वाटर टाइट करना ज़रूरी होता है, वरना इनसे पानी लीक होता रहता है। इन छिद्रों को वाटरटाइट करने के लिए प्लास्टिसीन या फिर ग्रीस का उपयोग करने का सुझाव किताबों में दिया गया है, परन्तु हमारा अनुभव यह है कि जिस सतह पर एक बार पानी लग जाता है वहाँ ग्रीस नही चिपकता। इन्हीं परेशानियों के चलते अक्सर हायर सैकेण्डरी एवं स्नातक स्तर की कक्षाओं में इनमें सिर्फ़ एक टहनी लगा कर प्रादर्श के रूप में इन्हें बता दिया जाता है। इन्हें सेट कर इनकी कार्य–प्रणाली का प्रत्यक्ष प्रदर्शन व उससे वाष्पोत्सर्जन की दर नापने का तरीक़ा विद्यार्थियों को नहीं बताया जाता।

सिंगल लीफ पोटोमीटर

इन्हीं परेशानियों के चलते वैकल्पिक रूप से हमने एक कम लागत का 'सिंगल लीफ पोटोमीटर' बनाया है। इसमें न तो काँच की बोतल की ज़रूरत होती है, न ही काँच की नलियों की और न ही प्लास्टिसीन या ग्रीस की मदद से इसे सील करना पड़ता है। यह एक सरल प्रकार का, पानी की उपयोग की जा चुकी प्लास्टिक की बॉटल से बना पोटोमीटर है। इसमें बोतल के ढक्कन में एक मोटी सुई से दो छेद कर दिये जाते हैं। दोनों में ग्लुकोज़ चढ़ाने के काम आने वाली नली के 5–5 सेंटीमीटर के दो टुकड़े फँसा दिये जाते हैं जिनका आधा भाग ढक्कन के अन्दर की ओर होता है और आधा भाग ढक्कन के बाहर की ओर होता है। बोतल को पानी से पूरा भर दिया जाता है। फिर एक छोटी नली में छोटी टहनी या फिर कोई बड़े डंठल वाली पत्ती जैसे पीपल, झरबेरा, चम्पा आदि लगा देते हैं (चित्र 2)। बस इस बात का ध्यान रखना होता है कि जो टहनी या पत्ती ट्यूब में लगायें वह ट्यूब के नाप से मोटाई में थोड़ी–सी ज्यादा बड़ी हो। इस तरह टहनी फँसाने पर यह अपने आप वाटर टाइट हो जाती है। दूसरी नली में वाष्पोत्सर्जन शुरू होते ही पानी का तल घटने लगता है, जिसके पीछे ग्राफ़ पेपर लगा कर उसे नापा जा सकता है।

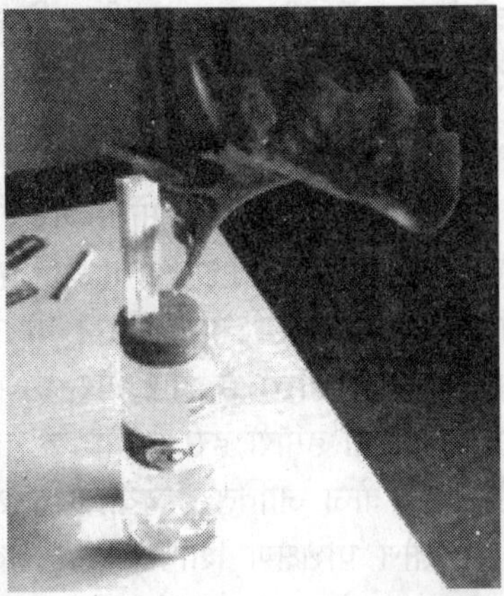

इस पोटोमीटर की ख़ासियत यह है कि इसमें रबर का कार्क, काँच की बॉटल, ब्यूरेट स्टैंड, ग्रीस व प्लास्टिसीन कुछ नहीं लगता।

प्रयोग-4 : सूखे बीजों में श्वसन 'हो.वि.शि.का.' में एक नया प्रयोग

"सजीव–निर्जीव" जीवविज्ञान की एक महत्त्वपूर्ण अवधारणा है। इसमें सजीवों और निर्जीवों के लक्षणों का परीक्षण एवं तुलना की जाती है। वैसे तो यह एक पूर्णतः सैद्धान्तिक विषय है, परन्तु चर्चा के समय इसमें कुछ बड़े रोचक सवाल उठते हैं। जीवों का एक सबसे ख़ास गुण उनमें श्वसन क्रिया का होना है। जो श्वसन करता है, वह जीवित और जो श्वसन न करे, वह अजीवित। गीले, अंकुरित बीजों में उनके मूलांकुर और प्रांकुर का निकलना उनमें वृद्धि होने का एक स्पष्ट प्रमाण है क्योंकि वृद्धि जीवों का एक और ख़ास गुण है। परन्तु सूखे बीजों का क्या? चने, मूँग, मक्का, गेहूँ के जो बीज घर के डिब्बों या गोदामों में रखे होते है, क्या वे जीवित हैं? यदि हाँ तो क्या बिना उन्हें अंकुरित किये यह सिद्ध किया जा सकता है कि सूखे बीज जीवित हैं? यह सिद्ध करने के लिए 1988 में भोपाल में आयोजित हो.वि.शि.का. शिक्षक–प्रशिक्षण कार्यशाला में हमने एक प्रयोग किया। सूखे बीजों को एक परखनली में फिनॉफ्थेलिन के रंगीन घोल में रखा और कुछ समय बाद अवलोकन किया। हमने सोचा कि यदि फिनॉफ्थेलिन का रंग उड़ जाये तो हमें यह मान लेना चाहिए कि सूखे बीज भी श्वसन कर रहे हैं क्योंकि इस क्रिया में निकली कार्बन डाई ऑक्साइड फिनॉफ्थेलिन का रंग उड़ा देती है।

श्वसन पदार्थ + ऑक्सीजन + रंगीन फिनॉफ्थेलिन
कार्बन डाईऑक्साइड + ऊर्जा + रंगहीन फिनॉफ्थेलिन

तुलना के प्रावधान के लिए हमने एक परखनली में उतनी ही मात्रा में धुली हुई बालू, रेत या प्लास्टिक के मोती भर दिये थे। उसमें भी फिनॉफ्थेलिन का वही रंगीन घोल भर दिया गया था। **ध्यान से देखने पर यह भी पता चला कि जहाँ–जहाँ बीज घोल के सम्पर्क में आ रहे थे, वहाँ रंग परिवर्तन पहले होता है** और धीरे–धीरे 2–3 घण्टों में पूरा घोल रंगहीन हो जाता है यानी हमारी इस प्रायोगिक पहल से लगभग यह सिद्ध हो गया था कि सूखे बीज जीवित हैं क्योंकि वे श्वसन भी करते हैं।

इसी तरह के दो–तीन प्रशिक्षण शिविरों तक सब कुछ ठीक–ठाक चलता रहा और हम यह प्रयोग कराते रहे। रंग उड़ने से प्रयोग करने वाले शिक्षकों को भी मज़ा आता रहा। संयोगवश, 1992 में हमारे एक स्रोत शिक्षक एम.एल. पटेल ने यह प्रयोग दिल्ली के किसी स्कूल में शिक्षकों के बीच कर दिया। वहाँ के किसी उत्साही शिक्षक ने एक–दो परखनलियों में बीज के बजाय सूखी पत्तियों का चूरा और पेड़ की सूखी छाल भी डाल दी। अवलोकन करने पर पता चला कि सूखे बीजों ने तो फिनॉफ्थेलिन का रंग उड़ाया ही था मगर उन परखनलियों में भी रंग उड़ गया जिनमें सूखी पत्ती और छाल रखी गयी थीं। तो क्या इस प्रयोग के आधार पर यह मान लिया जाये कि ये दोनों भी जीवित हैं? जबकि सूखी छाल और सूखी पत्ती तो मृत होती है। पटेल सर के कराये गये इस प्रयोग और इसके अवलोकनों ने पूर्व में तैयार किये गये हमारे इस प्रयोग पर प्रश्नचिह्न लगा दिया। गम्भीरतापूर्वक विचार करने पर हमने पाया कि फिनॉफ्थेलिन तो मात्र एक सूचक है, जो अम्लीय माध्यम में गुलाबी से रंगहीन हो जाता है अर्थात फिनाफ्थेलिन का रंग उड़ना हमें सिर्फ़ यह बताता है कि बीज या बीज के आसपास का माध्यम क्षारीय से अम्लीय हो गया है। लेकिन हमारे इस प्रयोग में, प्रयोग के इस डिज़ाइन से यह पता नहीं चलता कि फिनॉफ्थेलिन का रंग बीजों में चल रही श्वसन क्रिया के कारण पैदा हुई कार्बन डाईऑक्साइड के पानी में घुलने से उड़ा है या और किसी कारण से? सवाल यह था कि पटेल सर ने जो समस्या बतायी है उसका समाधान कैसे खोजा जाये? और यह कैसे सिद्ध हो कि सूखे बीज श्वसन करते हैं क्योंकि घोल में रखने पर तो बीज गीले भी हो जाते हैं।

सामूहिक रूप से इसी प्रयोग को फिर से करने का एक और मौक़ा हमें गुजरात के वेड़छी आश्रम में अध्येता केन्द्री विज्ञान–शिक्षण कार्यक्रम (अ.वि.शि.का., 1993) में मिला। पिछले प्रयोग में हुई गड़बड़ी को सुधारने की कोशिश इस कार्यशाला में की गयी। मिल–जुल कर यह तय हुआ कि प्रयोग को डिज़ाइन करते समय इस बात का ध्यान रखा जाये कि बीज हो या छाल फिनॉफ्थेलिन के सम्पर्क में न आये और फिर भी यदि केवल बीजों वाली परखनली में रंग उड़ेगा तो यह पक्का हो जायेगा कि सूखे बीज श्वसन करते हैं और उनके द्वारा छोड़ी गयी कार्बन डाईऑक्साइड से ही फिनॉफ्थेलिन का रंग उड़ता है। इस बार परखनली में फिनॉफ्थेलिन का थोड़ा–सा रंगहीन घोल भर कर उस पर सावधानी से रुई का एक फाहा लगा दिया गया। फाहे के ऊपर परखनली को हिलाये–डुलाये बिना, धीरे–से सूखे बीज ऊपर तक भर दिये गये। इसमें भी तुलना के लिए परखनली में फाहे के ऊपर उसी मात्रा में रेत, सूखी पत्तियाँ और सूखी छाल भर दी गयी। तीन–चार घण्टे बाद अवलोकन करने पर पता चला कि फिनॉफ्थेलिन का रंग केवल बीजों वाली परखनली में ही उड़ा था। चूँकि कार्बन डाईऑक्साइड गैस हवा से भारी है, अतः वह रुई से होती हुई नीचे जाकर फिनॉफ्थेलिन को रंगहीन कर देती है। कुल मिला कर काफ़ी कोशिशों के बाद हमारा यह प्रयास सफल रहा और इस संशोधित प्रयोग को एकलव्य द्वारा प्रकाशित पुस्तक *विज्ञान और उसकी शिक्षा*, 2016 में भी स्थान मिला। हमें लगा कि कवि वृन्द ने सही ही कहा है कि करत–करत अभ्यास के...।

निष्कर्ष

अतः हमारा आग्रह यही है कि प्रयोगों को जब तक आप स्वयं कर के देख न लें और परिणामों से सन्तुष्ट न हो जायें, तब तक इन्हें प्रकाशनार्थ न भेजा जाये क्योंकि इस तरह के प्रयोग साल–दर–साल विद्यार्थियों में ग़लत जानकारियाँ प्रेषित करते हैं। ज़मीनी हक़ीक़त और कड़वा सच यह भी है कि अधिकांश विद्यालयों और महाविद्यालयों में प्रायोगिक कार्य की अनदेखी की जाती है और कई जगह तो प्रायोगिक परीक्षा भी सैद्धान्तिक परीक्षा जैसी ही करायी जाती है। ऐसी स्थिति में विद्यार्थियों में वैज्ञानिक

प्रयोग करने का कौशल, अवलोकन, विश्लेषणात्मक चिन्तन विकसित होने की अपेक्षा कैसे की जा सकती है?

सन्दर्भ सूची

1. दत्ता, ए.सी. (1979)। *बॉटनी फॉर डिग्री स्टूडेंट्स। थ्री बीन एक्परिमेंट*, पंचम संस्करण, कलकत्ता : ऑक्सफोर्ड यूनिवर्सिटी प्रेस, पृ. 122–123
2. (1989), *सजीव–निर्जीव, बाल वैज्ञानिक*, कक्षा–आठ, दूसरा संस्करण, मध्य प्रदेश पाठ्यपुस्तक निगम, पृ. 183–186
3. *खोजबीन विज्ञान की पुस्तक*, कक्षा 6–भाग 1, *बीज और उनका अंकुरण*, जयपुर : लोकजुम्बिश परिषद, पृ. 65–74
4. पंवार, किशोर (2016)। *विज्ञान ऐसे ही आगे बढ़ता है, विज्ञान और उसकी शिक्षा*, संकलन एवं सम्पादन : उमा सुधीर और रश्मि पालीवाल, भोपाल : एकलव्य प्रकाशन, पृ. 222–225
5. पंवार, किशोर (2017), *मीज़रिंग ट्रांस्पायरेशन विद ए सिम्पल लो कास्ट सिंगल–लीफ पोटोमीटर, दि अमेरिकन बायोलोजी टीचर, खण्ड* 49, 3 मार्च, पृ. 238–240
6. एन.सी.ई.आर.टी. (2006), अध्याय–5 *जीवन की मौलिक इकाई, विज्ञान*, कक्षा–9 के लिए पाठ्यपुस्तक, नयी दिल्ली : राष्ट्रीय शैक्षिक अनुसन्धान और प्रशिक्षण परिषद, पृ. 64–75
7. (1993), *प्रयोगकरीने विज्ञान सीखीऐ*, कक्षा–पाँच, अ.वे.शि.का.।
8. एन.सी.ई.आर.टी. (2006), *राष्ट्रीय पाठ्यचर्या की रूपरेखा 2005*, नयी दिल्ली : राष्ट्रीय शैक्षिक अनुसन्धान और प्रशिक्षण परिषद, पृ. 66
9. (1977), *होशंगाबाद विज्ञान, साइंस टुडे, दिसम्बर।*

□□